哈得逊油田超深超薄砂岩油藏高效开发技术

汪如军　昌伦杰　周代余　王　陶　等编著

石油工业出版社

内 容 提 要

本书介绍了哈得逊油田薄砂层油藏的开发实践经验及技术发展历程，对哈得逊油田开发工作实践和认识经验进行了集成总结，对超深超薄油藏开发具有参考借鉴作用。

本书可供油田开发研究人员、提高采收率技术人员及高校师生参考使用。

图书在版编目（CIP）数据

哈得逊油田超深超薄砂岩油藏高效开发技术 / 汪如军等编著. — 北京 ：石油工业出版社，2022. 7

ISBN 978-7-5183-5215-9

Ⅰ. ①哈… Ⅱ. ①汪… Ⅲ. ①塔里木盆地-砂岩油气藏-油田开发-研究 Ⅳ. ①TE343

中国版本图书馆 CIP 数据核字（2022）第 003975 号

出版发行：石油工业出版社

（北京安定门外安华里 2 区 1 号楼　100011）

网　址：www. petropub. com

编辑部：（010）64523710

图书营销中心：（010）64523633

经　　销：全国新华书店

印　　刷：北京中石油彩色印刷有限责任公司

2022 年 7 月第 1 版　2022 年 7 月第 1 次印刷

787×1092 毫米　开本：1/16　印张：17. 75

字数：400 千字

定价：128. 00 元

（如出现印装质量问题，我社图书营销中心负责调换）

#《哈得逊油田超深超薄砂岩油藏高效开发技术》

编 写 组

主　　编： 汪如军

副 主 编： 吕伦杰　周代余　王　陶

编写人员：（按姓氏笔画排序）

于志楠　王开宇　王怀龙　王　陶　卞万江
文　亮　代梦莹　仝可佳　朱正俊　乔书校
刘　勇　闫更平　孙海航　杨成新　李文艳
李　杨　李绍华　张文静　张国良　张绪亮
陆爱华　陈　兰　邵光强　范　坤　周　炜
练贵章　赵　安　柳先远　高海洋　鲁　慧
强剑力

参加人员：（按姓氏笔画排序）

丁志文　王　伟　王培俊　王　超　牛玉杰
牛　阁　左　超　卢　刚　卢忠沅　田新建
冉丽君　冯　磊　成　锁　乔　霞　任今明
刘传家　刘应飞　刘国威　刘美容　刘　敏
刘　伟　李华玮　李　君　李　勇　李晓龙
李梅香　何巧林　宋　帆　张少伟　张　亮
张　敏　张曙振　陈方方　苟柱银　罗　敏
周小平　赵丹阳　赵　红　赵海涛　赵福元
袁　伟　袁晓满　顾俊颖　徐彦龙　徐程宇
陶　波　崔航波　梁洪涛　彭永灿　韩　涛
雷　雨　廉黎明　鲜　波　廖伟伟　廖建华
薛江龙　瞿加元

序

哈得逊油田横跨塔北隆起、南部轮南低凸起及北部坳陷阿满过渡带，主要发育石炭系东河砂岩和中泥岩段薄砂层两套含油层系，其中石炭系中泥岩段薄砂层油藏发育4套厚度0.4~2.0m的薄砂层油层，埋藏均大于5000m，属于典型的超深超薄油藏。2003年该油藏整体采用双台阶水平井注水开发，2005年达到开发峰值34.5×10^4t，年产量25×10^4t以上有13年。该油藏水平井应用早、开发效果好，是超深层油藏水平井整体开发的范例。本书重点介绍双台阶水平井的注采特征及油藏进入高含水开发阶段后的调整挖潜经验和做法，具体包括以下6个方面。

(1)在薄砂层油藏开发技术方面，针对油藏埋藏深、储层薄、储量丰度低、处于经济极限边际油藏的特点，提出采用双台阶式水平井注采井网提高单井产量，实现边际油藏的高效开发；(2)在超深超薄油层水平井钻完井技术方面，针对超深双台阶水平井钻井难题，优化了井身结构设计、水平井井眼轨迹剖面，实现了水平井井眼轨迹跟踪调整以及安全优质快速钻井，形成了超深超薄油层水平钻井配套工艺技术，提高了超薄油藏储油层钻遇率；(3)在超深超薄油藏水平井动态监测技术方面，针对薄砂层油藏高含水阶段储采比低、剩余油高度分散并出现产量递减加快等状况，综合生产测井、水驱前缘监测、原油色谱指纹及试井技术，实现了高温、高压、高矿化度、复杂井筒条件下的动静态参数的准确录取，为深层高含水油藏开发后期精细注采调整、层间层内精细剩余油挖潜提供了重要依据；(4)在超深超薄储层酸化改造增产技术方面，采用氟硼酸与土酸结合的多功能酸液配方、泡沫酸酸化技术及全新的移动式气举酸化排液技术，成功解决了哈得逊油田深井深部酸化的难题；(5)在超深水平井套损机理研究与防诊治综合治理方面，紧密结合储层地质特征、钻采工艺特点及注水、采油动态规律，深入研究了套损规律及套损机理，并采用多种方法开展综合治理，解决了哈得逊油田超深水平井套损的难题；(6)在超深超薄储层油藏水驱开发中后期提高采收率方面，优选超深高温高盐薄储层油藏提高采收率技术，论证天然气气水交替驱提高采收率新思路，并开展气驱室内实验和井组先导试验，为气驱提高采收率方案关键参数确定提供了依据。

本书内容丰富，图文并茂，系统总结了哈得逊油田超深超薄油藏开发中所取得的关键技术、方法及应用成效，是我国第一部超深超薄油藏双台阶水平井注水开发的专著，对同类油藏的开发具有较好借鉴和参考价值。

王燕宏

前　　言

哈得逊油田位于新疆塔里木盆地，为我国最大的海相砂岩油藏，主要发育石炭系东河砂岩油藏和中泥岩段薄砂层油藏两套含油层系。

1998 年 2 月哈得 4 号构造带上第一口探井哈得 1 井在中泥岩段薄砂层获高产工业油流，发现了哈得逊油田哈得 1 井区薄砂层油藏，1998 年 3 月开始试采，2002 年全面投入开发，2003 年 10 月全面投注，整体采用双台阶水平井注水开发，2002—2015 年保持 25×10^4t 以上稳产 14 年，2013 年哈得 10 井区薄砂层油藏投入开发。2016 年开始老井含水率上升，产量递减加快，2019 年年产油 17.0×10^4t。

哈得逊油田投入开发 20 多年以来，先后经历了试采和开发概念设计、整体开发建设、注水开发调整、细分层系开发调整等重要开发阶段。由于哈得逊油田薄砂层油藏的超深、超薄特点，该油藏直井开发效益低，采用水平井开发技术，但是超深超薄油藏条件下的水平井井网优化设计、超深超薄油层水平井钻完井技术、超深超薄储层酸化改造、油水井套损的预防、诊断、治理工作(简称套损防诊治)、开发过程动态监测等工程技术措施的实施，都有极其特殊的困难。为此，油藏开发专家针对开发实践中遇到的技术难题，开展了技术攻关研究和实践探索，形成了超深超薄层油藏稀井网精细油藏描述、地质建模与数值模拟、双台阶水平井注水开发、双台阶水平井钻完井、酸化改造、动态监测、套损防诊治、气驱提高采收率(先导)等一系列技术。截至 2019 年 12 月底，薄砂层油藏累计生产原油 509×10^4t，地质储量采出程度 25.83%，油藏综合含水率 72.86%，油藏开发效果显著，实现了高水平和高效益开发。

本书系统阐述了哈得逊油田薄砂层油藏的地质特征、不同开发阶段开发调整、开发特征和开发效果，以及超深超薄油藏水平井(双台阶水平井)开采技术方法体系，本书重点介绍石炭系中泥岩段薄砂层油藏的开发技术。全书共分九章。第一章简要介绍了薄砂层油藏的主要地质特征，包括地层特征、沉积特征、构造特征、储层特征、油藏类型及流体性质。第二章详细回顾了薄砂层油藏不同开发阶段的开发特征、开发调整对策与调整实施效果。第三章介绍了超深超薄油田双台阶水平井及分支井井网设计技术，包括水平井先导试验、开采机理研究、水平井网优化等。第四章介绍了薄砂层油藏数值模拟技术及示踪剂模拟技术的应用，采用 Eclipse 三维油水两相模型研究了历史拟合、方案计算、开发机理及示踪剂迁移规律，利用 FrontSim 软件模拟流线及单井合理配产配注机理。第五章系统阐述了超深超薄油层水平井钻完井技术，针对哈得逊油田实施水平井钻完井面临储层超薄钻遇率低、水泥浆储层伤害大等诸多技术难题，从井身结构设计、水平井井眼轨迹剖面优化、水平井井眼轨迹跟踪调整以及安全优质快速钻井等方面开展了工程技术攻关与实践，引进了旋转地质导向钻井技术，应用选择性固井工艺技术，形成哈得逊油田超深超薄油层水平井钻完井配套工艺技术，保障了哈得逊油田高效经济开发。第六章介绍了超深超薄储层酸化改造增产新技术，包括氟硼酸与土酸结合的多功能酸液配方、泡沫酸酸化技术及全新的移动式气举酸化排液技术，推导出具有哈得逊油田特色的水平井产能计算方法，创立了水平井同层补孔理论技术体系，为水平井同层补孔技术参数的界定提供了理论依据。第七章介绍了超深超薄油藏水平井动态监测技术，包括生产测井技术（注入剖面测井、产出剖面测井、工程测井、套后饱和度测井等）、水驱前缘监测技术、原油色谱指纹技术、试井分析技术等。第八章介绍了超深超薄油藏水平井套损机理研究与防诊治技术，包括油藏工程诊断找漏技术、生产测井诊断找漏技术、井下作业诊断找漏技术，结合地质、工程、开发三方面因素开展水平井套损规律及机理研究，为套损针对性预防、治理提供了依据。第九章介绍了超深超薄砂层油藏提高采收率技术，包括超深超薄砂层油藏提高采收率技术方向、天然气气水交替驱可行性论证、气水交替驱先导试验井组设计和初步评价等，为超深超薄砂层油藏水驱开发中后期提高采收率方案关键参数确定提供了依据。本书综合哈得逊油田薄砂层油藏地质条件、历次开发（调整）方案、专项技术攻关研究等成果编写而成，由汪如军牵头并负责技术总把关，昌伦杰、周代余指导，王陶具体组织编写并统稿。第一章由王开宇、李绍华、代梦莹编写，第二章由赵安、张国良、张文静、仝可佳编写，第三章由卞万江、练贵章、周炜（中国石油勘探开发研究院）编写，第四章由孙海航、李文艳、朱正俊、赵安编写，第五章由杨成新、文亮、高海洋、鲁慧、张绪亮编写，第六章由陈兰、于志楠、刘勇编写，第七章由王怀龙、柳先远、于志楠、强剑力、乔书校（新疆华油油气工程有限公司）编写，第八章由王陶、陆爱华编写，第九章由邵光强、李杨、范坤、闫更平编写。全书资料数据统一截至 2019 年底，各章另有日期说明者除外。

本书参考了大量国内外相关文献资料，对其作者表示深深的敬意，感谢他们的创造性工作为本书编写奠定了坚实的基础。特别对前期为该油田高效开发做出重要贡献的王家宏、林志芳、孙龙德、宋文杰、何君、朱水桥、江同文等油气田开发专家和领导表示感谢，王家宏教授还专门审阅本书并提出了宝贵修改意见。在编著过程中得到了中国石油塔里木油田阳建平、伍轶鸣、范颂文等领导专家，中国石油勘探开发研究院李保柱、夏静等领导专家，以及中国地质大学（武汉）唐仲华、中国石油大学（北京）杨胜来、姜汉桥、徐怀民、焦翠华、李俊键、徐朝晖教授等院校专家的指导和帮助，在此一并表示衷心的感谢！

衷心希望通过本书，能增加塔里木油田及其他兄弟油田开发技术人员对超深超薄油藏开发工程技术体系的兴趣，并在超深超薄油藏开发工程实践应用方面提供点滴帮助。

由于作者水平和学识所限，书中难免出现不妥之处，请批评指正！

本书编写组
2021 年 9 月

目　录

第一章　薄砂层油藏地质特征

哈得逊油田位于新疆维吾尔自治区阿克苏地区境内，塔里木盆地满加尔凹陷北部的哈得逊构造带上，具有十分有利的成藏地质条件，主力含油层系为石炭系卡拉沙依组中泥岩段和巴楚组东河砂岩段、奥陶系一间房组，是油田开发的重点。其中中泥岩段发育多套薄储层(以下简称薄砂层)，主要含油砂层为薄砂层2号层、3号层、4号层、5号层，本章将从地层、沉积、构造、储层、油藏类型、流体性质及储量规模等多个方面总结哈得逊油田薄砂层油藏的地质特征。

第一节　油田概况

哈得逊油田横跨塔北隆起南部轮南低凸起及北部坳陷阿满过渡带，主体位于阿满过渡带哈得逊构造带上。该构造带发育于海西中、晚期，定型于喜马拉雅造山期，是在塔北隆起轮南低凸起向南延伸的鼻状隆起带背景上形成的一个低幅度背斜构造带，属典型的凹中隆(图1-1)。哈得逊油田主要形成于晚海西期，主力油源是寒武系—下奥陶统烃源岩，油气运移注入的方向由西南向东北，并在喜马拉雅造山期发生了调整，形成中泥岩段薄砂层次生油藏[1-3]。

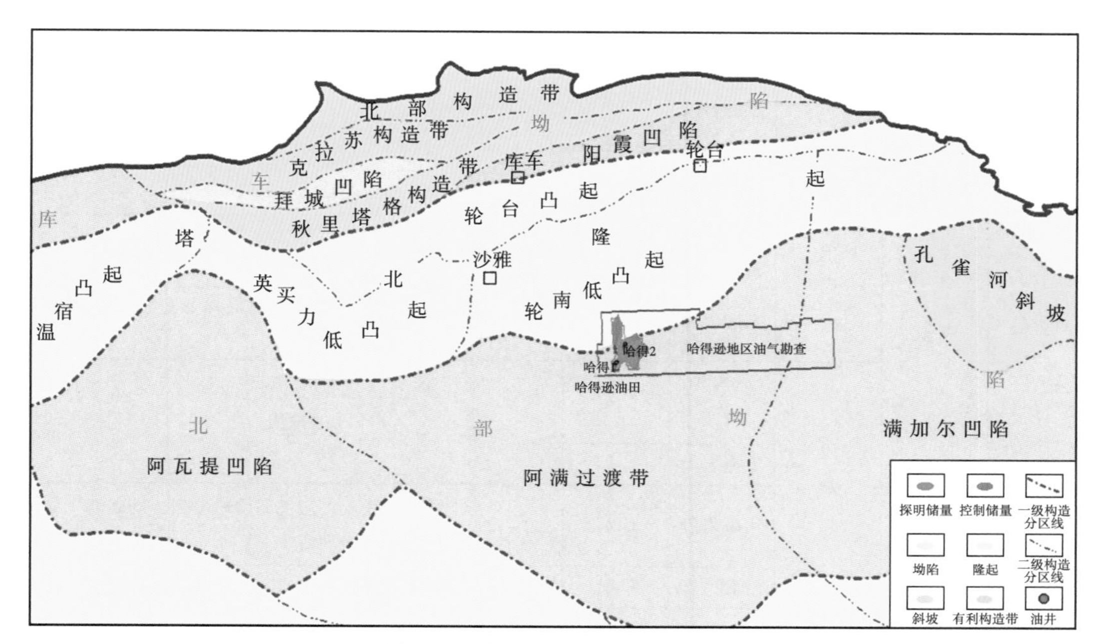

图1-1　哈得逊油田构造位置图

一、地层特征

哈得逊油田从上至下钻揭的地层为：第四系、新近系—古近系、白垩系、侏罗系、三叠系、二叠系、石炭系、志留系及部分奥陶系。含油层系主要为石炭系，根据钻井地层划分对比，石炭系自上而下依次划分为小海子组石灰岩段，卡拉沙依组砂泥岩段、上泥岩段、标准石灰岩段、中泥岩段，巴楚组含砾砂岩段、东河砂岩段。本区缺失其中的生屑灰岩段和下泥岩段，含砾砂岩段相变为角砾岩段，并与下伏志留系不整合接触（表 1-1）。

表 1-1　哈得逊地区石炭系地层岩性段划分表

地层				层位代号	地层厚度 m	岩性综述
系	统	组	段			
第四系	—	—	—	Q	50	灰黄色粗、中砂岩夹砂质泥岩
新近系	—	—	—	N	2220~2397	黄灰色粉砂岩、泥质粉砂岩与灰褐色泥岩、粉砂质泥岩
古近系	—	—	—	E	113~144	褐色泥岩、褐色粉砂质泥岩、绿灰色含砾粉砂岩、浅灰色含砾粗砂岩
白垩系	—	—	—	K	703~738	褐色细砂岩、粉砂岩夹褐色泥岩
侏罗系	—	—	—	J	371~420	浅褐色粉砂岩、细砂岩、浅灰色角砾岩、红褐色泥岩
三叠系	—	—	—	T	500~547	灰色、褐色泥岩与灰色、浅灰色泥质粉砂岩、粉砂岩、细砂岩、含砾细砂岩
二叠系	—	—	—	P	304~355	灰黑色、紫褐色、紫红色凝灰岩、玄武岩、安山岩与紫红色、紫褐色泥岩
石炭系	上统	小海子组	石灰岩段	C_2x_1	20~68	灰白色泥晶灰岩夹紫褐色泥岩
	下统	卡拉沙依组	砂泥岩段	C_1k_1	340~366	褐色、褐红色、灰色泥岩粉砂质泥岩与薄层粉砂岩、泥晶灰岩含膏泥岩
			上泥岩段	C_1k_2	88~110	褐色、灰色绿灰色泥岩、粉砂质泥岩、薄层状浅灰色泥质粉砂岩
			标准石灰岩段	C_1k_3	22~31	泥晶灰岩、灰褐色泥岩、灰白色石膏岩
			中泥岩段	C_1k_4	55~88	灰色、褐色泥岩夹薄层褐灰色、浅灰色粉砂岩、泥质粉砂岩
		巴楚组	生屑灰岩段	C_1b_1	缺失	
			下泥岩段	C_1b_2		
			角砾岩段	C_1b_3	2~12	绿灰、浅灰、灰色泥质粉砂岩、细砂岩、含砾细砂岩、中砂岩
			东河砂岩段	C_1b_4	0~57.5	褐色含油石英砂岩、浅灰色石英砂岩
志留系				S	未穿	浅灰色粉砂岩、褐色泥质粉砂岩

综合应用地震、岩心及测井资料，采用旋回对比、分级控制的方法对哈得逊地区中泥岩段进行划分对比。研究区内中泥岩段共识别出 1 个完整的三级层序、2 个准层序组、5 个准层序、7 个岩层组、16 个岩层。其中 3-2 单层、4-2 单层、5-2 单层和 5-3 单层为主要含油层(图 1-2)，依次简称为薄砂层 2、3、4、5 号层，为中泥岩段的主要研究对象。

层序划分							地层划分			
层序	体系域	准层序	岩层组	岩层	界面特征	旋回特征	单层	小层	小层段	段
三级层序	高水位体系域	准层序Ⅱ	II_{2}	II_{2-1}	不整合面		1-1	1	S_1	中泥岩段
			II_{1}	II_{1-2}	沉积侵蚀面		2-1	2		
				II_{1-1}	岩性韵律差异面		2-2			
		准层序Ⅰ	I_{2}	I_{2-2}	一般海泛面		3-1	3	S_2	
				I_{2-1}	岩性韵律差异面		3-2			
			I_{1}	I_{1-2}	沉积侵蚀面		4-1	4		
				I_{1-1}	岩性韵律差异面		4-2			
	海侵体系域	准层序Ⅲ	III_{1}	III_{1-7}	最大海泛面		5-1	5	S_3	
				III_{1-6}	岩性韵律差异面		5-2			
				III_{1-5}	岩性韵律差异面		5-3			
				III_{1-4}	岩性韵律差异面		5-4			
				III_{1-3}	岩性韵律差异面		5-5			
				III_{1-2}	岩性韵律差异面		5-6			
				III_{1-1}	岩性韵律差异面		5-7			
		准层序Ⅱ	II_{1}	II_{1-1}	一般海泛面		6-1	6	S_4	
		准层序Ⅰ	I_{1}	I_{1-1}	一般海泛面		7-1	7	S_5	
					不整合面					

图 1-2 哈得逊油田中泥岩段高分辨率层序单元划分柱状图

薄砂层 2 号层由北向南逐渐增厚，厚度 0.3~1.89m，平均 1.2m；薄砂层 3 号层由北向南逐渐增厚，厚度 0.4~2.2m，平均 1.6m；薄砂层 4 号层北厚南薄，厚度 0.36~1.5m，平均 0.9m；薄砂层 5 号层厚度变化较大，0.3~2.12m，平均 1.3m。

薄砂层2号、3号、4号、5号层，纵横向上相对稳定、分布较广、连通性好、均质程度较高，在油田范围对比性很好。各砂体之间是相对海平面下降时沉积的以泥质为主的隔层，平面厚度非常稳定(表1-2，图1-3)。薄砂层各小层都具有很好的盖层，储盖组合良好是该区油气聚集的主要控制因素。

表1-2 哈得逊油田薄砂层油藏各小层层间隔层特征统计表

隔层名	厚度最小值 m	厚度最大值 m	厚度平均值 m
薄砂层1号层至2号层间隔层	7.65	9.23	8.10
薄砂层2号层至3号层间隔层	2.35	3.67	3.10
薄砂层3号层至4号层间隔层	0.97	1.90	1.30
薄砂层4号层至5号层间隔层	0.44	1.97	1.60

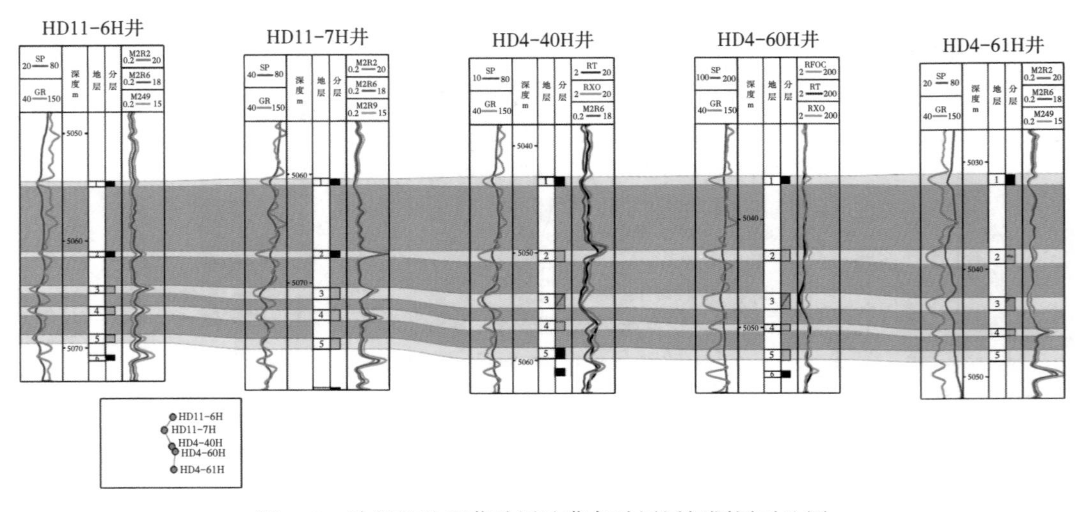

图1-3 哈得逊油田薄砂层油藏各砂层层间隔层对比图

二、沉积特征

哈得逊油田薄砂层为陆源碎屑潮坪相沉积，发育潮上带和潮间带两个亚相，总体是一种潮坪环境的产物。潮上带亚相主要发育潮上泥坪微相，潮间带亚相发育潮间泥坪、混合坪、砂坪和潮沟微相。薄砂层属于潮间带砂坪和潮沟微相沉积(表1-3，图1-4)。根据各微相的常规测井曲线响应特征，结合倾角测井处理成果，完成了单井微相划分。总体看来，薄砂层以泥质沉积为主，陆源碎屑供应不足。薄砂层2号层至4号层沉积时陆源碎屑供给能力相对较强，形成分布集中的沉积砂体。

表 1-3　哈得逊油田薄砂层沉积微相类型表

相	亚相	微相	备注
陆源碎屑潮坪相	潮上带亚相	潮上泥坪微相	
	潮间带亚相	潮间泥坪微相	
		混合坪微相	
		砂坪微相	薄砂层
		潮沟微相	

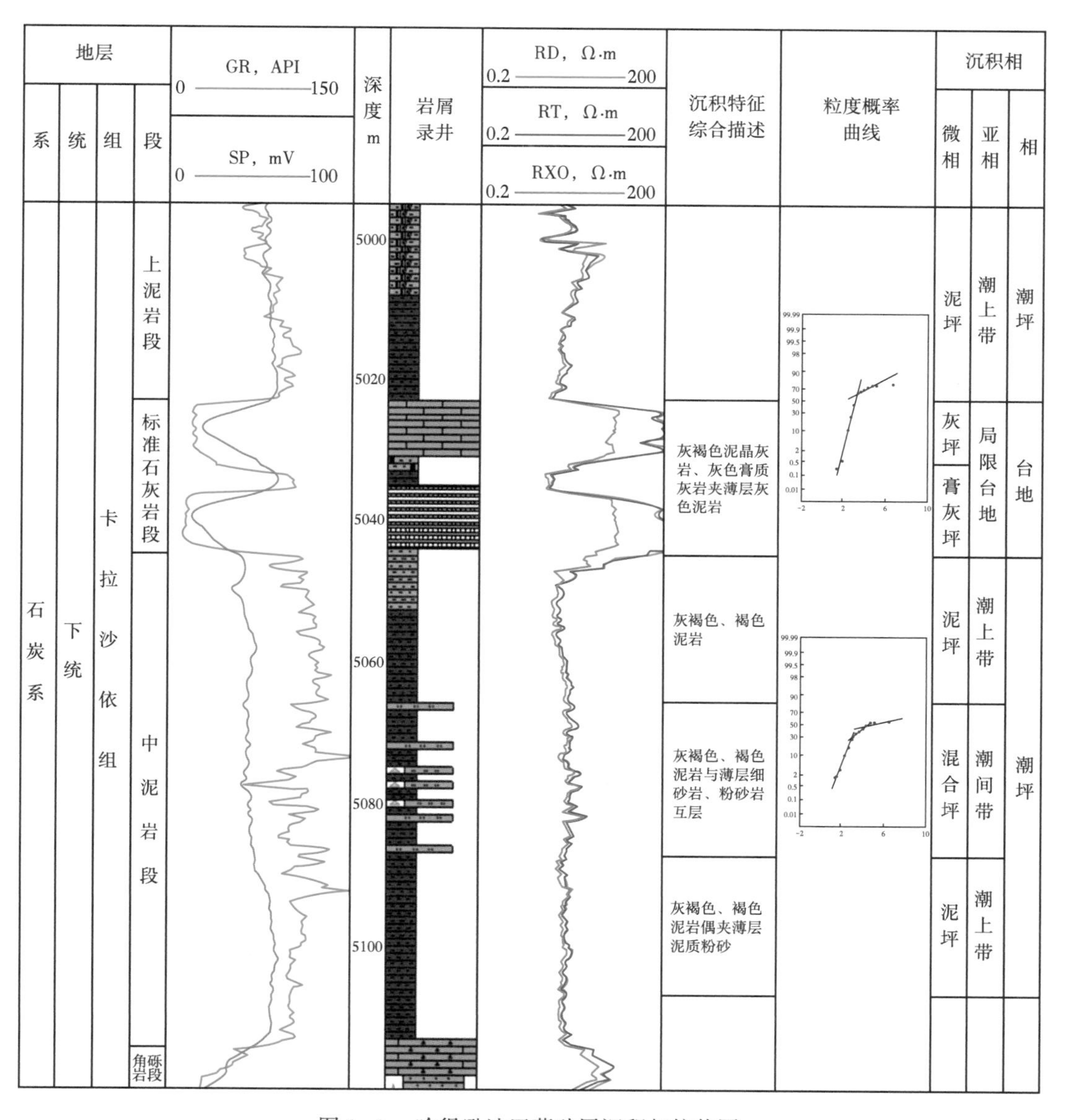

图 1-4　哈得逊油田薄砂层沉积相柱状图

第二节　构造特征

哈得逊油田于1998年第一次部署采集三维地震勘探，满覆盖面积363.15km²，2012年根据开发中后期精细调整和提高采收率的需要，部署采集新三维地震资料，面元大小25m×25m，叠前时间偏移满覆盖面积691.4km²，资料解释面积1158km²。

研究表明，受区域构造控制，石炭系中泥岩段构造继承性发育，构造形态均为向北西方向倾没、向南东方向抬升的鼻状隆起，在鼻状构造的轴部发育哈得1号背斜圈闭，西南翼发育哈得4号背斜圈闭，在哈得1号和哈得4号圈闭内均发育了一系列局部小圈闭或微构造（图1-5、图1-6）。哈得逊石炭系中泥岩段发育多套薄储层，根据开发生产的需求，在构造研究方面主要对薄砂层2号、3号、4号、5号层顶面构造进行成图，主要圈闭要素见表1-4。

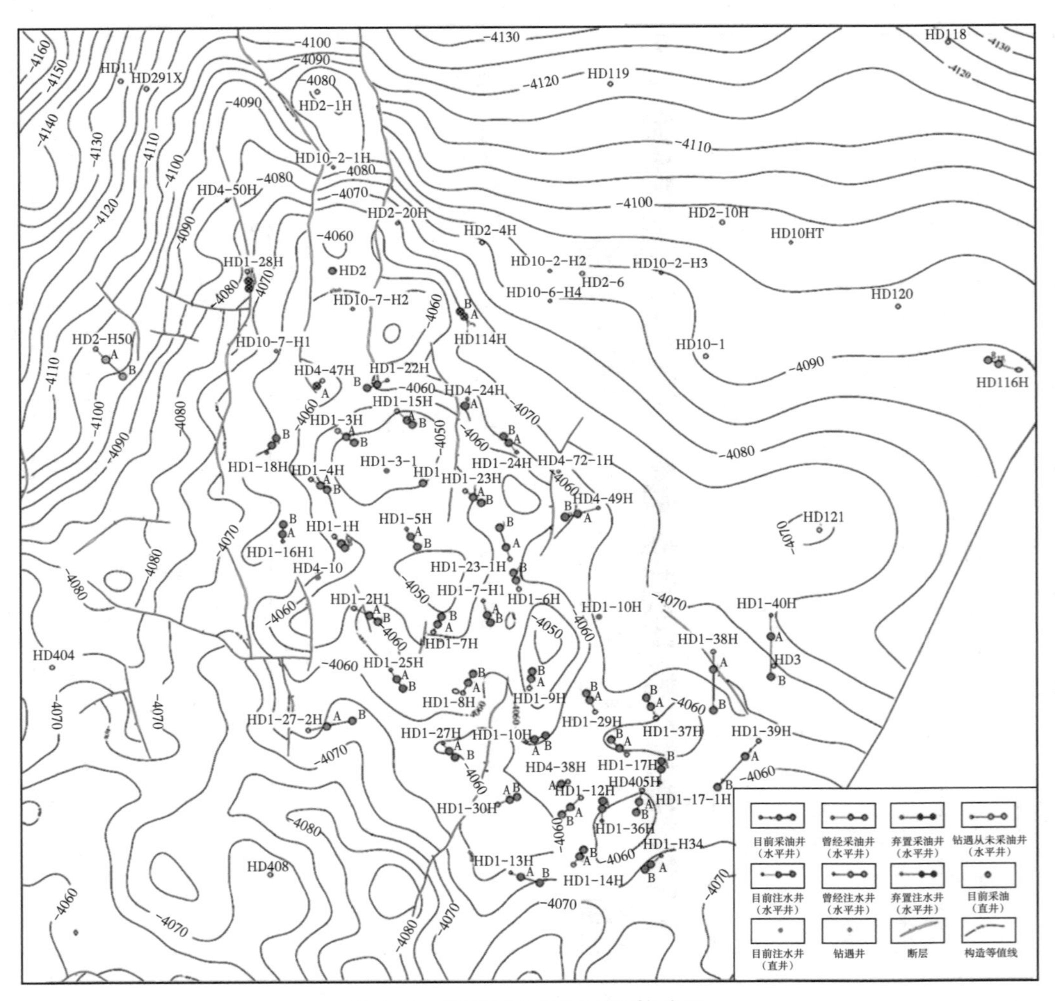

图1-5　薄砂层2号层顶面构造图

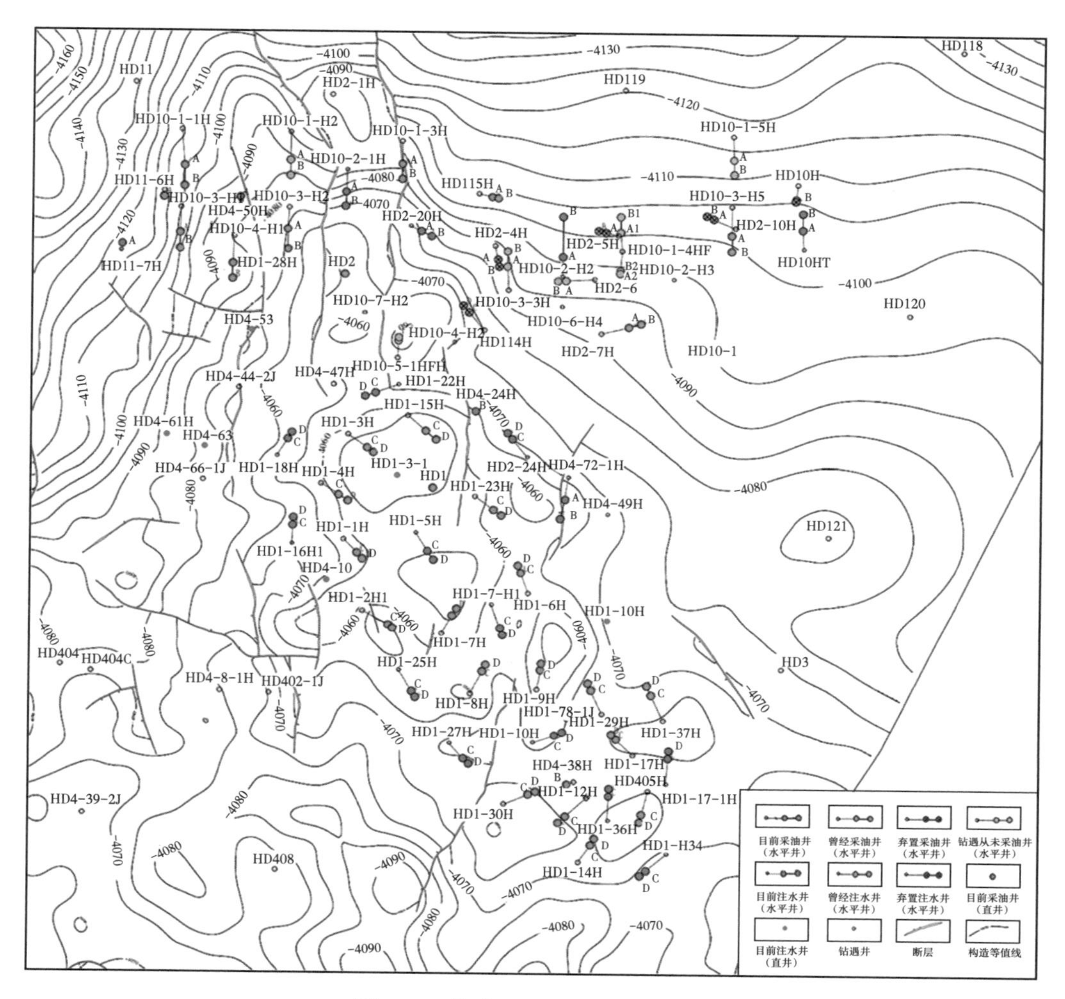

图 1-6 薄砂层 3 号层顶面构造图

表 1-4 哈得逊油田薄砂层圈闭要素表

层位	哈得 1 号圈闭				哈得 4 号圈闭			
	闭合圈 m	幅度 m	高点海拔 m	面积 km^2	闭合圈 m	幅度 m	高点海拔 m	面积 km^2
2 号层	-4070	24	-4046	97. 8	-4070	20	-4050	48
3 号层	-4074	22	-4052	96. 0	-4074	18	-4056	42
4 号层	-4076	20	-4056	93. 4	-4076	18	-4058	36
5 号层	-4078	20	-4058	92. 0	-4078	18	-4060	34

第三节 储层特征

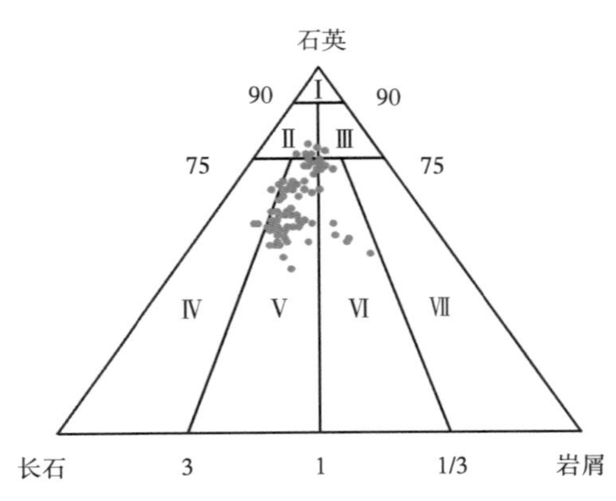

图 1-7 哈得逊油田薄砂层砂岩成分三角图

Ⅰ—石英砂岩；Ⅱ—长石石英砂岩；Ⅲ—岩屑石英砂岩；Ⅳ—长石砂岩；Ⅴ—岩屑长石砂岩；Ⅵ—长石岩屑砂岩；Ⅶ—岩屑砂岩

一、岩石学特征

根据岩心观察和薄片分析资料，薄砂层油藏砂体岩性为灰色、灰褐色细砂岩、粉砂岩，岩石类型主要为细粒岩屑长石砂岩，少量长石岩屑砂岩及长石石英砂岩（图 1-7 和图 1-8）。石英含量低，一般 50%~75%；长石含量 17%~32%，以钾长石为主，斜长石少量，含量一般小于 1%；岩屑含量 10%~20%，平均 15.6%，以岩浆岩和变质岩岩屑为主，沉积岩岩屑相对较少。

填隙物包括杂基和胶结物，含量平均 10.5%，杂基含量低，以胶结物为主，胶结物成分主要为方解石，少量白云石、铁方解石和铁白云石，白云石、铁方解石和铁白云石的总含量为 2%~3%。方解石分布极不均匀，局部富集，含量为 0~32%。杂基含量仅 1%~4%，成分以泥质为主。

薄片观察显示，细砂岩中细砂级组分大多在 84%~96%，粉砂岩中粉砂级组分为 95% 左右。颗粒分选好，颗粒磨圆次棱—次圆状，砂岩具有成分成熟度低、结构成熟度相对较高的特征。胶结类型多为孔隙—基底式，点—线接触，胶结致密。

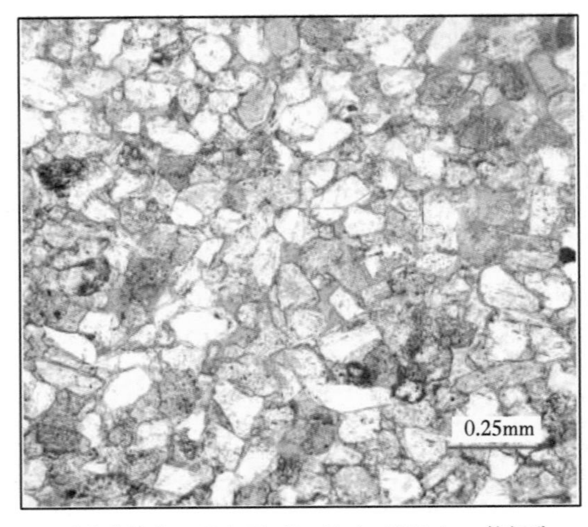

（a）单偏光，HD4-78-1J，No.4，5032.6m，粒间孔

（b）单偏光，HD4-78-1J，No.10，5027.85m，粒间孔

图 1-8 哈得逊油田薄砂层储层铸体薄片图

二、储层物性特征

1. 常规岩心分析物性分布特征

岩心物性分析资料表明，薄砂层2号、3号层储层物性相对较好，以中孔隙度、中渗透率储层为主，薄砂层4号层物性较差，主要为低孔隙度、中渗透率储层，薄砂层5号层物性最差，属低孔隙度、低渗透率储层（表1-5）。

表1-5　哈得逊油田薄砂层储层段岩心物性分析化验统计表

单元	孔隙度，%				渗透率，mD				综合评价
	最小值	最大值	平均值	中值	最小值	最大值	平均值	中值	
2号层	8.0	17.0	15.5	15.7	2.3	259.0	134.7	137.2	中孔隙度、中渗透率储层
3号层	8.1	20.4	16.4	16.6	2.1	449.0	151.7	158.9	中孔隙度、中渗透率储层
4号层	8.8	16.3	11.4	11.3	2.0	108.0	53.8	53.7	低孔隙度、中渗透率储层
5号层	8.2	13.0	10.3	10.8	2.0	31.6	15.5	16.5	低孔隙度、低渗透率储层

2. 孔隙度与渗透率的关系

储层的孔隙度与渗透率之间的关系是储层孔隙类型和孔隙结构的反映，通过分析样品的孔隙度与渗透率的相关关系（图1-9），可以推测储层的相关特性。薄砂层储层孔隙度与渗透率存在正相关关系，相关系数为0.9144，相关性较好。这种特征可反映出储层孔隙类型较单一、孔隙结构较简单。

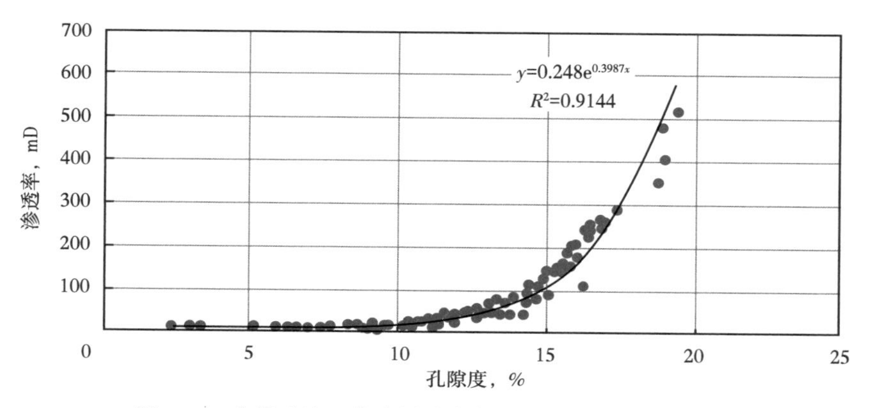

图1-9　哈得逊油田薄砂层砂岩岩心孔隙度与渗透率关系

三、储集空间特征

1. 孔隙类型

通过铸体薄片观察分析可知，薄砂层储集岩孔隙类型以粒间溶孔为主，其次为原生粒间孔。粒内溶孔和由填隙物溶蚀形式的微孔相对较少，在泥质杂基中见少量微孔隙，连通性较好（图1-10）。

孔喉配位数一般为0~3，面孔率为1.3%~16.1%，平均为6.1%~10.8%。粒间溶孔占总孔隙的60.51%，粒间孔占总孔隙的35.73%，微孔隙较少，总的面孔率不到1%。

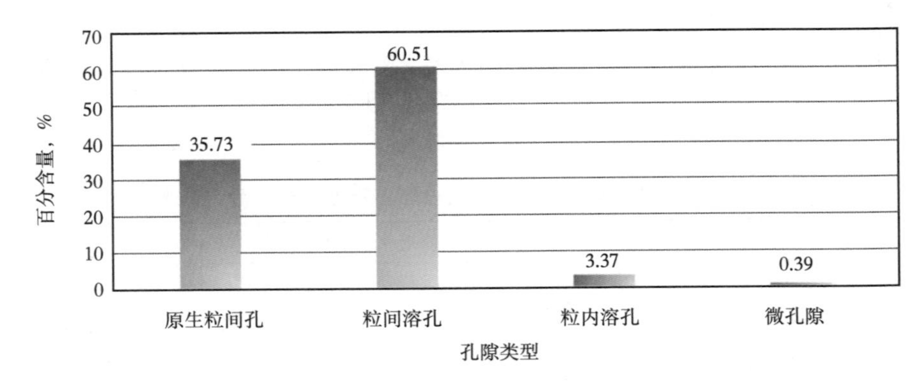

图1-10 哈得逊油田薄砂层储层不同孔隙类型百分含量分布图

2. 孔隙结构

通过对压汞资料的分析，根据毛细管压力曲线特征参数将薄砂层储层分为四种类型（表1-6）。

Ⅰ类：排驱压力低（0.040~0.096MPa），孔喉分选好，平均孔喉半径大（5.200~5.746μm），粗歪度。

Ⅱ类：排驱压力较低（0.080~0.106MPa），孔喉分选较好，平均孔喉半径较大（2.800~5.200μm），略粗歪度。

Ⅲ类：排驱压力较高（0.100~0.200MPa），孔喉分选差，平均孔喉半径较小（0.200~2.800μm），略粗歪度。

Ⅳ类：排驱压力高（>0.2MPa），孔喉分选差，平均孔喉半径很小（<0.200μm），略细歪度。

压汞资料统计表明，Ⅰ类样品占38.1%，为粗喉，中孔隙度、中渗透率，属于优质储层；Ⅱ类样品占30.3%，以中孔喉为主，表现为中—低孔隙度、中—低渗透率的特点，属中等储层；Ⅲ类样品占21.1%，以细孔喉为主，表现为低孔隙度、低渗透率的特点，属差储层；Ⅳ类样品占10.5%，以微喉为其主要特征，且孔喉连通性差，一般为差储层或无效储层。

表1-6 哈得逊油田薄砂层储层毛细管压力曲线特征参数

类型	孔隙度 %	渗透率 mD	排驱压力 MPa	中值压力 MPa	最大孔喉半径 μm	平均孔喉半径 μm	中值孔喉半径 μm
Ⅰ	15.87	121.13	0.0710	0.1811	9.370	5.488	5.641
Ⅱ	13.02	29.47	0.0870	0.4499	7.821	3.123	3.715
Ⅲ	9.73	7.78	0.1582	0.6239	6.406	1.641	1.901
Ⅳ	6.21	0.38	2.4438	12.1274	0.940	0.156	0.126

四、储层展布特征

薄砂层 2 号层整体上中间厚，向南北减薄，北部 HD11-HD118 井一线以北尖灭，厚度介于 0~1.89m 之间，平均 1.11m（图 1-11）。薄砂层 3 号层整体上由南向北逐渐减薄，中部—南部地区厚度相对较大，在 1.6m 左右；在 HD4H 井-HD1-10 井一线以北地区迅速减薄，全区厚度介于 0.4~2.2m 之间，平均 1.5m（图 1-12）。薄砂层 4 号层整体上由北向南逐渐减薄，厚度较薄，砂岩含泥质重，物性较差；主要分布在 HD10 井区，全区厚度介于 0.4~1.5m 之间，平均 0.9m。薄砂层 5 号层厚度变化较大，总体呈零星分布，厚度较薄，物性较差，仅在哈得 10 井区小范围连片分布，全区厚度介于 0.3~2.1m 之间，平均 1.3m。

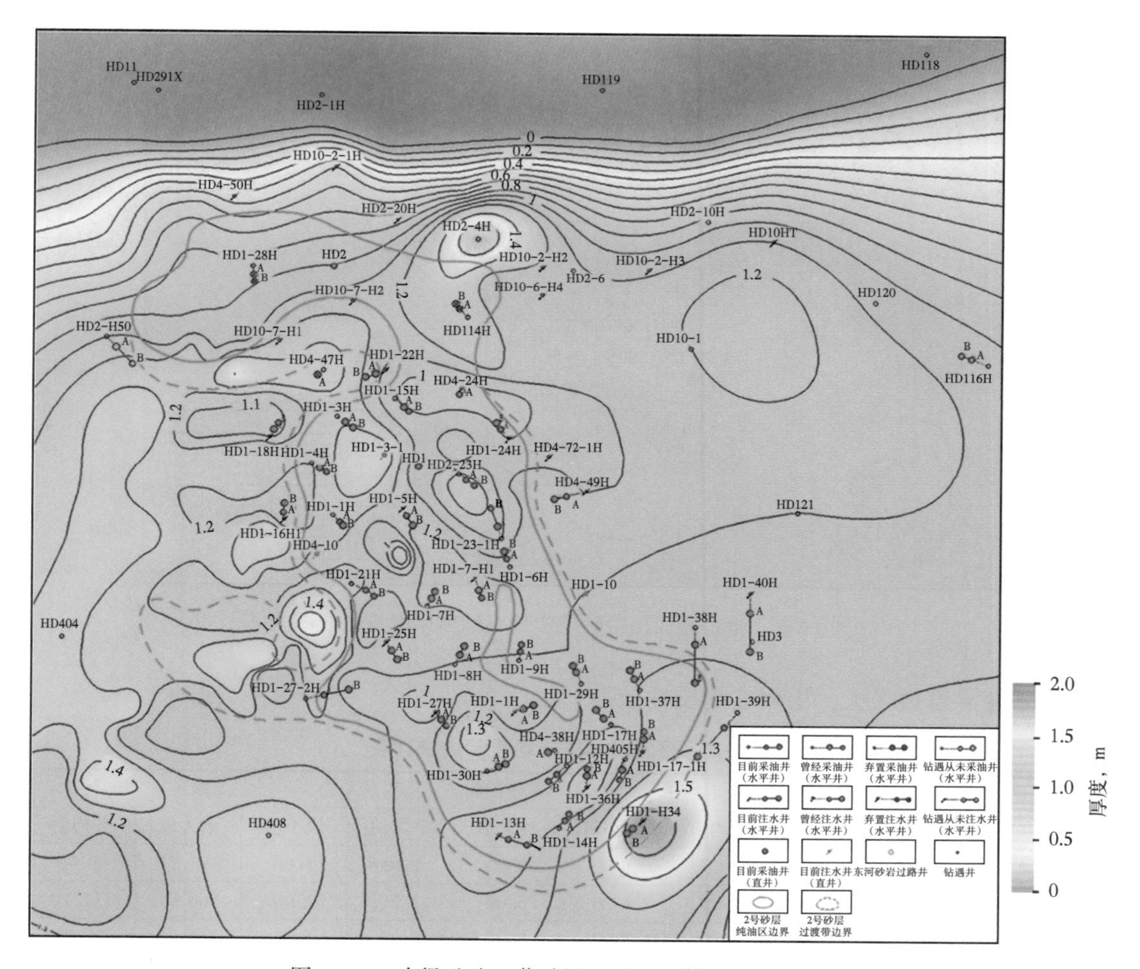

图 1-11　哈得逊油田薄砂层 2 号层砂体厚度等值线图

五、储层非均质性

1. 层内非均质性

薄砂层储层层内非均质性较强，经计算各砂层渗透率变异系数均值大于 0.70，其中薄砂层 3 号层含油区的渗透率变异系数为 0.77，非均质程度相对最弱，薄砂层 5 号层含油区

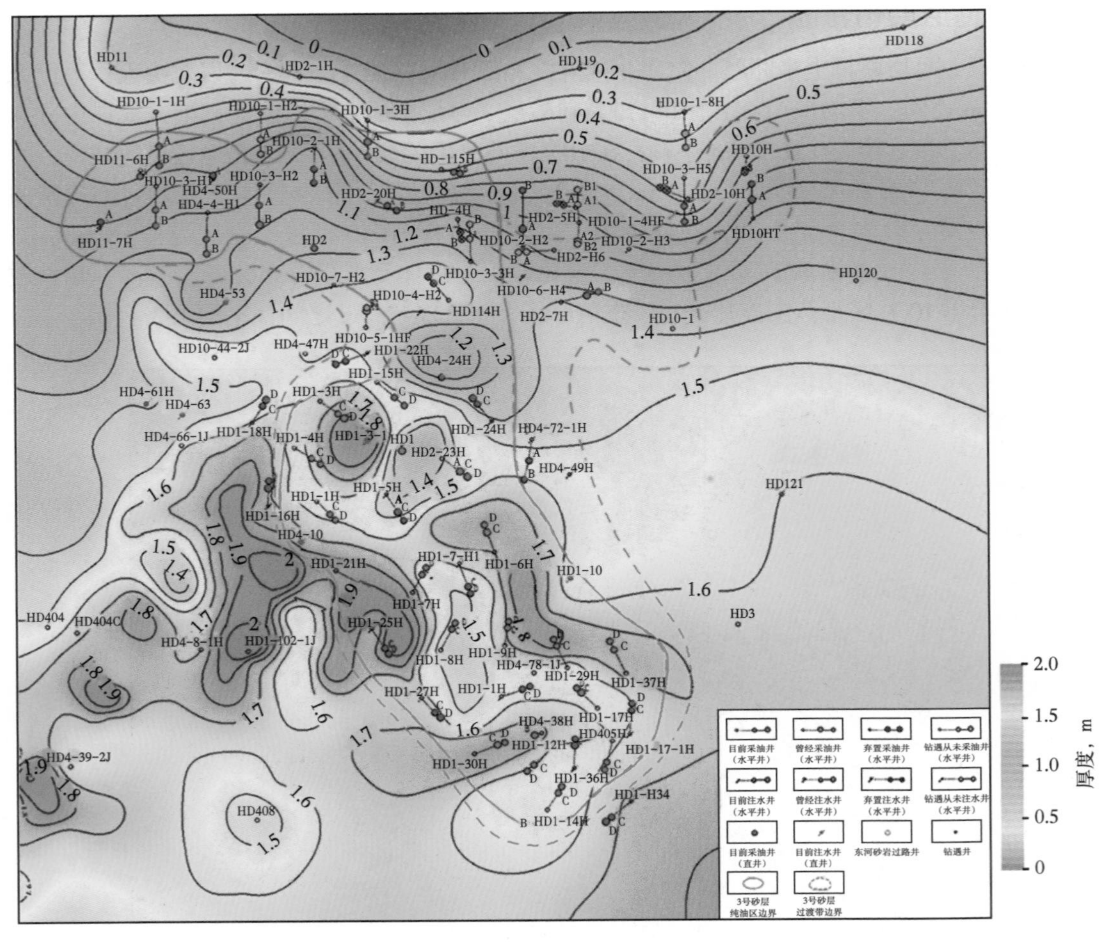

图 1-12　哈得逊油田薄砂层 3 号层砂体厚度等值线图

的渗透率变异系数最大，层内非均质性较强（表 1-7）。

表 1-7　薄砂层储层非均质参数统计表

层号	变异系数			突进系数			级差		
	最小值	最大值	平均值	最小值	最大值	平均值	最小值	最大值	平均值
2 号层	0. 21	2. 83	0. 92	1. 00	9. 00	2. 63	1. 00	191. 71	89. 70
3 号层	0. 12	2. 00	0. 77	1. 00	6. 00	2. 26	1. 00	300. 99	112. 70
4 号层	0. 32	2. 05	0. 92	1. 00	5. 89	2. 42	1. 00	159. 16	74. 49
5 号层	0. 30	2. 00	1. 14	1. 00	6. 23	3. 03	1. 00	263. 85	126. 27

2. 层间非均质性

哈得 1 井区薄砂层 2 号、3 号层物性最好，其次为哈得 10 井区薄砂层 2 号、3 号层，薄砂层 4 号层次之，薄砂层 5 号层物性最差。物性最好砂层的孔隙度、渗透率分别是物性最差砂层孔隙度、渗透率的 1.6 倍和 9.9 倍，层间存在较强非均质性（图 1-13、图 1-14）。

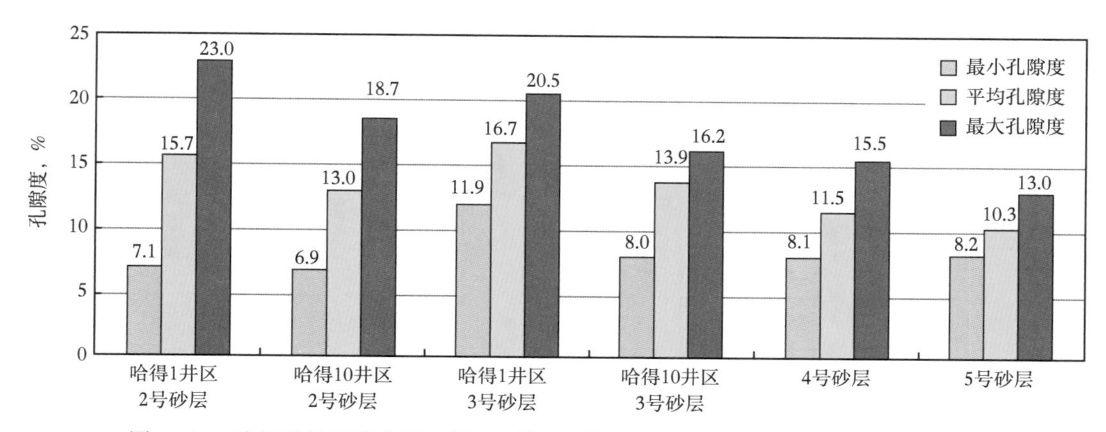

图 1-13　哈得逊油田薄砂层 2 号、3 号、4 号、5 号层测井解释孔隙度分布直方图

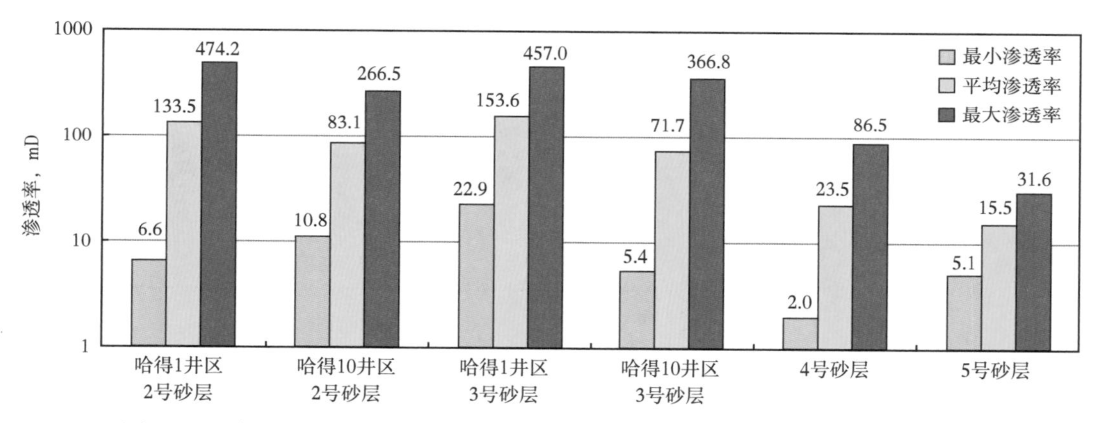

图 1-14　哈得逊油田薄砂层 2 号、3 号、4 号、5 号层测井解释渗透率分布直方图

3. 平面非均质性

根据各小层的厚度、规模、连续性以及小层内部孔隙度、渗透率的平面变化开展平面非均质性评价，经计算平面上渗透率变异系数大多在 0.7 以上，主要以强非均质为主。

第四节　油藏类型与流体性质

一、温压系统

1. 温度

哈得逊油田薄砂层油藏埋深 4996~5070m，对不同开采层位的油井试油温度数据进行归纳整理（表 1-8），绘制薄砂层油藏地层温度与埋深的关系曲线（图 1-15）。通过线性回归，得出油藏温度与埋深的关系式：

$$T=0.0187D+20 \tag{1-1}$$

式中　T——地层温度,℃;

　　　D——埋深，m。

薄砂层油藏中部温度 113.86℃，地温梯度 1.87℃/100m，属于正常温度系统。

表 1-8　哈得逊油田薄砂层油藏实测温度统计表

井号	深度 m	海拔 m	地层温度 ℃	井号	深度 m	海拔 m	地层温度 ℃
HD1	3300	-2348.09	80.83	HD1	4800.00	-3848.09	110.09
	3600	-2648.09	86.20		4856.78	-3904.87	114.40
	3900	-2948.09	92.29	HD2	4883.40	-3930.40	110.70
HD4H	4200	-3245.95	98.38		4896.11	-3943.11	113.60
	4400	-3445.95	102.49	HD4	5038.76	-4084.76	110.20
	4500	-3545.95	103.97		5069.46	-4114.46	113.00
HD1-2	4600	-3647.11	106.31		5026.76	-4063.76	115.50
	4700	-3747.11	108.25				

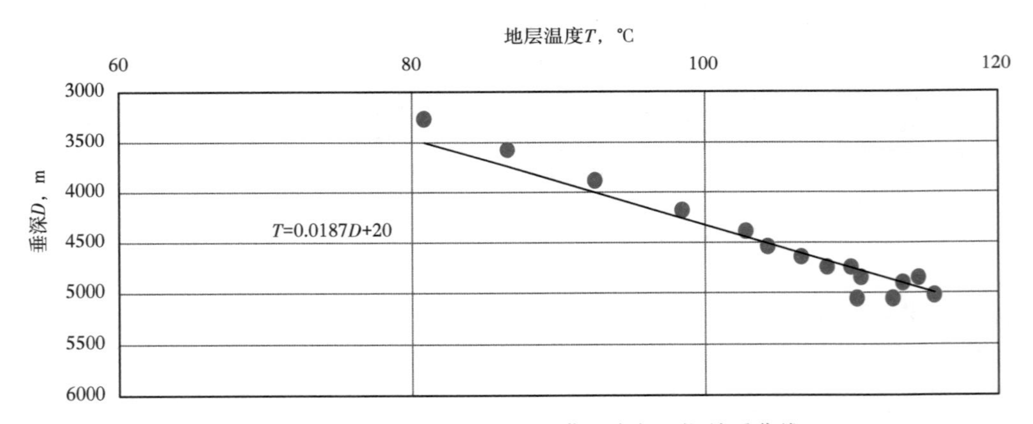

图 1-15　哈得逊油田薄砂层油藏温度与埋深关系曲线

2. 压力

利用试油试采静压测试数据（表 1-9）绘制油藏压力与油藏埋深的关系曲线（图 1-16），回归得出哈得逊油田薄砂层油藏压力与埋深关系式：

$$p=0.0108h \tag{1-2}$$

式中　p——地层压力，MPa;

　　　h——油藏埋深，m。

薄砂层油藏地层压力 53.78MPa，压力系数 1.08，属于正常压力系统。

表 1-9　哈得逊油田原始压力统计表

井号	深度 m	海拔 m	地层压力 MPa	井号	深度 m	海拔 m	地层压力 MPa
HD1-2H	4419	-3466.11	48.420	HD4-8H	4599.88	-3643.74	50.144
	4719	-3766.11	51.500		4699.88	-3743.74	50.976
	4982	-4029.11	54.230		4749.88	-3793.74	51.393
HD4H	4436	-3481.95	48.930		4849.88	-3893.74	52.481
	4500	-3781.95	48.750		5073.65	-4117.51	54.225
	4600	-3645.95	49.990	HD403	5069.46	-4114.09	53.550
	4736	-3545.95	51.740	HD405	4995.51	-4044.22	53.690

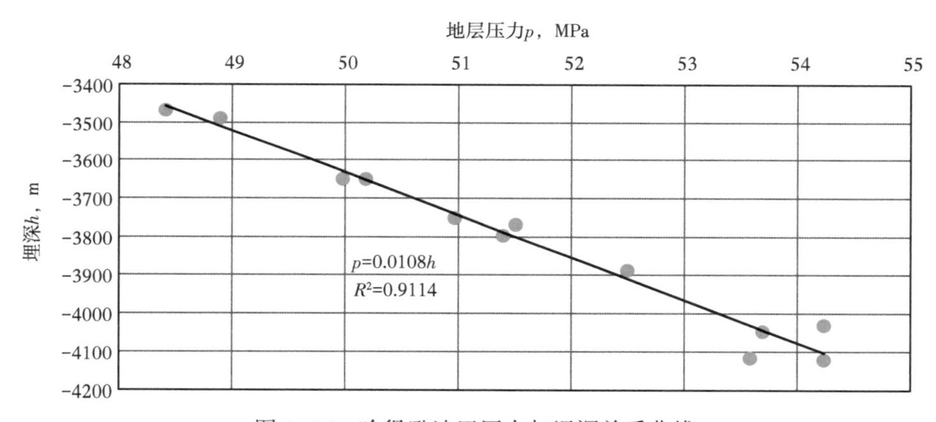

图 1-16　哈得逊油田压力与埋深关系曲线

二、流体性质

哈得逊油田薄砂层油藏流体性质单一，为正常黑油，产出的微量气体属较重偏湿的油型气，地层水为封闭环境下高矿化度的 $CaCl_2$ 型水。

1. 油气水常规物性

原油具有中密度（0.8617～0.8839g/cm³，平均 0.871g/cm³），中高黏度（5.07～25.08mPa·s），低凝固点（-39.2～2℃），低含硫（0.07%～1.04%），低含蜡（0.4%～13.4%），高胶质+沥青质（3.97%～7.11%）的特点。

天然气相对密度 0.75～1.07；甲烷含量 20.2%～77.1%，氮气含量较高，一般 0～38.3%，二氧化碳 0.5%～1.9%，硫化氢 0～3.4mg/m³。

地层水密度 1.1078～1.1784g/cm³，平均 1.15g/cm³；氯根 103900～173250mg/L，平均 138000mg/L；总矿化度 171500～284000mg/L，平均 226000mg/L。

2. 油藏高压物性

哈得逊油田薄砂层油藏 HD1 井 PVT 分析结果显示，在地层流体相态图（图 1-17）上，其临界压力为 4.84MPa，临界温度 437.5℃；最大蒸发压力 13.40MPa，临界蒸发温度 440.5℃。井流物组成为：C_1+N_2 为 24.06%，$C_{2-6}+CO_2$ 为 37.90%，C_{7+} 为 38.04%（图 1-18），用三角图判别法判别，该地层流体为常规原油。

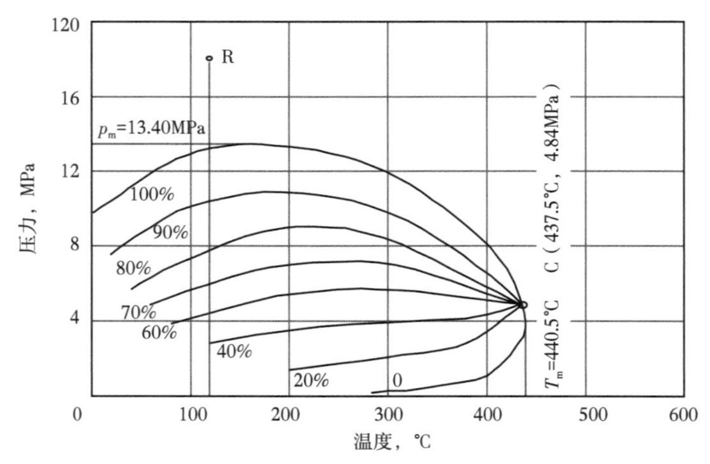

图 1-17　HD1 井流体相态图（井段 5002.5~5008m）

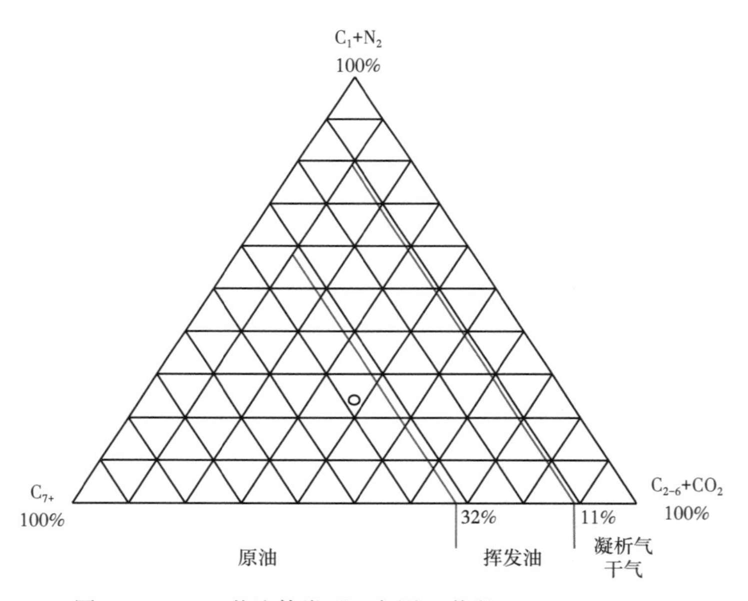

图 1-18　HD1 井流体类型三角图（井段 5002.5~5008m）

三、油藏类型

喜马拉雅造山期构造运动造成哈得逊油田薄砂层油藏西北方向快速沉降倾斜，构造高点不断南移，兼受储层特征的影响形成了薄砂层油藏复杂的油水分布模式。薄砂层油藏类型为具有油水过渡带的层状边水未饱和油藏，埋深 4996~5070m，其中薄砂层 2 号、3 号层为具有油水过渡带的层状边水未饱和油藏，薄砂层 4 号、5 号层为岩性未饱和油藏（图 1-19和图 1-20）。

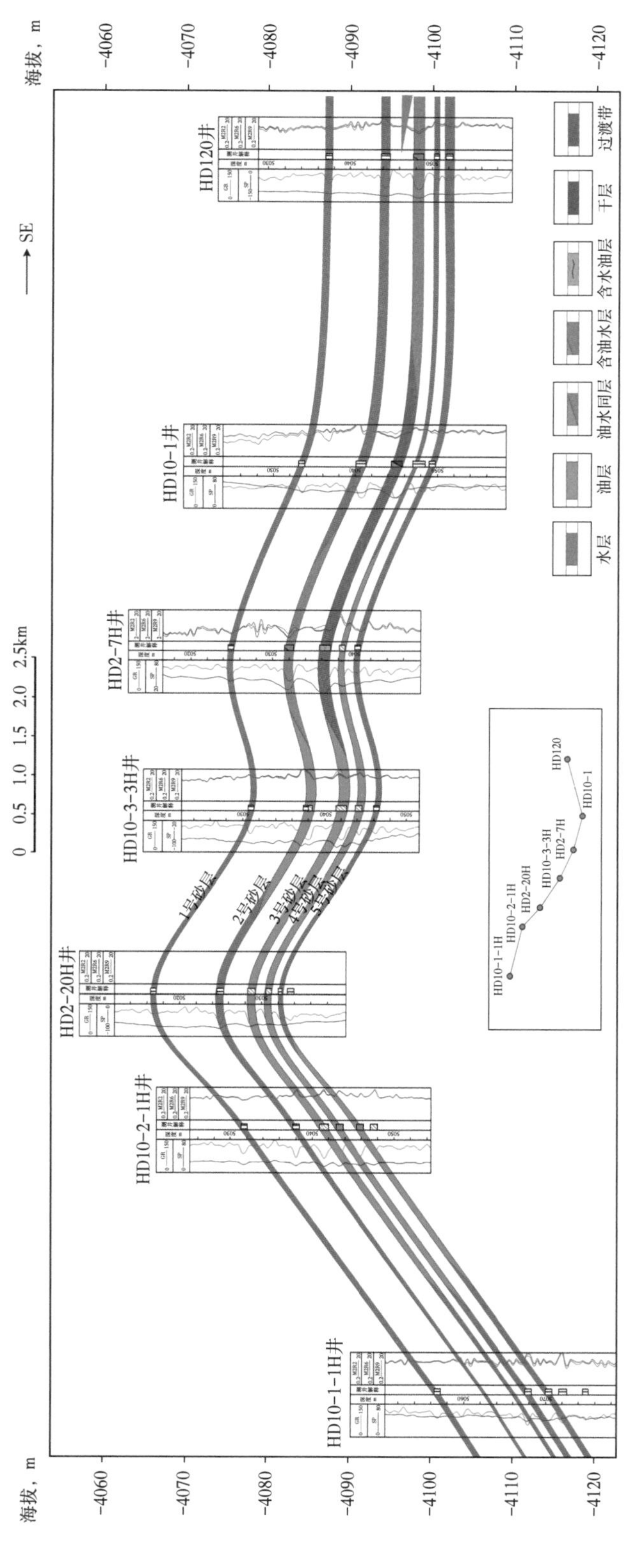

图 1-19　哈得逊油田薄砂层油藏近东—西向油藏剖面图

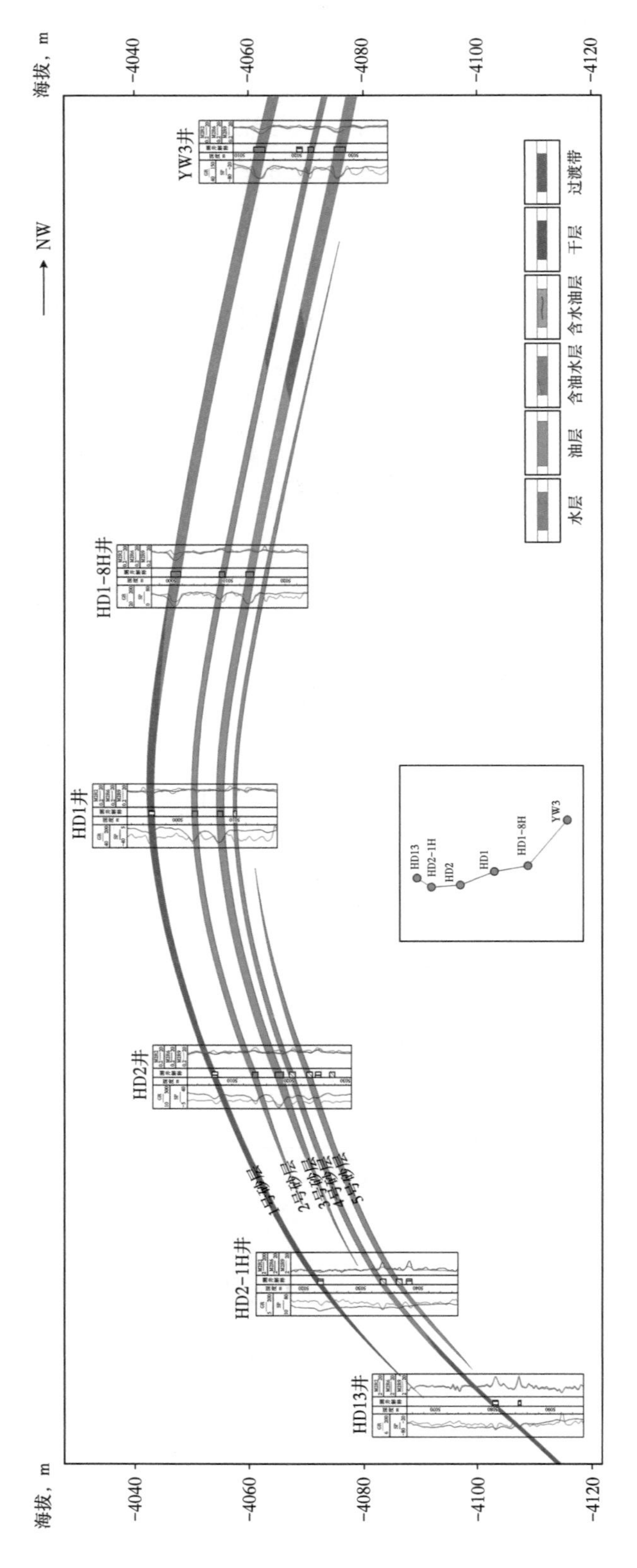

图 1-20 哈得逊油田薄砂层油藏近南—北向油藏剖面图

第五节　储量计算

1999年至今，哈得逊油田薄砂层油藏已进行多次探明地质储量申报，2017年9月再次进行石油探明储量复算，明确储量规模。依据复算结果，薄砂层油藏已开发原油探明地质储量1970.77×10^4t、溶解气探明地质储量9.96×10^8m^3，叠合含油面积142.53km^2，详见表1-10。

表1-10　哈得逊油田薄砂层油藏石油探明储量复算数据表

层位	计算单元	含油面积 km^2	有效厚度 m	有效孔隙度	原始含油饱和度	体积系数	原油密度 g/cm^3	溶解气油比 g/cm^3	地质储量 原油 10^4m^3	地质储量 原油 10^4t	地质储量 溶解气 10^8m^3
中泥岩段薄砂层	2号层纯油区	61.10	1.1	0.150	0.703	1.156	0.871	44	613.09	534.00	2.70
	2号层过渡带	18.39	0.6	0.151	0.505	1.156	0.871	44	72.79	63.40	0.32
	3号层纯油区	70.73	1.5	0.156	0.660	1.156	0.871	44	944.94	823.05	4.15
	3号层过渡带	29.77	0.6	0.153	0.516	1.156	0.871	44	121.99	106.25	0.54
	4号层	71.51	0.8	0.120	0.699	1.156	0.871	44	415.10	361.56	1.83
	5号层	19.44	0.9	0.096	0.652	1.156	0.871	44	94.73	82.51	0.42
合计		142.53							2262.64	1970.77	9.96

参考文献

[1] 李小地，柳少波，田作基，等．塔里木盆地油气系统与油气分布规律[M]．北京：地质出版社，2000.

[2] 赵靖舟，吴保国．塔里木盆地哈得4油田成藏模式探讨[J]．中国石油勘探，2001，6(1)：20-23.

[3] 徐汉林，江同文，顾乔元，等．塔里木盆地哈得逊油田成藏研究探讨[J]．西南石油大学学报(自然科学版)，2008，30(5)：17-21.

第二章　薄砂层油藏开发特征与效果评价

哈得逊油田薄砂层油藏纵向上发育 2 号、3 号、4 号、5 号四套含油砂层，层厚仅 0.6~1.5m，是一个储层超深、超薄、储量丰度低的背斜层状边水油藏。由于开发难度大、单井产吸能力差、储量控制程度低，哈得逊油田薄砂层油藏被中国石油天然气集团有限公司专家评价为边际油藏。哈得逊油田薄砂层油藏以两套井网开发四套油层，其中南部 2 号、3 号层划为哈得 1 井区，北部 3 号、4 号、5 号层划为哈得 10 井区（图 2-1）。在开发过程中积极引入薄储层预测与流体识别、水平井钻井及井眼轨迹调整优化等特色技术，建立了双台阶、超长水平井复合开发井网，实现油田高效开发并长期稳产。截至 2019 年底，薄砂层油藏累

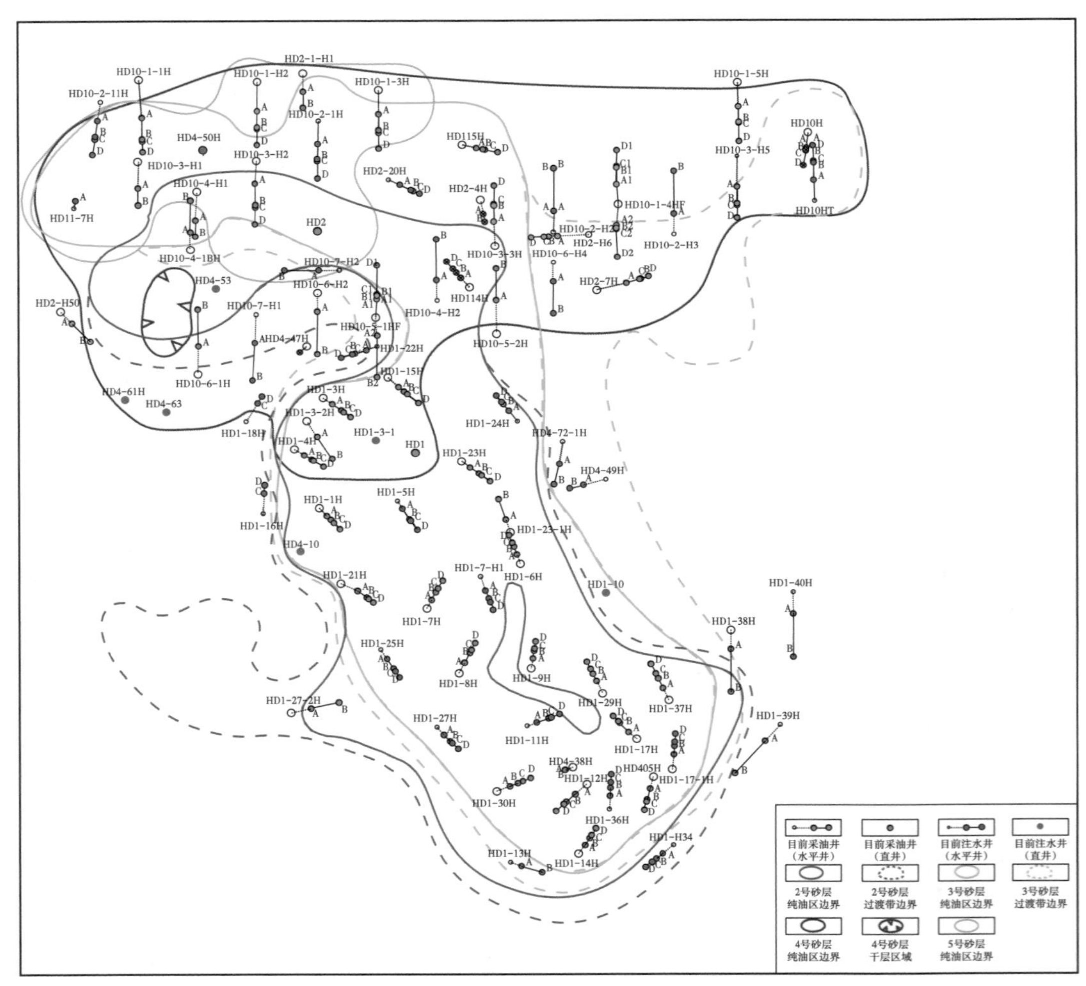

图 2-1　哈得逊油田薄砂层油藏构造井位图

计产油 509. 11×10^4t，地质储量采出程度 25. 83%，综合含水率 72. 86%，累计注采比 0. 96，预计水驱采收率 34. 17%，已成为一个整体采用双台阶水平井全面高效开发的油田，被树立为中国石油的典范。

第一节　油藏开发历程

1998 年 2 月哈得 4 号构造带上第一口探井哈得 1 井在中泥岩段获高产工业油流，发现了哈得逊油田薄砂层油藏哈得 1 井区。2004 年 2 月哈得 10 井获高产工业油流，发现了哈得逊油田薄砂层油藏哈得 10 井区。2002—2015 年保持 25. 0×10^4t 以上稳产 14 年，2005 年年产油达到高峰 34. 5×10^4t，2019 年年产油 17. 0×10^4t，其中 2013 年哈得 10 井区薄砂层油藏投入开发。薄砂层油藏哈得 1 井区 1998 年 3 月油田开始试采，产量不断上升，1998—2002 年持续建产，年产油由 2. 4×10^4t 上升到 25. 8×10^4t。2002 年油田全面投入开发，2003 年 10 月全面投注，整体采用双台阶水平井注水开发，采用边缘环状加内部点状注水（图 2-2）；2003—2013

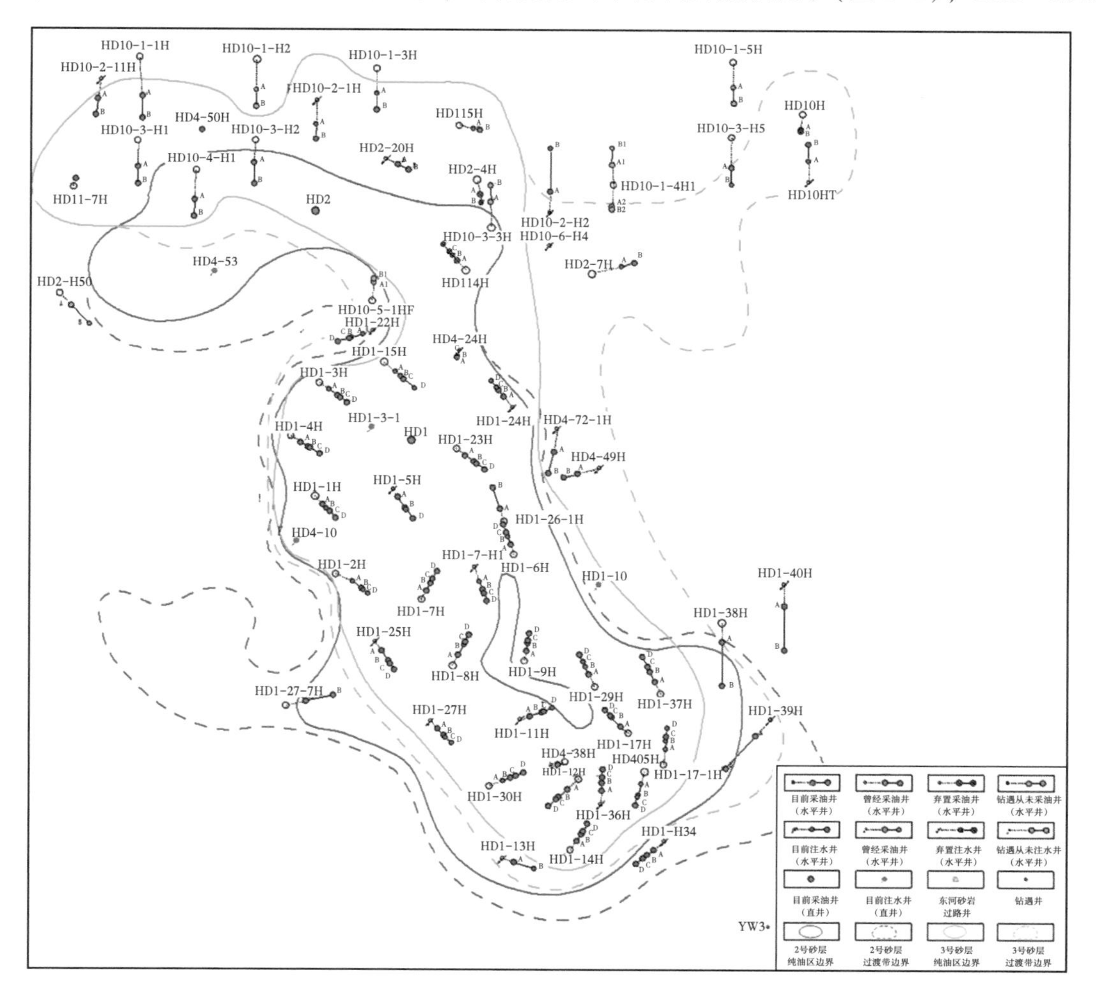

图 2-2　薄砂层油藏哈得 1 井区构造井位图

年保持年产油 20×10⁴t 以上稳产 11 年，2005 年年产油达到高峰 32.0×10⁴t，2013 年后老井含水率上升，产量递减加快，至 2019 年底年产油 9.8×10⁴t（图 2-3）。

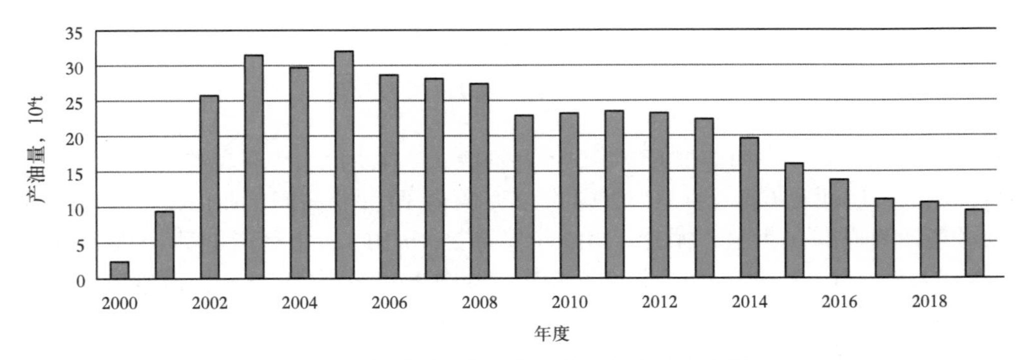

图 2-3　薄砂层油藏哈得 1 井区年产油柱状图

薄砂层油藏哈得 10 井区 2004—2012 年为试采阶段，年产油在 3.0×10⁴t 左右；2013—2015 年为上产阶段，2013 年先后投产 8 口新井，通过开发调整方案实施，年产油由 3.0×10⁴t 达到 2015 年的峰值 13.0×10⁴t；2016 到目前为综合调整阶段，至 2019 年底年产油8.3×10⁴t（图 2-4 和图 2-5）。

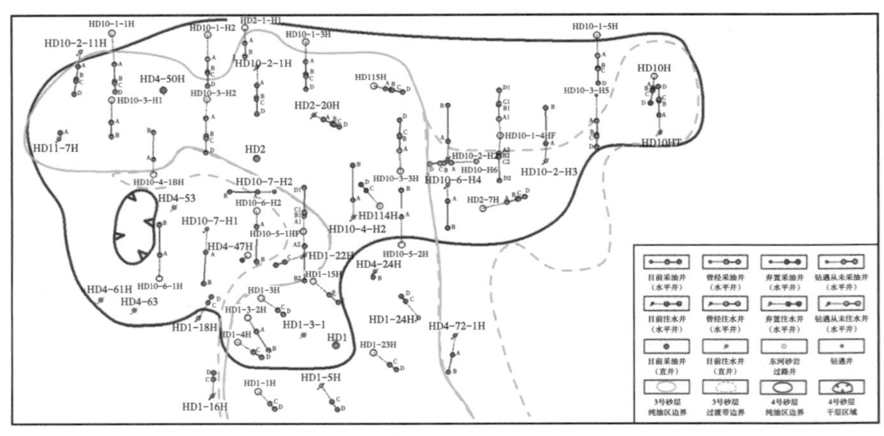

图 2-4　薄砂层油藏哈得 10 井区构造井位图

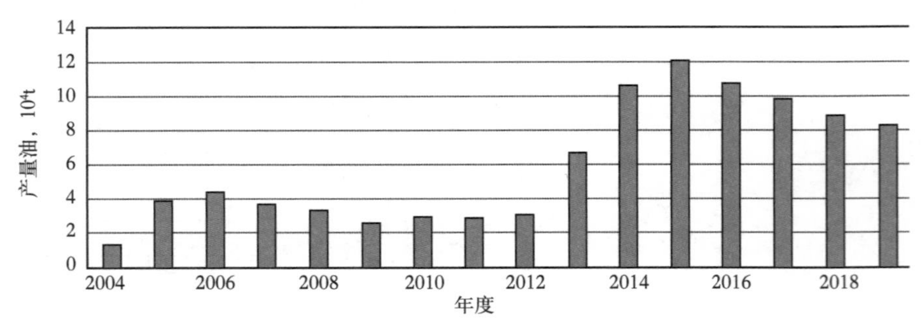

图 2-5　薄砂层油藏哈得 10 井区年产油柱状图

第二节　试采评价(1998—2001年)

一、试油试采简况

1998年3月开始试采，截至2001年5月试采阶段共有HD1井、HD2井、HD1-1H井等3口井投入开发，其中HD1井、HD1-1H井构造位置较高，距离油水边界大于1200m，而HD2井构造位置较低，距离油水边界约为600m。

截至2001年5月井口累计产油7.6574×10^4t（核实7.1070×10^4t），井口累计产水0.1827×10^4t（核实0.1667×10^4t），累计产气0.02×$10^8$$m^3$(图2-6)。

哈得1井区原始地层压力为54.02MPa，1999年4月地层压力为53.08MPa，阶段单井总压降0.94MPa、累计产油1.6623×10^4t，弹性产率只有1.77×10^4t/MPa，弹性产率低，天然能量不充足。

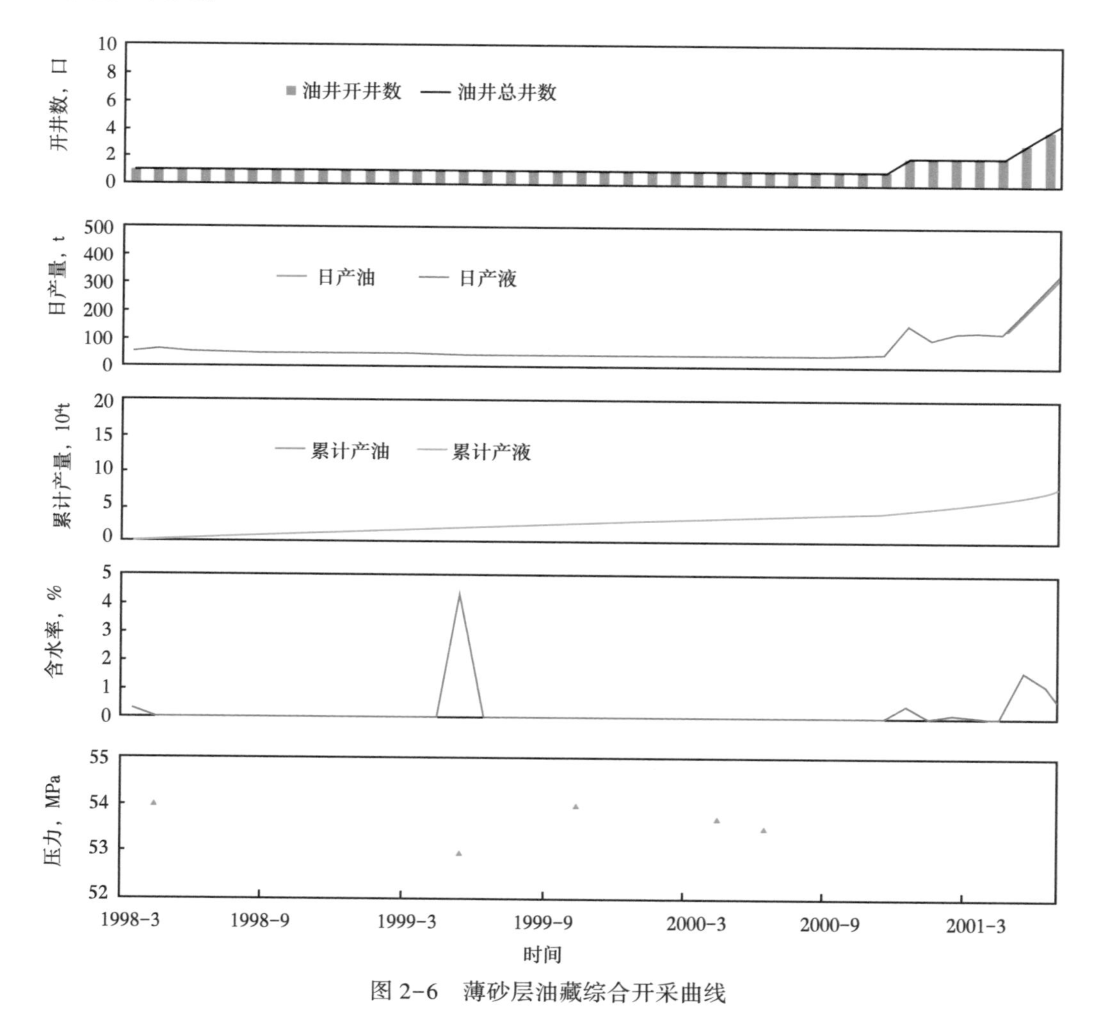

图2-6　薄砂层油藏综合开采曲线

二、油井产能评价

1. 试采期间油井生产能力比较旺盛，单井产能有差异

HD1 井、HD2 井、HD1-1H 井等 3 口井的生产能力见表 2-1，表现出产量递减缓慢，压力保持程度较高，气油比稳定，基本不含水。

表 2-1　薄砂层油藏油井试采期间生产能力统计表

井号	投产初期					2001 年 5 月					平均月递减 %
	工作制度 mm	日产油 t	地层压力 MPa	气油比 m^3/t	含水率 %	工作制度 mm	日产油 t	地层压力 MPa	气油比 m^3/t	含水率 %	
HD1	5	50	54.02		0	5	37	53.62	34	0	0.83
HD1-1H	6	94	52.23	35	0.2	6	94	51.37	35	0	—
HD2	机采	26			7.5	机采	21		31	9	0.69

平面上储层物性、油层厚度存在差异是油井产能存在差异的根本原因。

储层岩心物性化验、测井解释的油层参数见表 2-2，可以看出储层物性变化较大：岩心分析平均渗透率 41.65~131.25mD，油层厚度 2.0~3.2m。

表 2-2　薄砂层油藏已投产油井 2 号、3 号层参数表

井号	岩心分析平均渗透率 mD	井号	油层厚度 m	井号	油层厚度 m
HD2	41.65	HD2	2.5	HD4-5H	3.2
HD1	110.48	HD1	2.0	HD1-6H	2.8
HD1-2H	131.25	HD1-2	2.5	HD1-9H	2.5
HD4-2H	97.05	HD4-6H	3.0	HD405	2.5

采油指数与油层渗透率、厚度成正比，所以薄砂层油藏平面上产能总体变化趋势为北低南高：HD2 井采油指数 1.30t/（d · MPa），HD1 井采油指数 4.4t/（d · MPa）。

2. 不同构造位置单井自喷能力差异较大

不同构造位置单井自喷能力差异较大，3 口生产井，2 口自喷，1 口机采，各井自喷能力见表 2-3。单井自喷能力差异具体表现为构造圈闭较低，离边水较近的油井无水采油期短，自喷能力比构造高部位的油井低。

HD2 井所处构造圈闭较低，离边水较近，开井即含水，在 3 口井中自喷能力最低，自喷期只有 52 天，累计采油 444t 后转抽。

表 2-3　薄砂层油藏油井自喷能力统计表

井号	投产初期					2001 年 3 月或停喷时间				累计生产参数	
	时间	工作制度 mm	日产油 t	含水率 %	油压 MPa	工作制度 mm	日产油 t	含水率 %	油压 MPa	累计自喷时间 d	累计产油量 t
HD1	1998-3-21	5	50	0	3.38	5	37	0	2.41	1062.0	47404
HD1-1H	2000-12-4	6	94	0.2	4.91	6	94	0	4.67	95.6	8360
HD2	1998-9-5	5	11	6.3	0.2	无	1	7	0.20	52.0	444

3. 水平井产能、自喷能力高于直井

HD1-1H 水平井采油指数 13.61t/(d·MPa)，约为 HD1 井的 3 倍、HD2 井的 10 倍；其生产初期油压高，日产油量大。

三、注水井注入能力评价

1. 直井

HD1-10 井自 2001 年 11 月 24 日开始试注，2002 年 6 月 22 日停注，累计注水 $20.2337\times10^4m^3$。试注期间录取了 4 次视吸水指示曲线、1 次稳定试井及压降试井等资料。

4 次视吸水指示曲线形态为折线形(图 2-7)，视吸水指数随压力增大而增大，随着注水时间的延长，视吸水指数有所降低，说明地层受到了一定伤害。

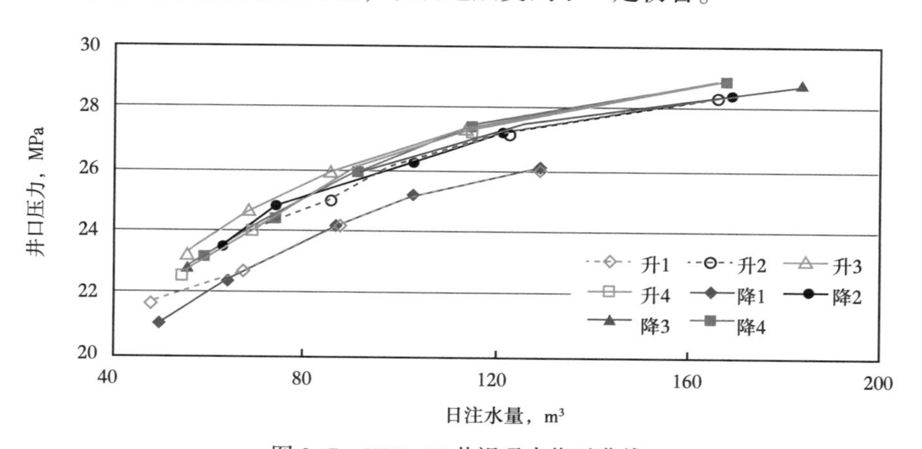

图 2-7　HD1-10 井视吸水指示曲线

根据 4 次视吸水指示曲线趋势推测该井启动压力约 17MPa，正常试注日注水量 $130m^3$，井口压力约 28MPa。薄砂层油藏直井注水启动压力和正常注水压力均较高。

2002 年 1 月进行了稳定试井，4 种流量下吸水指数分别为 $2.28m^3/(d\cdot MPa)$、$3.29m^3/(d\cdot MPa)$、$3.80m^3/(d\cdot MPa)$、$4.37m^3/(d\cdot MPa)$（表 2-4），吸水指数指示曲线形态为折线型(图 2-8)。结合吸水剖面资料分析，吸水指数增大原因是存在裂缝，其实际吸水指数为 $2.28m^3/(d\cdot MPa)$，与计算的理论吸水值 I_w 为 $3.75m^3/(d\cdot MPa)$，取其 80%为 $3.00m^3/(d\cdot MPa)$ 基本吻合。

表 2-4 HD1-10 井稳定试井数据

序号	注入水量 m^3/d	流压 MPa	生产压差 MPa	吸水指数 $m^3/(d \cdot MPa)$
1	132.0	79.682	30.189	4.37
2	108.0	77.951	28.458	3.80
3	91.2	77.195	27.702	3.29
4	48.0	70.585	21.092	2.28

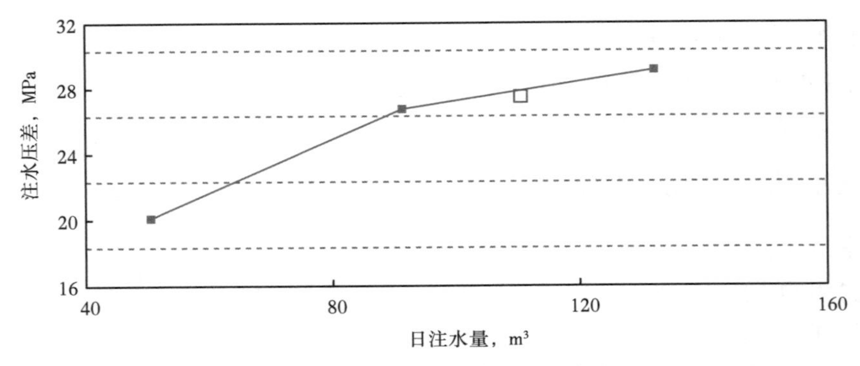

图 2-8 HD1-10 井吸水指示曲线

由此看来，由于储层超薄及伤害等因素的影响，直井注水吸水能力低，注水压力高，达不到原方案配注要求。

2. 双台阶水平井

HD1-27H 井在 2002 年 8 月进行双台阶水平井试注，录取了 1 次视吸水指示曲线、1 次稳定试井及压降试井等资料。

HD1-27H 井视注水指示曲线明显呈折线形，反映了多层吸水和非均质地层吸水的特征（图 2-9）。2002 年 9 月进行了稳定试井，得到不同流量的吸水指数（表 2-5），注水指示曲线同样呈折线形（图 2-10），稳定试井时视吸水指数为 24.31$m^3/(d \cdot MPa)$，高于初

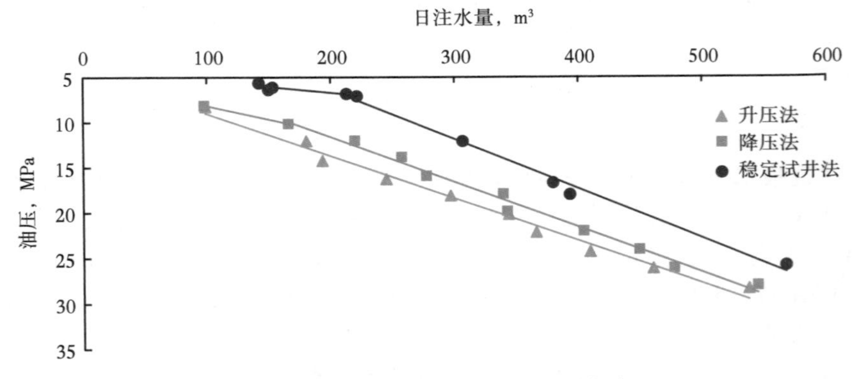

图 2-9 HD1-27H 井视注水指示曲线

期视吸水指数 16.63m^3/(d·MPa)，日注水不高于 200m^3，井口压力在 10MPa 以下，表明随着时间延长，完善程度提高，吸水能力逐步增加，初期吸水能力明显偏低，可靠性低。根据稳定试井时视吸水指示曲线趋势推测启动压力约 3.6MPa[1]。

表 2-5　HD1-27H 井稳定试井数据

序号	注入水量 m^3/d	流压 MPa	生产压差 MPa	吸水指数 m^3/(d·MPa)
1	510	72.913	23.661	21.55
2	393	65.194	15.942	24.65
3	310	61.388	12.136	25.54
4	215	57.488	8.236	26.10
5	151	56.868	7.616	19.83
6	566	71.832	22.580	25.07

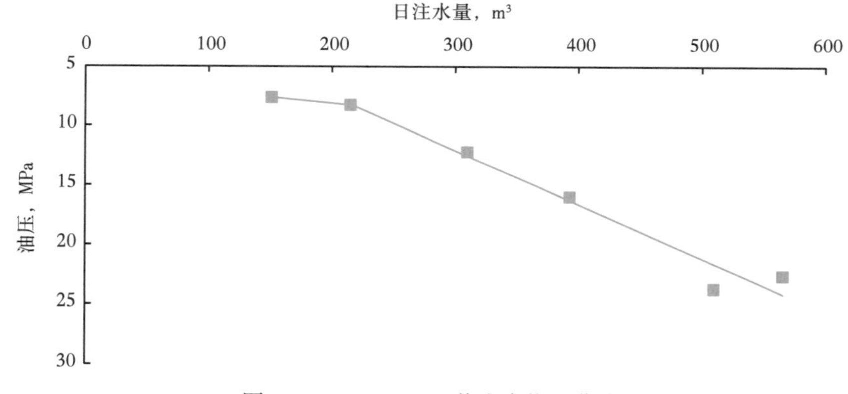

图 2-10　HD1-27H 井注水指示曲线

HD1-27H 井的吸水指数约为直井 HD1-10 井的 10 倍，水平井注水与直井相比可大幅度降低井口压力。

第三节　开发方案设计与实施效果(2002—2011 年)

一、开发方案

结合薄砂层油藏试采评价情况，2002 年编制《哈得逊油田开发方案》。

1. 开发原则

哈得逊油田开发要贯彻“两新、两高”(新体制、新技术，高水平、高效益)的工作方针和勘探开发一体化的思路；整体部署、分步分块实施、逐步优化调整、加深认识、不断完善、确保油井具有较高的单井产能，最终实现高效开发。

(1)以经济效益为中心，利用新技术，提高油田开发水平。

(2)采用稀井网开采，井网控制一定的探明石油地质储量。

(3)合理利用天然能量，延长油井无水、低含水采油期，获得最佳开发效果。

(4)全面应用适合本油田的新技术，采用水平井开发，根据各油藏的特点选择不同类型的水平井。

(5)采油工程设计要遵循符合油田实际、操作性强的原则。

(6)地面工程建设原则：安全、科学、方便生产、节省投资。

2. 开发方式

薄砂层油藏哈得1井区率先采用双台阶水平井、一套井网开发，先期利用天然能量衰竭式开发，适时转为边缘环状+中间点状注水方式开发。

3. 对比方案设计

薄砂层油藏2号、3号层均为潮坪相潮间带亚相沉积，为同一沉积环境的沉积物。砂体横向稳定性好，分布广。储层物性均为低—中等渗透性储层。储层岩石类型基本一致。两个油层之间的隔层厚度为3.1~3.8m，而且分布稳定，其压力系统一致，饱和压力接近，原始油层压力只有微小差别，合采时层间干扰程度低。同时薄砂层油藏2号、3号层，油藏储量丰度都属特低级别，采用两套井网单独开采没有经济效益，不具备单独开采的条件。因此薄砂层油藏2号、3号层采用一套井网进行合采开发[2]。

根据薄砂层油藏哈得1井区的构造特征，设计两种布井方式(图2-11、图2-12)，每种布井方式设计了3个采油速度(表2-6)，共计6套开发对比方案。

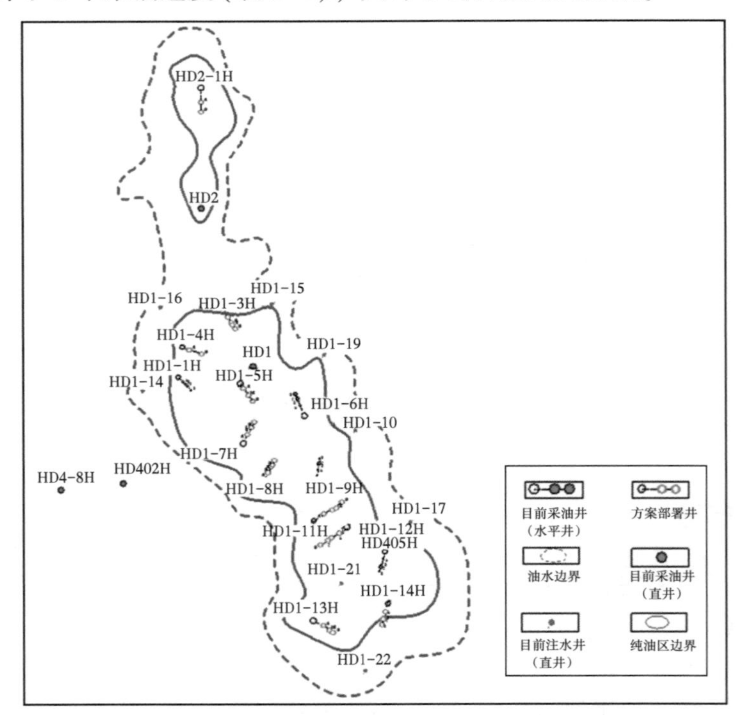

图2-11　薄砂层油藏开发方案第一套井位部署图

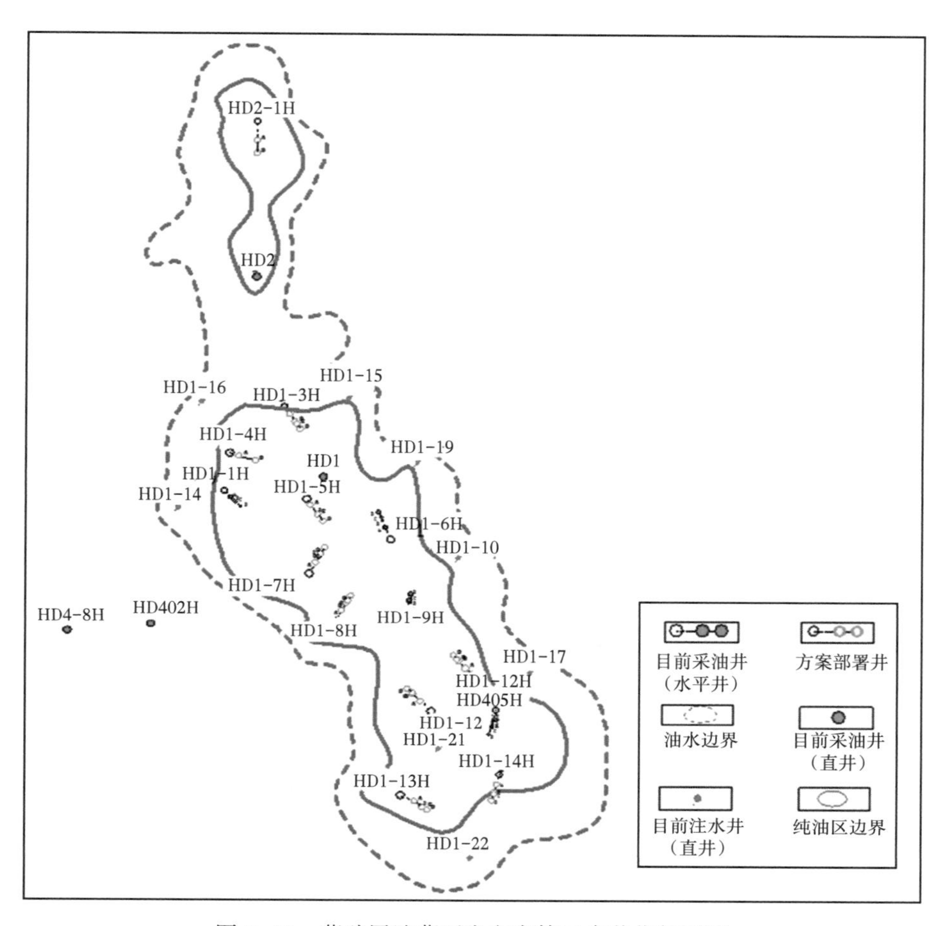

图 2-12 薄砂层油藏开发方案第二套井位部署图

表 2-6 薄砂层油藏哈得 1 井区对比方案设计表

对比方案	布井方式	方案设计	采油速度，%	备注
方案一	第一种	南部垂直于构造轴向布井：14 口水平井+2 口直井。环状注水。7 口注水直井	2.0	6 年后高部位的 HD1-5H 井、HD1-12H 井转注
方案二			1.4	
方案三			2.5	
方案四	第二种	南部平行于构造轴向布油井：14 口水平井+2 口直井。7 口注水直井	2.0	6 年后高部位 HD1-5H 井和南部高部位打一口直井注水
方案五			1.4	
方案六			2.5	

根据产能分析和油井相对构造位置，不同速度下单井配产指标见表 2-7。

表 2-7　薄砂层油藏哈得 1 井区不同布井方式和不同速度下单井配产指标表

内容			方案一，方案四		方案二，方案五		方案三，方案六	
分类	序号	井号	日产油 t	日产油 m^3	日产油 t	日产油 m^3	日产油 t	日产油 m^3
已有油井	1	HD2	20	23	20	23	20	23
	2	HD1	30	34	30	34	30	34
	3	HD1-1H	63	73	43	49	77	89
方案设计井	4	HD1-9H	63	73	43	49	77	89
	5	HD1-6H	63	73	43	49	77	89
	6	HD1-3H	63	73	43	49	77	89
	7	HD1-4H	63	73	43	49	77	89
	8	HD1-5H	63	73	43	49	77	89
	9	HD1-7H	63	73	43	49	77	89
	10	HD1-8H	63	73	43	49	77	89
	11	HD201H	45	52	35	40	50	57
	12	HD1-11H	63	73	43	49	77	89
	13	HD405	63	73	43	49	77	89
	14	HD1-12H	63	73	43	49	77	89
	15	HD1-13H	63	73	43	49	77	89
	16	HD1-14H	63	73	43	49	77	89
合计			914	1051	644	740	1101	1266
年产			301620	346690	212520	244276	363330	417621

所有方案按照油井定液、定流压 30MPa 生产，生产时率 100%进行指标预测。

4. 方案优选

薄砂层油藏哈得 1 井区数值模拟计算对比方案指标如图 2-13 至图 2-16 所示。

可以看出，初期相同配产的情况下，第一种布井方式的三个方案与第二种布井方式的相应方案相比：年产油递减较慢；相同含水率时，采出程度较高；压力保持程度较好。因此第一种布井方式明显好于第二种。

第一种布井方式的三个方案中，方案二稳产期最长，但采油速度较低，产能规模小，开发效益较差；方案三采油速度偏高，稳产期过短，不利于后期方案调整和改善；方案一采油速度 2%处于合理采油速度范围，有 3 年左右的稳产期，稳产期内累计产油最高 119×10^4t，产能规模 30×10^4t，可以确保油田有较好的经济效益，见表 2-8。因此将方案一作为薄砂层油藏哈得 1 井区开发推荐方案。

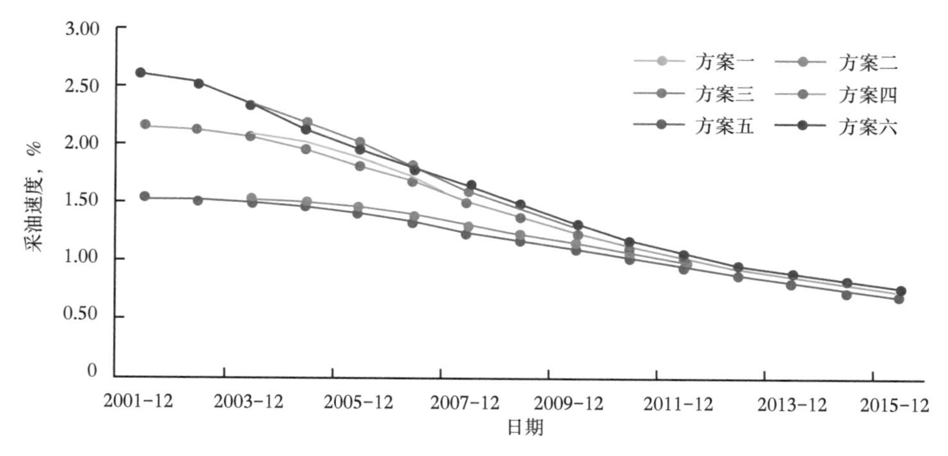

图 2-13 薄砂层油藏哈得 1 井区开发设计方案采油速度对比图

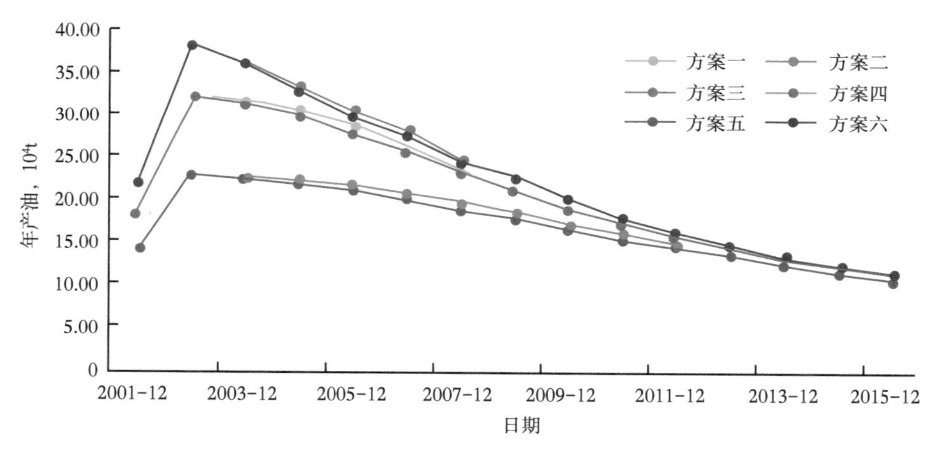

图 2-14 薄砂层油藏哈得 1 井区开发设计方案年产油对比图

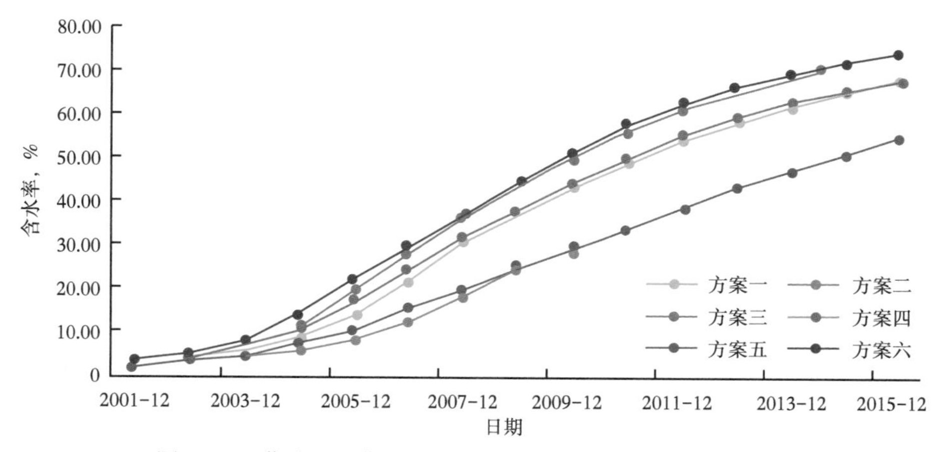

图 2-15 薄砂层油藏哈得 1 井区开发设计方案含水率对比图

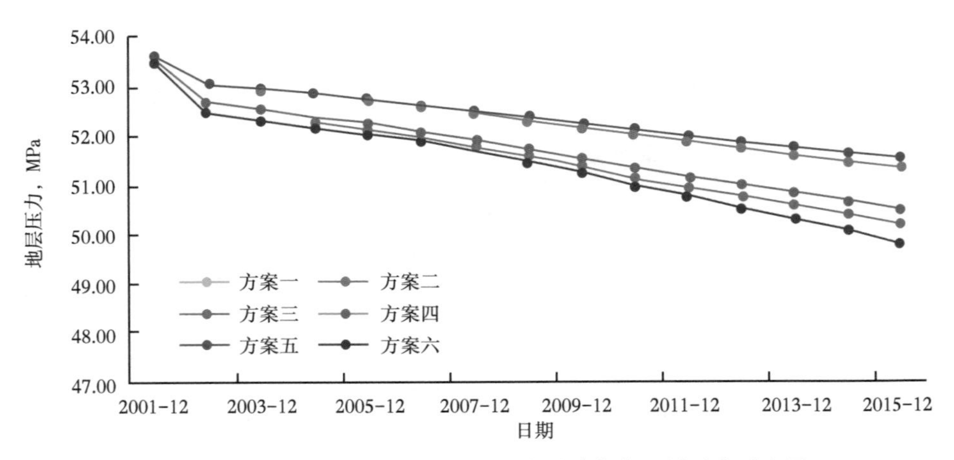

图 2-16　薄砂层油藏哈得 1 井区开发设计方案地层压力对比图

表 2-8　薄砂层油藏哈得 1 井区方案指标对比表

方案	稳产阶段			含水率 30%稳产期累计产油，10^4t	含水率 50%稳产期累计产油，10^4t
	稳产期 年	稳产期累计产油 10^4t	稳产期末含水率 %		
方案一	3.5	119.0521	8.36	197.0910	254.3094
方案二	4.5	109.0111	8.27	184.8426	246.7103
方案三	1.5	70.8039	5.04	194.3035	261.0319
方案四	3.5	118.3675	10.72	194.8003	252.1457
方案五	4.5	108.2599	10.73	181.3575	245.4855
方案六	1.5	70.8213	5.07	192.4540	260.6354

推荐方案指标见表 2-8。对比分析两个油层开发指标，薄砂层的两个油层在开发初期层间干扰不明显，但 3 年后层间干扰开始加剧，到油田开发中期层间干扰最大，随后逐年减少(图 2-17)，15 年后剩余油分布如图 2-18 所示[3]。

二、开发方案实施效果

从方案设计指标对比表(表 2-9)可以看出，油藏实际年产能、采油速度、稳产年限均达到或稍优于开发方案设计指标，实现了高产稳产。方案设计 30×10^4t 稳产 3 年，实际 30×10^4t 稳产 3 年，28×10^4t 稳产 2 年，25×10^4t 稳产 3 年(图 2-19)。

单井产量稍低于设计，由于东南部油层物性低于预期，导致油井产能低于设计产能，方案设计采油指数 10.79t/(d · MPa)，东南部平均采油指数为 3.62t/(d · MPa)。注水井调整为水平井并增加 2 口是由于直井注水井 HD1-10 井由于层薄，吸水能力较水平井差。

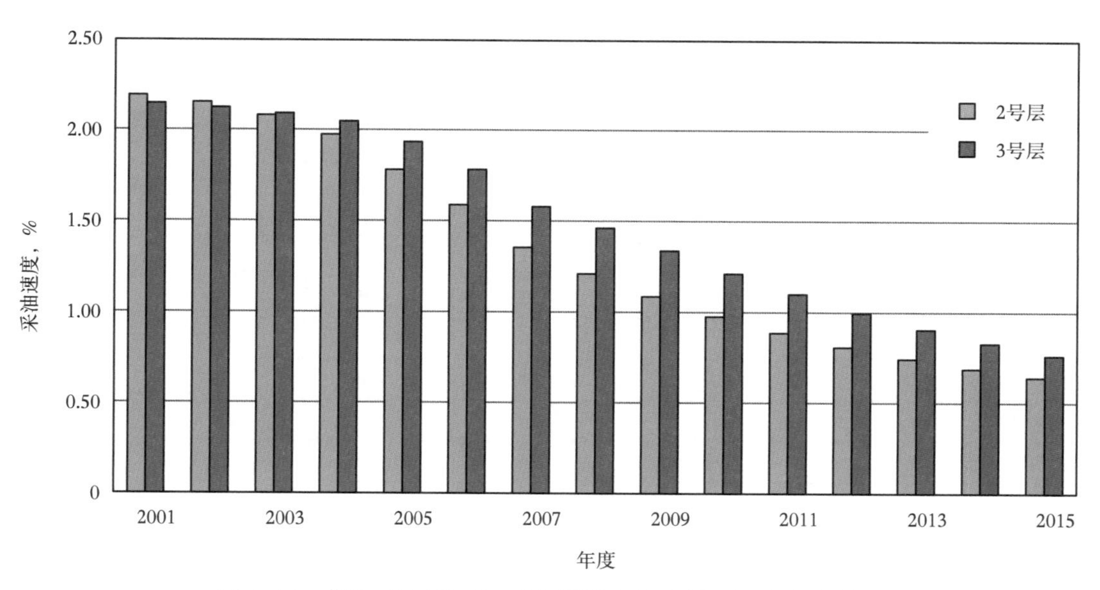

图 2-17　薄砂层油藏哈得 1 井区推荐方案小层采油速度对比图

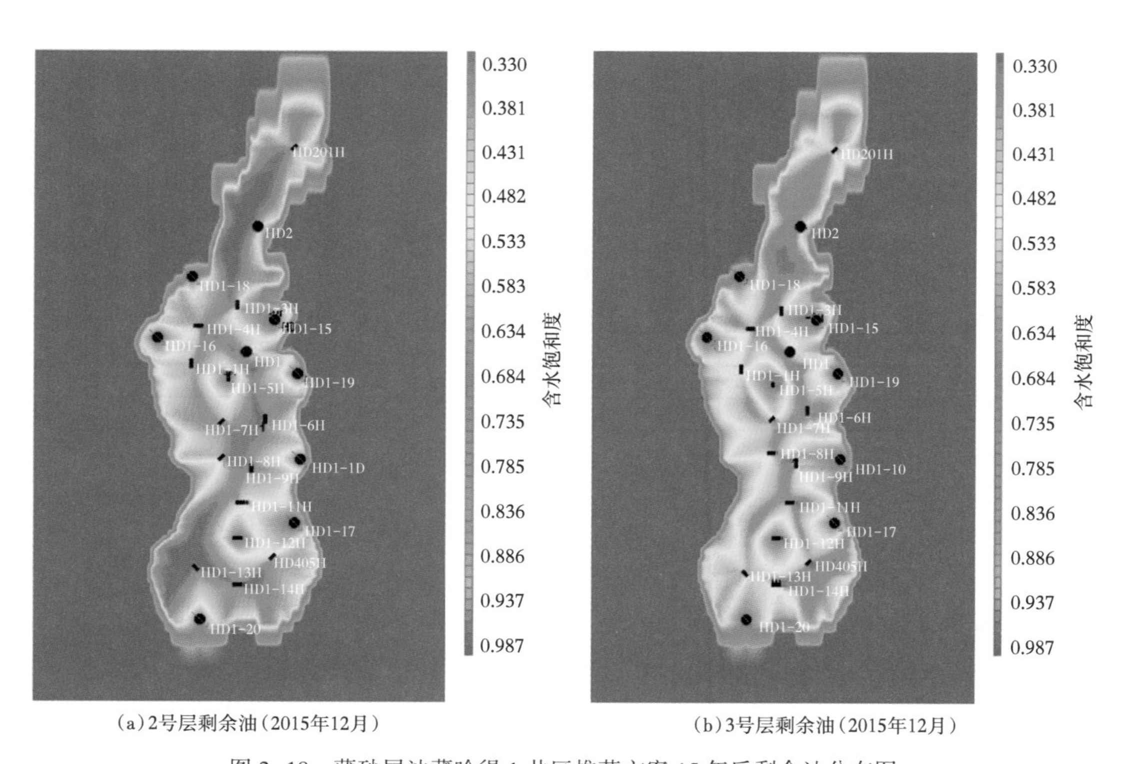

(a)2号层剩余油(2015年12月)　　(b)3号层剩余油(2015年12月)

图 2-18　薄砂层油藏哈得 1 井区推荐方案 15 年后剩余油分布图

表 2-9 薄砂层油藏哈得 1 井区实际开发指标与方案设计指标对比表

项目	井数，口			单井日产油 t	年产油 10^4t	采油速度 %	稳产年限
	油井	注水井	总井数				
方案设计	16	7	23	57	30.0000	2.50	3 年
2002 年	17	2	19	51	26.8916	2.25	
2003 年	17	8	25	35	32.4646	2.72	3 年
2004 年	17	8	25	51	31.2627	2.62	
2005 年	17	9	26	52	32.4953	2.72	
2006 年	18	9	27	50	29.5160	2.47	2 年
2007 年	18	9	27	38	28.4662	2.38	
2008 年	19	10	29	44	26.9392	2.26	3 年
2009 年	19	11	30	36	26.4653	2.22	
2010 年	21	12	33	31	24.5179	2.05	

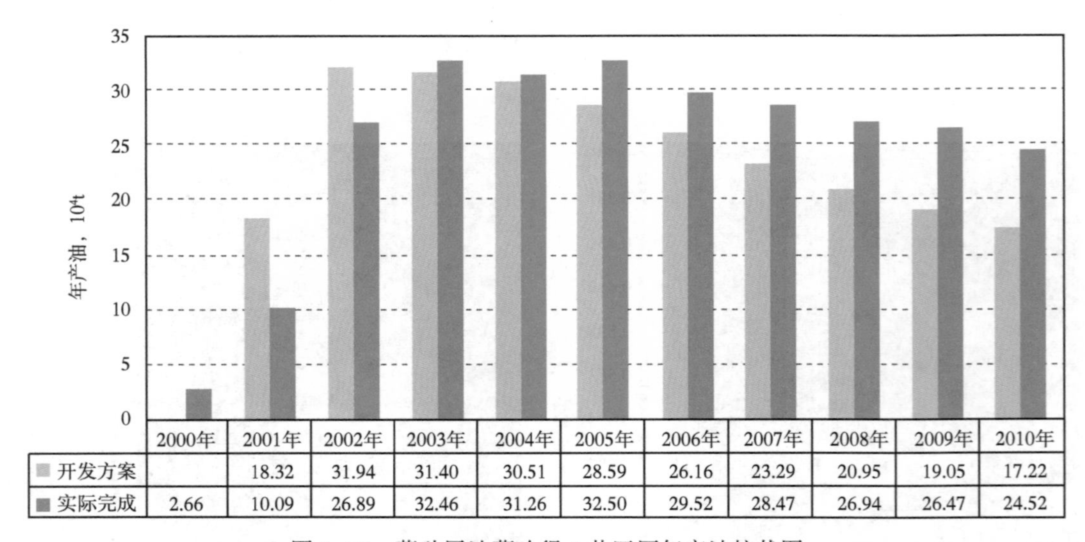

图 2-19 薄砂层油藏哈得 1 井区历年产油柱状图

由含水率与采出程度(图 2-20)的关系来看，油藏含水率随采出程度的上升趋势慢于开发方案设计的趋势，同样说明实际开发效果优于方案设计水平。

1. 开发特征分析

薄砂层油藏哈得 1 井区注水后平面生产差异较大[4]，根据油藏实际动态，将哈得 1 井区划分为 3 个部分：西北部含水率高、注入水利用率低；中部注采井网相对完善，含水率较低、注入水利用率高；东南部注采井网完善程度最低，注水井点少(图 2-21)。

(1)注水量与注采比。

薄砂层油藏哈得 1 井区注水量经历了上升、稳定、上升三个阶段，实际注水量基本达到配注要求，围绕配注量上下波动。从单井指标来看，主要是东南部注水井 HD4-49H 井、

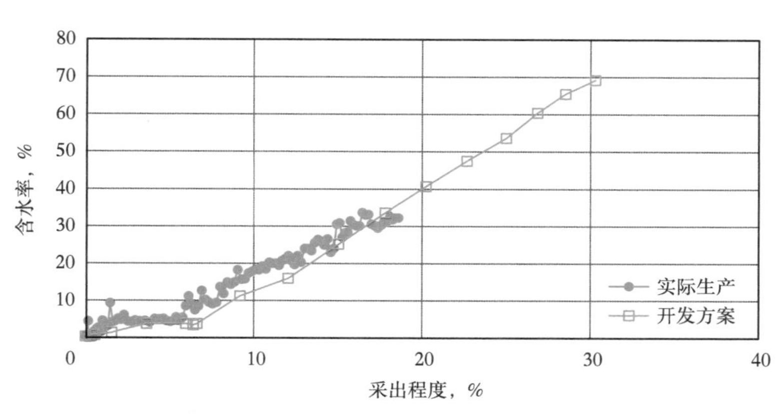

图 2-20　薄砂层油藏哈得 1 井区含水率—采出程度关系曲线

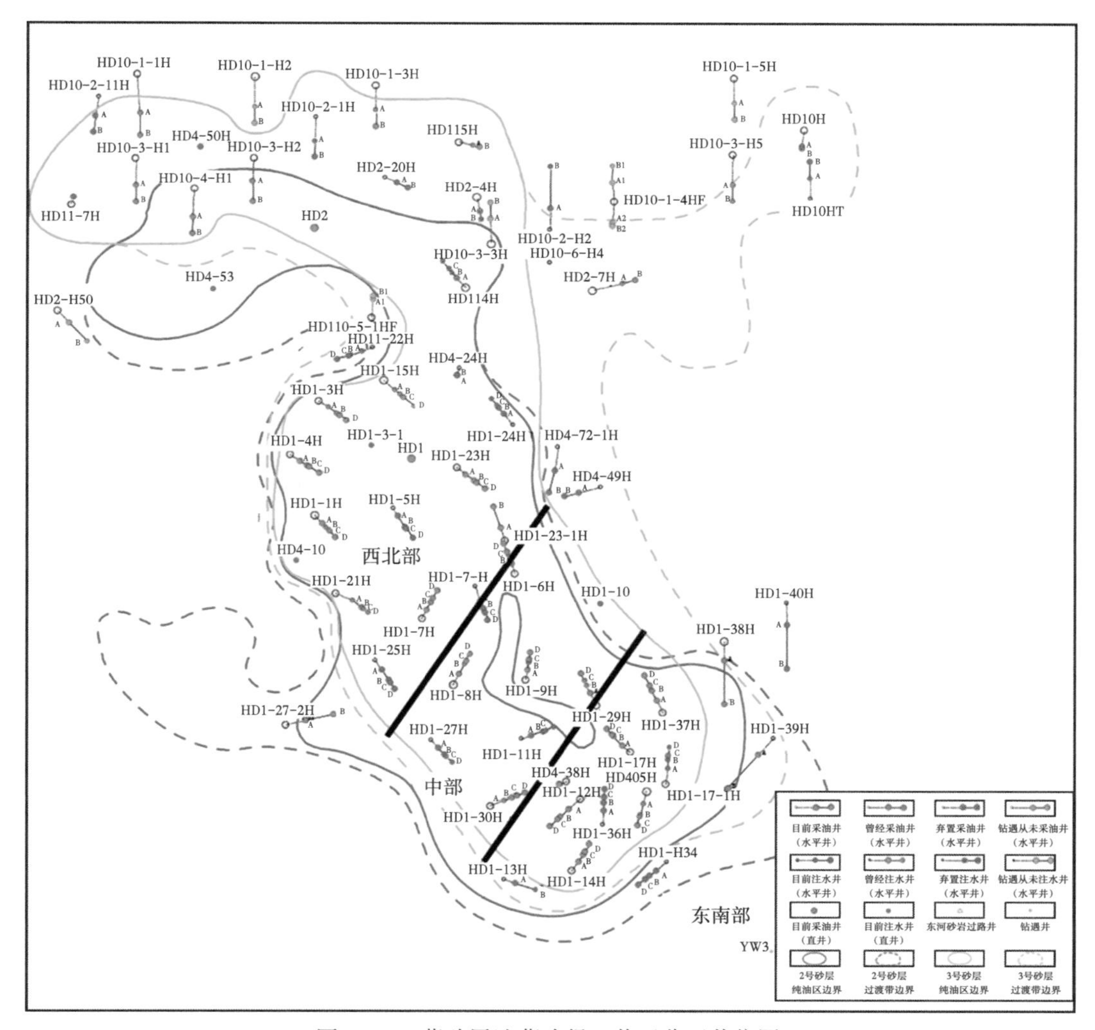

图 2-21　薄砂层油藏哈得 1 井区分区井位图

HD1-10 井、HD1-24H 井、HD1-H34 井、HD1-11H 井等井达不到配注量，原因是该区域储层物性变差导致吸水能力达不到预期目标(图 2-22)。

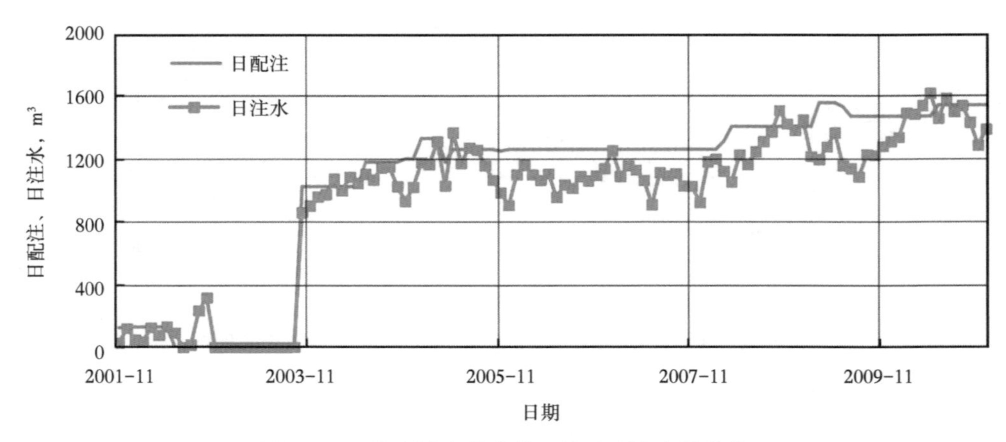

图 2-22　薄砂层油藏哈得 1 井区日注水量曲线

(2)产液量。

薄砂层油藏哈得 1 井区注水开发后，产液量稳定在 1050t/d 左右，2008 年 11 月开始下降(图 2-23)，下降的主要原因是东南部油井 HD1-12H 井、HD1-14H 井、HD1-29H 井、HD1-17H 井等井供液不足，其次是西北部油井 HD1-1H 井、HD1-21H 井等井含水率上升导致产液量下降。

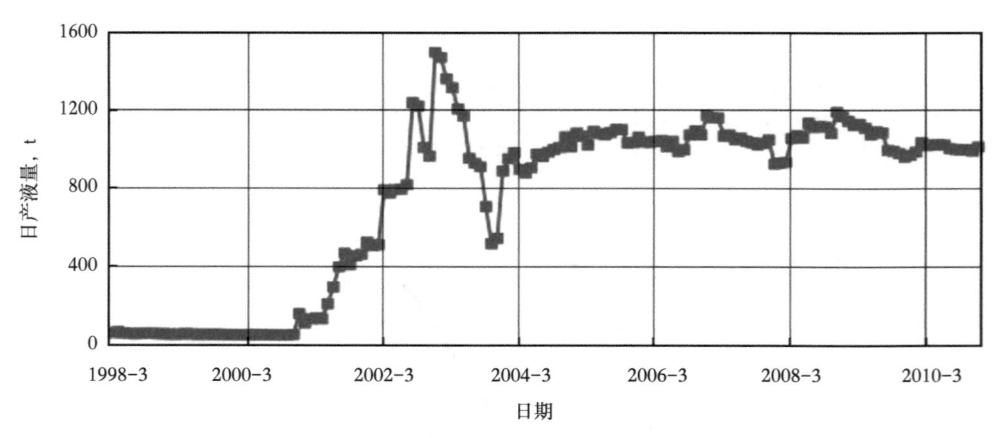

图 2-23　薄砂层油藏哈得 1 井区日产液量曲线

(3)递减率。

注水后，薄砂层油藏哈得 1 井区产量由 480t/d 上升至 960t/d，此后基本属于稳产及低递减阶段，仅 2009 年处于较高递减阶段(图 2-24)，递减符合指数递减规律，月度递减 1.41%，年度递减 8.74%。递减主要原因是薄砂层油藏哈得 1 井区西北部油井含水率上升油量下降及东南部油井压力下降导致的供液不足。

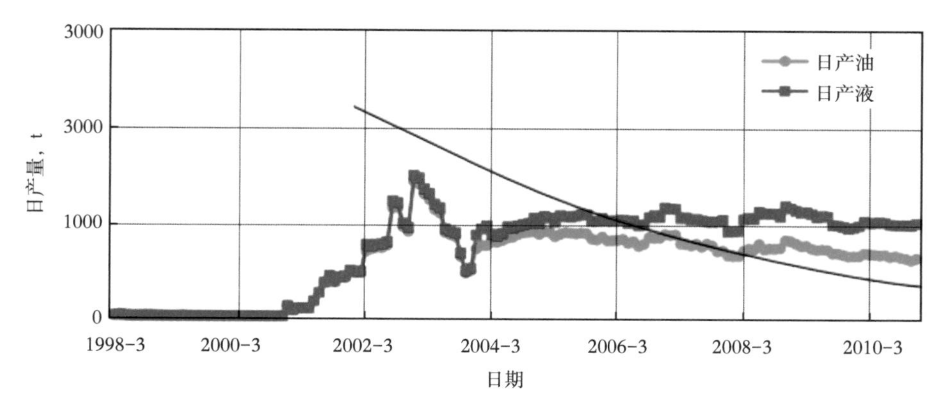

图 2-24　哈得逊油田薄砂层油藏老区日产量及递减曲线

(4)含水率。

薄砂层油藏哈得1井区在2005年进入中含水阶段，整体含水上升缓慢，含水率达到30%有一呈台阶的稳定段，然后继续缓慢上升(图2-25)。

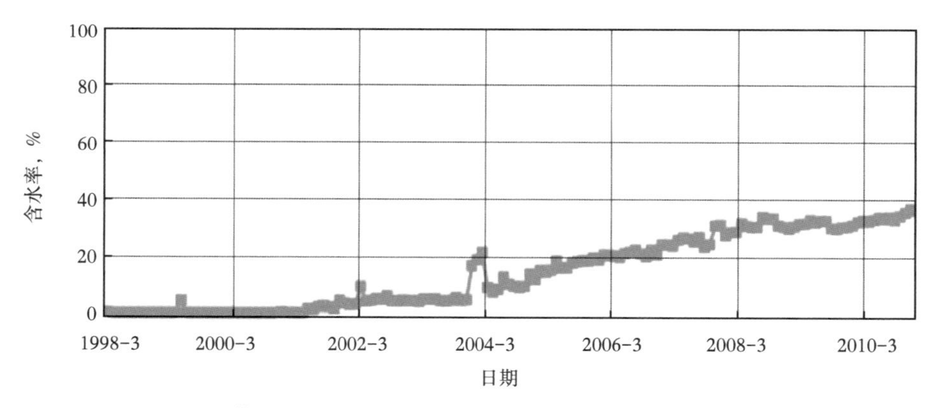

图 2-25　薄砂层油藏哈得1井区分区含水率与累计产油关系曲线

注水后平面含水规律差异较大：西北部含水率一直处于上升过程，近期出现稳定趋势；随着注水前缘的推进，中部油井先后见水(HD1-6H井、HD1-7H井)，2010年含水率上升并有加快上升趋势；东南部含水率稳定，近期下降一个台阶，主要是有油井投产(图2-26)。哈得1井区含水上升率一直在2%左右波动，低于理论含水上升率，说明整体采用水平井注水开发，效果比较好(图2-27)。

(5)压力变化。

薄砂层油藏哈得1井区原始地层压力54.02MPa，2003年7月降至最低32.8MPa(HD1-3H井32.6MPa，HD1-7H井32.0MPa，HD1-9H井33.8MPa)，总压降高达21.8MPa(图2-28)。注水后油藏地层压力开始回升，2004年6月趋近38MPa，此后一直保持稳定上升，满足了生产需要，达到方案要求的38MPa。全油藏平均动液面稳定在1500m左右，整体液面保持平稳。薄砂层油藏哈得1井区平面压力存在差异，中部液面稳定在 1300m 左右；西北部受 HD1 井和 HD1-1H 井影响液面下降，在 1650m 左右；东南部液面较低，平均在 1800m 左右(图 2-29)。

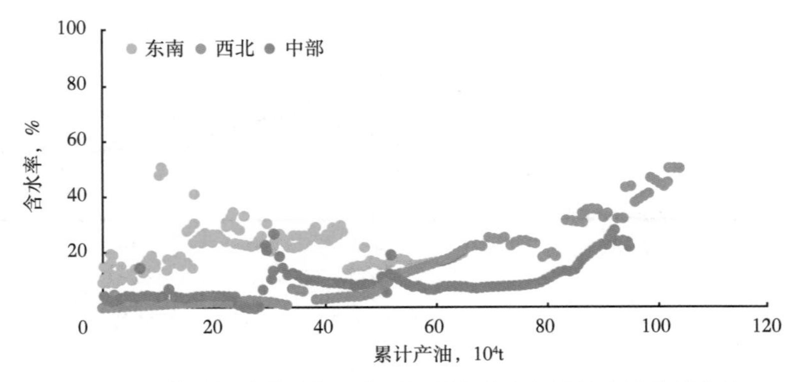

图 2-26　薄砂层油藏哈得 1 井区各部含水率与累计产油关系曲线

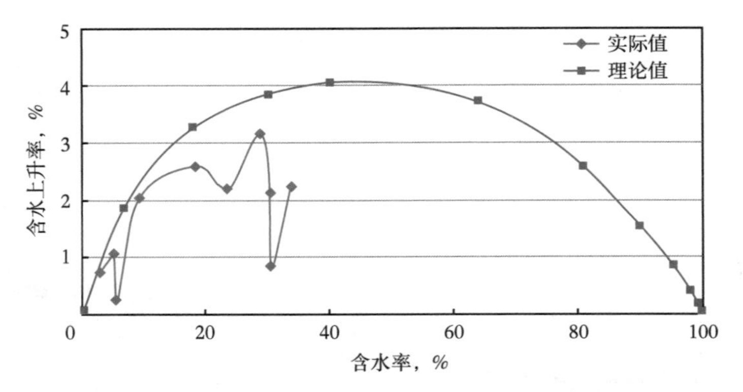

图 2-27　薄砂层油藏哈得 1 井区含水上升率曲线

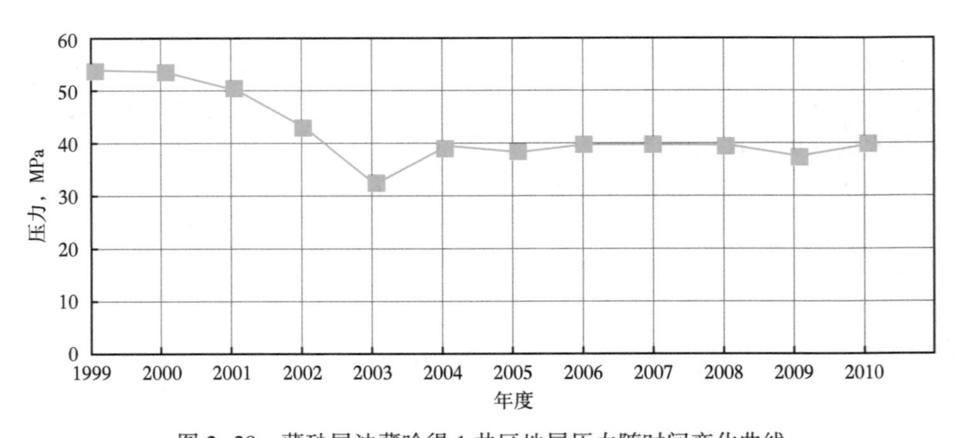

图 2-28　薄砂层油藏哈得 1 井区地层压力随时间变化曲线

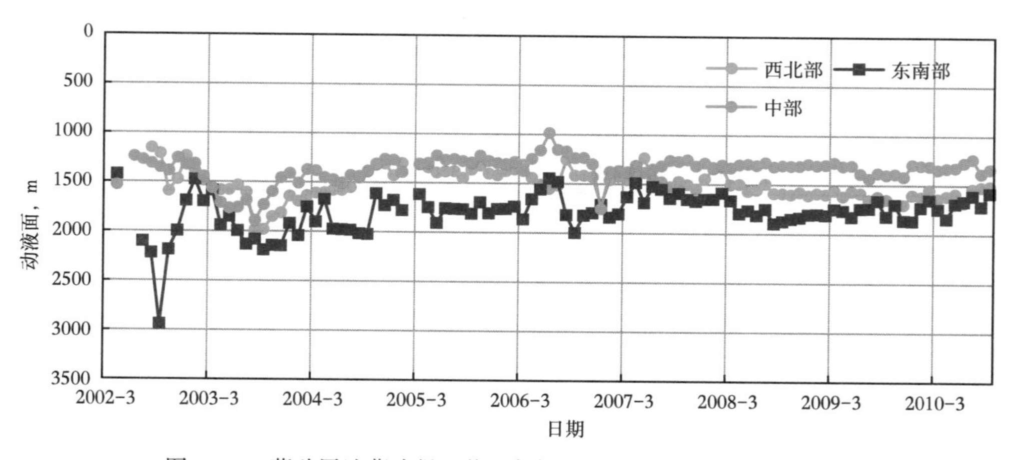

图 2-29　薄砂层油藏哈得 1 井区各部平均动液面随时间变化曲线

2. 主要矛盾与调整对策

(1)随着开发进程的进行，天然能量不断下降。

薄砂层油藏哈得 1 井区的基础开发井网对现开发阶段而言已不完善，具体表现为油井注水受效方向较少甚至单一，注入水单向突进，尤其边部注入水方向突进现象严重，部分注采井距失调，导致平面矛盾日益加重；日趋严重的套损进一步加剧了注采井网的不完善性。

统计哈得 1 井区注采对应关系(表 2-10)得到，21 口油井，三向受效井 4 口，占 19.05%；双向受效井 12 口，占 57.14%；单井受效井 4 口，占 19.05%，长关井 1 口，占 4.76%，其中东南部注采井网完善程度最低，油井多为单向、双向受效(图 2-30)。

表 2-10　薄砂层油藏哈得 1 井区东南部油井受效方向统计表(不分层)

受效方向	单向	双向
井号	HD1-37H、HD1-12H	HD1－14H、HD405H、HD1－17H、HD1－30H、HD4－38H、HD1-9H、HD1-29H

由 2007—2010 年的示踪剂监测结果(表 2-11)可见，最早投注的 6 口边部注水井中 5 口有示踪剂监测结果，4 口注水井均有优势注水方向，发生了单向突进(图 2-31)，仅 HD1-18H 井注水没有单向突进，对应油井均匀受效。

表 2-11　薄砂层油藏哈得 1 井区示踪剂监测结果

年份	注水井	取样井	见到示踪剂时间 d	速度 m/d	回采率 %
2007	HD1-16H	HD1-1H	—	—	6.02
		HD1-4H	315	4.23	
	HD1-1H	HD1-3H	—	—	4.86
		HD1-15H	248	2.54	
		HD4-47H	—	—	

续表

年份	注水井	取样井	见到示踪剂时间 d	速度 m/d	回采率 %
2008 年	HD1-16H	HD1-1H	—	—	10.45
		HD1-4H	330	4.04	
	HD1-18H	HD1-3H	445	3.22	12.57
		HD1-4H	311	3.23	
		HD4-47H	429	4.18	
	HD1-25H	HD1-21H	429	3.28	6.56
2009 年	HD1-11H	HD1-30H	400	4.12	14.40
		HD1-12H	—	—	
		HD1-9H	360	3.59	
		HD1-17H	—	—	
	HD1-10H	HD1-9H	390	4.16	8.88

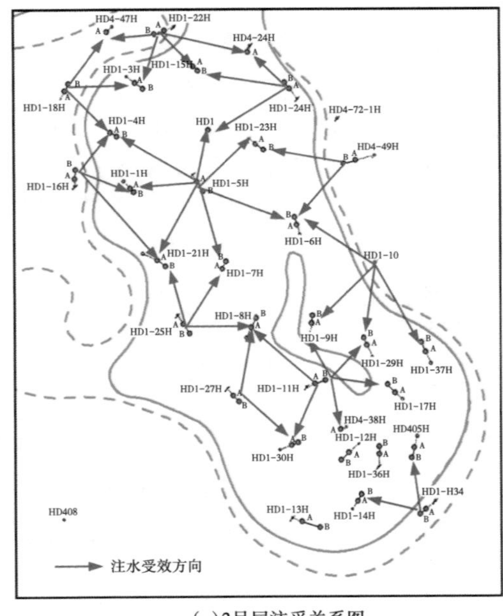

(a)2号层注采关系图

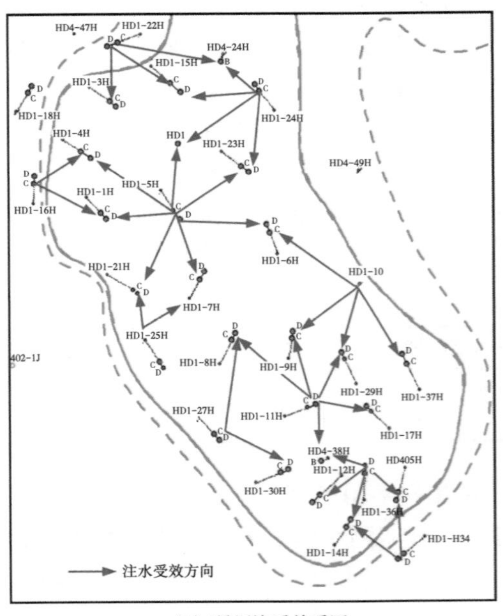

(b)3号层注采关系图

图 2-30 薄砂层油藏哈得 1 井区整体注采关系图

红实线表示薄砂层油藏“纯油区边界”，红虚线表示薄砂层油藏“过渡带边界”

注采井距失调的是 HD4-49H 井、HD1-27H 井注采井组(图 2-31)，原因是这 2 口井不是方案设计注水井，HD4-49H 井是东河砂岩滚动扩边井，HD1-27H 采油井由于管柱等原因无法正常投产。

(2)平面矛盾日益突出。

具体表现为平面上压力、含水率差异大，局部区域动用程度低、剩余油富集。

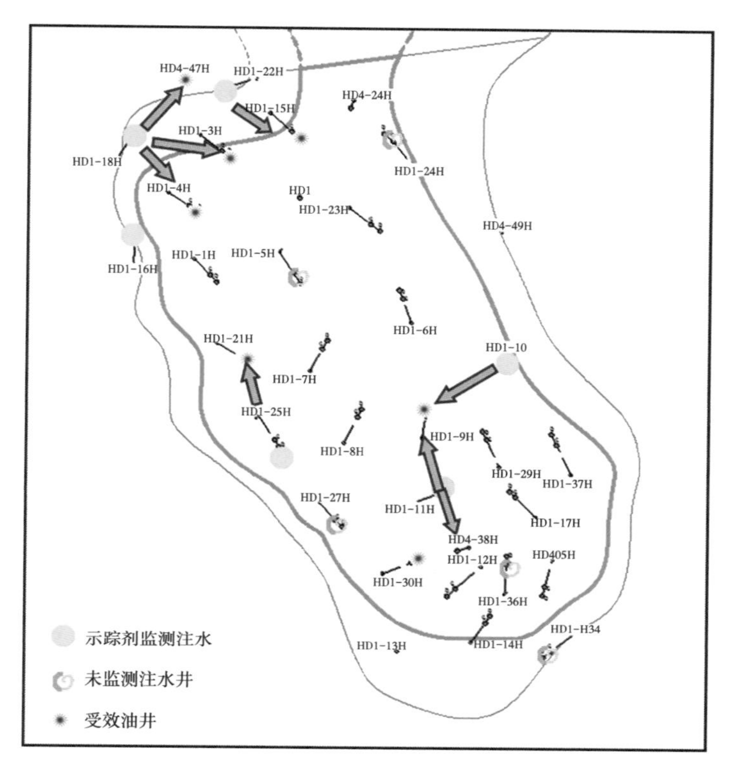

图 2-31　薄砂层油藏哈得 1 井区 2005—2010 年示踪剂监测结果

红实线表示薄砂层油藏“3 号层纯油区边界”，粉实线表示薄砂层油藏“3 号层过渡带边界”，
蓝色箭头表示注采井之间示踪剂监测显示连通的方向

平面矛盾日益突出的原因主要是注采井网不完善。油层压力、含水率具体表现为西北高东南低，压力偏低影响了东南部油井的正常生产。井网控制程度分析表明，采油井之间存在多个局部动用程度低的区域，导致剩余油富集。

(3)层间矛盾显现，局部层间差异明显。

薄砂层油藏哈得 1 井区整体采用双台阶水平井注采井网对薄砂层 2 号、3 号层合注合采开发。由于薄砂层 2 号、3 号层的渗透率、含油饱和度、油层厚度以及油层射开长度等差异，导致采油井分层产量、注水井分层注入量不平衡；另外有一部分水平井单层开采或注水，也加剧了层间动用程度不同。根据测井解释成果可以看出，薄砂层 2 号、3 号层水淹程度明显不同，存在层间动用差异（表 2-12）。

表 2-12　薄砂层油藏哈得 1 井区新井及东河砂岩油藏钻遇井测井解释统计表

井号	2 号层	3 号层	测试日期
HD4-71	中水淹层	油层	2005-9-14
HD4-105H	差油层	高水淹层	2008-12-13
HD4-13-1H	油水同层	油层	2009-7-23
HD4-28-2H	差油层	高水淹层	2010-4-18
HD1-36H	油层	含水油层	2009-12-19

薄砂层油藏哈得1井区对HD1-10井及HD1-11H井进行了多次吸水剖面测试，从测试结果(图2-32和图2-33)可以看出，HD1-10井3号层吸水量整体要高于2号层的吸水量。HD1-11H井在2012年之前3号层吸水量高于2号层，在2012年之后2号层吸水量高于3号层[5]。

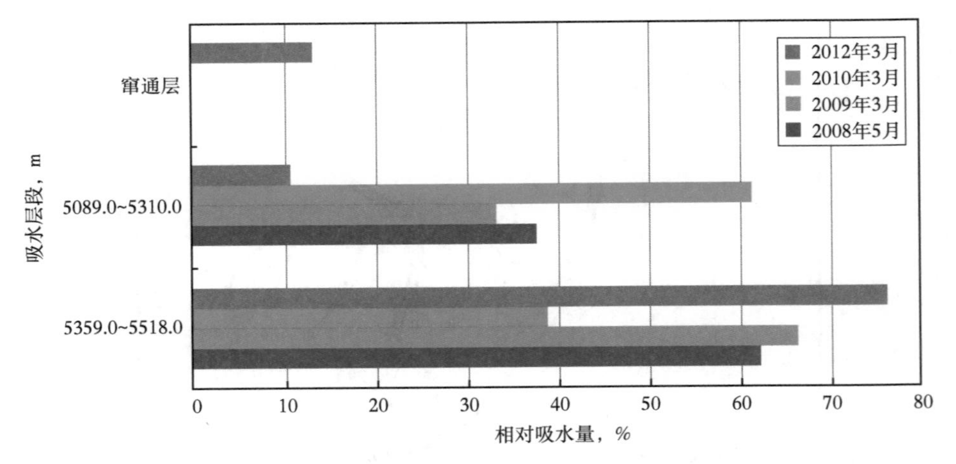

图2-32　HD1-10井历次吸水剖面对比图

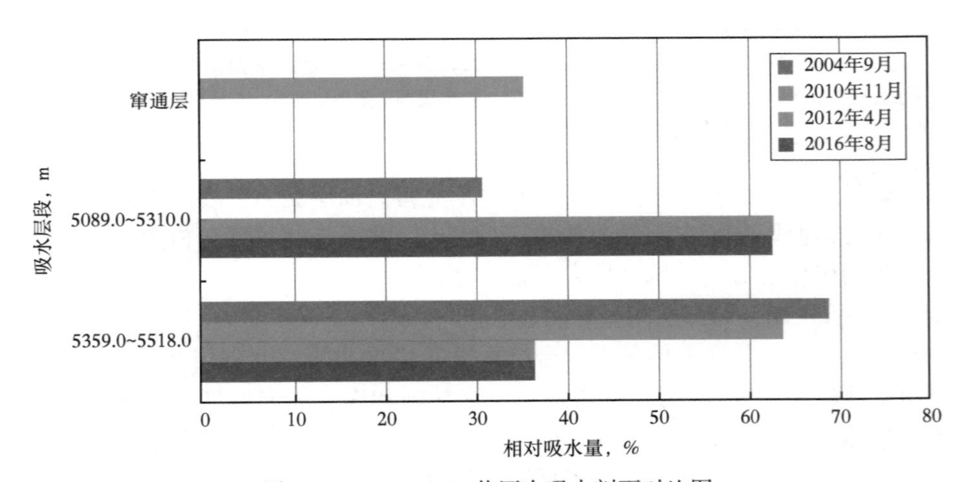

图2-33　HD1-11H井历次吸水剖面对比图

(4)注水井负担重，注水管线压力大。

油藏整体达到设计配注，目前注水井平均井口注入压力16MPa，仅西北区HD1-16H井、HD1-18H井、HD1-22H井等3口井注入压力较低，7口井高于20MPa，其余2口井也接近20 MPa(图2-34)，地面管线已达到额定压力，注水量进一步调整余地非常小。2010年HD1-11H井通过酸化及井口加压技术，井底流压已超过方案预计的破裂压力，虽然增大了注水量，同时也导致非注水层段套损[6]。

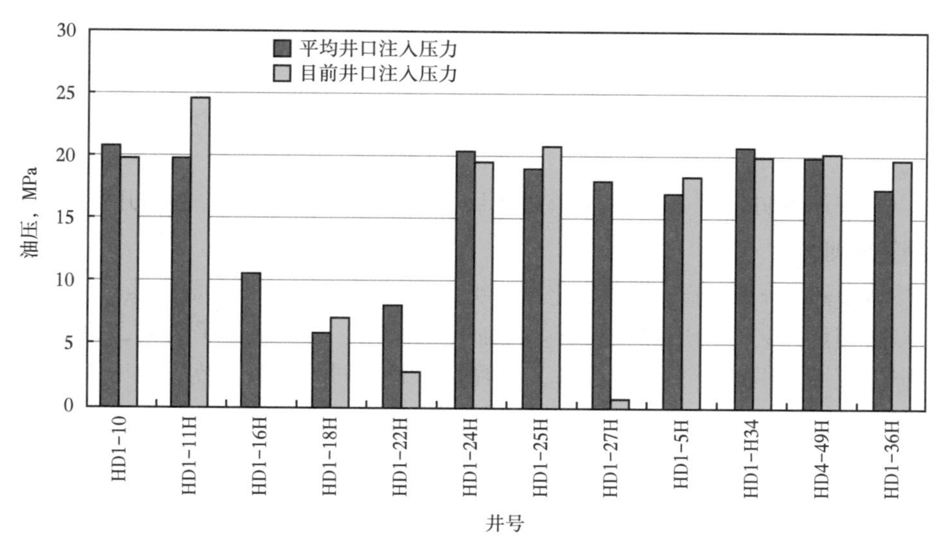

图 2-34 薄砂层油藏哈得 1 井区注水井平均井口注入压力柱状图

(5)增产措施少。

薄砂层油藏产量构成主要以老井自然产量为主，增产措施较少(图 2-35)。这是由油藏特点决定的，两个超薄油层没有潜力接替油层。因此通过合理的开发调整，进一步完善注采井网是控制产量递减的主要措施。

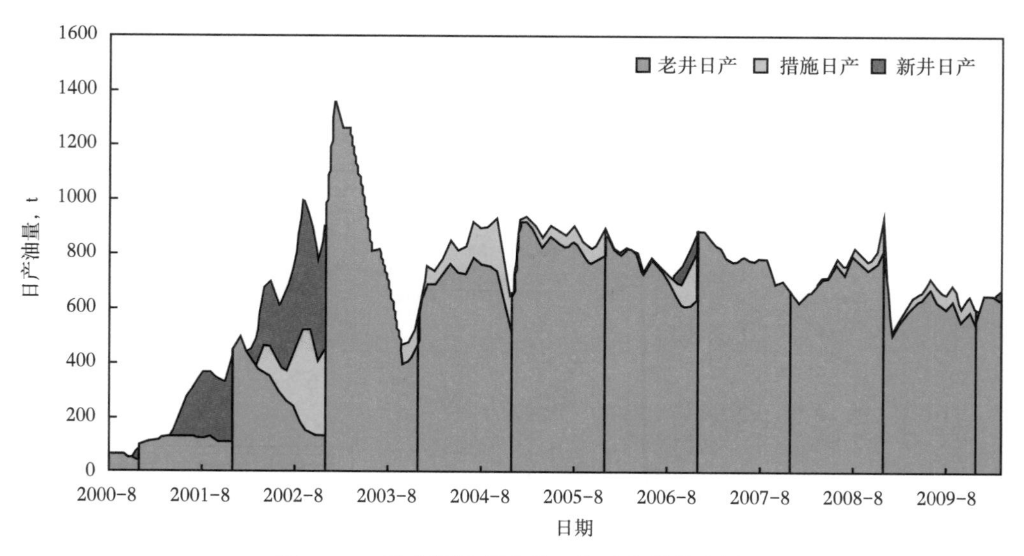

图 2-35 薄砂层油藏哈得 1 井区产量构成图

第四节 开发调整方案设计与实施效果(2012—2015年)

一、调整方案设计

针对薄砂层油藏初期开发过程中存在的矛盾，2012年编制《哈得逊油田开发调整方案》。

1. 调整原则

(1)整体部署、分批实施，跟踪优化，不断完善，最终实现油藏的高产稳产、高效开发。

(2)提高储量控制与动用程度，有效增加可采储量，提高最终采收率。

(3)积极应用水平井开发等新技术，协调好新老井网的关系，改善油田开发效果。

2. 调整方法

针对薄砂层油藏主要问题，以完善注采井网为主，进行平面调整和层间调整。

(1)哈得1井区平面矛盾：部署多层或单层注水井点，增加或改善油井受效方向，进行水动力调整等注采优化；新增多层或单层采油井点进行加密调整。

(2)哈得1井区层间矛盾：细分开发层系或采取针对性的局部调整。

(3)哈得10井区控制、动用程度低：薄砂层3号、4号层建立完整的注采系统；薄砂层2号、5号层油层分布零散、物性差、产能低，充分利用过路井后期挖潜动用。

(4)套损严重、无法修复的油水井部署新井替代更新。

3. 哈得10井区方案设计及优选

薄砂层油藏哈得10井区目前尚未规模开发，开发程度极低，根据井网井距论证，按照双台阶水平段长度300m+100m+300m、平行对应反向注采井网设计[7]，共设计3套水平井注采井网，分别为方案一、方案二、方案三。

方案一：新增26口新井(11注15采)，合计36口井(13注23采)(图2-36)；注采

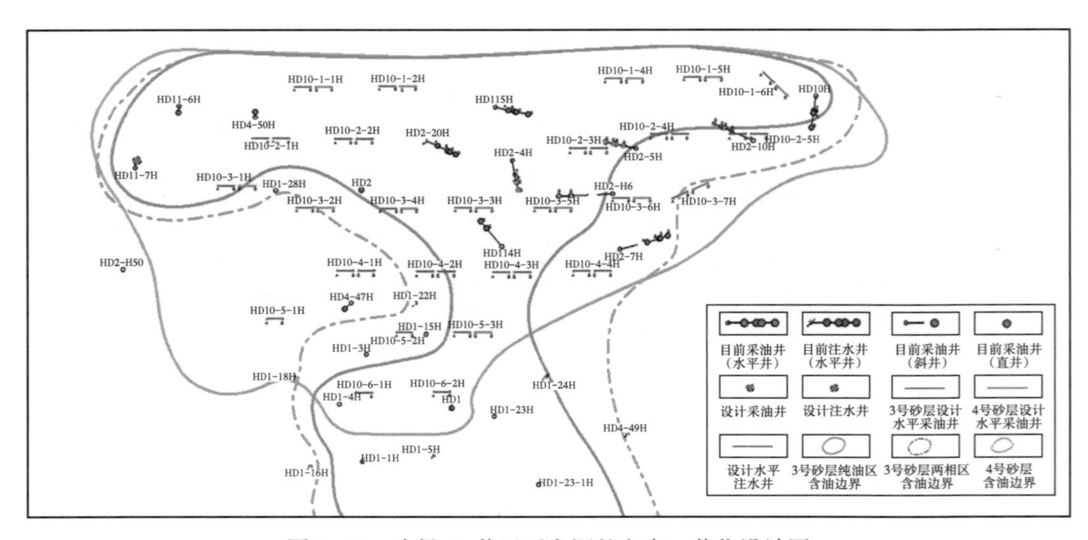

图2-36 哈得10井区开发调整方案一井位设计图

井距 1200m、井间距 1500m，油井日产液 60m³。优点：单井控制储量较高、见水晚、井数较少。缺点：井距及井间滞留区较大、注水井负担大、第一排油井有一定风险。

方案二：新增 27 口新井（9 注 18 采），合计 37 口井（13 注 24 采）（图 2-37）；注采井距 1050m、井间距 1350m，油井日产液 68m³。优点：单井有一定控制储量、井距适中、较高的单井日产量。缺点：局部井网老井影响较大、第一排油井有一定风险。

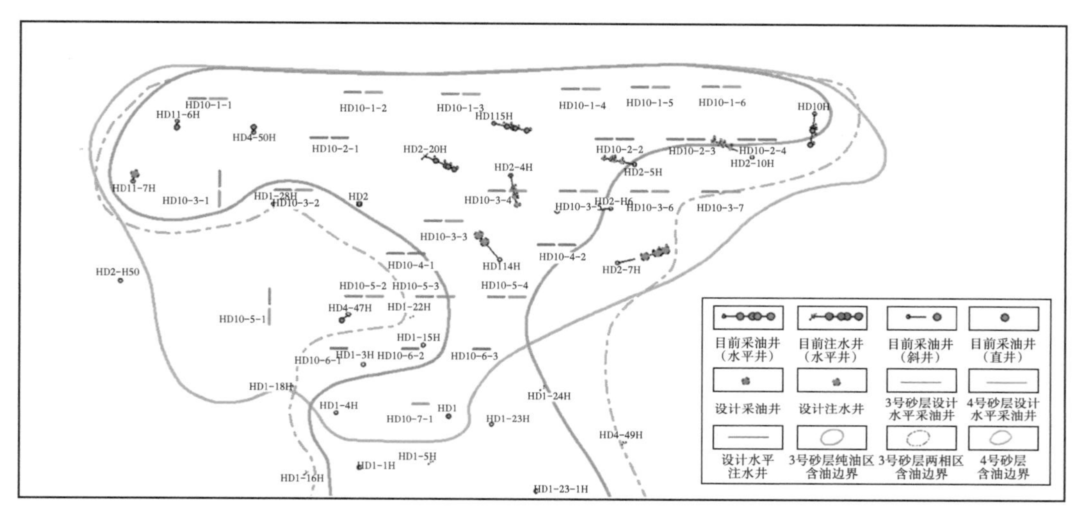

图 2-37　哈得 10 井区开发调整方案二井位设计图

方案三：新增 27 口新井（12 注 15 采），合计 37 口井（16 注 21 采）（图 2-38）；注采井距 1050m、井间距 1500m，油井日产液 68m³。优点：油藏边部储量损失小，边部油井风险小，老井影响小。缺点：局部井网老井影响较大、第一排油井有一定风险。

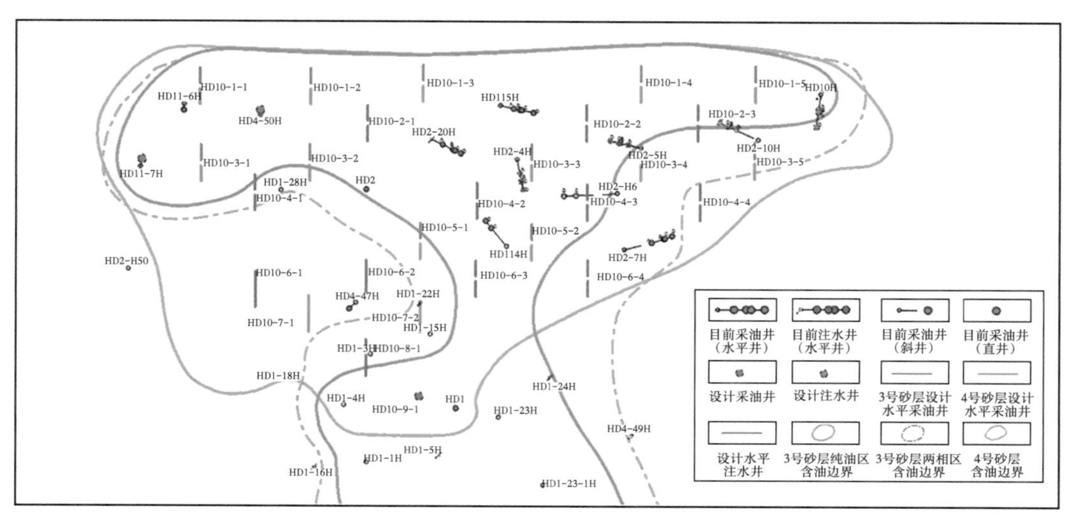

图 2-38　哈得 10 井区开发调整方案三井位设计图

预测条件：注采比 1.01~1.08，油井最低流压 25MPa，注水井最高流压 76MPa。

对预测指标进行分析(图 2-39 至图 2-42)，按照相同含水率时累计产油多、相同时间累计产油多等条件，各方案优先顺序依次为：方案三、方案二、方案一。

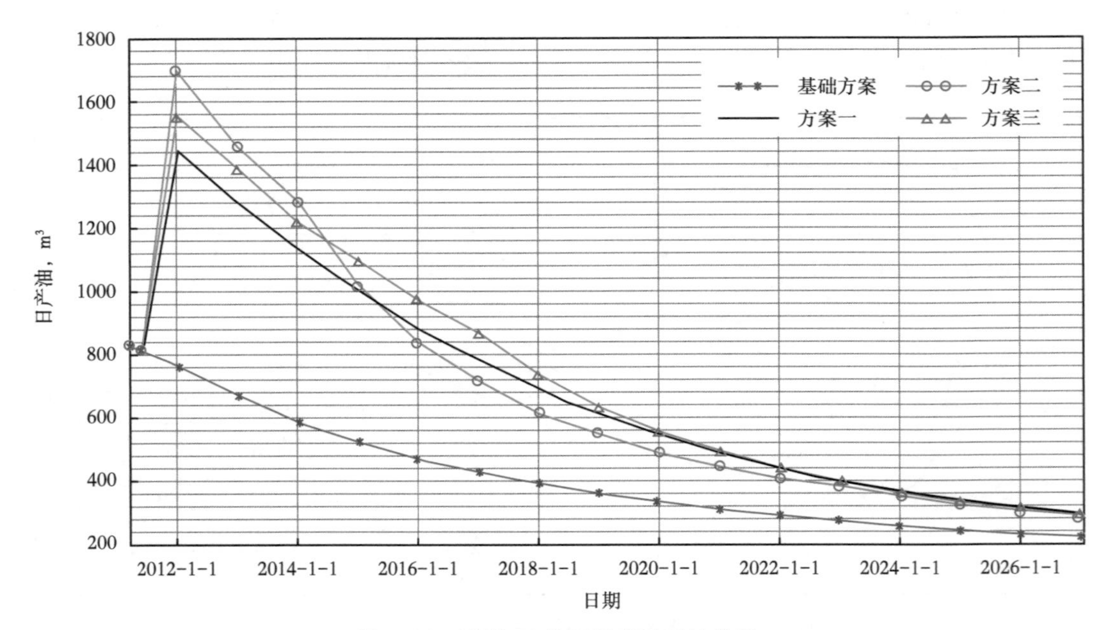

图 2-39　哈得 10 井区日产油对比曲线

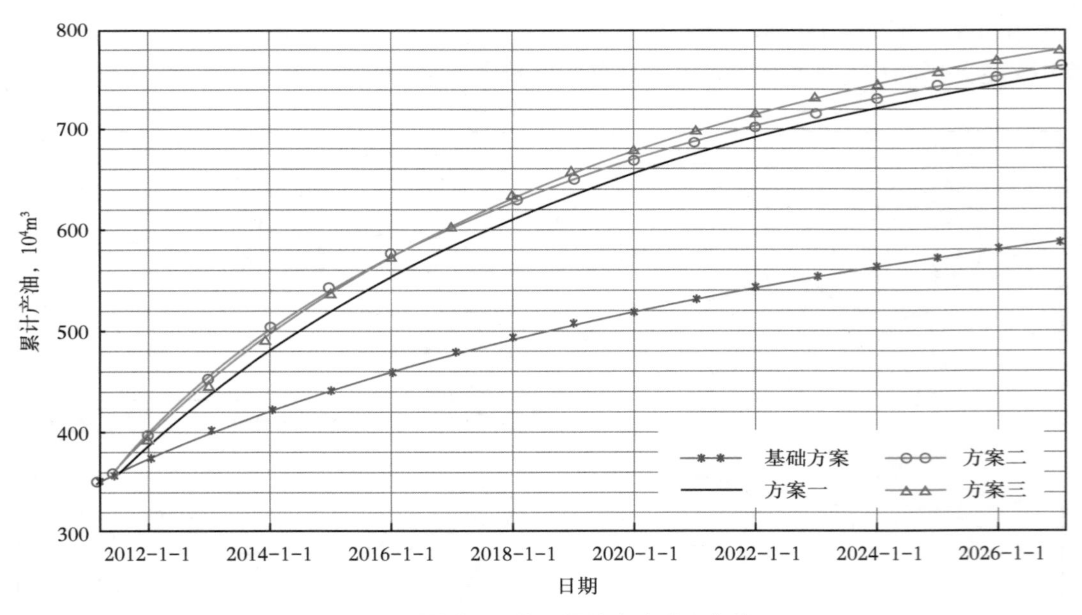

图 2-40　哈得 10 井区累计产油对比曲线

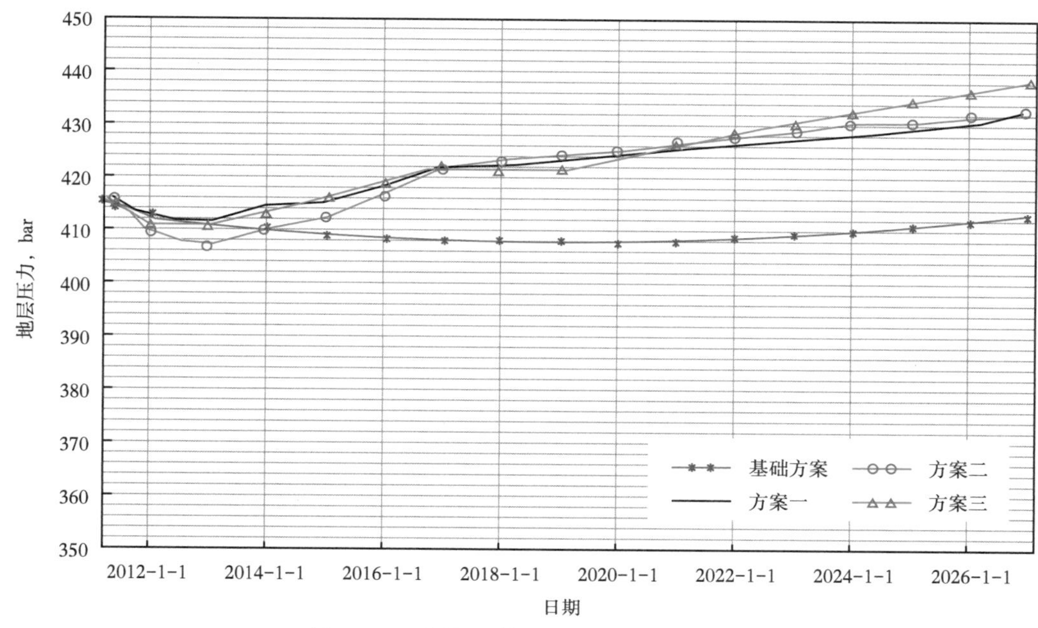

图 2-41 哈得 10 井区地层压力对比曲线

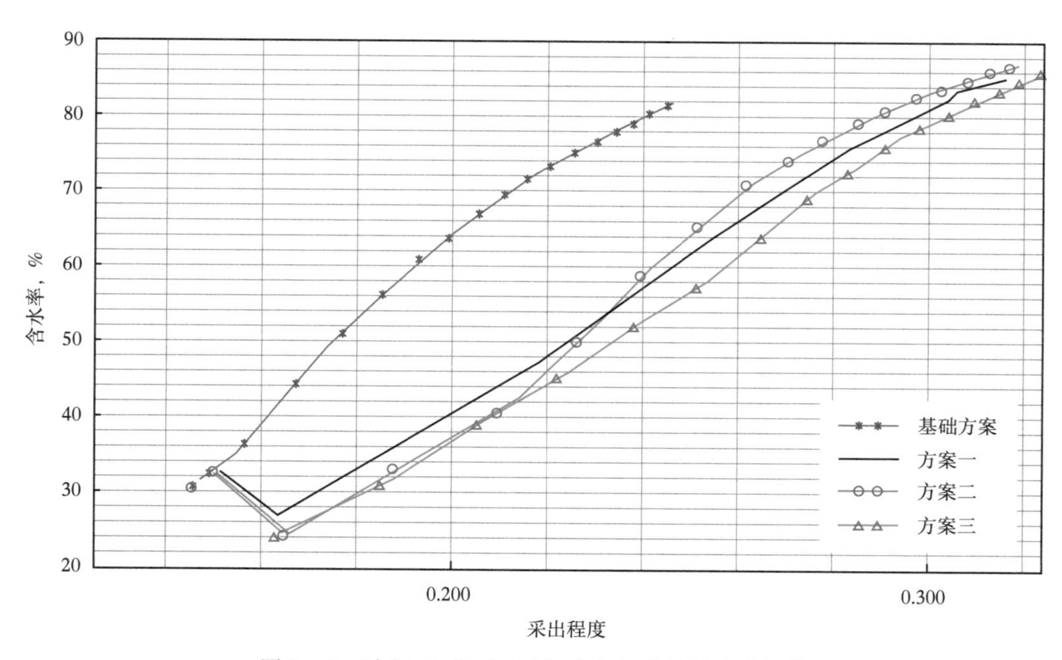

图 2-42 哈得 10 井区采出程度与含水关系对比曲线

与方案二相比，方案三累计产油多出 16.98×10^4m^3，新井平均累计产油高出 0.74×10^4m^3，累计产水及累计注水均少于 50×10^4m^3 以上；与方案一相比，方案三井区累计产油高出 25×10^4m^3。综合分析开发效果、开发效益，优选方案三(表 2-13)。

表 2-13　哈得逊油田薄砂层油藏哈得 10 井区主要预测指标 15 年对比表

方案名	总井数 口	新井数 口	水井数 口	油井数 口	累计产油 10^4t	累计产水 10^4m^3	累计注水 10^4m^3	含水率 %	采出程度 %
基础方案	10	0	1	9	84.20	65.50	97.45	61.1	8.56
方案一	36	26	13	23	252.07	286.59	527.25	83.7	25.27
方案二	37	27	13	24	263.63	426.86	646.81	88.4	25.96
方案三	37	27	16	21	275.06	336.45	592.85	86.4	27.37

注：数值模拟预测时包括 HD116H 井。

4. 全油藏方案设计及优选

在哈得 10 井区方案优选的基础上，优化哈得 1 井区注采井网设计，再设计 3 套注采井网，分别为方案一、方案二、方案三。

方案一：新增 40 口新井（20 注 20 采），合计 83 口井（36 注 47 采），其中哈得 1 井区新增 13 口新井（8 注 5 采）（图 2-43）。优点：预测期末累计产油高，井网控制程度高。

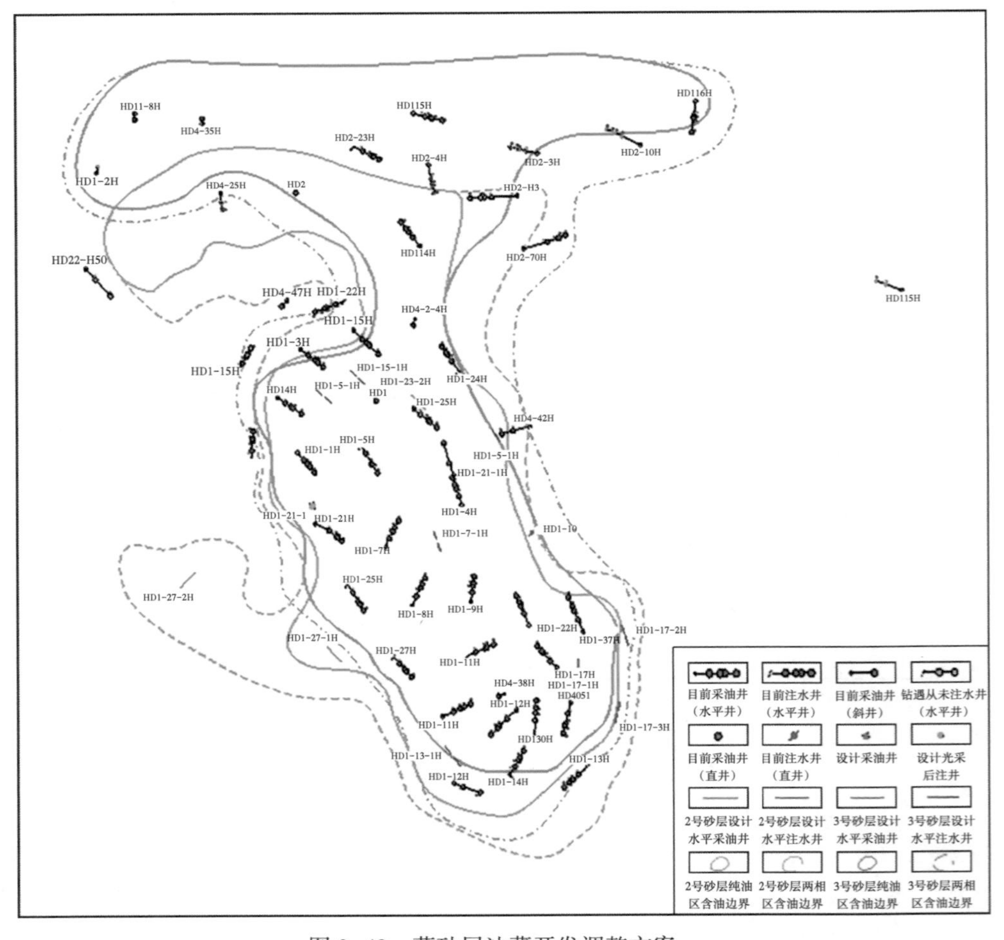

图 2-43　薄砂层油藏开发调整方案一

缺点：哈得 1 井区新钻井数较多。

方案二：新增 36 口新井（17 注 19 采），合计 80 口井（35 注 45 采），其中哈得 1 井区新增 9 口新井（5 注 4 采），利用东河砂岩老井上返注水 1 口（图 2-44）。优点：钻井数相对较少，边部注水井较少。缺点：累计产油较少。

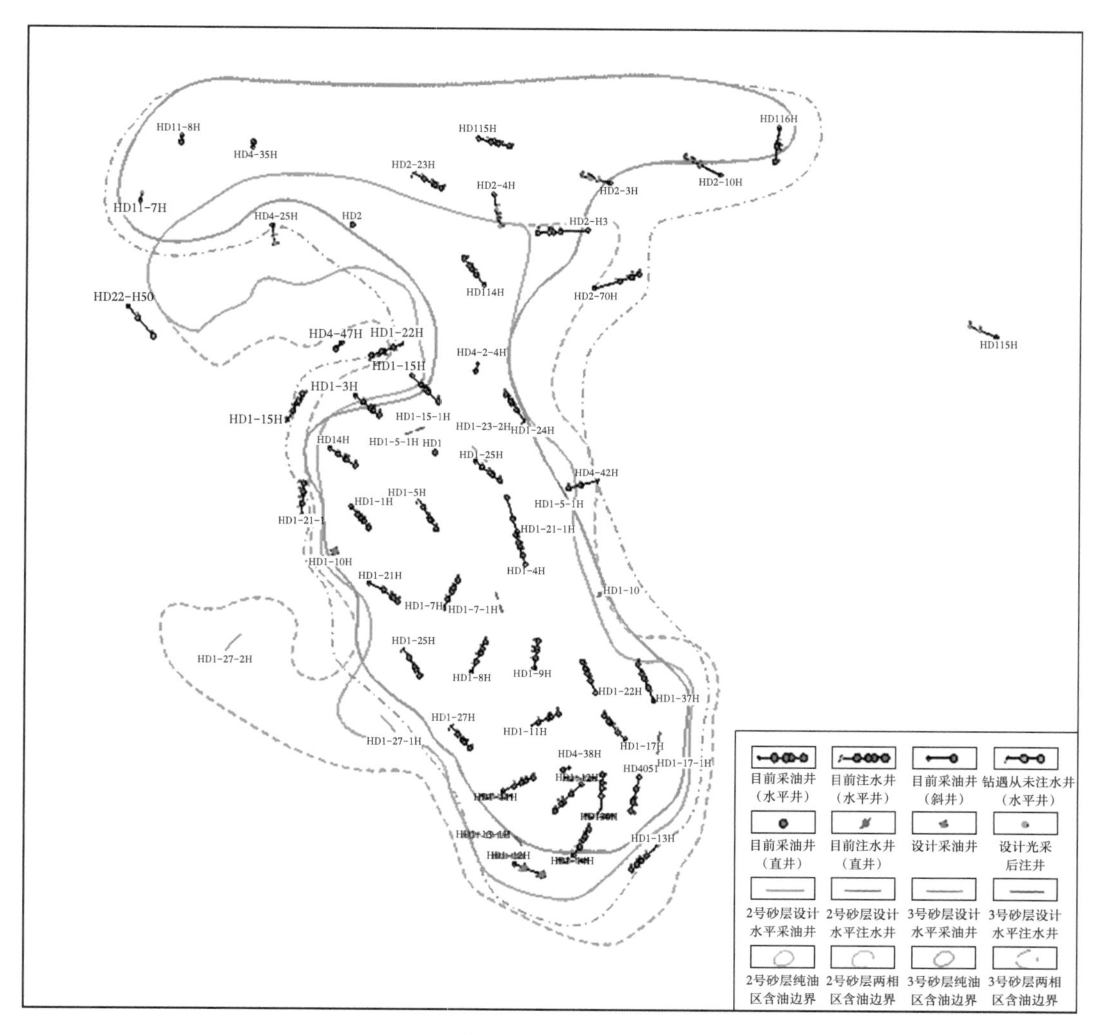

图 2-44　薄砂层油藏开发调整方案二

方案三：新增 34 口新井（15 注 19 采），合计 78 口井（34 注 44 采），其中哈得 1 井区新增 7 口新井（3 注 4 采），利用东河砂岩老井上返注水 1 口（图 2-45）。优点：钻井数相对较少，边部注水井较少。缺点：累计产油相对较少。

对预测指标进行分析（图 2-46 至图 2-49），按照相同含水率时采出程度高、相同时间累计产油多等条件，各方案优先顺序依次为：方案三、方案一、方案二。方案三明显优于方案二和方案一。至预测期末，方案三较基础方案累计产油增加 235.976×10^4t，采出程度提高 11.07%。

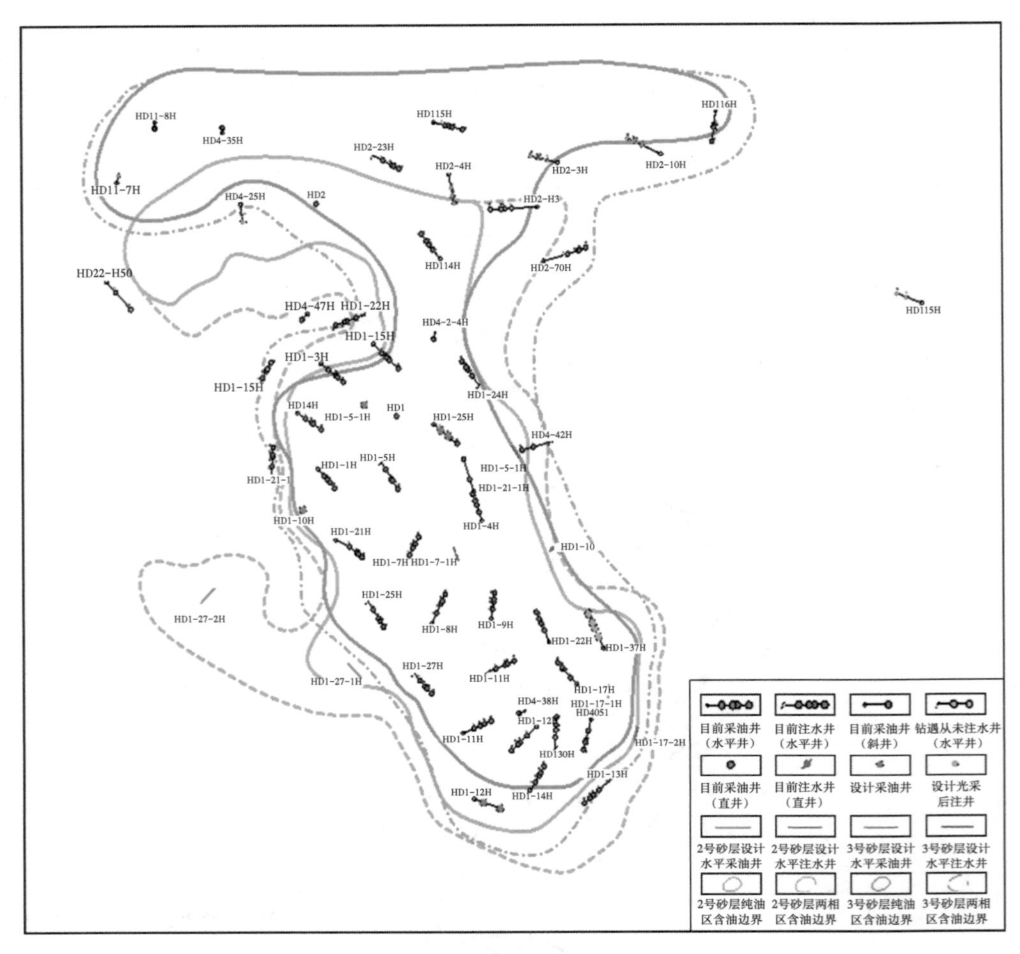

图 2-45　薄砂层油藏开发调整方案三

各方案相比，方案三累计产油仅少 6×10^4t，但井数最少，累计产水最少（表 2-14），根据开发指标分析，选用方案三（表 2-15、表 2-16）。

表 2-14　哈得逊油田薄砂层油藏各方案参数及指标对比表

方案名	总井数 口	新井数 口	水井数 口	油井数 口	累计产油 10^4t	新井、利用井平均增油量 10^4t	累计产水 10^4m^3	累计注水 10^4m^3	含水率 %	采出程度 %
基础方案	43	0	13	30	518.7		522.7	1060	81.5	24.4
方案一	83	40	36	47	760.4	6.0	973.0	1816	87.8	35.8
方案二	80	36	35	45	754.7	6.4	952.2	1787	87.3	35.6
方案三	78	34	34	44	754.6	6.7	928.2	1761	87.0	35.6

注：HD2-5H 井、HD116H 井长关井没计入总井数；方案二、方案三利用老井 1 口。

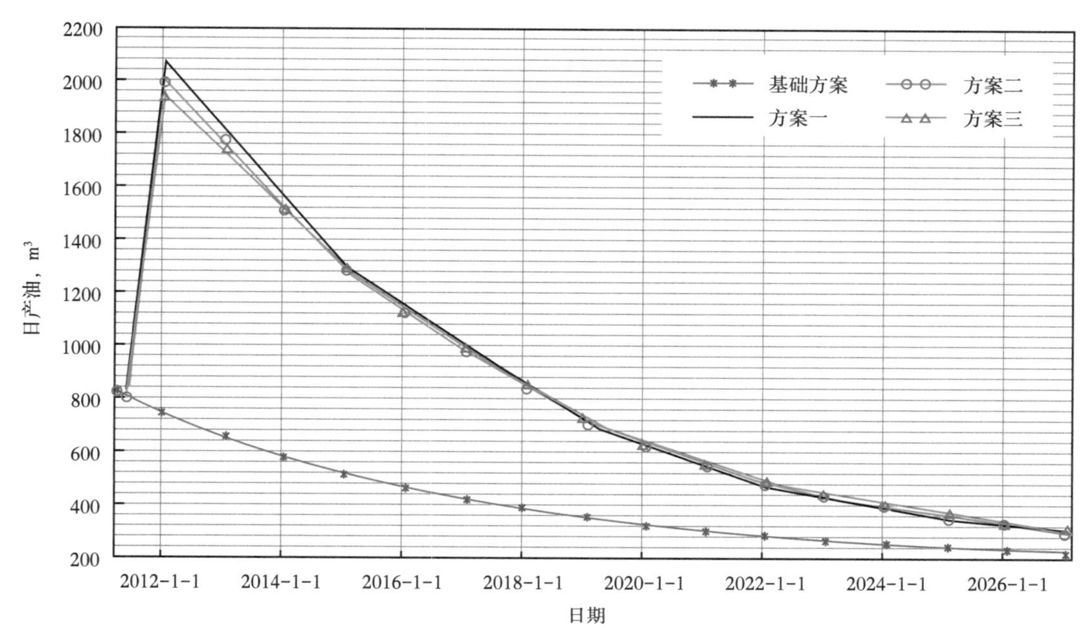

图 2-46　薄砂层油藏日产油对比曲线

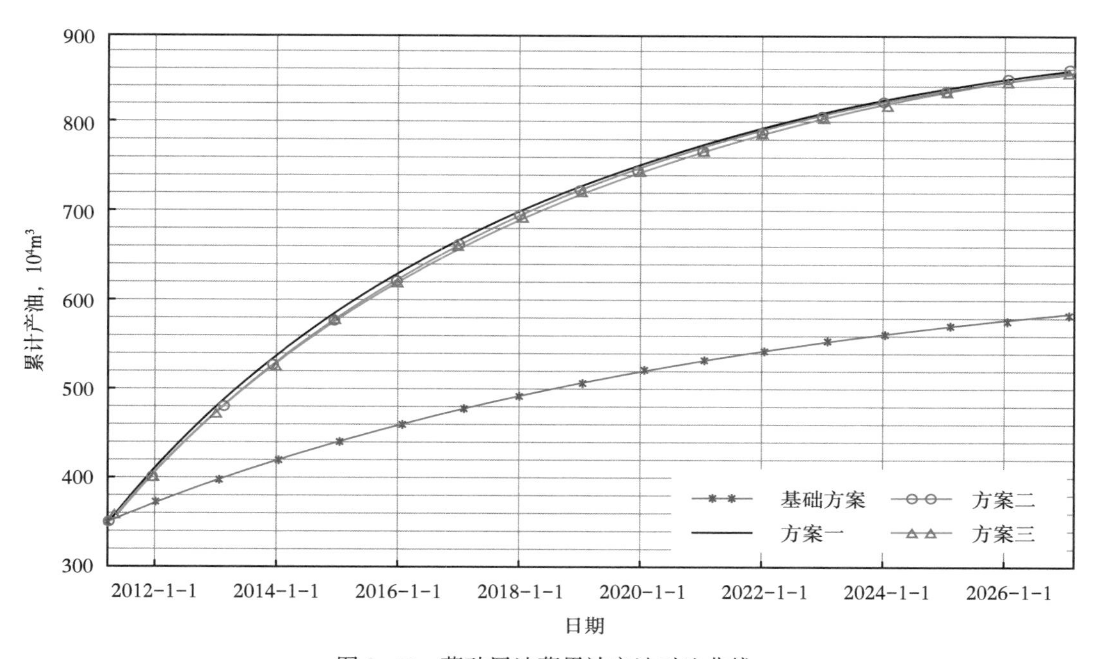

图 2-47　薄砂层油藏累计产油对比曲线

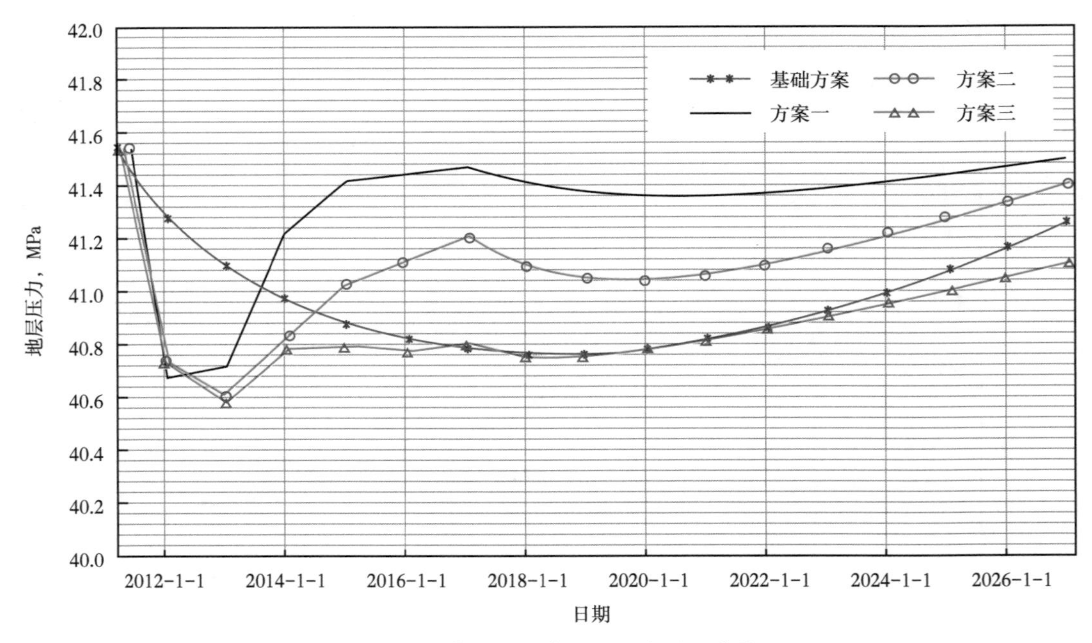

图 2-48 薄砂层油藏地层压力对比曲线

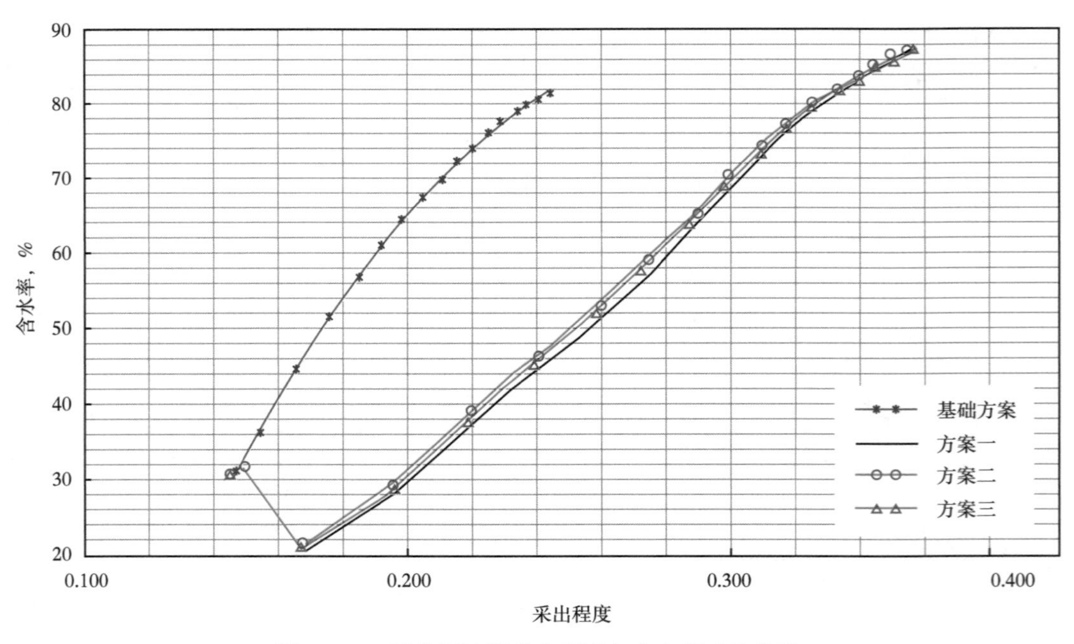

图 2-49 薄砂层油藏采出程度与含水率对比曲线

表 2-15 哈得逊油田薄砂层油藏推荐方案新井、改层老井初产统计表

区块	序号	井名	日产油 m³	日产水 m³	日产液 m³	含水率 %	序号	井名	日注水 m³
哈得 10 井区	1	HD10-7-1H	33.8	0.2	34	0.45	1	HD10-8-1H	60
	2	HD10-7-2H	33.9	0.1	34	0.35	2	HD10-2-1H	80
	3	HD10-9-1	64.6	0.4	65	0.59	3	HD10-2-2H	80
	4	HD10-1-1H	67.8	0.2	68	0.23	4	HD10-2-3H	80
	5	HD10-1-2H	64.1	3.9	68	5.69	5	HD10-4-1H	90
	6	HD10-1-3H	65.3	2.7	68	3.91	6	HD10-4-2H	80
	7	HD10-1-4H	67.9	0.1	68	0.12	7	HD10-4-3H	80
	8	HD10-1-5H	67.6	0.4	68	0.55	8	HD10-4-4H	80
	9	HD10-3-1H	67.2	0.8	68	1.20	9	HD10-6-1H	60
	10	HD10-3-2H	65.4	2.6	68	3.76	10	HD10-6-2H	60
	11	HD10-3-3H	68.0	0.0	68	0.07	11	HD10-6-3H	90
	12	HD10-3-4H	63.8	4.2	68	6.23	12	HD10-6-4H	80
	13	HD10-3-5H	65.0	3.0	68	4.37			
	14	HD10-5-1H	59.1	8.9	68	13.05			
	15	HD10-5-2H	66.6	1.4	68	2.07			
哈得 1 井区	1	HD1-27-1H	49.9	0.1	50	0.12	1	HD1-6-1H	80
	2	HD1-7-1H	59.8	0.2	60	0.26	2	HD1-17-2H	100
	3	HD1-17-1H	59.8	0.2	60	0.27	3	HD4-10	80
	4	HD1-23-1H	55.0	0.0	55	0			
	5	HD1-27-2H	49.8	0.2	50	0.40			

表 2-16 哈得逊油田薄砂层油藏推荐方案预测开发指标一览表

年份	日产油 m³	日产水 m³	日产液 m³	累计产油 10^4m^3	年产油 10^4t	核实年产油 10^4t	累计产水 10^4m^3	累计产液 10^4m^3	含水率 %	地层压力 MPa	采出程度 %	日注水 m³	累计注水 10^4m^3
2010	855.0	431.0	1286.0	343.6	27.7	26.2	87.5	431.0	33.5		14.3	1381.0	331.9
2011	1932.9	516.5	2449.4	400.7	49.7	46.7	84.3	485.0	21.1	40.7	16.7	2650.8	410.1
2012	1738.5	682.5	2421.1	467.9	58.4	54.9	106.1	573.9	28.2	40.6	19.5	2644.7	507.0
2013	1509.5	905.9	2415.4	526.8	51.3	48.2	135.3	662.2	37.5	40.8	21.9	2644.1	603.5
2014	1291.4	1060.6	2352.0	576.3	43.0	40.4	171.5	747.7	45.1	40.8	24.0	2478.0	693.9
2015	1139.2	1219.1	2358.3	620.2	38.2	35.9	213.5	833.7	51.7	40.8	25.8	2478.0	784.4
2016	992.0	1373.9	2365.9	658.7	33.5	31.5	261.5	920.2	58.1	40.8	27.4	2478.0	875.1
2017	844.5	1488.9	2333.4	691.7	28.7	27.0	313.5	1005.3	63.8	40.8	28.8	2426.7	963.7
2018	732.6	1609.2	2341.8	720.0	24.6	23.1	370.6	1090.6	68.7	40.8	30.0	2426.7	1052.2

续表

年份	日产油 m^3	日产水 m^3	日产液 m^3	累计产油 10^4m^3	年产油 10^4t	核实年产油 10^4t	累计产水 10^4m^3	累计产液 10^4m^3	含水率 %	地层压力 MPa	采出程度 %	日注水 m^3	累计注水 10^4m^3
2019	633.8	1718.1	2351.9	744.5	21.3	20.0	431.8	1176.3	73.1	40.8	31.0	2426.7	1140.8
2020	554.8	1804.6	2359.3	765.9	18.6	17.5	496.7	1262.6	76.5	40.8	31.9	2426.7	1229.6
2021	491.3	1872.8	2364.2	784.6	16.3	15.3	564.2	1348.8	79.2	40.9	32.7	2426.7	1318.2
2022	441.3	1927.4	2368.7	801.3	14.5	13.7	633.9	1435.2	81.4	40.9	33.4	2426.7	1406.8
2023	400.9	1973.6	2374.4	816.5	13.2	12.4	705.3	1521.8	83.1	41.0	34.0	2426.7	1495.3
2024	367.2	2011.5	2378.7	830.3	12.0	11.3	778.5	1608.8	84.6	41.0	34.6	2426.7	1584.2
2025	338.2	2045.0	2383.2	843.0	11.0	10.4	852.8	1695.7	85.8	41.1	35.1	2426.7	1672.7

二、调整方案实施效果

薄砂层油藏调整方案投产油井 17 口，初期产能达到或接近方案设计的有 8 口井，另外 9 口井初期产能未达设计产能（表 2-17），究其原因主要是地质认识不清、配产偏高、技术工艺不成熟及工程质量不合格等四方面因素。

表 2-17　薄砂层投产新井实际生产情况与方案设计对比表

序号	井号	投产日期	方案日产油 t	实际日产油 t	实际-方案日产油 t	目前日产油 t	累计产油 10^4t	与预期效果比
1	HD10-4-1BH	2015-12	35.0	55.0	20.0	55.0	0.08	超过或达到
2	HD10-1-3H	2012-09	53.0	59.0	6.3	16.3	3.40	
3	HD1-23-1H	2012-04	47.9	51.0	3.5	6.3	3.42	
4	HD10-1-H2	2014-07	43.0	46.0	2.6	42.8	2.41	
5	HD1-3-1	2013-07	38.0	39.0	0.6	27.8	4.17	
6	HD10-3-H5	2014-10	37.0	32.0	-4.9	18.1	0.85	接近
7	HD10-1-1H	2013-12	28.0	18.0	-10.4	11.1	0.66	
8	HD10-3-3H	2013-06	56.0	45.0	-11.1	14.1	1.57	
9	HD10-5-2H	2014-03	55.0	39.0	-16.1	23.6	1.70	未达到
10	HD10-3-H2	2013-08	54.0	26.0	-27.6	29.1	2.62	
11	HD1-17-1H	2013-10	52.0	24.0	-28.5	13.1	1.61	
12	HD1-27-2H	2015-12	48.0	16.0	-32.3	15.7	0	
13	HD10-1-5H	2013-08	47.0	13.0	-34.5	2.2	0.64	
14	HD10-5-1HF	2015-04	80.0	39.0	-41.0	13.8	0.59	
15	HD10-3-H1	2013-09	56.0	4.0	-51.8	9.2	0.77	
16	HD10-1-4HF	2015-03	90.0	33.0	-56.7	48.3	1.03	
17	HD10-7-H1	2014-05	30.0		-30.0	转注水		

续表

序号	井号	投产日期	设计日产油 t	实际日产油 t	实际-方案日产油 t	目前日产油 t	累计产油 10^4t	与预期效果比
18	HD10-4-H1	2013-10	注水井	7.8		13.6	2.01	未达到
19	HD10-6-1H	2013-12	注水井	48.9		29.9	2.68	
20	HD10-6-H2	2014-09	注水井	41.9		41.9	1.98	
21	HD10-2-1H	2013-05	注水井	45.5		转注水	0.72	
22	HD1-7-H1	2013-11	注水井	121.5		转注水	3.02	
23	HD10HT	2013-06	注水井	36.0		转注水	0.65	
24	HD10-2-H2	2014-08	注水井			转注水		
25	HD10-4-H2	2014-09	注水井	11.8		转注水	0.15	
26	HD10-2-H3	2015-02	注水井	45.2		转注水	0.34	
27	HD10-4-H3	2015-02	注水井	46.2		转注水	0.20	
28	HD10-6-H4	2015-12	注水井	16.8		16.8	0	
29	HD1-27-1H	优化至东河砂岩段投产						
30	HD10-3-1BH	2015 年 12 月底正在试油作业，尚未投产						
合计			57.4	36.2	-21.2	20.7	37.2	

薄砂层油藏自 2011 年开始实施调整方案，虽然年产油量低于调整方案设计指标，但随着油藏井网控制程度和储量动用程度的提高，开发效果逐渐好转，年产油量稳中有升（图 2-50）。

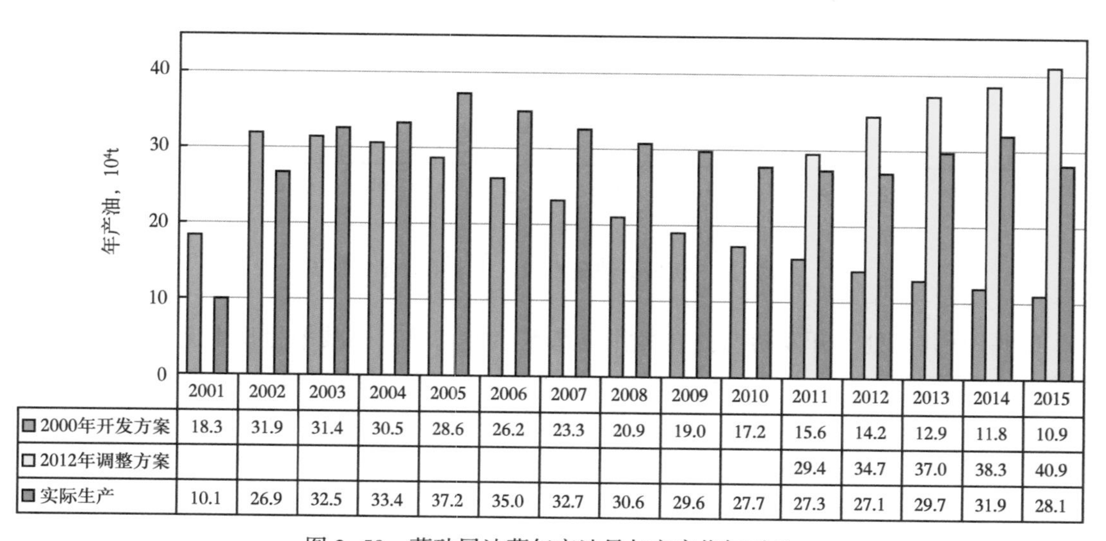

图 2-50　薄砂层油藏年产油量与方案指标对比

哈得1井区递减率、含水上升率整体呈上升趋势，注水效果开始变差（图2-51、图2-52）。异常点原因分析：HD1-7-H1井2014年转注，日产油141.5t，含水率0.33%，导致2014年递减率异常；HD1-7-H1井2013年投产，日产油122t，含水率2.9%，导致2013年含水上升率异常。

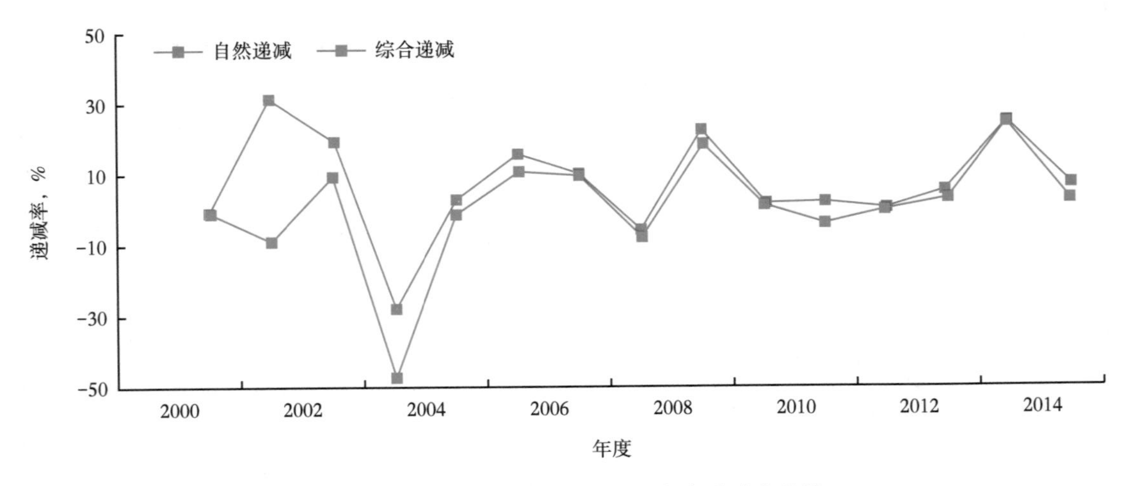

图2-51　薄砂层油藏哈得1井区年度递减率曲线

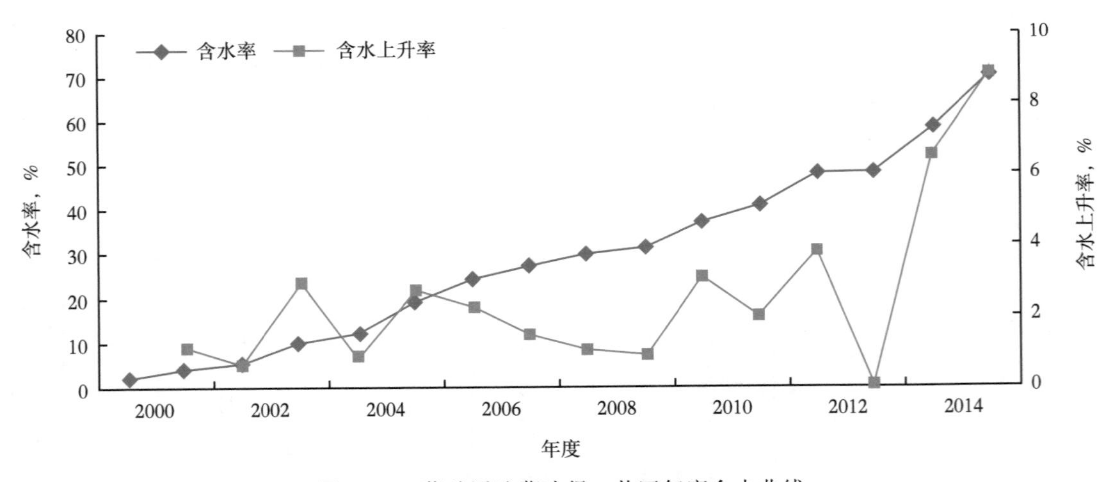

图2-52　薄砂层油藏哈得1井区年度含水曲线

哈得10井区处于开发初期，方案井位基本部署完成，递减率呈现上升趋势，含水率及含水上升率处于较低水平（图2-53、图2-54）。异常点原因分析：2013年投产9口新井，初期日产油244t，2014年处于产量高峰期，导致哈得10井区2014年递减率异常；2009年HD11-7H井因高含水关井（日产液67t，含水率99%），导致井区平均含水率及含水上升率出现异常。

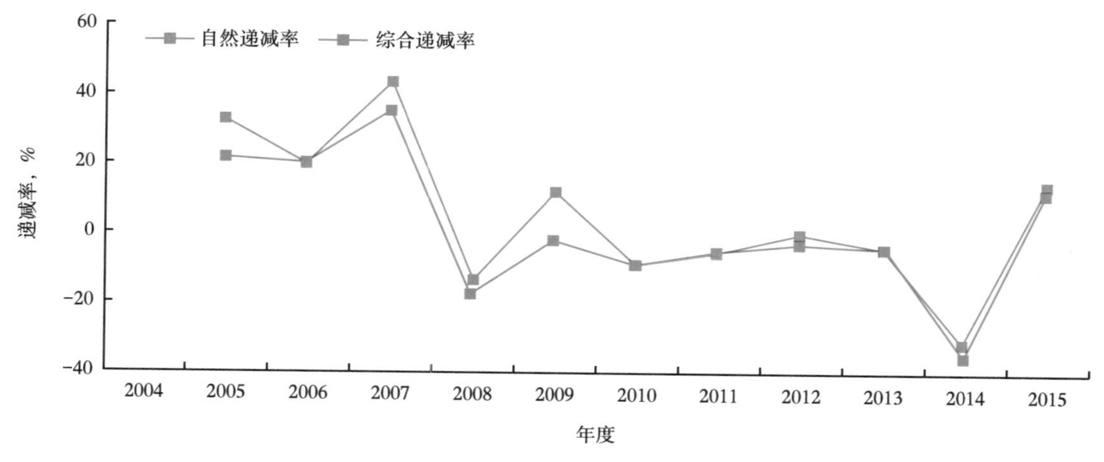

图 2-53 薄砂层油藏哈 10 井区年度递减率曲线

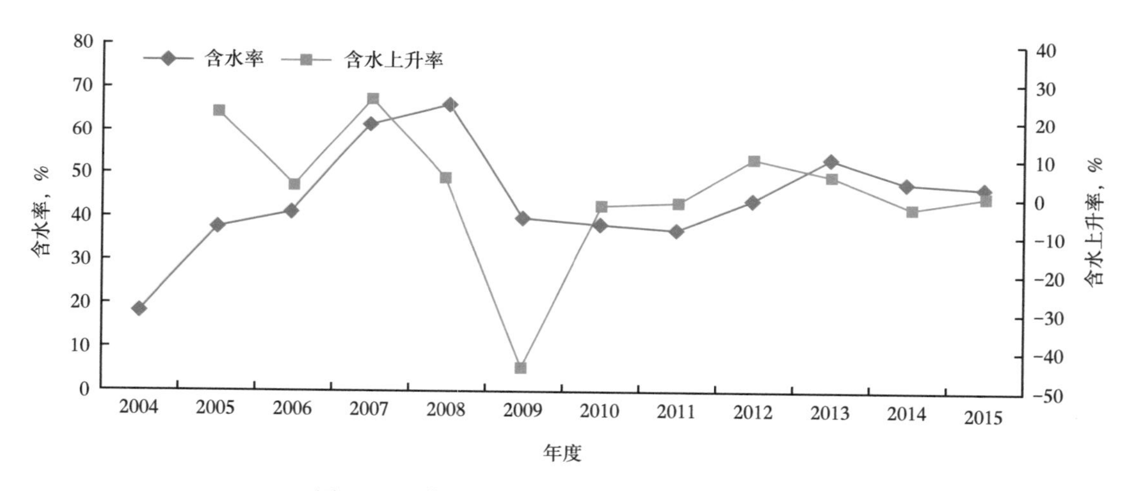

图 2-54 薄砂层油藏哈得 10 井区年度含水曲线

三、开发矛盾与调整对策

1. 薄砂层油藏哈得 1 井区

(1)高水淹井组平面注水受效不均匀且油井含水上升快，注采参数适应性差。

受注入水突进及边水推进影响，油藏平面含水差异大，哈得 1 井区西北部含水较高，油井含水率基本都在 60%以上，部分井含水率超过 80%，中部和东南部含水相对较低，油井含水率基本在 60%以下，部分井在 20%以下。油藏南部储层物性相对较差，整体产液能力低，单井产量低，中部及西北部油层物性相对较好，油井供液能力相对较强，单井产量较高(图 2-55 和图 2-56)。

哈得 1 井区薄砂层油藏 2005—2014 年示踪剂监测显示，共监测 14 个注采井组，其中水井单向驱替 6 口，比例 42.9%，两向驱替 5 口，比例 35.7%，多向驱替仅 3 口，比例 21.4%，油藏整体注入水单向突进较严重(表 2-18 和图 2-57)。

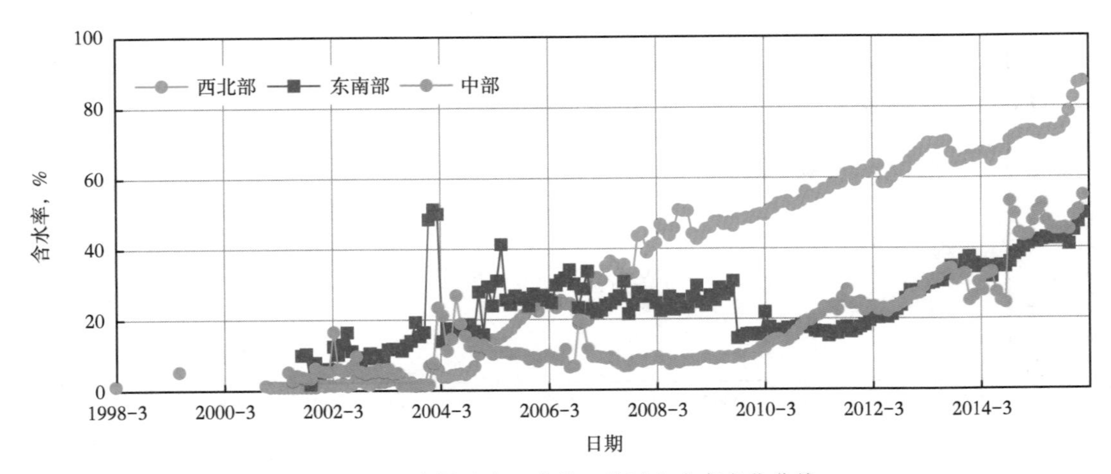

图 2-55　哈得逊油田哈得 1 井区含水率变化曲线

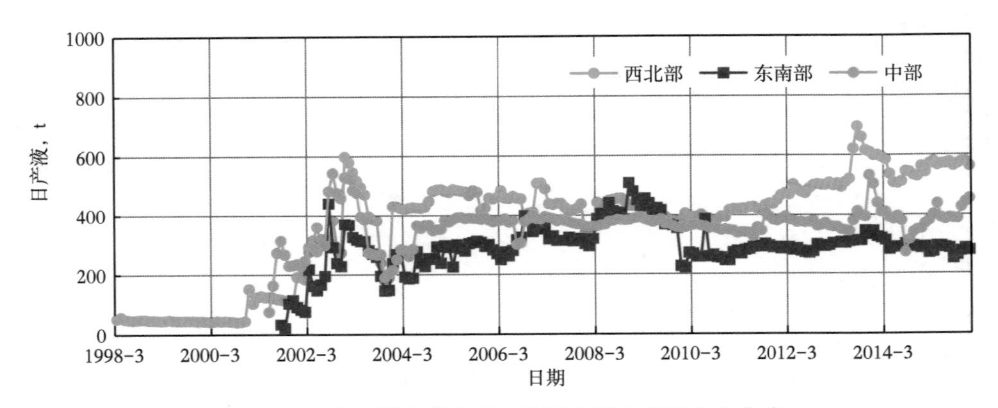

图 2-56　薄砂层油藏哈得 1 井区各部日产液变化曲线

表 2-18　薄砂层油藏水井示踪剂监测驱替方向统计表

水井驱替类别	井号	井数，口	比例，%
单向驱替	HD1-13H、HD1-27H、HD1-10、HD4-49H、HD4-10、HD1-16H	6	42.9
两向驱替	HD1-H34、HD1-36H、HD1-25H、HD1-24H、HD1-22H	5	35.7
多向驱替	HD1-11H、HD1-5H、HD1-18H	3	21.4

油井 HD1-21H 井于 2002 年 6 月份投产，初期平均单井日产油 35t，低含水生产 50 个月，2006 年 10 月实施了换大泵措施作业，15 个月后含水上升加快，根据示踪剂监测显示，来水方向为 HD1-25H 井，油井受效方向单一，因此注入水单向突进方向上，油井换大泵提液作业会加剧注入水突破水淹（图 2-58）。

（2）由于哈得 1 井区层间非均质性较强，且分层注水进度滞后，导致层间矛盾仍较突出，油井生产及测试资料证实，部分油井单层水淹，分层动用状况差异大。

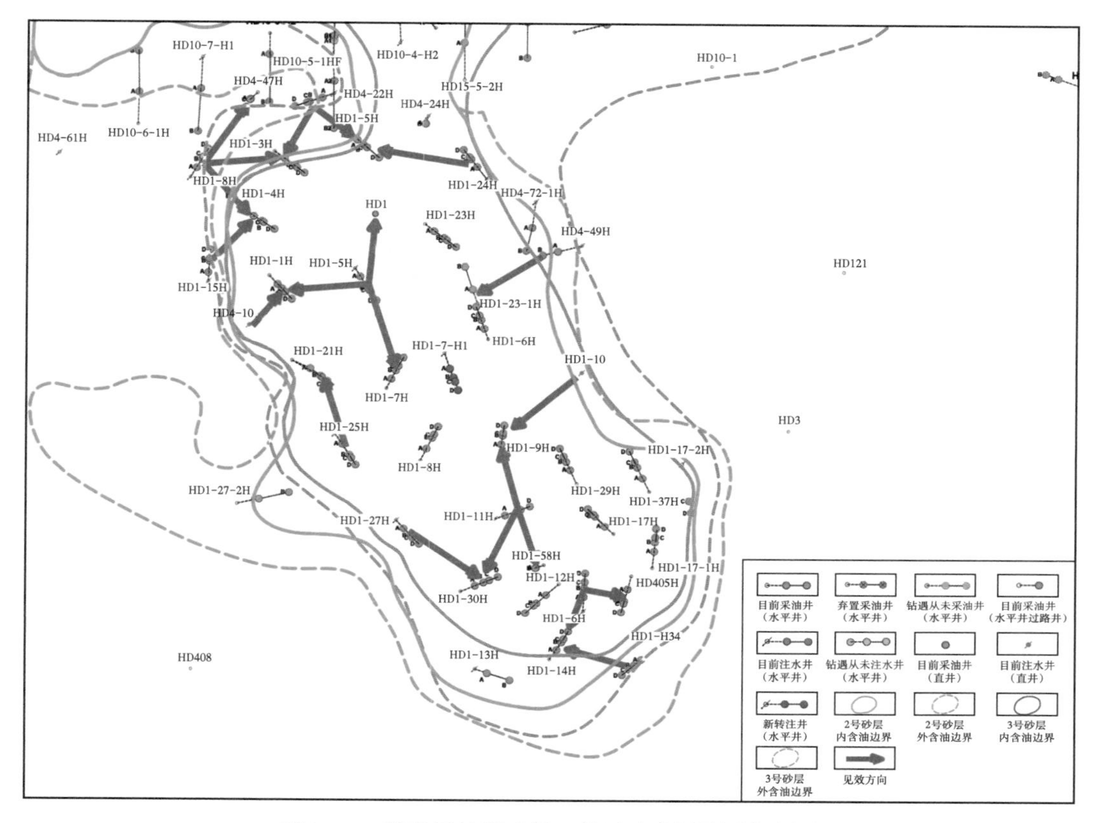

图 2-57　薄砂层油藏哈得 1 井区示踪剂监测分布图

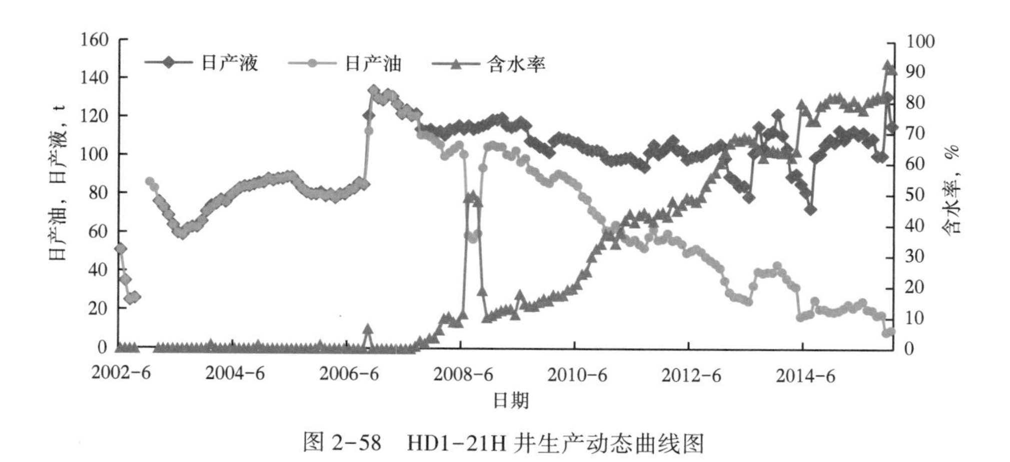

图 2-58　HD1-21H 井生产动态曲线图

①哈得 1 井区薄砂层 2 号、3 号层物性最好，其次为哈得 10 井区薄砂层 2 号、3 号层，薄砂层 4 号层次之，薄砂层 5 号层物性最差。物性最好砂层的孔隙度、渗透率分别是物性最差砂层孔隙度、渗透率的 1.6 倍和 9.9 倍，层间存在较强非均质性（图 2-59、图 2-60）。

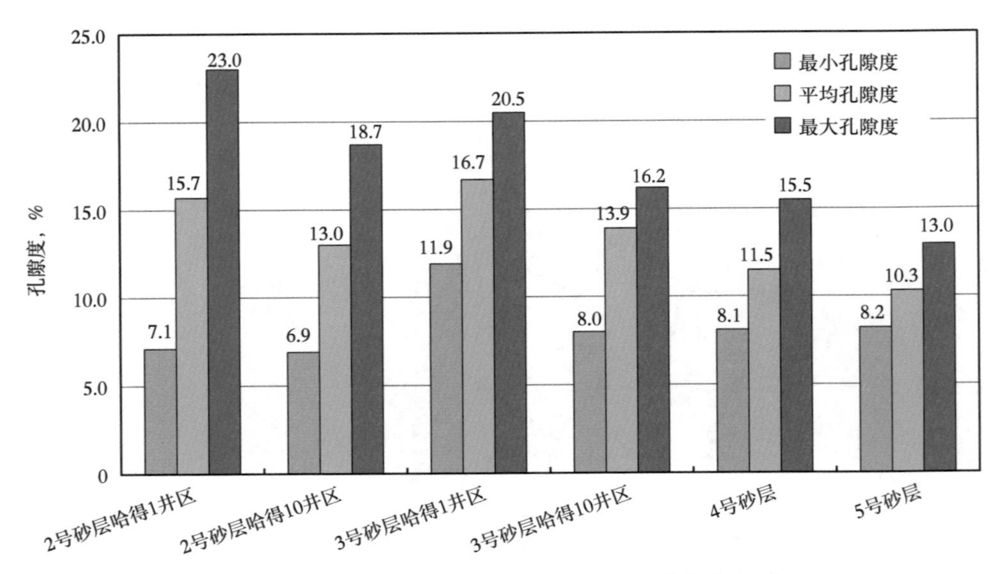

图 2-59 薄砂层油藏 2~5 号砂层孔隙度分布直方图

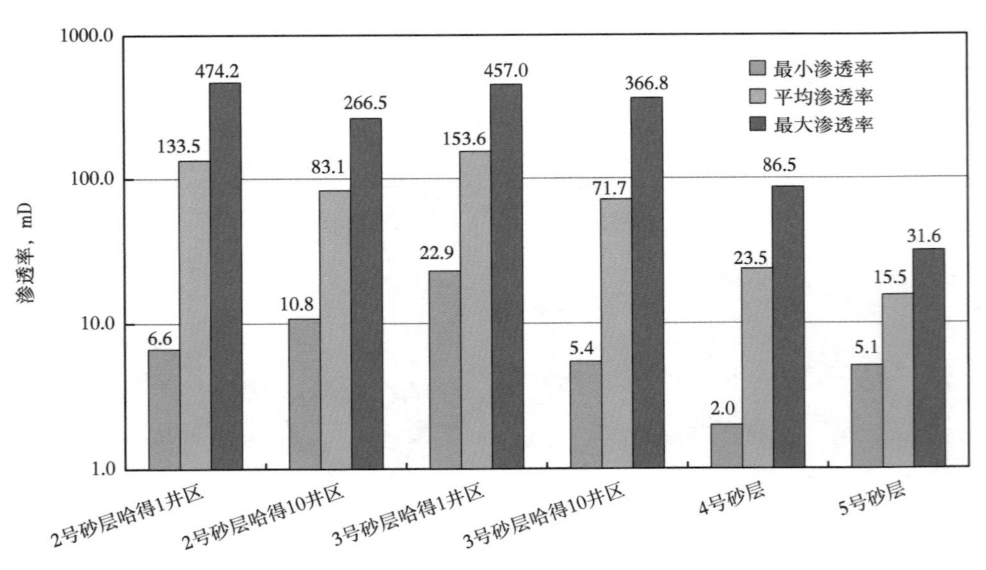

图 2-60 薄砂层油藏 2~5 号砂层渗透率分布直方图

②吸水剖面显示，双台阶水平井各砂层吸水差异大，层间矛盾突出。统计近年来薄砂层油藏测试吸水剖面 19 井次，层间相对吸水百分数差异超过 2 倍的有 14 井次，其中 3 号层相对吸水百分数大于 2 号层的有 11 井次，3 号层吸水状况明显好于 2 号层(图 2-61)。

2. 薄砂层油藏哈得 10 井区

(1)由于地质和工程原因，7 口井产能未能达到方案设计指标。

7 口井共影响日产能 257. 7t、年产能 7. 731×10^4t，其中地质原因影响日产能 73. 7t、年产能 2. 211×10^4t，工程原因影响日产能 184t、年产能 5. 52×10^4t（表 2-19）。

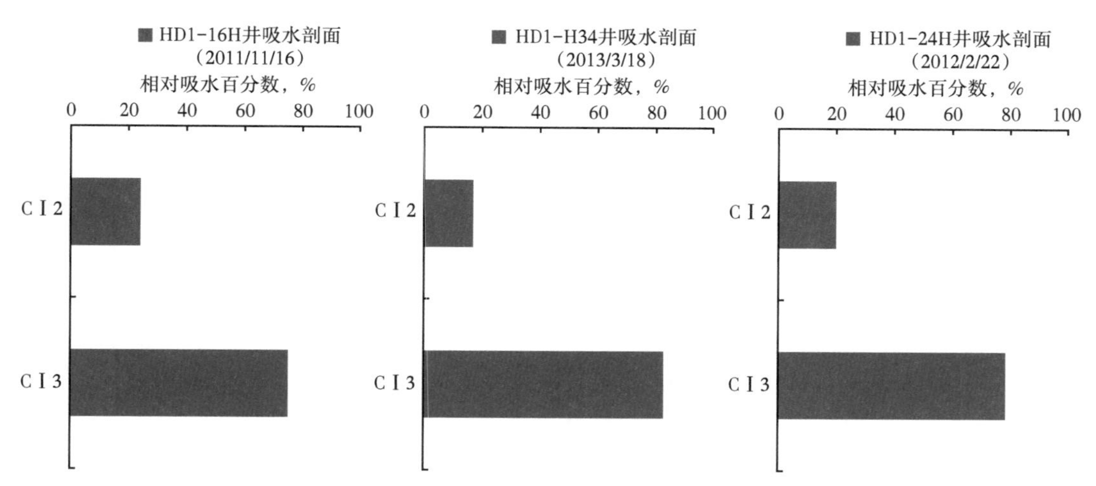

图 2-61　薄砂层油藏哈得 1 井区吸水剖面测试成果图

表 2-19　薄砂层油藏哈得 10 井区未达方案预期井影响产能统计表

井号	投产时间	设计日产油 t	实际日产油 t	未达预期原因		影响日产能 t	影响年产能 10^4t
HD10-5-2H	2014-03	55	38.9	地质原因	油水分布预测不准	-16.1	-0.483
HD10-3-H2	2013-08	54	26.4		油水分布预测不准	-27.6	-0.828
HD10-7-H1	2014-05	30			油水分布认识不清	-30.0	-0.900
小计						-73.7	-2.211
HD10-1-5H	2013-08	47	12.5	工程原因	管理低效	-34.5	-1.035
HD10-5-1HF	2015-04	80	39.0		固井质量不合格	-41.0	-1.230
HD10-3-H1	2013-09	56	4.2		井底落鱼	-51.8	-1.554
HD10-1-4HF	2015-03	90	33.3		固井质量不合格	-56.7	-1.701
小计						-184.0	-5.520
合计						-257.7	-7.731

(2)哈得 10 井区平面非均质性强于方案预测，注水未达到预期效果。

统计哈得 10 井区注水压力，各井组注水压力差距较大，目前整体注水压力较高，在 19~22MPa 之间，注水量低于方案设计，注水未达到预期效果(图 2-62、图 2-63)。

(3)部分井组受效情况不明显，2 个井组注水无效。

截至 2015 年底，哈得 10 井区共有注水井 11 口，25 口采油井，组成 11 个注采井组。11 个注采井组中 5 个井组注水受效情况良好，井组平均日增油 22.8t，含水率降低 9.9%(表 2-20)，另有 4 个井组受效不明显，2 个井组注水无效。

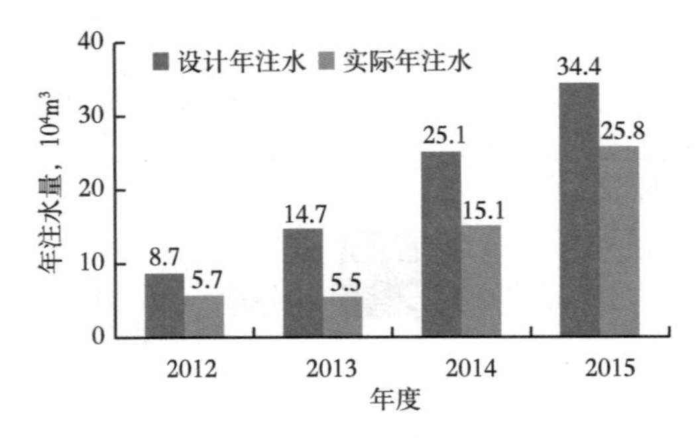

图 2-62　哈得 10 井区年注水对比图

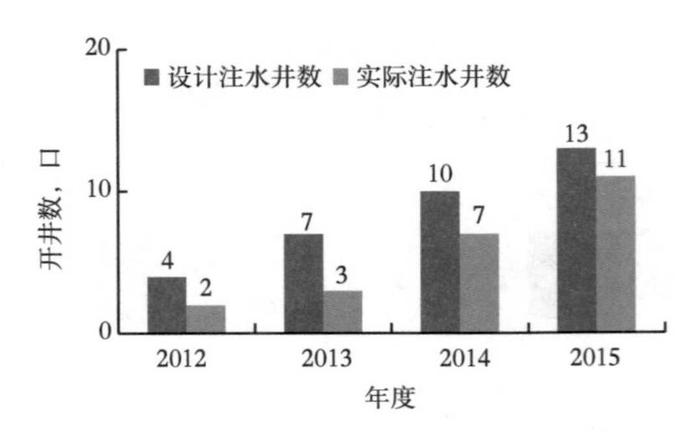

图 2-63　哈得 10 井区注水井开井数对比图

表 2-20　薄砂层油藏哈得 10 井区注水受效良好井组统计表

序号	注水井	注水层位	投注时间	井组日增油 t	井组含水率降低 %
1	HD10-2-1H	CⅠ3+4	2013-12	40.0	18.1
2	HD10-2-H2	CⅠ3	2014-08	28.0	13.5
3	HD10-2-H3	CⅠ4	2015-06	22.0	9.7
4	HD10-4-H2	CⅠ4	2015-02	14.0	3.3
5	HD10-4-H3	CⅠ4	2015-05	10.0	5.0
平均				22.8	9.9

注水无效井组中，HD10HT 井组由于地质连通关系不清楚，无法分析受效情况；HD10-7-H1 井固井质量不合格，怀疑注入水未进入目的层。

针对薄砂层油藏哈得 10 井区水驱储量动用程度低，哈得 1 井区注采参数适应性差[8]，平面、层间矛盾突出的主要问题，按照完善注采井网、调整注采参数的措施思路，进一步优化开发调整方案，提高水驱控制程度、储量动用程度，改善平面、层间矛盾，增加可采储量（表 2-21）。

表 2-21　薄砂层油藏存在问题及调整技术对策表

井区	存在问题	调整对策
哈得 10 井区	注水滞后，压力保持程度差； 局部水驱控制程度低，储量有效动用程度差	按注水井方案设计合理转注保持地层能量； 部署水平井，构建注采井网，提高区块动用程度
哈得 1 井区	高水淹井组平面注水受效不均匀且油井含水上升快，注采参数适应性差； 层间矛盾（油井水淹、水井吸水 2 号、3 号层差异大）突出	动静结合，开展 22 个井组精细注采分析，挖潜剩余油； 通过分层注水、深部调驱及水平井堵水等手段，减缓层间矛盾

第五节 综合治理调整方案与实施效果(2016—2019年)

一、综合治理方案设计

1. 方案设计思路

综合治理方案编制依据“分油藏、分井区、分井组”的“三分”原则，开展动静态精细油藏解剖，以“四清楚、一具体”(油气藏地质特征认识清楚、开发规律认识清楚、存在问题认识清楚、开发潜力认识清楚和老井措施具体)为标准，按照各井区不同油藏地质特征和开发矛盾，提出针对性治理措施。薄砂层油藏综合治理在充分利用目前井网的同时针对剩余油富集区域部署新井，以老井转注+提液+补层+新井为调整思路，采取分区分带治理，完善注采井网，调整注采平衡，同时开展三采先导试验，储备三采技术。

2. 方案设计

综合治理方案编制研究共梳理出6类24井次(表2-22)。

表2-22 薄砂层油藏各井区措施建议表

井区	序号	措施分类	井号	治理措施
哈得10	1	新井部署	HD1-3-2H	新井部署
	2		HD10-3-H5T	打替代井
	3		HD10-1-14H	注水井
	4		HD10-2-11H	注水井
	5	补孔	HD10-3-1BH	补孔4号层
	6		HD11-6-1H	补孔5号、6号层
	7		HD10-1-1H	补孔
	8	转注井	HD10-4-1BH	转注
	9		HD10-4-H1	转注
	10	注采调整	HD10-1-3H	提液
	11		HD10-7-H1	间开
哈得1	1	新井部署	HD1-41H	注水井
	2		HD1-27-3H	采油井
	3		HD1-37-1H	注水井
	4	补孔	HD1	补孔4号、5号层
	5		HD1-27-2H	补孔2号层
	6		HD4-38H	补孔东河砂岩段
	7		HD1-3-1	补孔4号层
	8	转注井	HD1-17-1H	转注
	9		HD1-4H	转注
	10		HD1-29H	转注

续表

井区	序号	措施分类	井号	治理措施
哈得 1	11	注气	HD1-5H	继续注气
	12	资料录取	HD4-13-1H	薄砂层测 CHDT
	13		HD4-11H	薄砂层测 CHDT

二、综合治理方案实施效果

根据整体部署、分批实施、跟踪优化、不断完善的原则，薄砂层油藏在 2018—2019 年设计措施 16 井次，实际实施 9 井次，预计措施日增油 79t，实际措施日增油 96t（图 2-64）。9 口措施油井，产能达到或超过方案设计的有 6 口井，其中在 4 号、5 号层部署的新井HD10-2-11H 井、HD1-3-2H 井试油均获高产，日产油分别为 17t、22t，哈得 1 井补孔 4 号、5 号层后，日增油 20t，另外 3 口井产能未达设计的原因主要是主力层尚未投产、地质认识不清、技术工艺不成熟及工程质量不合格等几方面因素。

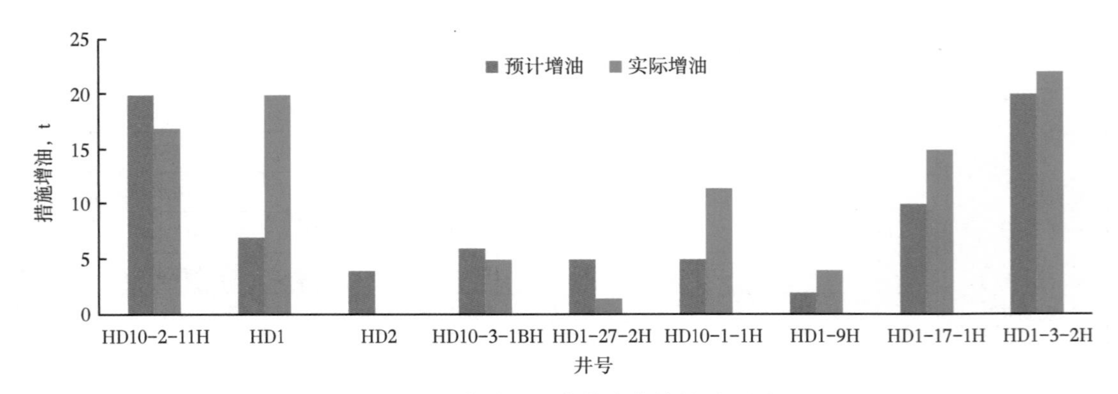

图 2-64　薄砂层油藏措施井效果对比图

哈得 10 井区 2019 年有油井 20 口，注水井 13 口，年产油 8.3×10^4t，老井综合递减率 7.4%，自然递减率 9.1%（图 2-65、图 2-66）。经过两年综合治理后，注采井网得到进一

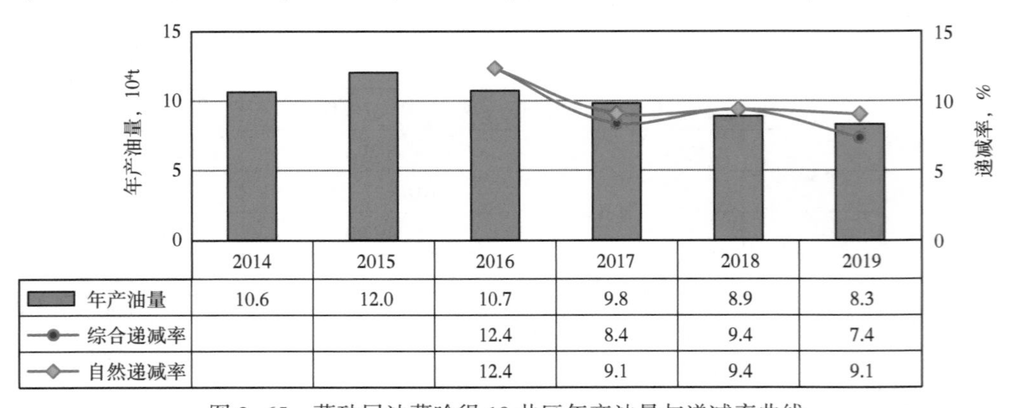

图 2-65　薄砂层油藏哈得 10 井区年产油量与递减率曲线

步完善，产量递减趋势得到明显控制，但含水率仍呈上升趋势。从含水率平面分布图(图 2-67)可以看到，注水受效的油井含水率普遍较高，剩余油主要分布在井区南部、西北部这类井网不完善区域和局部注水不受效的井间。

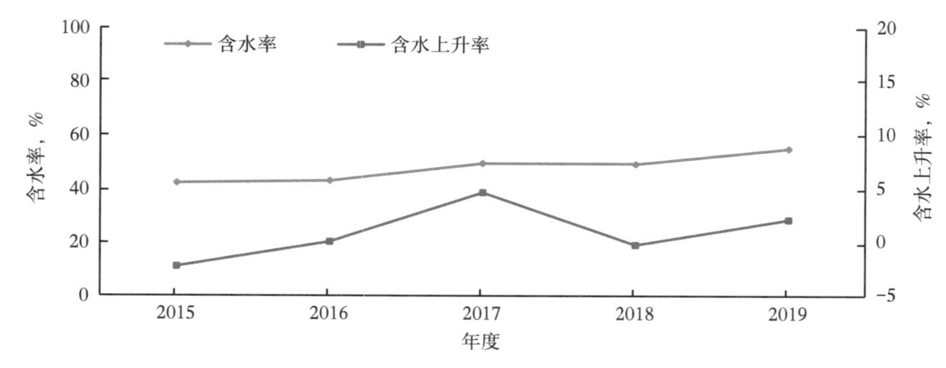

图 2-66　薄砂层油藏哈得 10 井区年度含水率与含水上升率曲线

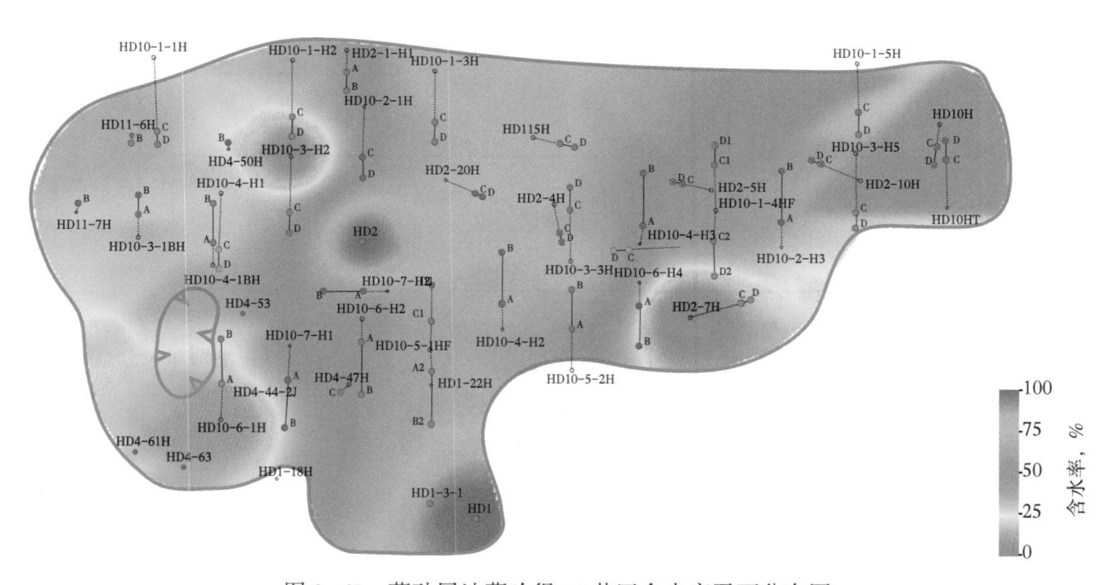

图 2-67　薄砂层油藏哈得 10 井区含水率平面分布图

哈得 1 井区 2019 年有油井 21 口，注水井 15 口，年产油 9.8×10^4t，综合递减率 7.1%，自然递减率 10%。经过两年综合治理后，产量递减趋势明显减缓，含水率上升趋势也得到有效控制(图 2-68、图 2-69)。从含水率平面分布图(图 2-70)上可以看到，西北部整体含水率已达 95%，只有中部和东南部含水率相对较低，潜力较大。从过路井 HD4-13-1H 井中子寿命测井解释成果来看(图 2-71)，中部 2 号、3 号层也已发生高水淹，高产井 HD1-6H 井、HD1-9H 井含水率开始加快上升，后期开发形势日趋严峻。东南部 HD1-17-1H 井转注水后，地层能量得到补充，邻井 HD1-37H 井、HD1-38H 井、HD1-39H 井受效明显，实现持续供液，同时具有进一步滚动扩边的潜力。

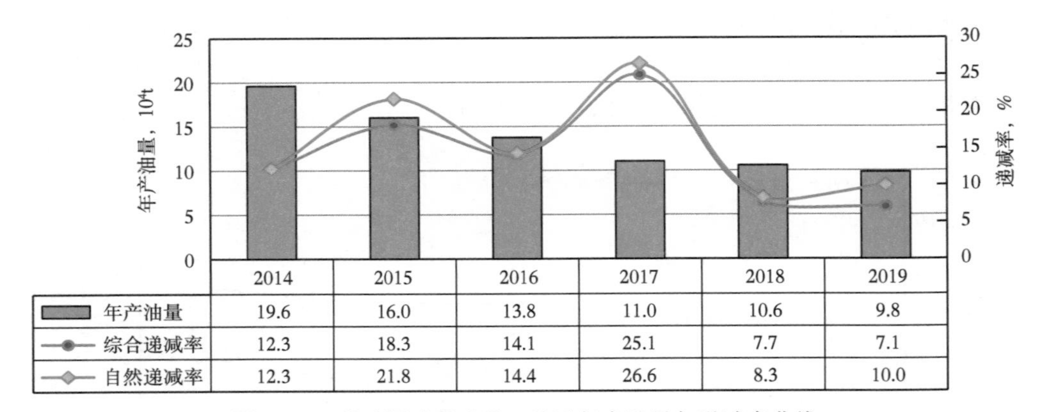

	2014	2015	2016	2017	2018	2019
年产油量	19.6	16.0	13.8	11.0	10.6	9.8
综合递减率	12.3	18.3	14.1	25.1	7.7	7.1
自然递减率	12.3	21.8	14.4	26.6	8.3	10.0

图 2-68　薄砂层油藏哈得 1 井区年产油量与递减率曲线

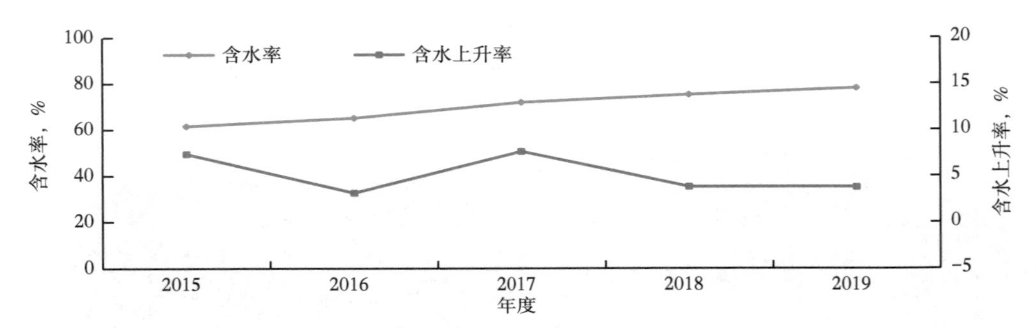

图 2-69　薄砂层油藏哈得 1 井区年度含水率与含水上升率曲线

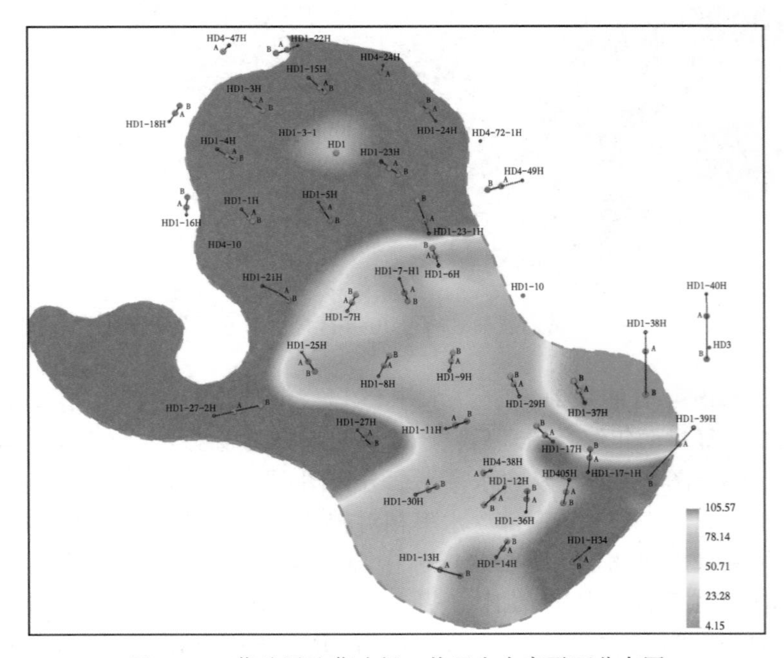

图 2-70　薄砂层油藏哈得 1 井区含水率平面分布图

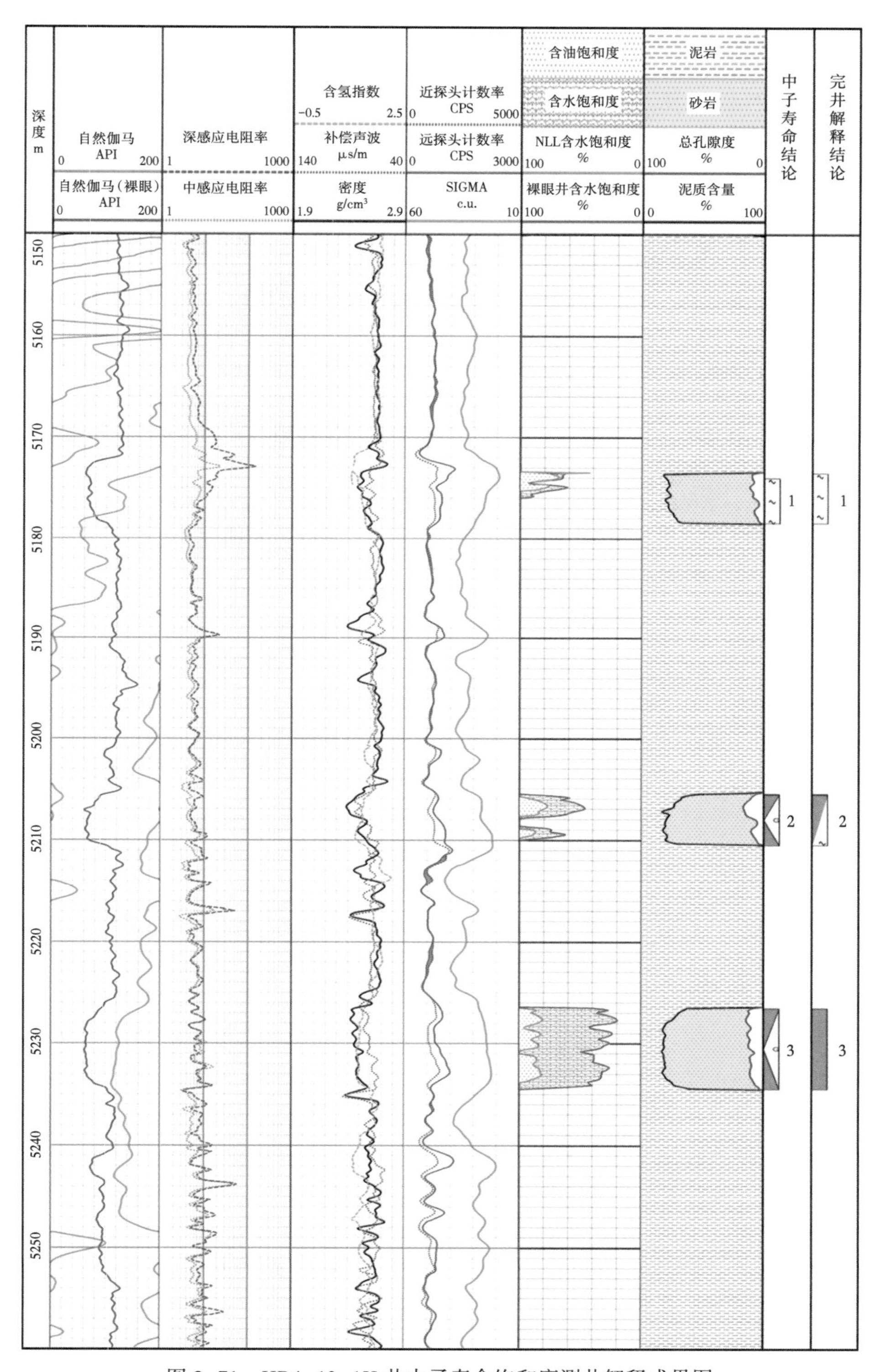

图 2-71　HD4-13-1H 井中子寿命饱和度测井解释成果图

参考文献

[1] 荣宁，吴迪，韩易龙，等．双台阶水平井在塔里木哈得油田的应用及效果评价[J]．油气井测试，2006，8(2)：36-40.
[2] 鲜波，蒋仁裕，田兴富，等．哈得油田薄砂层油藏水驱模型研究[J]．内蒙古石油化工，2008(9)：191-197.
[3] 伍轶鸣，唐仲华，卞万江，等．哈得油田薄砂层油藏双台阶水平井注水开采数值模拟及剩余油分布规律研究[J]．工程地球物理学报，2011，8(2)：231-236.
[4] 陈兰，张建华，蒋仁裕，等．哈得油田超深超薄油藏注水效果分析[J]．天然气勘探与开发，2009，32(1)：43-45.
[5] 高运宗，陈薇，何新兴，等．塔里木油田双台阶水平井吸水剖面测试[J]．油气井测试，2007，16(1)：62-64.
[6] 陈兰，蒋仁裕，张建华，等．哈得油田薄砂层油藏酸化增注效果[J]．断块油气田，2009，16(2)：99-100.
[7] 凌宗发，胡永乐，李保柱，等．水平井注采井网优[J]．石油勘探与开发，2007(1)：65-73.
[8] 凌宗发，王丽娟，胡永乐，等．水平井注采井网合理井距及注入量优[J]．石油勘探与开发，2008(1)：85-91.

第三章　超深超薄油藏双台阶水平井及分支井井网设计技术

早在1927年，世界上就出现了水平井钻井试验。20世纪80年代，法国第一次利用水平井成功开发了一个碳酸盐岩稠油油藏。与此同时，美国也在利用水平井来缓解水气锥进、开发天然裂缝碳酸盐岩油藏。苏联也开展了一系列的水平井开发试验。随着水平井综合能力和工艺技术的发展，特别是水平井的井眼轨迹设计技术，随钻测量（MWD）、随钻测井（LWD）和导向技术的发展，促生了多种水平井新技术。我国也于1988年在南海成功完钻LH1-1-6水平井。随着世界范围内油气勘探开发投入的增加，水平井已经成为高效开发油气的重要技术支撑[1]。

塔里木油田是中国石油应用水平井最多的油田。截至2019年12月，共有水平井700余口，日产油6883t，占全油田日产油量的41%，塔里木油田已开发主力油田油藏埋藏深（4000~6000m）、油层薄（<50m）、油水关系复杂、地面条件恶劣，因此采取“稀井高产”的开发原则，这便为水平井的大规模应用创造了条件[2]。

第一节　水平井先导性试验

哈得逊油田薄砂层油藏单层厚度均小于2m，属于薄层、超薄层砂岩油藏，纵向上主要发育2个小层。针对这些油藏特征，在开发初期开展了双台阶水平井的试采试注先导试验[3]。

一、水平井采油试验

2000年7月在薄砂层油藏哈得1井区部署了第一口双台阶水平井HD1-1H井，完钻井深5453m，目的层为薄砂层2号、3号层，水平段AB段长99m，CD段长157m，整体采用筛管完井。

HD1-1H井初期日产油达94m^3，不含水，采油指数13.61t/（d·MPa），自喷生产631天，无水采油期长达69个月，截至2006年5月，该井累计产油14.41×10^{4}t，至此该井含水率逐渐上升，产量递减缓慢，至2020年8月，该井累计产油26.59×10^{4}t，含水率96.88%，如图3-1所示。

该井原始地层压力52.23MPa，2001年5月油藏压力为51.37MPa，压力保持程度较高。该井投产一年内气油比基本保持在35m^3/t，气油比稳定。

综合以上分析，与直井HD1井相比（见第二章第二节），水平井采油优势非常明显，双台阶水平井更适合哈得逊油田薄砂层油藏开采。

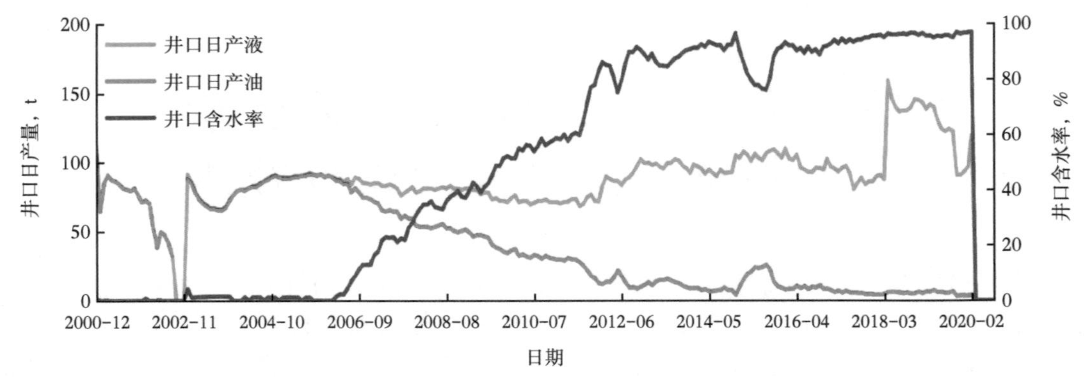

图 3-1 HD1-1H 井口日产量曲线

二、水平井试注试验

2002 年 8 月在 HD1-27H 井进行双台阶水平井试注，录取了 1 次视吸水指示曲线、1 次稳定试井及压降试井等资料。

视吸水指数明显呈折线形，反映了多层吸水和非均质地层吸水的特征，如图 3-2 所示。稳定试井时视吸水指数为 24.31m^3/（d·MPa），高于初期视吸水指数 16.63m^3/（d·MPa），日注水不高于 200m^3，井口压力在 10MPa 以下，表明随着时间延长，完善程度提高，吸水能力逐步增加，初期吸水能力明显偏低，可靠性低。根据稳定试井时视吸水指示曲线趋势，推测启动压力约 3.6MPa。

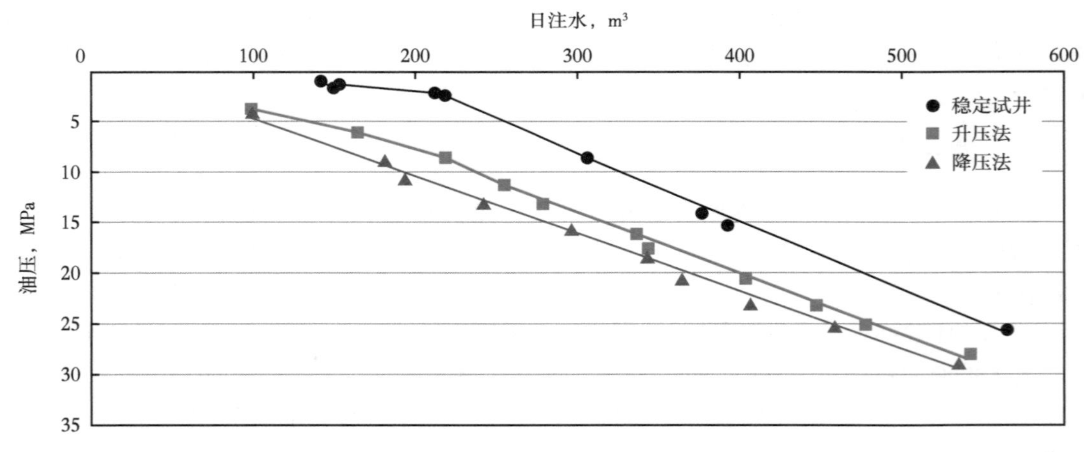

图 3-2 HD1-27H 井视吸水指示曲线

2002 年 9 月 30 日至 11 月 3 日进行了稳定试井、不稳定试井，不同流量的吸水指数见表 3-1，吸水指数指示曲线为一条折线，如图 3-3 所示，该井吸水指数为 22.03m^3/（d·MPa），约为直井 HD1-10 井的 10 倍，与直井相比可大幅度降低井口压力。

表 3-1 HD1-27H 井稳定试井数据

序号	注入水量 m^3/d	流压 MPa	注水压差 MPa	吸水指数 t/(d·MPa)
1	510	72.913	23.661	21.55
2	393	65.194	15.942	24.65
3	310	61.388	12.136	25.54
4	215	57.488	8.236	26.10
5	151	56.868	7.616	19.83
6	566	71.832	22.580	25.07

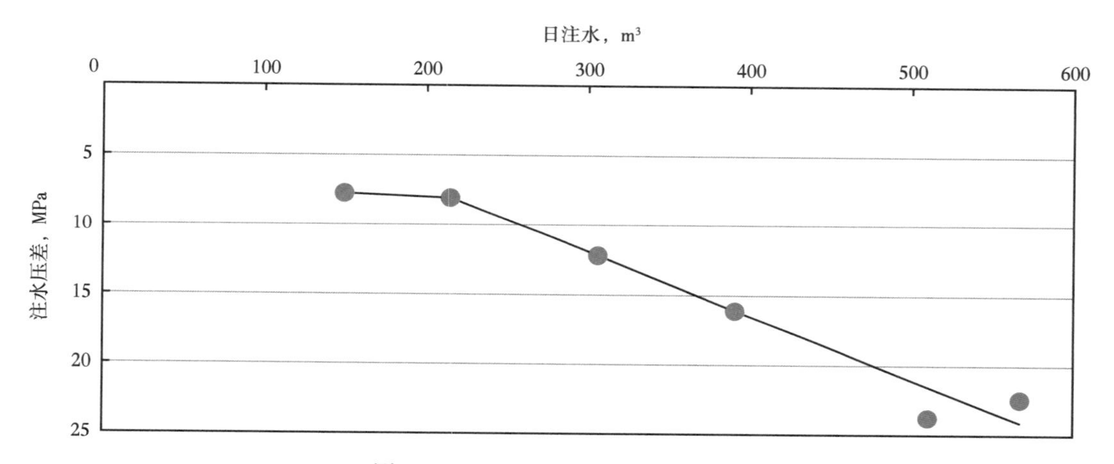

图 3-3 HD1-27H 井吸水指示曲线

第二节 薄砂层油藏哈得 1 井区双台阶水平井注采井网设计

结合薄砂层油藏水平井试采试注结果，2000 年在薄砂层油藏哈得 1 井区全面部署以双台阶水平井为主的注采井网，整体注水开发[4]。

一、水平井与直井开发效果对比

哈得逊油田薄砂层油藏单层厚度均小于 2m，属于薄层、超薄层砂岩油藏。与普通直井(定向斜)相比，水平井在薄砂层油藏中采油、注水上均具有开发优势。

开发方案编制初期，在油藏中运用局部加密的方法选取 HD1 井至 HD1-9H 井之间局部范围三维模型，设计两个不同井型方案对比薄砂层油藏的开发效果。

方案 1：14 口油井全部为直井。

方案 2：14 口油井，其中有 2 口直井(HD1 井和 HD2 井)，12 口双台阶水平井。

两个方案以相同的定液量、定流压条件预测开发指标。开发方式设计为衰竭式开发 3 年后转入边缘环状注水开发。开发指标对比数据见表 3-2，曲线如图 3-4 所示。

表 3-2 薄砂层油藏直井（方案 1）和水平井（方案 2）开发指标对比

年度	年产油，10^4t		含水率，%	
	方案 1	方案 2	方案 1	方案 2
2001	11.7724	14.1472	1.30	1.28
2002	18.3941	24.0545	1.81	1.76
2003	17.9858	23.9501	2.53	2.36
2004	17.6794	23.3601	6.46	5.99
2005	16.8375	22.0423	11.63	11.25
2006	15.9963	20.5837	16.76	17.38
2007	15.2059	18.9263	21.63	24.43
2008	14.4057	17.2113	26.75	31.55
2009	13.5181	15.5292	32.08	38.06
2010	12.7298	14.0977	37.06	43.71
2011	12.0063	12.8382	41.58	48.72

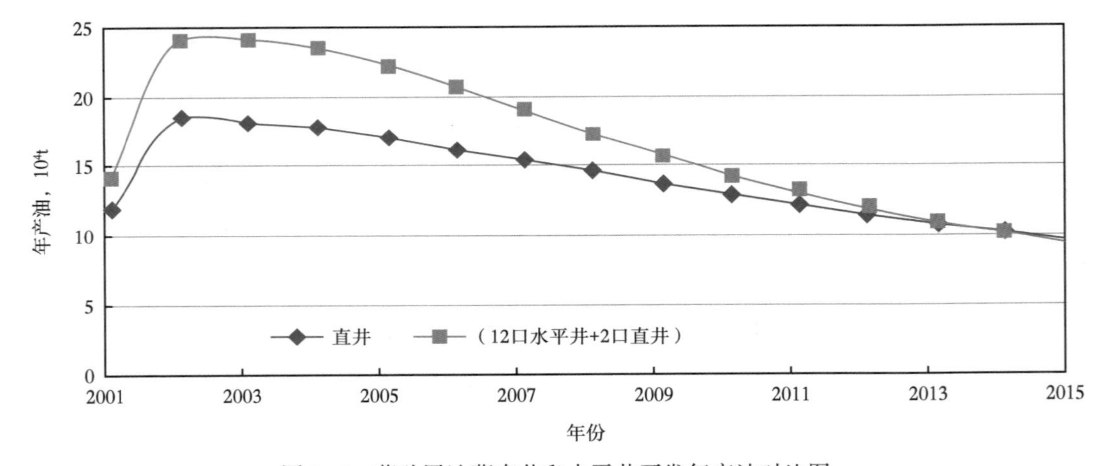

图 3-4 薄砂层油藏直井和水平井开发年产油对比图

研究结果表明，以水平井开发为主的方案开发指标明显优于直井开发方案指标：2001—2005 年以水平井开发为主的方案比直井开发方案多产原油 24.89×10^4t，而且含水率略低。说明以水平井开发为主的方案优于直井开发方案。

二、井网部署

在控制程度最高的区域（HD1 井以南、HD1-9H 以北）取长 14687.20m、宽 2078.13m（面积 30.50km^2）的范围进行局部网格加密建立研究模型。设计两口水平井（W1 井、W2 井），井放置于 2 号层，水平段长 150m。所有机理研究设计方案油井井底流压限制为 34MPa、定油量 80m^3、衰竭式开发。

设计四种油井部署方式：垂直于构造走向部署的正对井井网（方案 0），垂直于构造走向部署的交错井井网(方案1)，平行于构造走向部署的正对井井网(方案2)，平行于构造走向部署的交错井井网(方案3)。研究结论如图3-5所示。

第一，垂直于构造走向错开部署油井方式开发效果好。

第二，水平井水平段之间垂直距离1000~1300m比较合适；错开端点之间距离650~1000m（折端点距离油水边界1250~1600m）比较合适。

第三，无论哪种部署方式，油藏压力都下降很快。

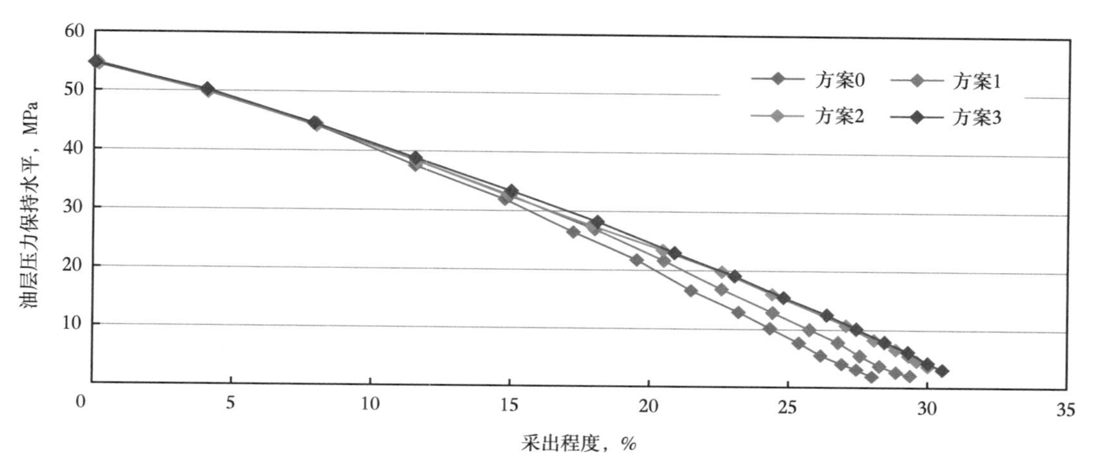

图3-5 薄砂层油藏井距机理研究压力与采出程度关系曲线

根据水平井部署方式研究成果设计五套注采井网部署方案进行研究，如图3-6所示。五套注采井网部署方案如下：

方案1，平行于构造轴向部署水平井，总井数18口，其中油井14口(HD1-9H井以北部署8口水平井+2口直井，南边4口水平井)，水井4口直井；

方案2，垂直于构造轴向部署水平井，总井数18口，其中油井14口(HD1-9H井以北部署8口水平井+2口直井，南边4口水平井)，水井4口直井；

方案3，垂直于构造轴向部署水平井，总井数17口，其中油井13口(HD1-9H井以北部署7口水平井+2口直井，南边4口水平井)，水井4口直井；

方案4，平行于构造轴向部署水平井，总井数17口，其中油井13口(HD1-9H井以北部署7口水平井+2口直井，南边4口水平井)，水井4口直井；

方案5，采用混合布井，部署水平井，总井数17口，其中油井13口(HD1-9H井以北部署7口水平井+2口直井，南边4口水平井)，水井4口直井。

对比分析五个方案的开发指标，得出以下结论。

(1)方案2的开发效果明显优于其他方案设计的油水井部署方式，开发十年后的剩余油分布面积明显少于其他方案。

(2)油藏天然边水作用相对而言西南部位强、东部弱；北部弱、南部强。各油水井部署方案开发指标对比如图3-7所示。

因此，推荐方案2作为开发方案注采井网的基础方案。

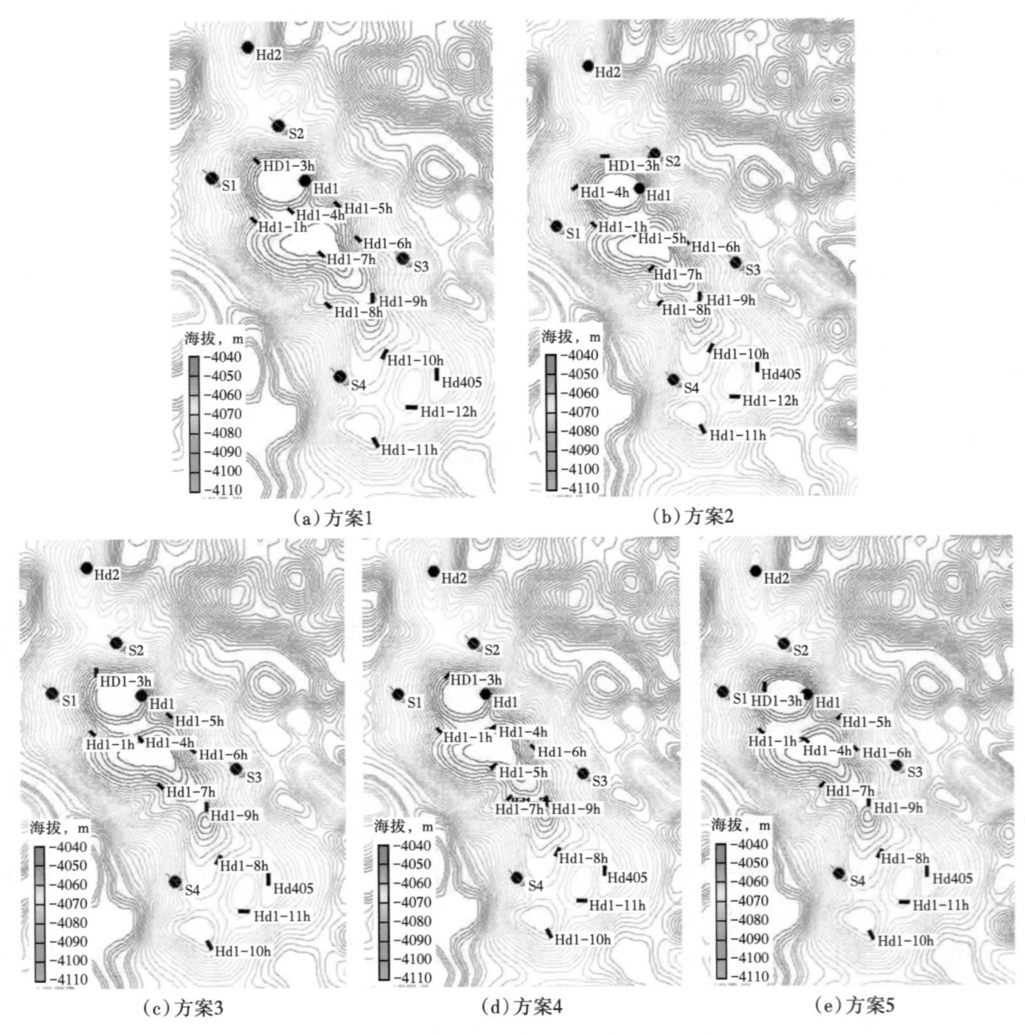

(a)方案1　(b)方案2

(c)方案3　(d)方案4　(e)方案5

图 3-6　薄砂层油藏井网研究油水井部署图

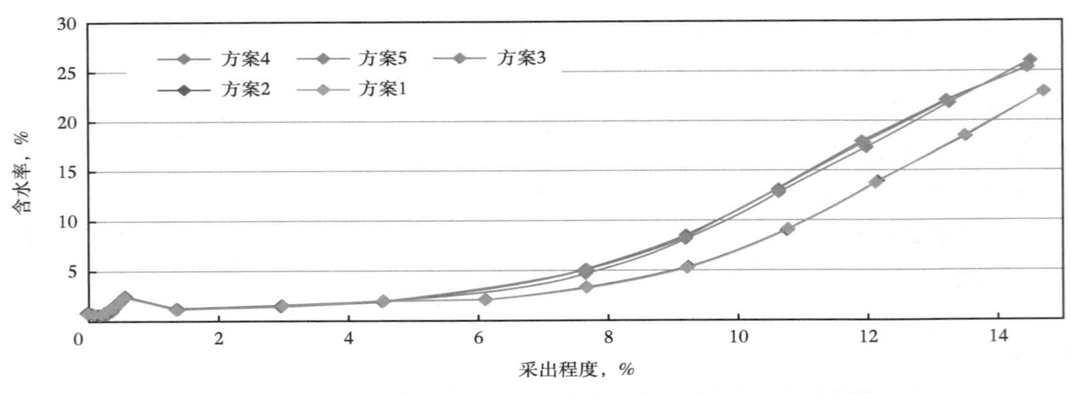

图 3-7　薄砂层油藏油井部署方式研究含水与采出程度关系曲线

三、注采方式和注水时机

薄砂层油藏哈得1井区2号、3号层薄，合计厚度小于3m。油井必须具有较大的控制面积才可能获得一定的产能和稳产期。如果将注水井部署在油水界面附近，油水井之间的距离将大于1000m。采用单纯的边缘环状注水方式注水，油井受效因油水井距离偏大的原因可能比较缓慢。中间点状注水具有注水井周围受效井多、注水效率高、注采井距离较近、受效快等特点。

为了研究注水方式对开发效果的影响，设计两种注采方式进行对比。方案一采用单纯的边缘环状注水开发方式；方案二采用边缘环状+适时中间点状注水（转注油井）开发方式。两种方案的开发效果对比如图3-8、图3-9所示。

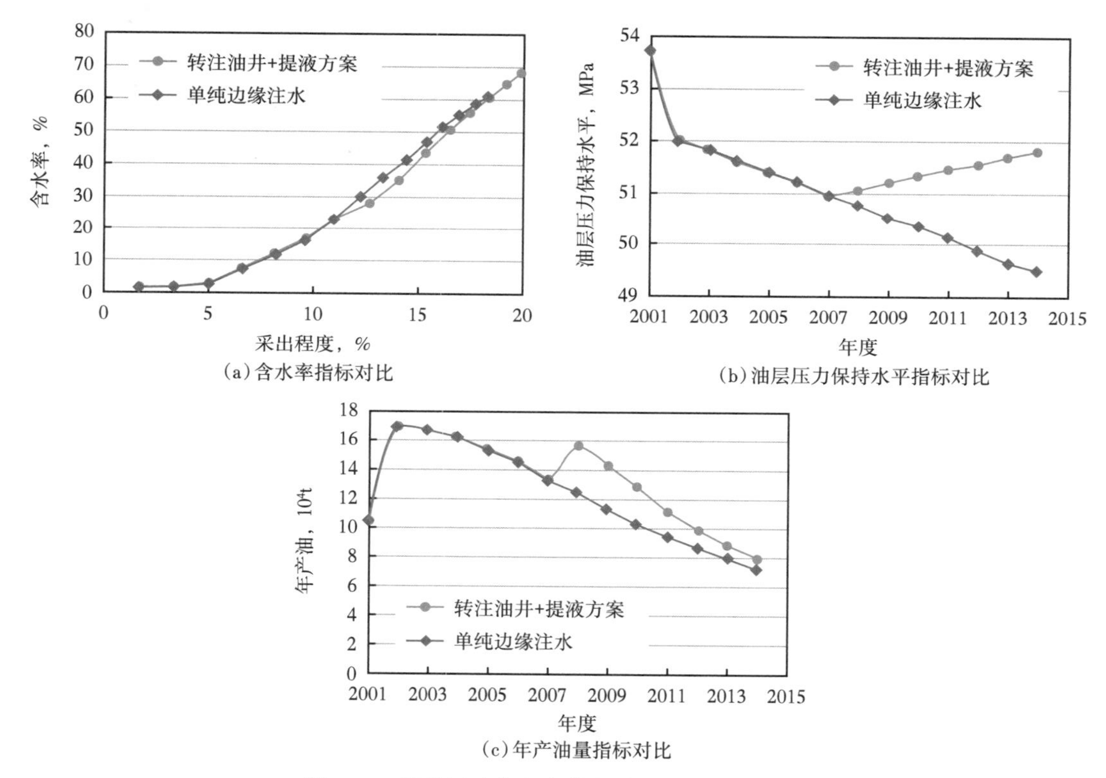

图3-8　薄砂层油藏各参数与采出程度关系曲线

对比结果表明，单纯的边缘环状注水开发方式开发指标无论是年产油指标还是含水率—采出程度指标、压力保持水平指标都比边缘环状+适时中间点状注水开发方式要差。

从生产的角度考虑，适时转注油井有利于提高注水量、降低注水压力，为油田污水处理提供出路。因此，将边缘环状+适时中间点状注水开发方式作为薄砂层油藏方案数值模拟的基础。

根据薄砂层油藏依靠天然弹性能量开采的效果，如图3-10所示，油层压力保持水平为40MPa时，采收程度为11.5%。实际上油井在全油藏压力保持水平40MPa时是很难维

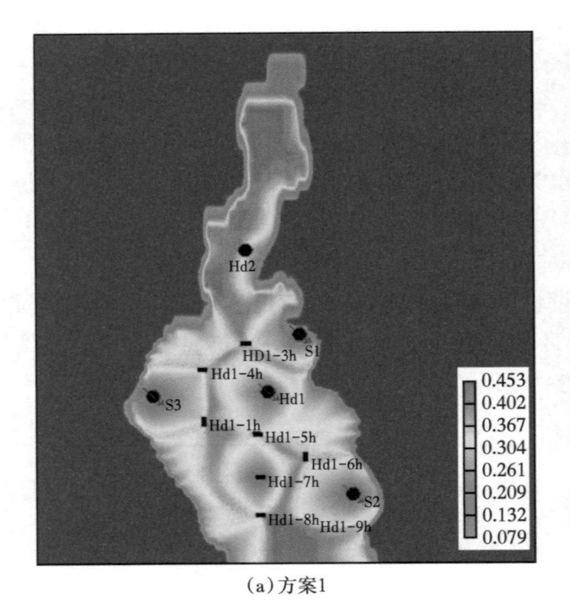

(a)方案1

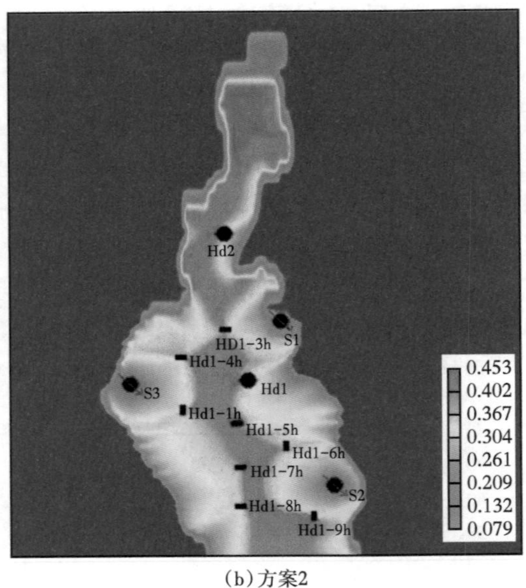

(b)方案2

图 3-9　薄砂层油藏不同注水开发方式生产 15 年后剩余油饱和度分布对比图

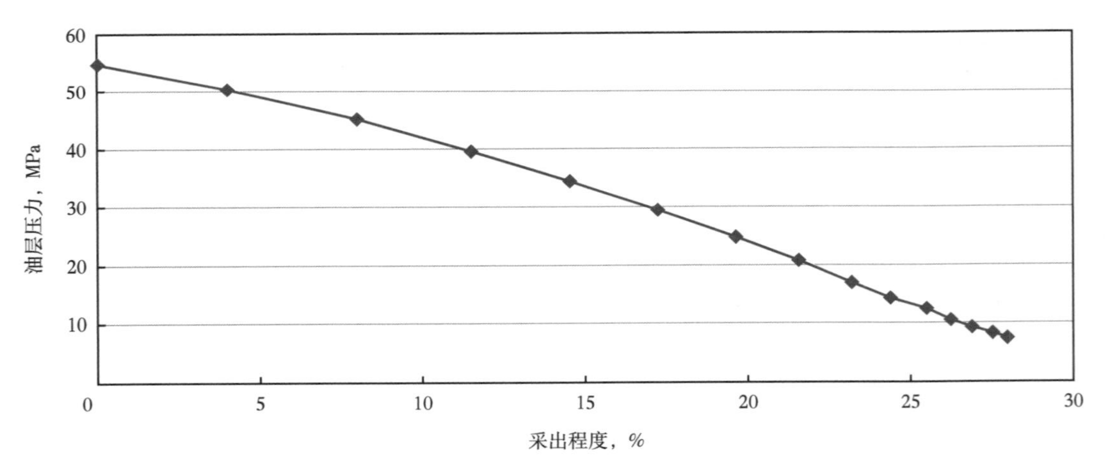

图 3-10　薄砂层油藏衰竭式开发采出程度与压力保持程度关系图

持正常生产的。因此，薄砂层油藏注水时机的选择应该主要考虑油藏压力保持水平是否满足采油工艺水平和注水工艺水平，在二者有保证的前提下应该尽可能地晚注水，这样有利于提高油藏采收率。

根据薄砂层油藏油井平均产能指标和年产能规模结合计算的压力保持水平值（47MPa），建议注水受效时间不晚于全面投产后第 3 年末，考虑到一些因素的影响，注水井必须在油藏投产 1.5 年开始实施较为合理。

四、开采速度

选择 7 种采油速度进行对比研究，如图 3-11 所示，结果表明采油速度大小对含水率和采出程度关系曲线的影响不大。考虑到油田开发的规模效益和一定的稳产年限，如图 3-12 所示，推荐薄砂层油藏的采油速度为 1.75%~2.0%。

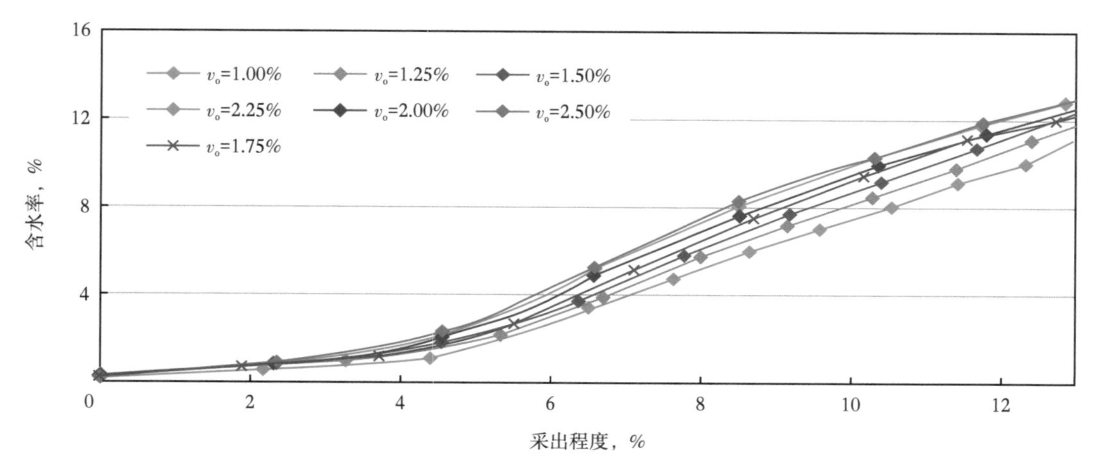

图 3-11 薄砂层油藏不同采油速度下含水率与采出程度关系曲线

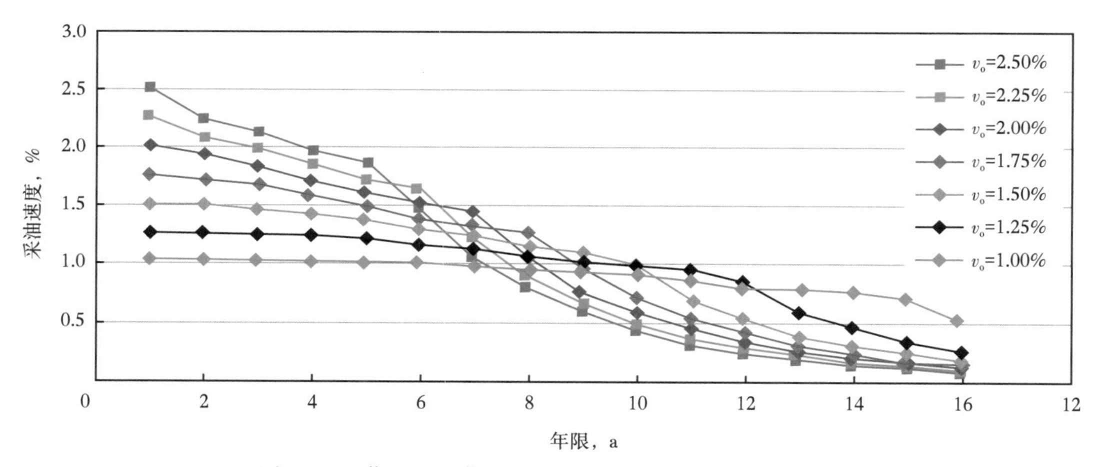

图 3-12 薄砂层油藏不同采油速度与稳产年限关系曲线

五、注采比

选取 HD1-11H 注采井组作为研究对象，设计注采比为 1.0、1.5、2.0，注入量分别为 180m³/d、270m³/d、360m³/d。

注采比越大，距离比较近的井见水越早越快，其中最明显的是与 HD1-11H 井平行的采油井 HD1-12H 井，含水率上升速度最快，与注水井距离比较远或者不平行的采油井（HD1-17H 井、HD1-8H 井、HD1-9H 井、HD1-27H 井）含水率对比差别不明显，如图 3-13 至图 3-17 所示。

注采比大，注水井 HD1-11H 井周围的生产井井底附近压力回升明显加快。HD1-8 井井底附近压力变化如图 3-18 所示，周围其他几口井附近压力上升情况与 HD1-8H 井类似。

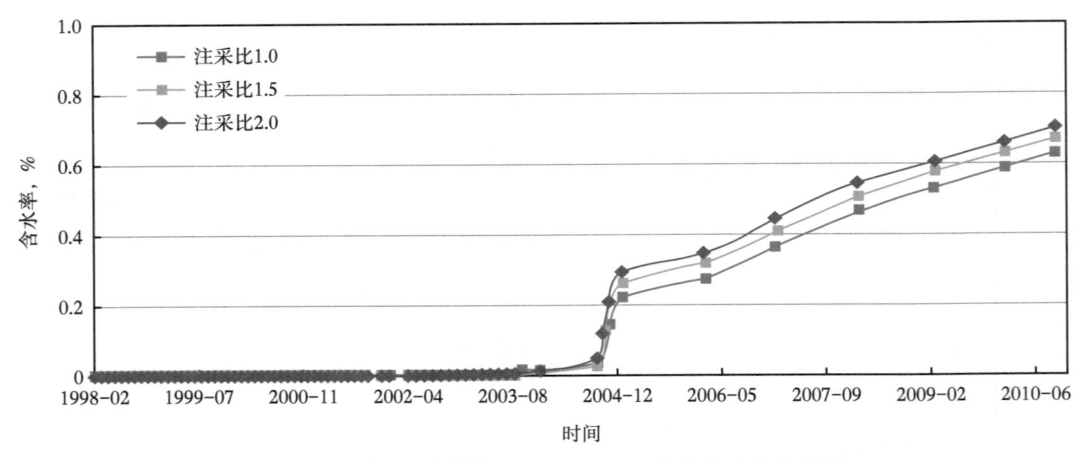

图 3-13　不同注采比情况下 HD1-12H 井含水率变化情况

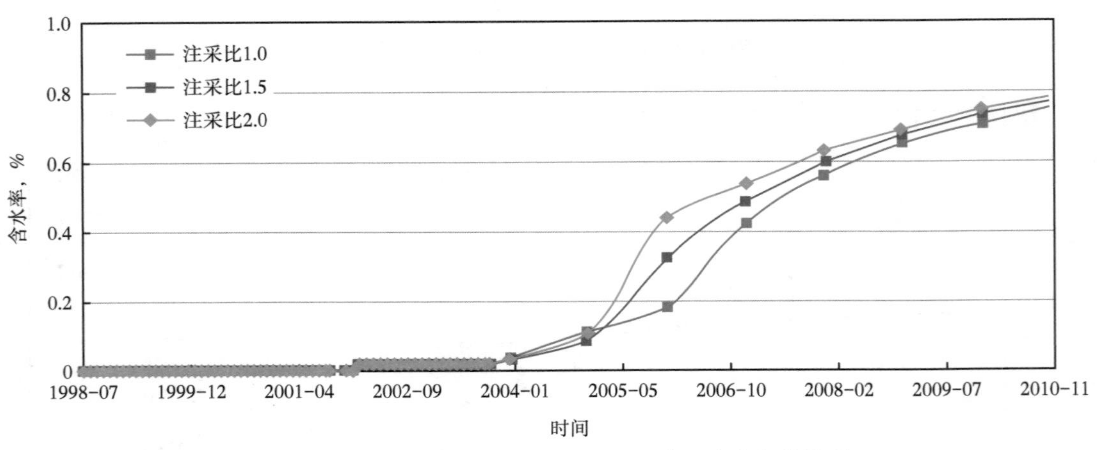

图 3-14　不同注采比情况下 HD1-17H 井含水率变化情况

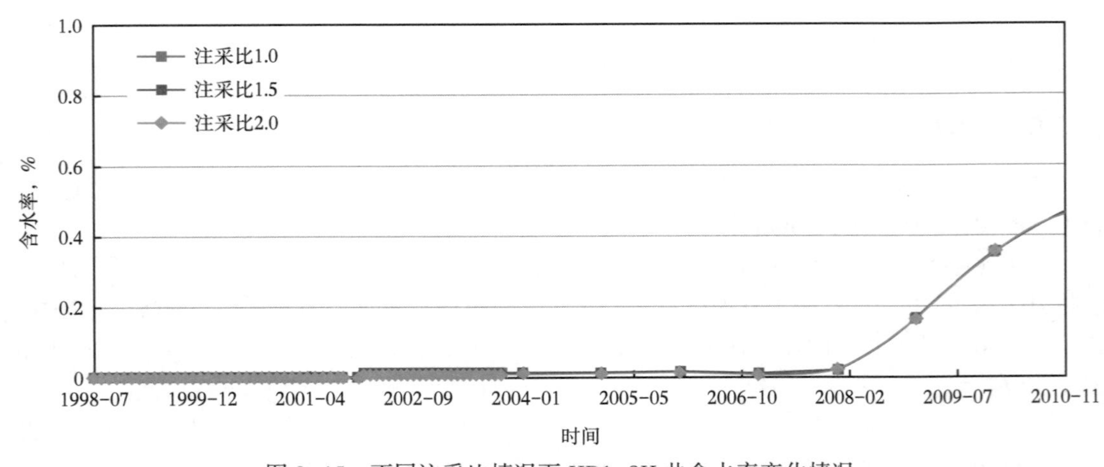

图 3-15　不同注采比情况下 HD1-8H 井含水率变化情况

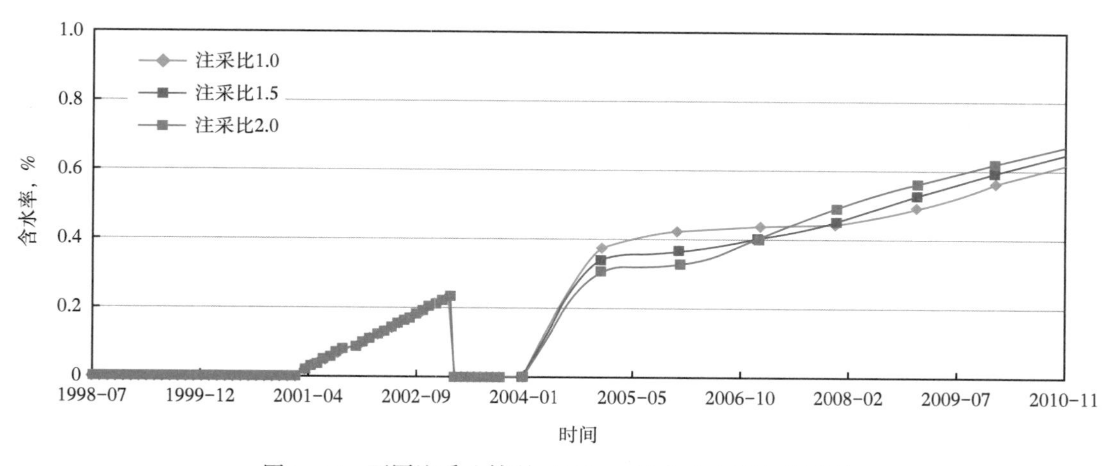

图 3-16　不同注采比情况下 HD1-9H 井含水率变化情况

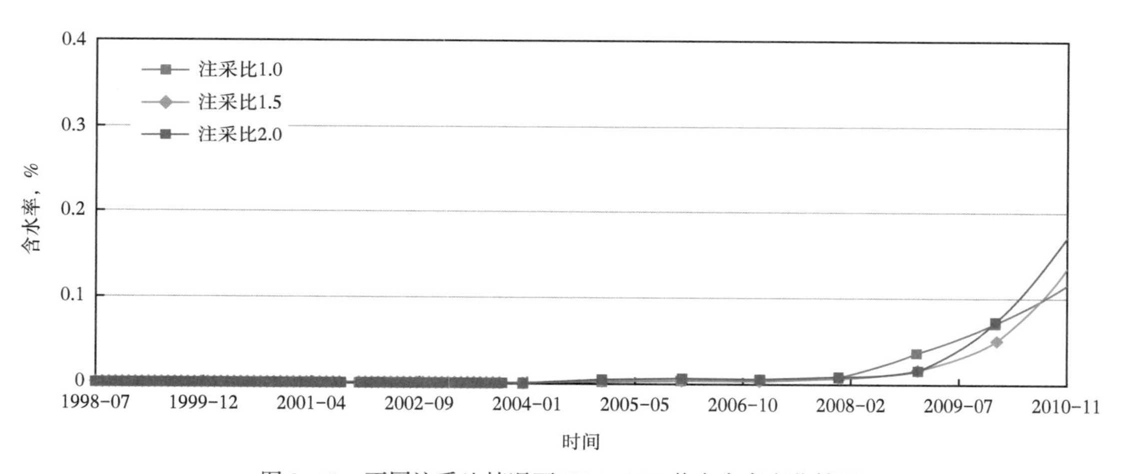

图 3-17　不同注采比情况下 HD1-27H 井含水率变化情况

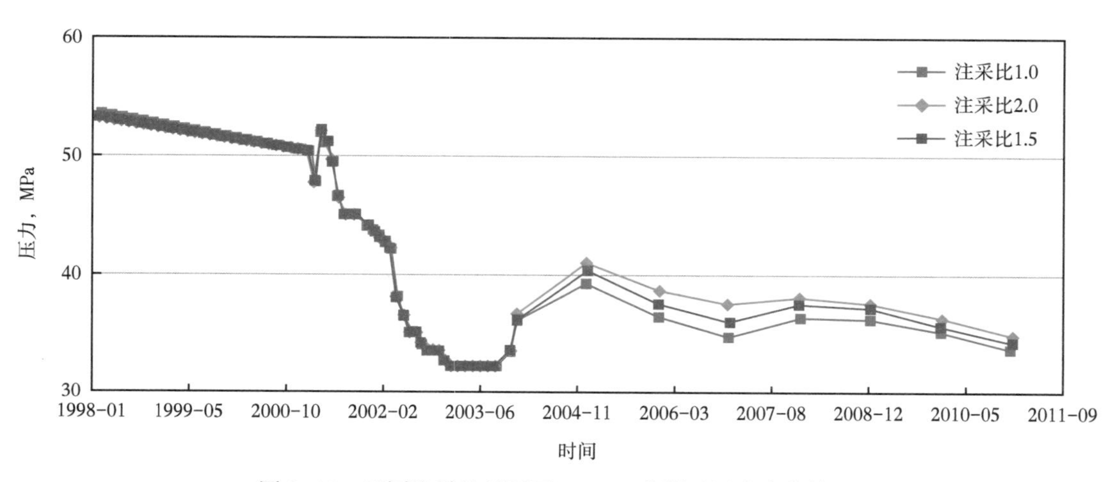

图 3-18　不同注采比情况下 HD1-8 井附近压力变化情况

从以上分析得出，注采比约为 1 时，采油井见水晚、含水率上升慢，压力回升平稳，开发效果较好，因此以下研究的基础均是注采比约为 1。

六、合理压力保持程度

薄砂层油藏哈得 1 井区饱和压力远低于废弃压力，不存在脱气的问题。

压力保持程度的高低只与油井能否正常生产有关。压力保持程度太高，导致注水量增加，势必造成资源的浪费；如果压力保持程度太低，会影响油井的正常生产，主要是由于薄砂层油藏比较薄，压力传导比较慢，结果导致注水井周围虽然压力比较高，但是对于一些在油藏内部渗透率比较低的部位的油井，井底压力还是比较低。因此，对压力保持水平进行了优化。

对 35MPa、36.5MPa、38MPa、40MPa、45MPa 共 5 种初期压力保持水平进行了计算，结果如图 3-19 所示。地层压力为 35MPa，HD1-3H 井、HD1-7H 井、HD1-9H 井、HD1-15H 井等井供液不足无法正常生产，相同时间的最终采出程度及日产油量明显较低；地层压力为 36.5MPa，仍有 HD1-9H 井等井供液受到限制，相同时间的最终采出程度及日产油量仍较低；地层压力为 38MPa、40MPa、45MPa，所有油井供液充足，满足正常生产条件且相同时间采出程度基本一致；因此确定 38MPa 为注水初期合理压力保持程度。

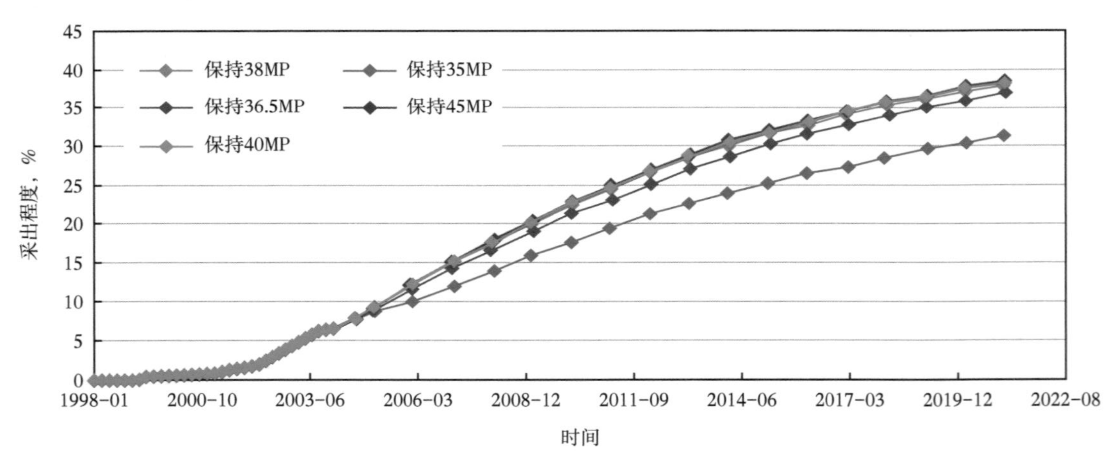

图 3-19　不同压力保持水平对采出程度的影响

七、方案优选

初期压力保持 38MPa，研究 4 种采油速度对开发效果的影响。开采速度大相应注水量增加，现注采井网曾经达到最大供液量的采油速度是 3.5%。

按照目前的采油量生产，采油速度为 2.8%，另外又设计 2 种采油速度，分别为 2.2% 和 3.1%，采油速度由小到大编号依次为方案 1、方案 2、方案 3 及方案 4。不同采油速度的开发效果见表 3-3。

总体来说，由于油层超薄，注入水在驱替过程中重力分异作用很小，在垂向上的驱替效率高。又是采用水平井注水，水平井控制面积要远远高于直井，不同采油速度开发效果基本一致，如图 3-20 所示。

表 3-3 不同开采速度对开发效果的影响

采油速度 %	2006 年		2010 年		2020 年
	采出程度，%	含水率，%	采出程度，%	含水率，%	采出程度，%
2.2	13.22	17.58	21.91	42.74	36.29
2.8	14.71	20.32	24.64	49.79	37.65
3.1	15.45	22.22	25.58	50.47	38.36
3.5	15.93	25.43	26.22	55.45	38.66

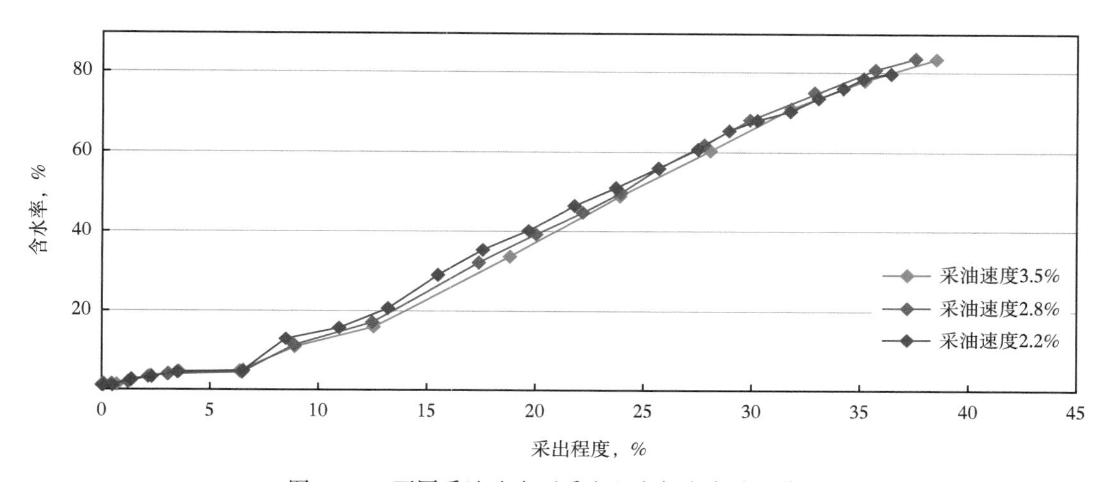

图 3-20 不同采油速度下采出程度与含水关系曲线

4 个方案的预测开发指标对比分析如图 3-21 至图 3-22 所示。

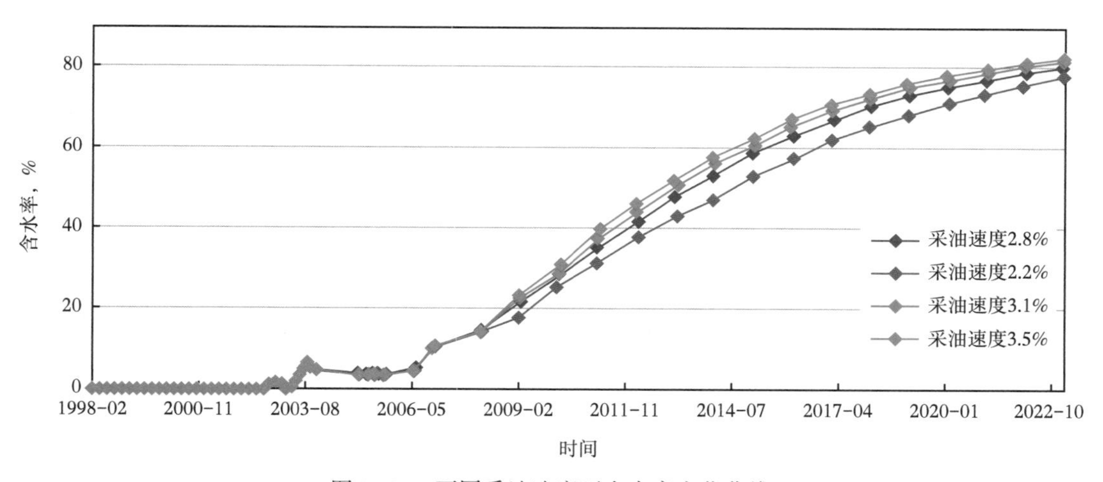

图 3-21 不同采油速度下含水率变化曲线

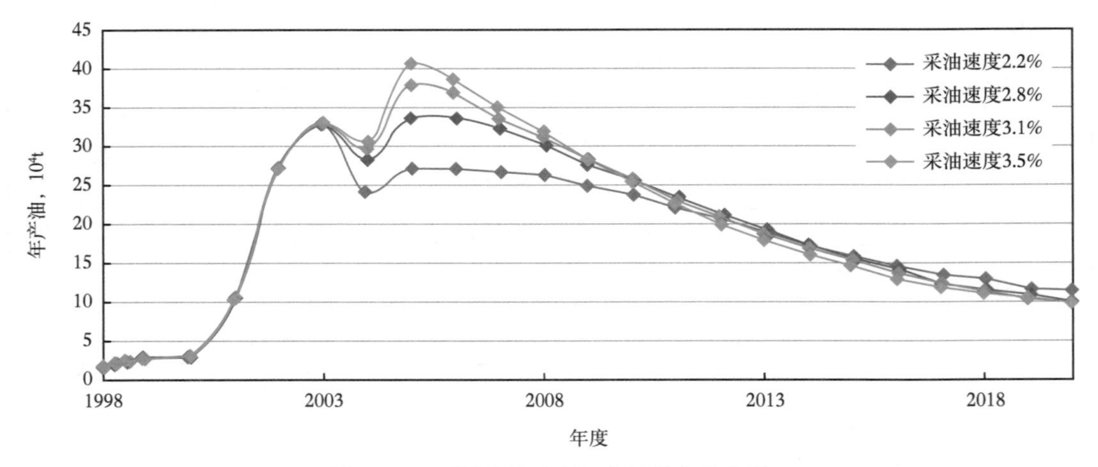

图 3-22 不同采油速度年产油量变化曲线

(1)采油速度 2.2%稳产时间长、相同时间日产水及含水率最低，但产能规模达不到方案设计要求，开发效益较低。

(2)采油速度 2.8%、3.1%、3.5%均可以达到开发方案设计产能 30×10^4t，并生产 4 年左右，但采油速度 3.1%、3.5%产量递减过大，与采油速度 2.8%相比，相同时间含水率及日产水稍高。

(3)与原始压力相比，目前地层压力下降了 34.67%，可能对储层已产生了不利影响，影响到地层供液能力、油藏产能，油藏注水受效后可能仍达不到 3.0%以上的采油速度。

(4)目前实际日产能力能达到 2.8%的采油速度，满足油藏开发方案设计指标。

因此推荐方案 2(采油速度 2.8%)为注水实施方案。

第三节 薄砂层油藏哈得 10 井区多井型注采井网设计

2011 年为保证薄砂层油藏的长期稳产，结合最新地质认识，针对薄砂层油藏哈得 10 井区部署整体注采开发方案。

一、方案设计及实施情况

1. 方案要点

薄砂层 3 号、4 号层划为一套开发层系，单独一套井网，动用地质储量 675×10^4t，后期动用薄砂层 2 号、5 号层储量 209×10^4t。

整体采用双台阶水平井平行交错注采井网，注采井距 1050m，同步注水开发。

总井数 37 口(21 采 16 注)，部署 27 口新井，新增采油井 15 口，单井产能 43t/d，5 年累计建产能 21×10^4t，如图 3-23 所示。

接替实现薄砂层油藏 35×10^4t 长期稳产，预测 2026 年累计产油 239.6×10^4t，采出程度

35.5%，与基础方案相比提高 24.6%。

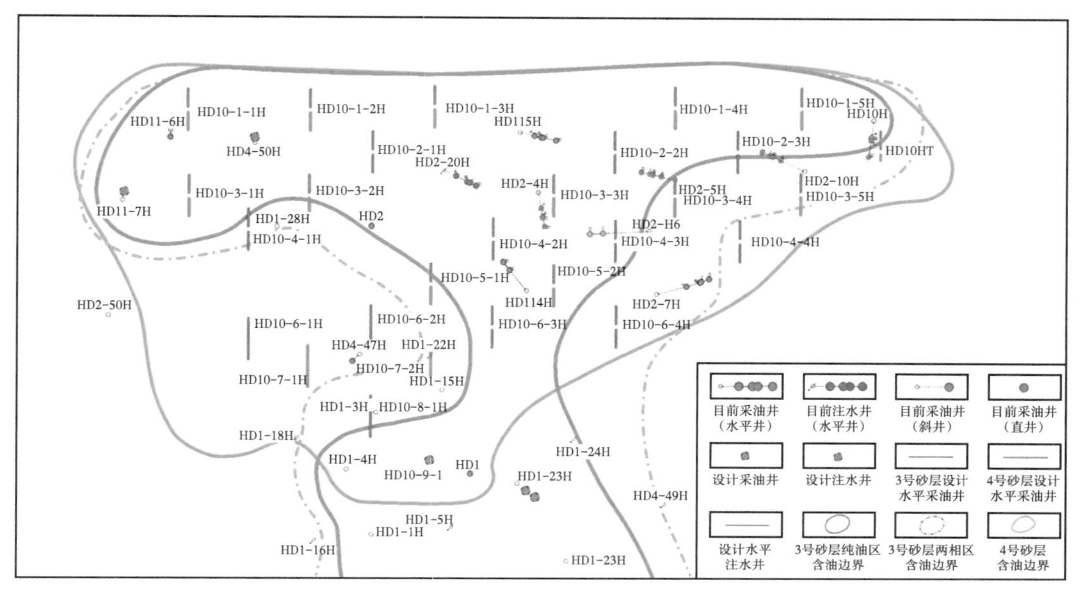

图 3-23　薄砂层油藏哈得 10 井区方案设计井位图

2. 方案实施情况

2013 年底，薄砂层油藏哈得 10 井区共实施新井 7 口，成功 7 口，低效 2 口，成功率 100%，平均产能达标率 50%，见表 3-4。

表 3-4　薄砂层油藏 7 口新井效果总体情况

井号	井别	油层厚度 m	钻井设计产能 t/d	2013 年产能计划，t/d	方案预测产能 t/d	初期产量			实际产能 t/d	产能建设产能达标率 %	方案对比产能达标率 %	备注
						日产液 t	日产油 t	含水率 %				
HD10-2-1H	注水井	1.1+0.9				56.50	45.50	19.47	50.00			
HD10-3-3H	采油井	1.3+0.8	44.50	49.00	35.00	55.00	44.87	18.42	25.00	51	71	3 号层水淹
HD10HT	注水井	1.1+0.8				48.00	36.00	25.00	20.00			
HD10-1-5H	采油井	未钻遇	34.00	45.00	30.00	11.65	10.19	12.53	10.00	22	33	3 号层干层
HD10-3-H2	采油井	无导眼	43.00	50.00	30.00	59.70	26.39	55.80	25.00	50	83	
HD10-3-H1	采油井	无导眼	39.00	50.00	35.00	13.00	5.08	60.92	5.00	10	14	单台阶完井
HD10-4-H1	注水井	无导眼				54.00	9.36	82.67	8.00			裸眼完井
平均			40.13	48.50	32.50	42.55	25.34	40.44	16.25	34	50	

新井实钻表明，薄砂层油藏哈得10井区2号、3号、4号层厚度差异较大，2号层向北尖灭，3号、4号层平均厚度差异明显，3号层较厚；并且3号、4号层物性差异较大，3号、4号层平均孔隙度差异明显，3号层孔隙度较高，4号层整体未水淹、3号层局部水淹，双台阶水平井合注影响注水效果。3号、4号层沉积环境单一，为陆源碎屑潮坪沉积模式，产层属于潮间砂坪微相被潮沟切割，砂层厚度、孔隙平面均匀变化，适合超长水平井开发。

二、多井型方案优化设计

1. 分层吸水能力

吸水指数与最大吸水量随着水平段长度的增加不断增加。1200m 水平段，3号层吸水指数为15.34m^3/（d·MPa），最大吸水量为535.61m^3；4号层吸水指数为3.05m^3/（d·MPa），最大吸水量为106.59m^3。与薄砂层油藏哈得1井区相比，哈得10井区单层的吸水能力差异极大，不适合全面采用双台阶水平井注水开发，如图3-24至图3-27所示、最大注水压差计算见表3-5。

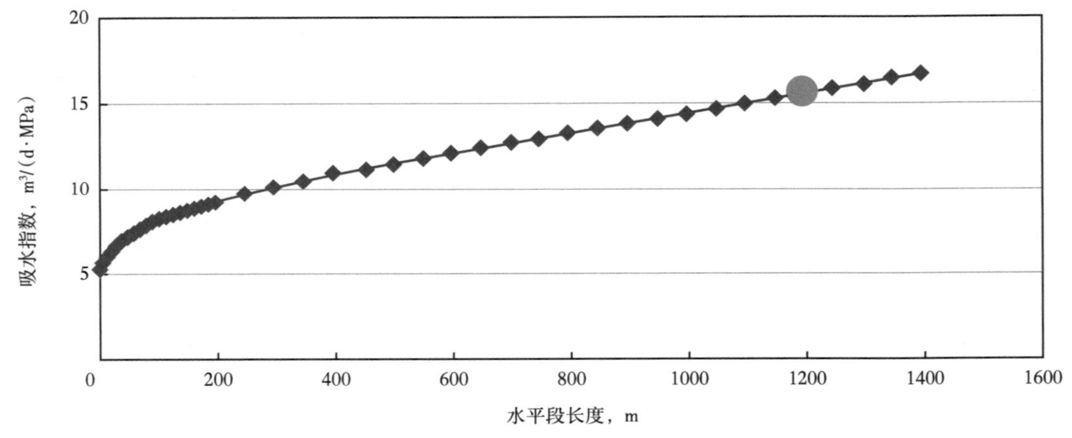

图3-24　3号层吸水指数与水平段长度关系曲线

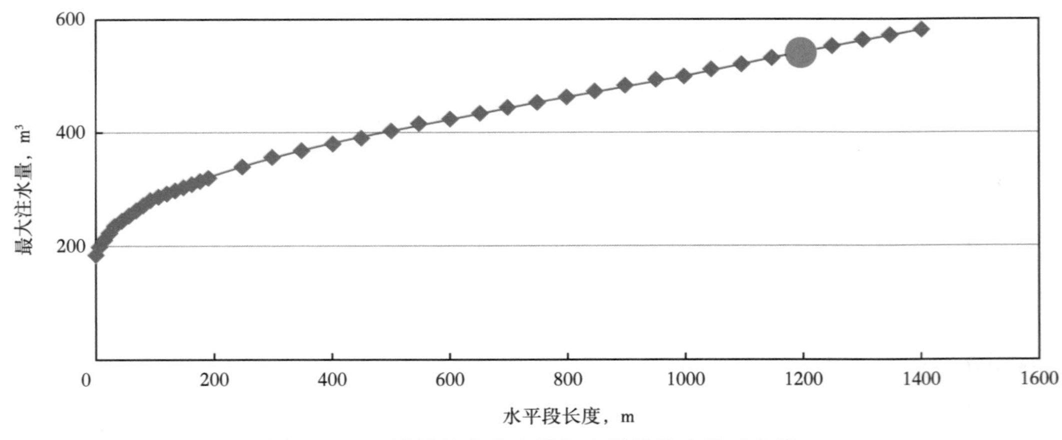

图3-25　3号层最大注水量与水平段长度关系曲线

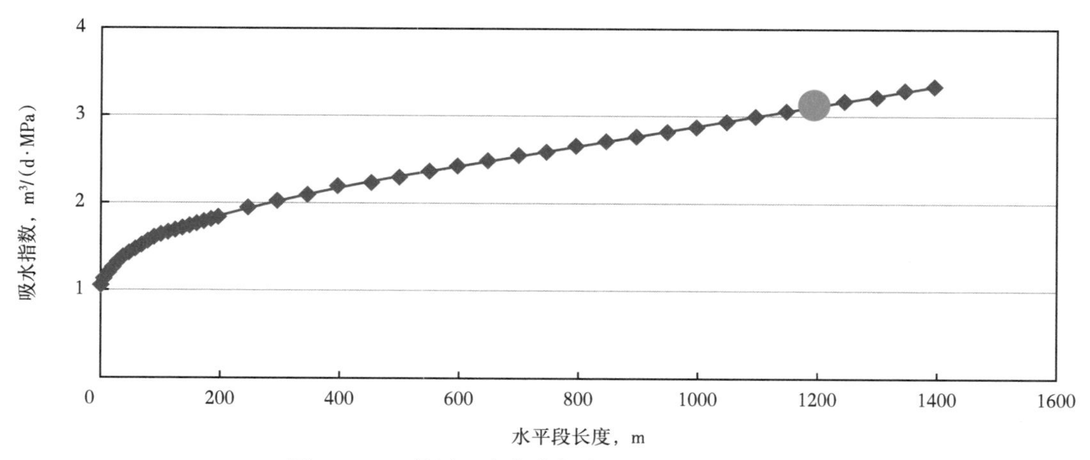

图 3-26　4 号层吸水指数与水平段长度关系曲线

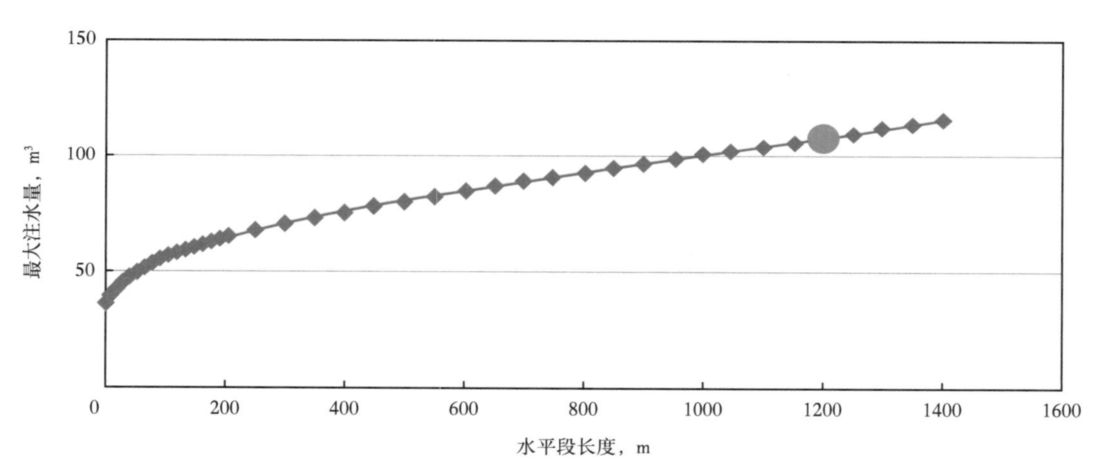

图 3-27　4 号层最大注水量与水平段长度关系曲线

表 3-5　最大注水压差计算表

序号	井号	计算油层破裂压力								计算最大注水压差			
		油藏中深 m	孔隙度 %	岩石密度 g/cm³	原始流体密度 g/cm³	原始地层压力 MPa	上覆岩层压力 MPa	破裂压力梯度 MPa/m	油层破裂压力 MPa	安全系数	最大流压 MPa	压力保持水平 MPa	最大注水压差 MPa
1	3 号层	5100	0. 16	2. 36	0. 89	53. 08	106. 20	0. 0168	85. 47	0. 9	76. 92	42	34. 92
2	4 号层	5100	0. 12	2. 36	0. 89	53. 08	109. 14	0. 0168	85. 47	0. 9	76. 92	42	34. 92

用双台阶水平井注采井网和分层超长水平井注采井网两种井网模式进行模拟，如图 3-28 所示，对比开发效果，分层井网效果明显优于双台阶水平井笼统注水，如图 3-29 所示。

重新将薄砂层油藏哈得 10 井区优化为超长水平井注水，与原方案相比，井数减少 2 口，15 年后累计产油多 4.95×10^4t，如图 3-30 和图 3-31 所示。

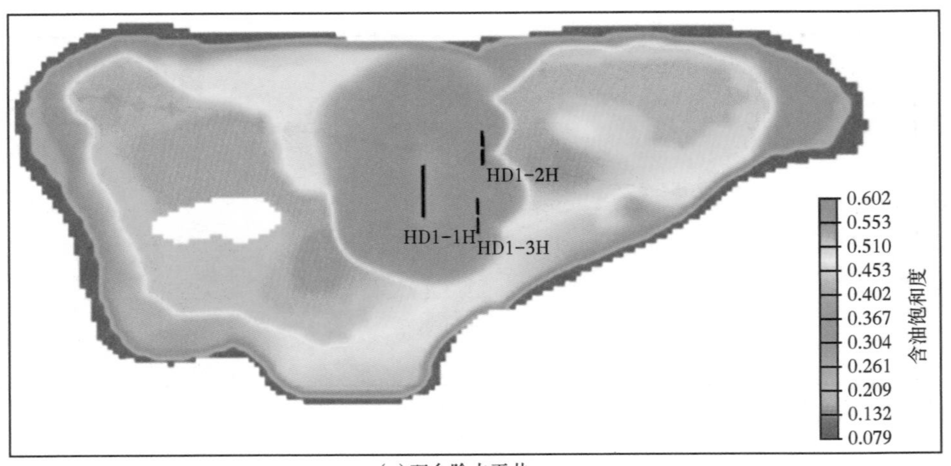

(a)双台阶水平井

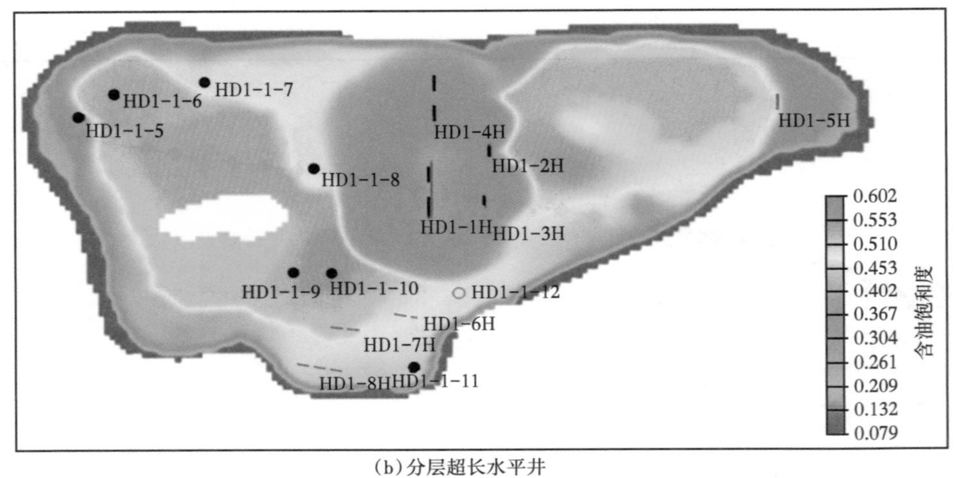

(b)分层超长水平井

图 3-28 双台阶水平井注采井网和分层超长水平井注采井网示意图

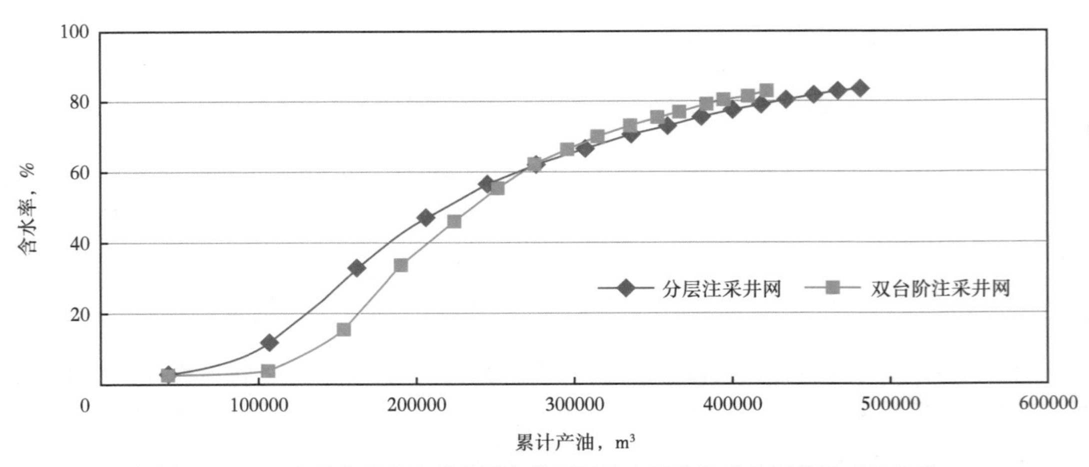

图 3-29 双台阶水平井注采井网和分层超长水平井注采井网效果对比曲线

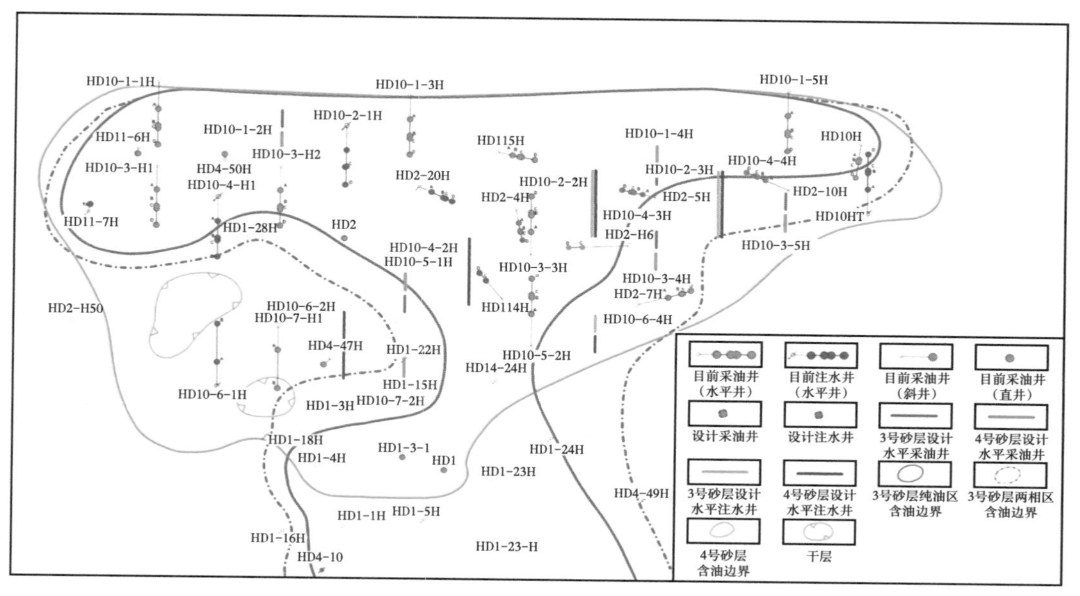

图 3-30　薄砂层油藏哈得 10 井区优化方案设计井位图

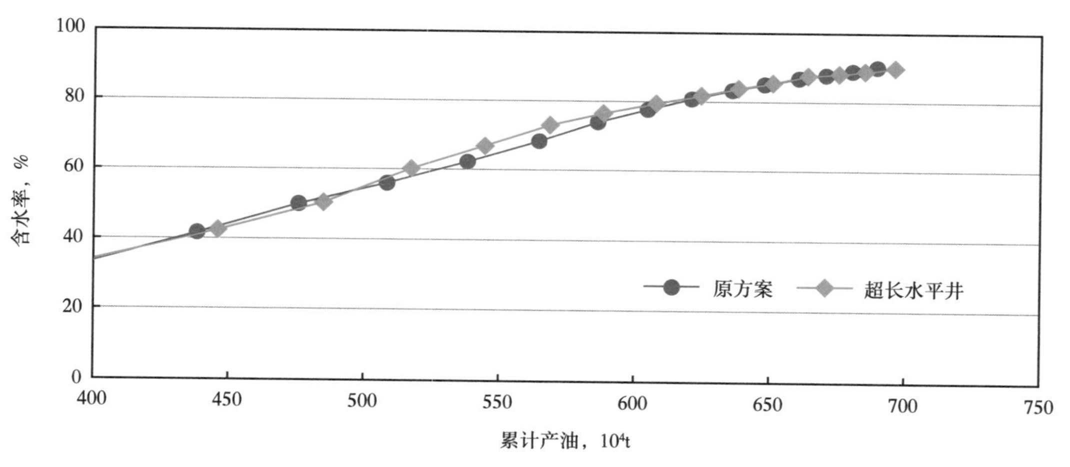

图 3-31　部署超长水平井与原方案指标对比

参考文献

[1] 靳海鹏，田世澄，李书良．国内外水平井技术新进展．内蒙古石油化工，2009，(22)：92-95.
[2] 郑俊德，杨长祐．水平井—分支井采油工艺现状分析与展望．石油钻采工艺，2005，27(6)：93-96.
[3] 李香玲，赵振尧，刘明涛，等．水平井注水技术综述[J]．特种油气藏，2008，15(1)：1-5.
[4] 赵野．合理注采比的研究与应用[J]．中国石油和化工标准与质量，2013，(1)：81.

第四章　薄砂层油藏数值模拟技术

哈得逊薄砂层油藏为层状边水油藏，于 1998 年 3 月投入开发。该油藏纵向上包括 4 套超薄含油砂体，平面上分为哈得 1、哈得 10 两个井区，哈得 1 井区为 2 套含油砂体，哈得 10 井区为 3 套含油砂体。该油藏原始地层压力 54.3MPa，泡点压力 11.15MPa，边水能量不足，主要采用双台阶水平井注水开发，目前已开发近 22 年。各单砂体平均厚度小于 2m，地震反演不可行，根据单井测井资料较难找到单砂体边界，较难找到统一的油水界面。根据开发阶段和地质认识的不断深入，该油藏经历了 4~5 轮次的建模数模研究，也经历了更多轮次的为深化地质认识、确定合理开发技术政策等的数值模拟机理研究，为探明储量上交和复算、方案和调整方案编制、油田综合治理、井位部署和优化、提高采收率机理研究提供了重要的支撑。受篇幅限制，本章选择介绍近期的数值模拟跟踪研究、示踪剂数模研究、哈得 10 井区开发技术政策数模机理研究、哈得 1 井区直井与水平井产能分析数模研究。综合评价，这几方面内容对该油藏建模数模技术研究具有一定的代表性。

该油藏选用 Eclipse 三维油水两相模型进行数模历史拟合、方案计算、开发机理及示踪剂迁移规律研究，选用 FrontSim 软件进行流线模拟及单井合理配产配注机理研究，选用油气藏数值模拟前后处理软件 SimTools 开展数模模型处理、饱和度模型完善及井网井位设计工作。

第一节　薄砂层油藏跟踪数值模拟研究

该油藏投入开发以来，平均 3~5 年要开展一次正式的建模数模跟踪研究。这里简要介绍近期(2017 年至今)跟踪数值模拟研究成果及认识，该成果与认识已经用于近三年油田综合治理研究、调整井与滚动开发井位研究和下一步提高采收率方法研究。

一、应用软件介绍

采用 Eclipse 油藏模拟器建立数值模型，主要模块包括：ECLIPSE100、ECLIPSE300 和 FrontSim 三部分。ECLIPSE100 是全隐式、三维、三相通用黑油模拟器，并具有凝析气选项。ECLIPSE300 是全组分模拟器，它具有三次状态方程、随压力变化的 K 值表和黑油流体处理功能。FrontSim 是三维两相、基于流线概念的流体模拟器。在 ECLIPSE 中，还提供了全隐式热采选项，利用多处理器模拟的并行选项及多段井选项。

SimTools 油气藏数值模拟前后处理软件为塔里木油田完全自主研发、获得国家软件著作权、源程序 23 万行、多方面功能弥补国际主流大型软件 Petrel RE 不足的、在塔里木得到长期广泛应用的软件。该软件主要针对油气藏数值模拟的数据处理和图形处理而设计，重点解决引进数模软件 Eclipse 的数据处理问题。软件研制从油田的实际工作需要出发，以解决诸多数模细节问题为前提，最终力争做到操作简便、快捷且方便数模专业人员的使用。采用多线程处理、64 位文件定位读取、并行算法等多项新技术，软件运行效率得到大幅度提高，较大幅度地缩短了数模模型修改时间，加快了数模历史拟合进度。

SimTools 软件在复杂井网设计、数模分区、倾斜油水界面饱和度场建立、薄油环油藏顺层与平行混合网格地质模型建立、数模模型检查与合理修改、辅助选择性数模跟踪拟合、快速数模指标提取、剩余油量化等处理技术方面具有国内领先水平。软件广泛应用于黑油、组分及双重介质等多种数模模型类型，适合大部分复杂油气藏类型的数模前后处理工作需要。截至目前，软件已应用于大约 20 个以上油田区块的油气藏模拟前后处理工作。

本次跟踪模拟主要使用软件为 ECLIPSE100、FrontSim、SimTools 软件。

二、模型主要参数

1. 模型网格及物性模型

哈得逊薄砂层油藏哈得 1 井区于 1998 年 3 月投入开发，哈得 10 井区于 2012 年投入开发，生产历史近 22 年。该油藏投入开发以来，新钻开发井、调整井、过路井大幅度增加，2002 年哈得 1 油藏开发方案基础井网实施井数 24 口，目前不含东河砂岩油藏的过路井已达 88 口，新增 64 口井资料，而油藏内部、周边近 30 口过路井也提供了重要的基础资料。随着油藏开发动静态资料的增加、动态分析认识的深入和地质研究的深入，该油藏单砂体分布、储层物性分布、含油饱和度分布都发生了明显变化，地质模型也一直在不断跟踪完善。本次跟踪模拟是基于哈得 1 井区进入开发中后期、哈得 10 井区全面投入开发开展的，重新建立三维地质模型，网格数共 421×471×7 = 1388037 个，有效网格数 384386 个，平面网格步长 40m，垂向网格平均厚度约 1. 15m，模型平均孔隙度 14. 3%，平均渗透率 126mD，其中三维渗透率模型如图 4-1 所示。

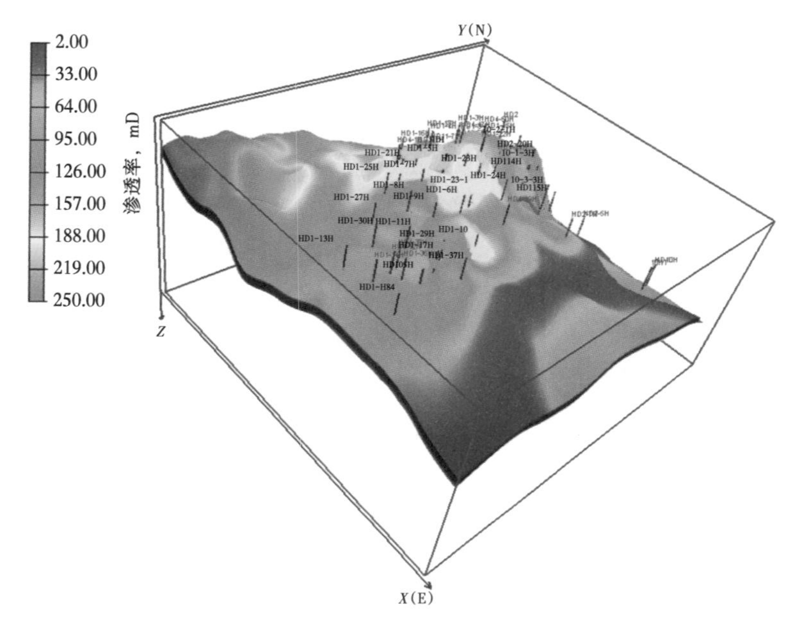

图 4-1　薄砂层油藏三维渗透率模型

2. 饱和度模型

根据新资料、新认识，开展了测井饱和度重新处理，结合新钻井资料和生产动态资料，明确了油水分布范围、油水过渡带范围，重新建立了该油藏单砂体含油饱和度场。薄砂层油藏2~5号层数模原始含水饱和度分布如图4-2至图4-5所示。从单井生产情况看，该油藏内部存在原始可动水，局部区域油水过渡带渐变较宽。相对于哈得1井区，由于哈得2、哈得10井区物性相对较差，原始含油饱和度相对稍低。

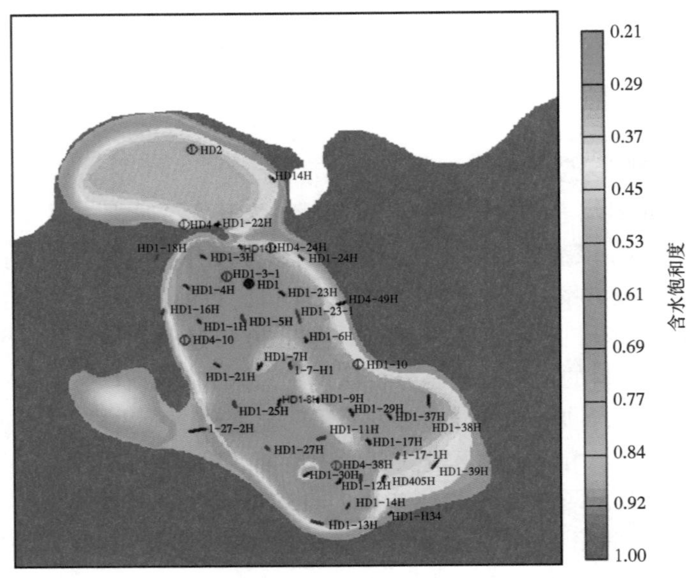

图4-2　薄砂层油藏2号层数模原始含水饱和度分布图（1998年3月1日）

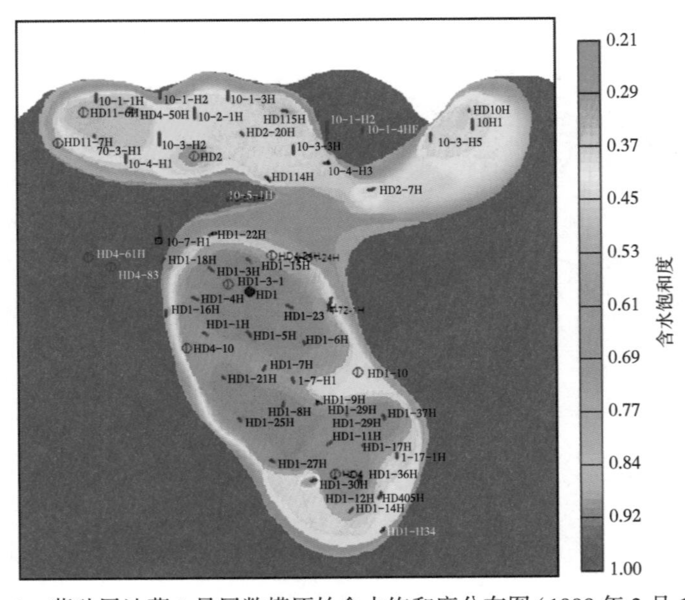

图4-3　薄砂层油藏3号层数模原始含水饱和度分布图（1998年3月1日）

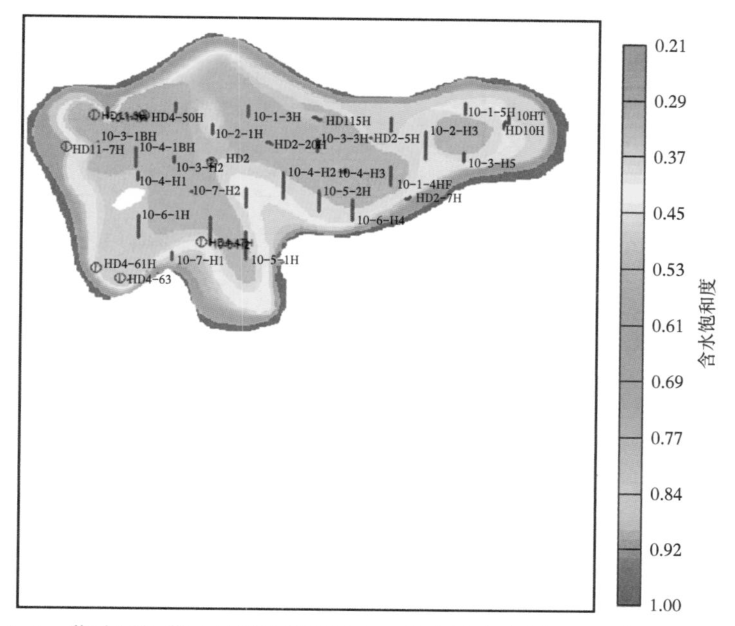

图 4-4 薄砂层油藏 4 号层数模原始含水饱和度分布图(1998 年 3 月 1 日)

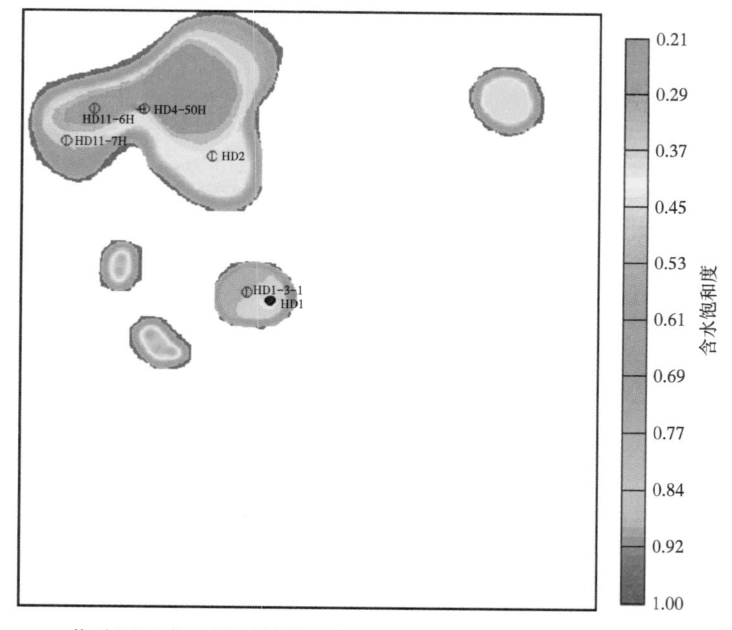

图 4-5 薄砂层油藏 5 号层数模原始含水饱和度分布图(1998 年 3 月 1 日)

3. PVT 与相渗模型

根据哈得逊油田薄砂层油藏大量流体分析资料，确定数模 PVT 参数选值，见表 4-1。分析丰富的相渗实验数据，结合该油藏井区和物性的明显差异，将该油藏相渗曲线分为 8 类，如图 4-6 所示，其中束缚水饱和度取值范围为 0.21~0.36，残余油饱和度取值范围为

0.21~0.25，对应残余油水相端点取值范围为0.2~0.32。

表4-1　哈得逊油田薄砂层油藏数模PVT参数选值表

参数	单位	取值
溶解气油比	m^3/m^3	28
泡点压力	MPa	11.15
地面油密度	kg/m^3	866.8
地面水密度	kg/m^3	1165
地面气密度	kg/m^3	0.97
原始地层压力	MPa	54.3
原油体积系数	m^3/m^3	1.15
原油黏度	mPa·s	4.78
地层水体积系数	m^3/m^3	1.05
地层水压缩系数	MPa^{-1}	3.82×10^{-4}
地层水黏度	mPa·s	0.31
岩石孔隙压缩系数	MPa^{-1}	3.56×10^{-4}

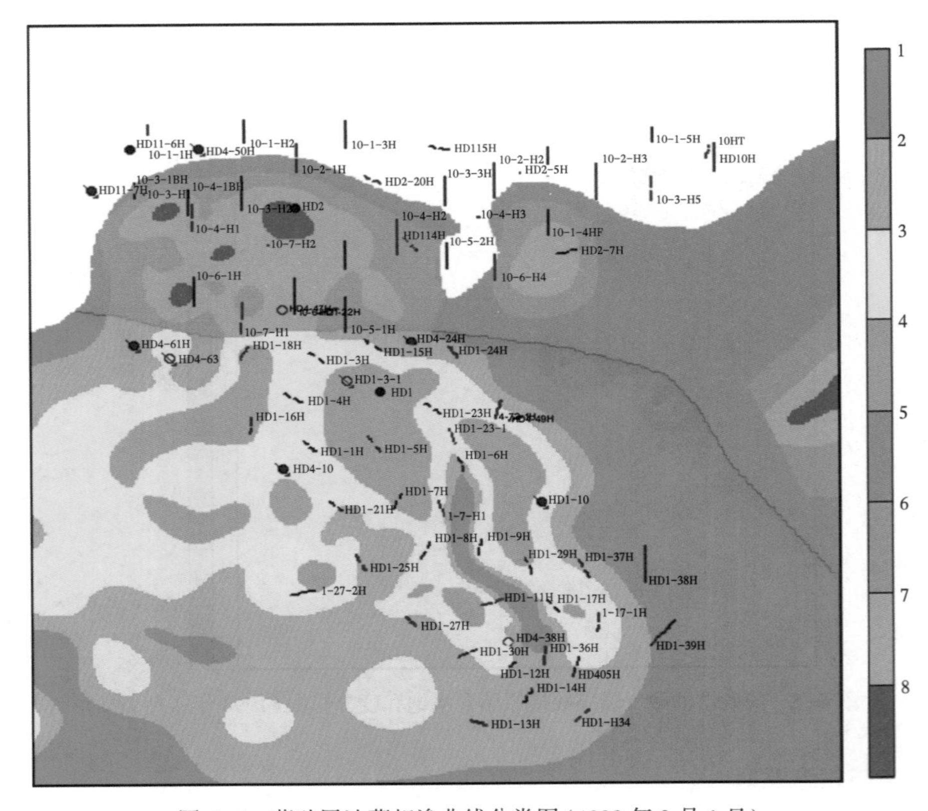

图4-6　薄砂层油藏相渗曲线分类图（1998年3月1日）

右侧色柱代表不同的相渗曲线分类号，单位：条

三、精细历史拟合

本次数模历史拟合始于 1998 年 3 月，截至 2019 年 12 月底，将近 22 年。历史拟合由经验丰富的数模专家、地质研究人员、油藏动态分析人员完成。历史拟合是精细的，拟合了常规的储量、压力、含水率参数，也拟合了该油藏示踪剂和产吸剖面参数。历史拟合结果是可靠的，模型充分反映了最新地质认识，参数修改都保持在合理范围内，且拟合结果与动态监测、动态分析、试井认识保持了一致性。数模计算石油地质储量为 2131×10^4t，误差 1.58%，见表 4-2。其中，CⅠ2 层 HD1-38H 井区含油面积外扩，计算原油储量有所增加。

表 4-2 薄砂层油藏数模计算储量与探明储量对比表

层位	井区	容积法油储量 10^4t	数模油储量 10^4t	误差 %
CⅠ2	哈得 1	497	516.3	3.89
	哈得 2	138	140.6	1.88
CⅠ3	哈得 1	718	723.2	0.73
	哈得 2、哈得 10	287	288.3	0.45
CⅠ4	哈得 10	343	346.0	0.86
CⅠ5	哈得 10	115	116.6	1.43
合计		2098	2131.1	1.58

由于薄砂层油藏原始含水饱和度并未按油水界面计算赋值，数模拟合以调整原始饱和度分布为主，个别井区可适当调整平面传导率。从历年打井效果看，给定原始含油边界并考虑过渡带，依据单井测井解释给定原始饱和度场的方法效果较好。

截至 2019 年 12 月底，薄砂层油藏实测累计产油 535.56×10^4t，数模计算累计产油 544.25×10^4t，误差 1.62%，实测累计产水 $368.39\times10^4m^3$，数模计算累计产水 $358.37\times10^4m^3$，误差 2.72%，累计注水 $1023.7\times10^4m^3$，没有误差。数模计算全区油采出程度 25.54%，含水率 70%，按单井平均地层压力为 48.5MPa，按烃类孔隙体积平均地层压力为 52.1MPa。

含水率、累计产油、累计产水数模拟合曲线对比如图 4-7 至图 4-9 所示。

四、模拟结果分析

1. 油藏压力场特征分布

薄砂层油藏 2~5 号层数模计算目前地层压力分布，如图 4-10 至图 4-13 所示。从计算结果看，2 号层 HD1-38H 井区地层压力较低，需完善井网，部分注水井附近有憋压现象，特别是哈得 10 井区，需实时调整注水量。

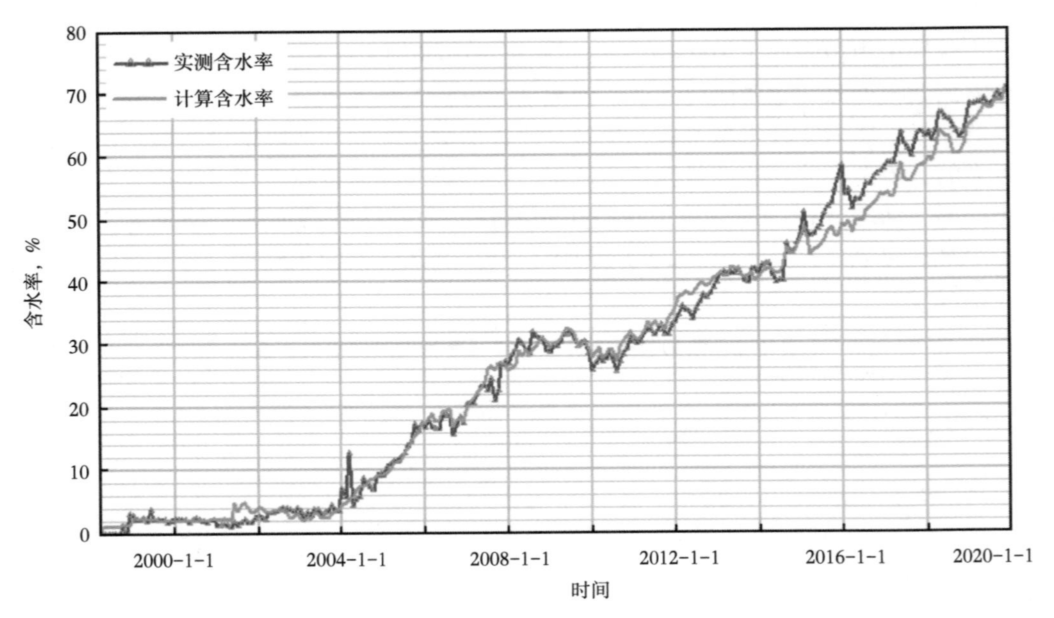

图 4-7　薄砂层油藏含水率数模拟合曲线

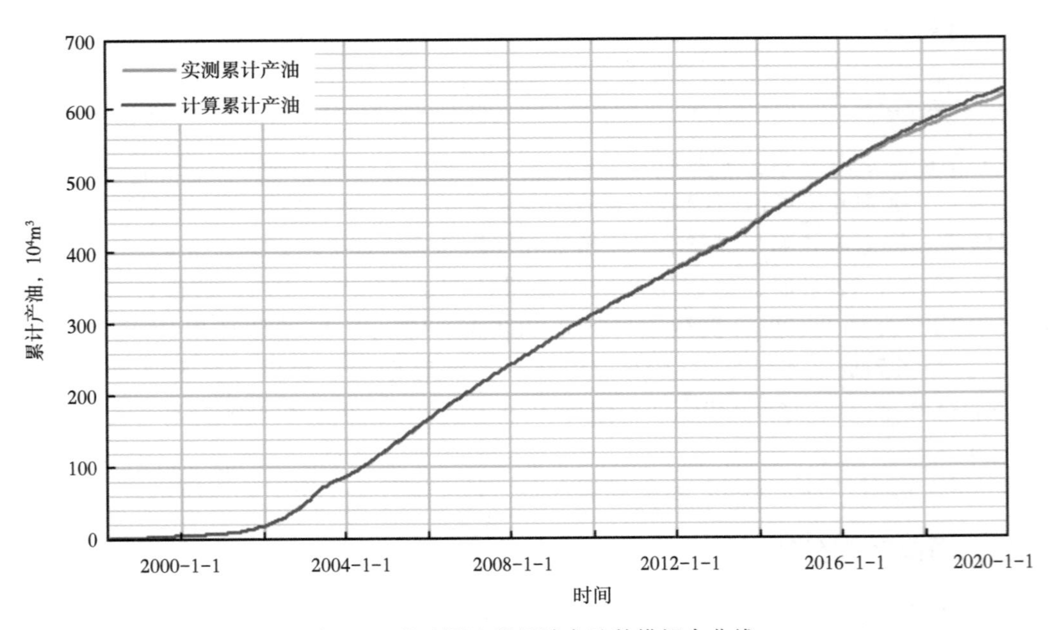

图 4-8　薄砂层油藏累计产油数模拟合曲线

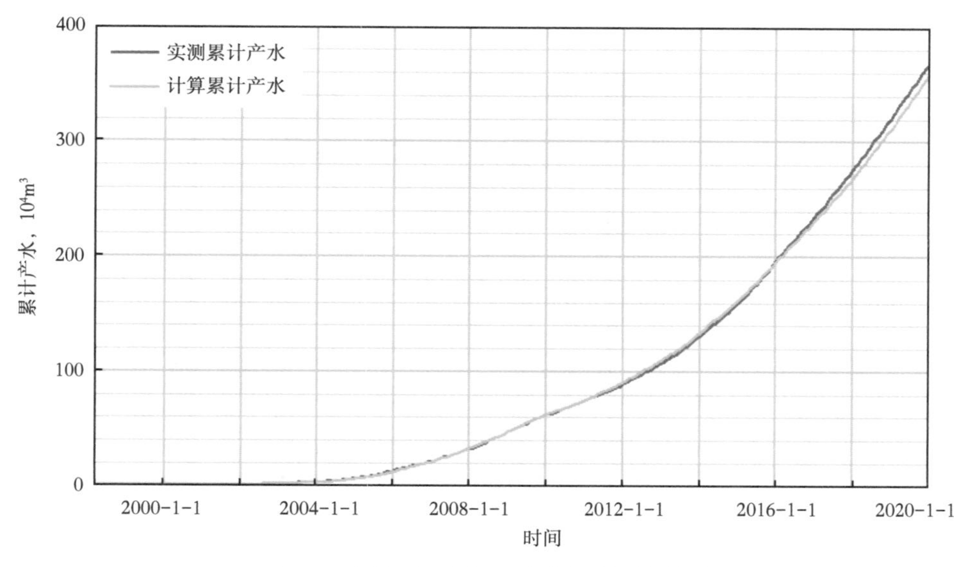

图 4-9　薄砂层油藏累计产水数模拟合曲线

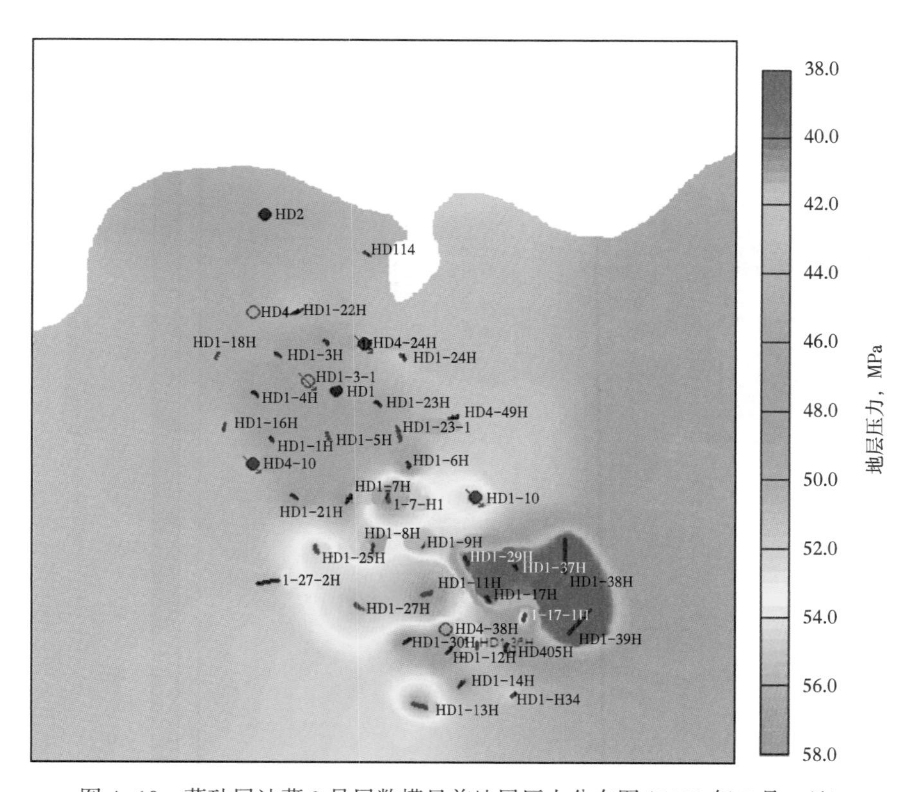

图 4-10　薄砂层油藏 2 号层数模目前地层压力分布图(2019 年 7 月 1 日)

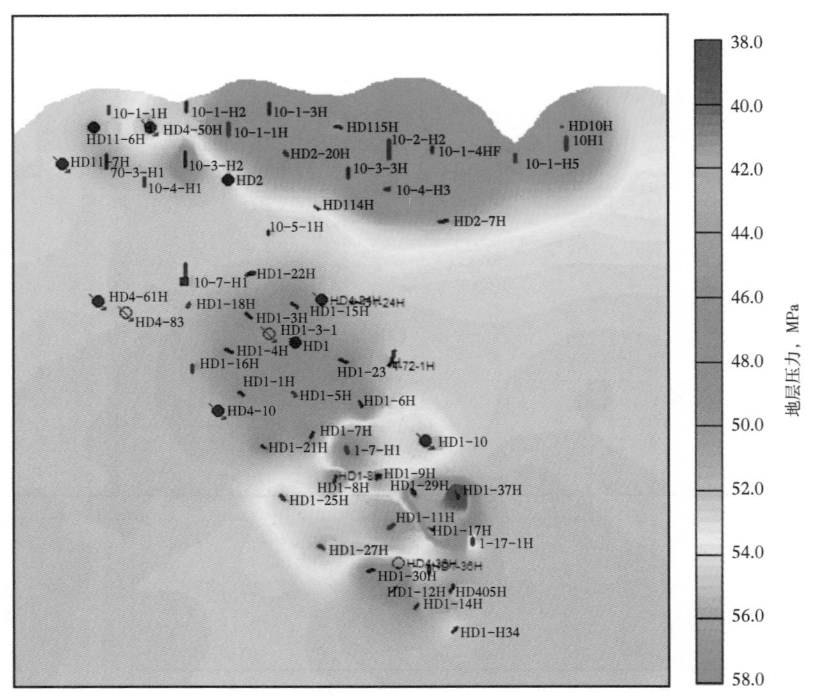

图 4-11　薄砂层油藏 3 号层数模目前地层压力分布图（2019 年 7 月 1 日）

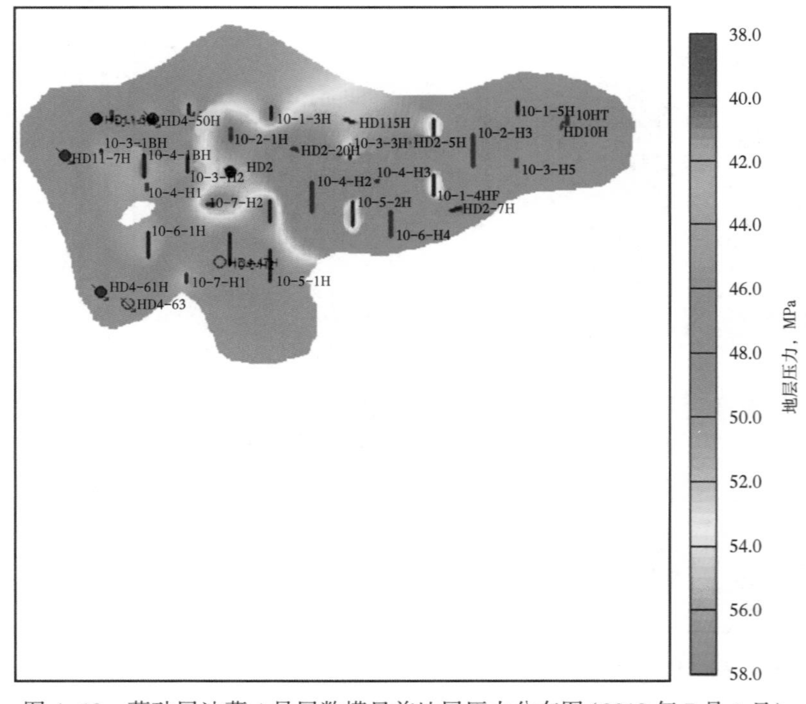

图 4-12　薄砂层油藏 4 号层数模目前地层压力分布图（2019 年 7 月 1 日）

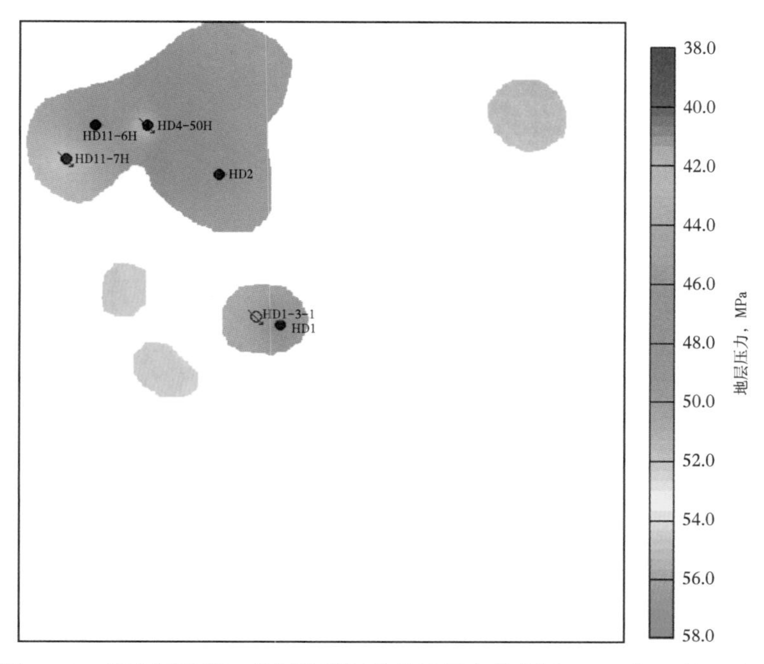

图 4-13　薄砂层油藏 5 号层数模目前地层压力分布图（2019 年 7 月 1 日）

2. 剩余油分布特征

薄砂层油藏 2~5 号层分井区数模计算油储量统计见表 4-3。可以看出，2 号层哈得 2 井区、3 号层哈得 2 与哈得 10 井区及 5 号层油采出程度较低。

表 4-3　薄砂层油藏数模计算油储量统计表

层位	井区	原始油储量 10^4t	目前油储量 10^4t	油采出程度 %
CⅠ2	哈得 1	516.31	350.87	32.04
	哈得 2	140.59	135.11	3.90
CⅠ3	哈得 1	723.25	459.14	36.52
	哈得 2 哈得 10	288.30	258.26	10.42
CⅠ4	哈得 10	345.96	271.57	21.50
CⅠ5	哈得 10	116.64	111.82	4.14
合计		2131.05	1586.76	25.54

薄砂层油藏 2~5 号层数模计算目前含水饱和度分布如图 4-14 至图 4-17 所示。从数模计算结果看，2 号层哈得 2 与 HD1-38H 井区、5 号层哈得 2 井区为剩余油富集区，2 号、5 号层哈得 2 井区井网不完善。

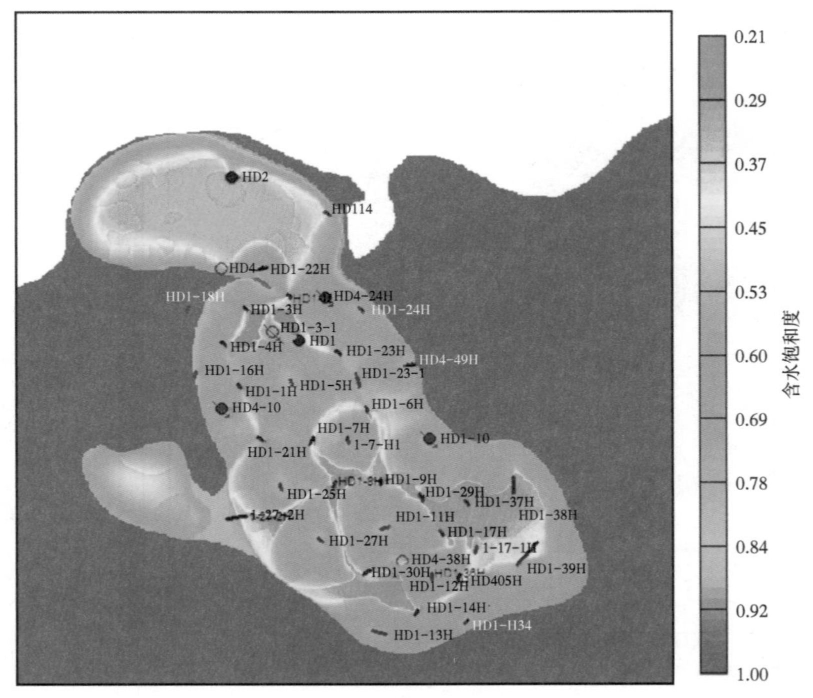

图 4-14 薄砂层油藏 2 号层数模目前含水饱和度分布图(2019 年 7 月 1 日)

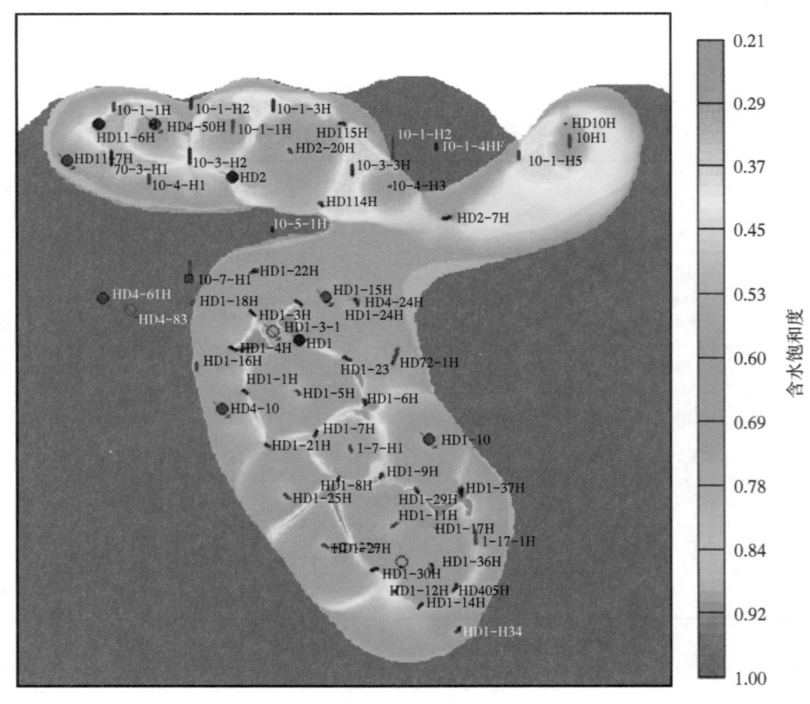

图 4-15 薄砂层油藏 3 号层数模目前含水饱和度分布图(2019 年 7 月 1 日)

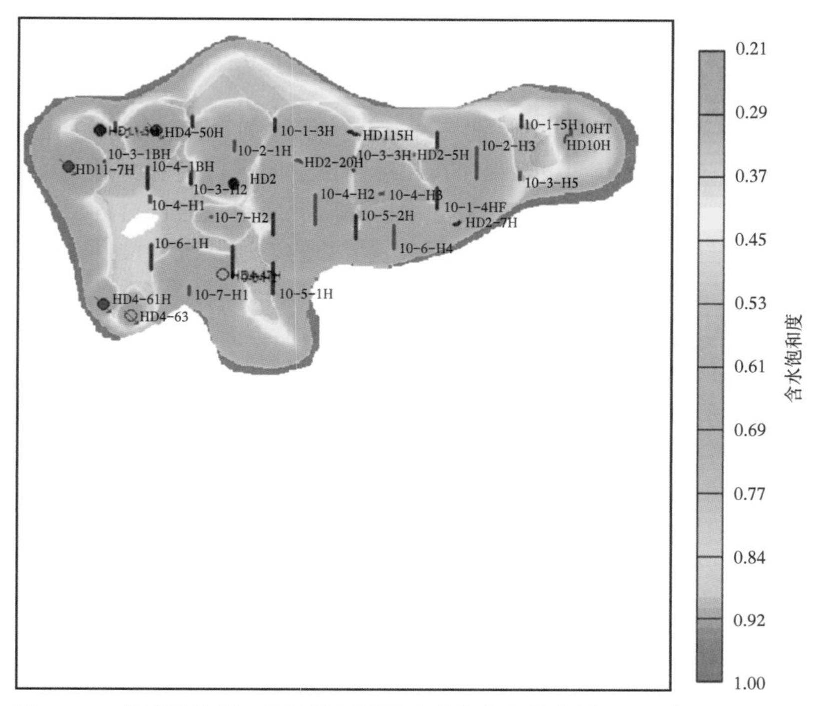

图 4-16 薄砂层油藏 4 号层数模目前含水饱和度分布图(2019 年 7 月 1 日)

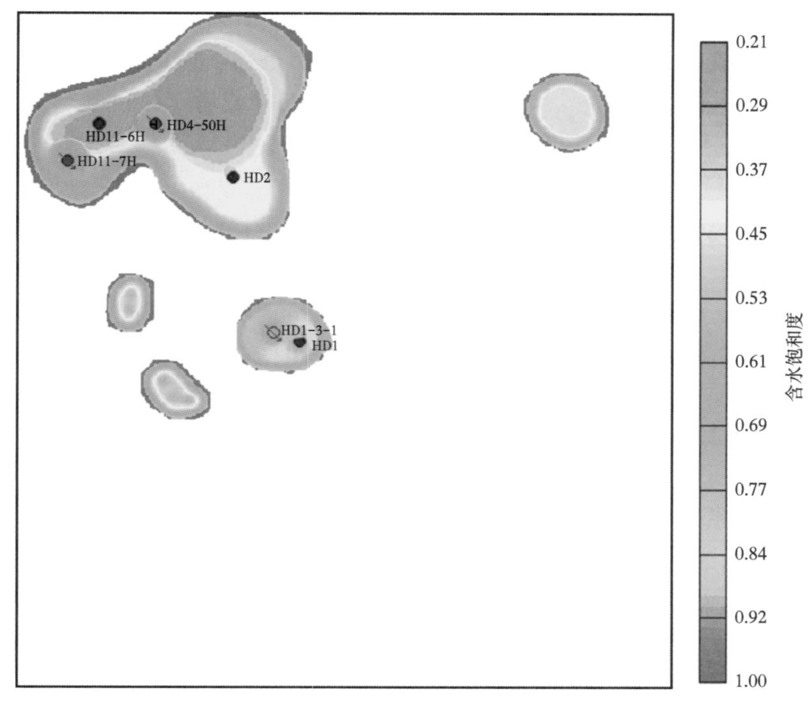

图 4-17 薄砂层油藏 5 号层数模目前含水饱和度分布图(2019 年 7 月 1 日)

第二节　示踪剂在储层中迁移规律数值模拟

井间示踪剂数值模拟技术[1,2]，是把一种或几种示踪剂注入注水井中的水相当中，随后在模拟运算的期间内，示踪剂跟踪程序在三维网格空间进行追踪，进而确定注水井水相组分的运动状况。该方法已在油藏开发管理中得到广泛应用，通过对各层中各注水井示踪剂所波及区域的三维图形的输出，可以分析出注采井的连通状况、波及范围、平面上动用和未动用状况，以及调整潜力的大小和范围；通过绘制各井组中各生产井的示踪剂累计产出量与生产时间之间的关系曲线，由于示踪剂总要沿着高渗透层或大孔道首先突入生产井，可以观察生产井示踪剂突入先后顺序，以及示踪剂在各生产井的累计生产量变化，存在大孔道的油水井间示踪剂优先突入，示踪剂累计量曲线上升速度快，为优势流场方向；通过计算注水井与各生产井示踪剂分配系数，可定量表征优势流场大小；通过利用示踪剂试验结果，研究复杂油藏的水驱效果，可以指导油藏调剖设计。此外，也可以利用示踪剂监测数据对油藏数值模型进行校验。因此，本节针对哈得逊油田薄砂层油藏开发示踪试验监测实践，探讨示踪剂在储层中迁移规律数学模型及数值模拟应用。

一、示踪剂数值模拟技术

1. 解释方法

井间示踪剂测试资料的半定量—定量化解释方法主要有解析方法、数值方法和半解析方法。目前井间示踪剂测试数据的解释方法为半解析法，其特点是利用了数值法求解的稳定性和解析法的准确性。首先利用数值法确定储层压力分布，然后利用解析法进行浓度计算，最后利用流线法把数值法与解析法联系起来，将三维或者二维问题转化为一维问题，得出储层的相关信息。

2. 数值模拟技术应用

在应用示踪剂模拟技术进行研究时，首先是建立符合研究区地质实际情况的地质模型，然后在此基础上建立一套精细的数值模型。在数值模型中，对全区及单井开发指标(油藏压力、产油量、含水率等)进行动态历史拟合的同时，需重点对示踪流体已监测分析结果进行拟合比对，如示踪流体突破时间、推进速度和示踪剂产出曲线变化规律等。

通常在多孔介质中，示踪流体的运移受到对流与水动力弥散两个因素的控制。能否有效地描述示踪剂运移规律，很大程度上取决于对弥散的处理；而弥散系数的处理好坏，影响拟合效果。结合研究区井网部署和生产情况，认为对流影响非常小，研究中可以忽略其影响，但是弥散因素必须考虑。Eclipse 中采用处理弥散的数学模型为：

$$\frac{\partial c}{\partial t}=\begin{pmatrix}\partial/\partial x\\ \partial/\partial y\\ \partial/\partial z\end{pmatrix}\begin{bmatrix}D_1(|v_x|,\ c)D_2(|v_y|,\ c)D_3(|v_z|,\ c)\\ D_4(|v_x|,\ c)D_5(|v_y|,\ c)D_6(|v_z|,\ c)\\ D_7(|v_x|,\ c)D_8(|v_y|,\ c)D_9(|v_z|,\ c)\end{bmatrix}\cdot\begin{pmatrix}\partial/\partial x\\ \partial/\partial y\\ \partial/\partial z\end{pmatrix}S_{\mathrm{F}}c \tag{4-1}$$

式中　c——示踪剂浓度；

v_x——示踪剂在 x 方向的弥散速度；

v_y——示踪剂在 y 方向的弥散速度；

v_z——示踪剂在 z 方向的弥散速度；

S_F——相饱和度；

D_1 ~ D_9——弥散系数。

在模型中对投放的不同示踪剂分别设置不同弥散系数进行控制，并对弥散系数及其他参数在容许范围内进行反复调试，模型中主要是对 D_1 ~ D_9 弥散系数进行参数调节，直到得到满意的拟合结果。经过精细动态拟合后的数值模型可以用来进一步预测示踪剂浓度分布，模型运算结束时（即目前），所得到的示踪剂浓度分布平面等值图即为注水井水驱前缘直观反映。

二、示踪剂数值模拟技术应用实例

以哈得逊油田薄砂层油藏为例，该油藏包含 2 号、3 号层两个油层，垂直深度为 5001~5010m，单砂层厚度 1~2m，是一种很特殊的超深超薄砂层油藏，边水能量弱。采用双台阶式水平井注采井网开发，笼统注水。目前暴露的主要问题是两个油层优势注水方向如何、推进速度如何、水驱前缘波及何处、如何判断油井来水方向（注水井还是边水）等，通过应用示踪剂数值模拟技术可以有效解决此类问题。

1. 示踪剂参数设置

在模拟器中对注水井分别注入不同代号、浓度为 1（无量纲）的示踪剂，并采用持续注入的方式。对示踪剂投放时间参数设置时，进行了 2 次投放时间设置（编号为 A、B），见表 4-4。A 是严格按照现场示踪剂综合解释报告中示踪剂投放时间进行设置，目的是对示踪流体已监测分析结果（突破时间、推进速度等）进行拟合比对。B 是在注水井投产那一刻起在模型中完成示踪剂投放，示踪剂的工作制度与注水井生产工作制度保持一致，即如注水井在某一时刻关井，示踪剂随即停止投入；在某一时刻重新开井作业，示踪剂随即继续投入，目的是跟踪注水井的注入水。

表 4-4　示踪剂投放时间表（A 、B 设置）

井 号	投放时间设置	
	A	B
HD1-16H	2007-05-18	2003-10-09
HD1-18H	2007-05-18	2003-10-02
HD1-5H	2005-12-14	2003-10-06
HD1-10H	2005-12-14	2001-11-24
HD1-11H	2004-12-21	2003-10-04
HD1-22H	2007-09-29	2003-10-13

同样在对边水推进规律研究中，假设油藏周围的边水全部为示踪剂替代，在模型中将边水设置为初始浓度为 1（无量纲）的示踪剂，其代号为 EDGEWATER，其他 6 口注水井示踪剂代号和投放时间设置按 B 设置，目的是通过模型模拟结果判断每口油井是否受到边水

的影响及具体见边水时间。为了能够准确直观反映边水推进状况，采用流线模拟方法进行解释。

2. 模拟结果拟合比对

在拟合比对过程中，模型中示踪剂投放时间按照现场示踪剂综合解释报告中示踪剂投放时间进行设置（即 A 设置），采用示踪剂持续注入方式。通过反复调整输入参数（包括扩散系数）来进行拟合计算，直到与示踪已监测结果达到吻合。再根据井距和突破时间可以推算出注入流体的平均推进速度。对研究区 7 个生产井组分别进行模拟结果与现场示踪剂监测结果比对，在此例举 3 个井组比对拟合结果（表 4-5）。

从拟合比对结果分析，7 个井组中现场监测结果与模拟结果基本吻合，突破时间和平均推进速度误差在容许范围之内。以 HD1-16H 和 HD1-5H 井组为例，现场示踪监测于 2007 年 5 月 18 日完成对 HD1-16H 井组中注水井示踪剂投放，并对 HD1-16H 井组的 HD1-1H 井、HD1-4H 井两口油井进行 363 天全程监测，于 2008 年 3 月 29 日（315 天）首次在 HD1-4H 井采样中发现有示踪显示，HD1-1H 井未见示踪显示。2004 年 12 月 21 日至 2005 年 5 月 20 日对 HD1-5H 井组中 7 口油井进行全程 150 天监测，7 口油井均未获得示踪剂产出曲线。

表 4-5 现场示踪剂结果与模拟结果拟合（3 个井组）

井组	井号	井距，m	突破时间，d		平均推进速度，m/d	
			现场解释结果	模拟结果	现场解释结果	模拟结果
HD1-16H	HD1-1H	992.96	—	—	—	—
	HD1-4H	1333.80	315	313	4.23	4.24
HD1-5H	HD1-1H	179.50	—	—	—	—
	HD1-4H	2058.00	—	—	—	—
	HD1	967.00	—	—	—	—
	HD1-6H	2453.90	—	—	—	—
	HD1-7H	2074.40	—	912	—	2.27
	HD1-21H	1843.09	—	—	—	—
	HD1-23H	1356.50	—	—	—	—
HD1-22H	HD-3H	1363.60	—	—	—	—
	HD1-15H	630.10	248	265	2.54	2.54
	HD4-47H	1228.10	—	—	—	—

注：“—”表示未见示踪剂。

通过数值模型运算，HD1-16H、HD1-5H 井组的单井示踪剂产出曲线如图 4-18 所示。从产出曲线来看，HD1-16H 井组中 HD1-1H 井无示踪产出曲线显示，并且至 2009 年 3 月亦未见示踪剂显示；HD1-4H 井于 2008 年 3 月 27 日（313 天）见示踪剂产出曲线显示，与现场监测结果基本吻合。对于 HD1-5H 井组，HD1-1H 井、HD1-4H 井、HD1 井、HD1-6H 井、HD1-21H 井、HD1-23H 井未见示踪剂显示，即没有产出曲线，这点与现场监测结果一致；HD1-7H 井于 2007 年 9 月（突破时间 912 天）见示踪剂，有产出曲线显示，与现场监测结果有分歧，但从油田最新水化学测试结果，证实 HD1-7H 井受到来自 HD1-5H 注水井的影响，并结合油田生产数据资料，HD1-7H 井于 2007 年 9 月月产水量明显较前期大幅提高，说明模拟结果是正确的。而造成分歧的主要原因是现场示踪剂监测只进行 150 天监测，模拟结果显示示踪突破时间为 912 天，超出了现场示踪监测周期，这也反映出现场监测受到监测周期的限制。

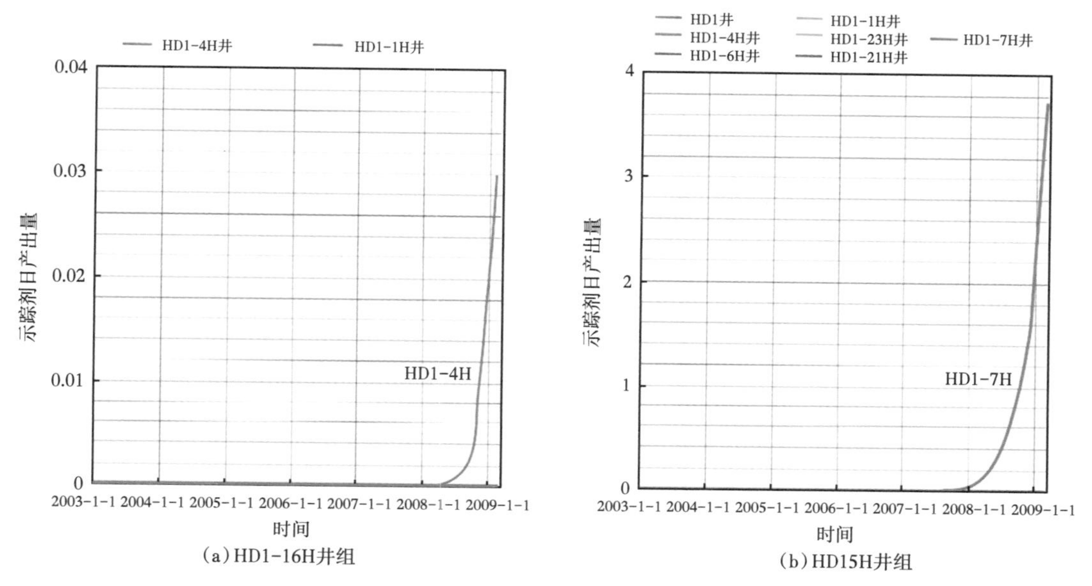

(a) HD1-16H井组　　(b) HD15H井组

图 4-18　两井组中单井示踪剂产出曲线

3. 水驱前缘研究

基于油藏动态历史拟合和示踪剂拟合比对结果分析认为，模型的地层参数基本可以准确反映地层实际情况，因此可以借助此模型进行水驱前缘研究。只需在模型中改变示踪剂投放时间，采用 B 设置，即在注水井投产时，示踪剂随之投入，其他基本参数设置保持不变。

通过模型运算，运算到 2007 年 5 月，得出注水井两套油层示踪剂浓度变化叠加等值图(图 4-19)。由前面基本原理部分可知，示踪剂浓度变化平面等值线图即是对注水井水驱前缘的一种直观反映，等值线的形状反映了注入水推进方向和趋势。从等值图看出，HD1-16H、HD1-5H、HD1-25H、HD1-10H、HD1-11H 井组目前水驱效果相对较好。

运行到 2009 年 9 月，从 HD1-5H 井组 2 号、3 号层示踪剂浓度变化平面等值图发现(图 4-20)，水驱前缘主流方向是向南北推进，经叠加后网格划分计算，HD1-5H 井组水驱波及长度 1082m，宽度 783m，水驱波及面积为 $40.5\times10^4m^2$，水驱前缘比较圆滑。HD1-1H 井、HD1 井、HD1-23H 井、HD1-7H 井处于水驱前缘主流方向上，说明受水驱控制程度相对较高；HD1-6H 井、HD1-21H 井处于水驱前缘次流方向上，说明受水驱控制程度相对较弱，造成这种现象的主要原因是受到储层平面非均质性的影响。

由于油藏两套油层储层平面非均质性和物性的差异，导致注水波及范围及见效时间会有所不同。分别对两套油层示踪剂突破时间和推进速度进行推算(表 4-6)。从结果上来看，3 号层油井见效时间较 2 号层要早，并且注水推进速度比 2 号层要快。

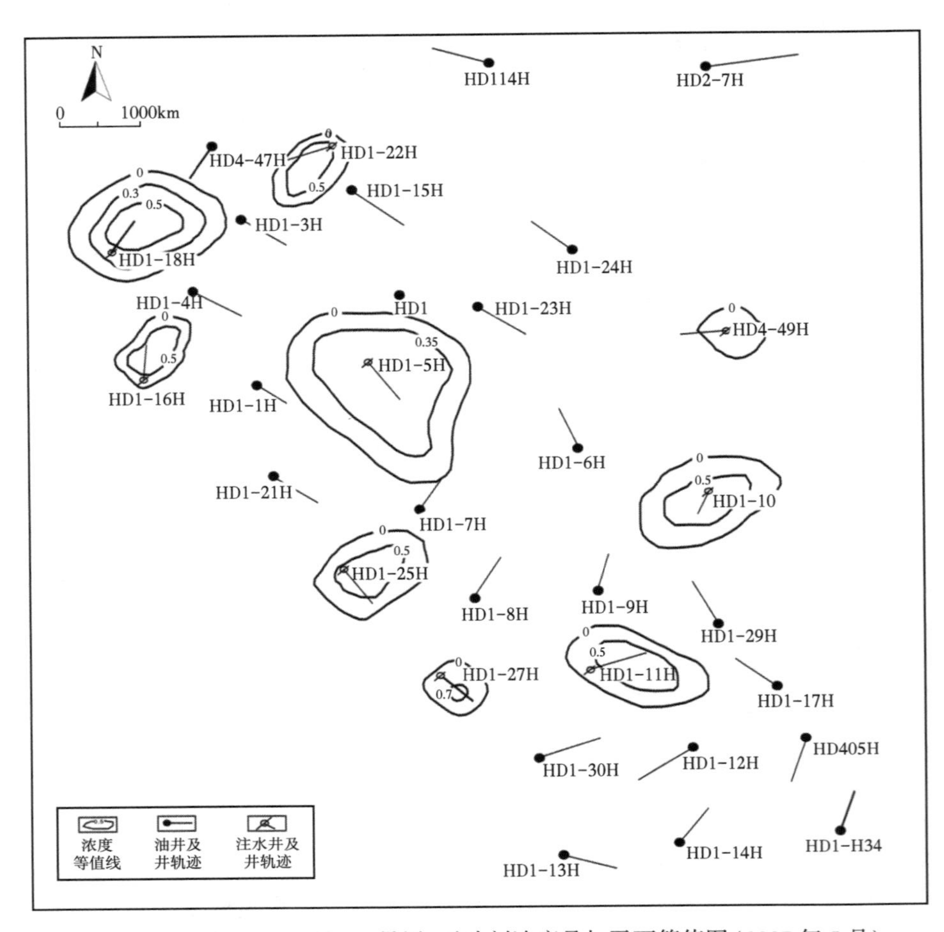

图 4-19　两套油层(2 号、3 号层)示踪剂浓度叠加平面等值图(2007 年 5 月)

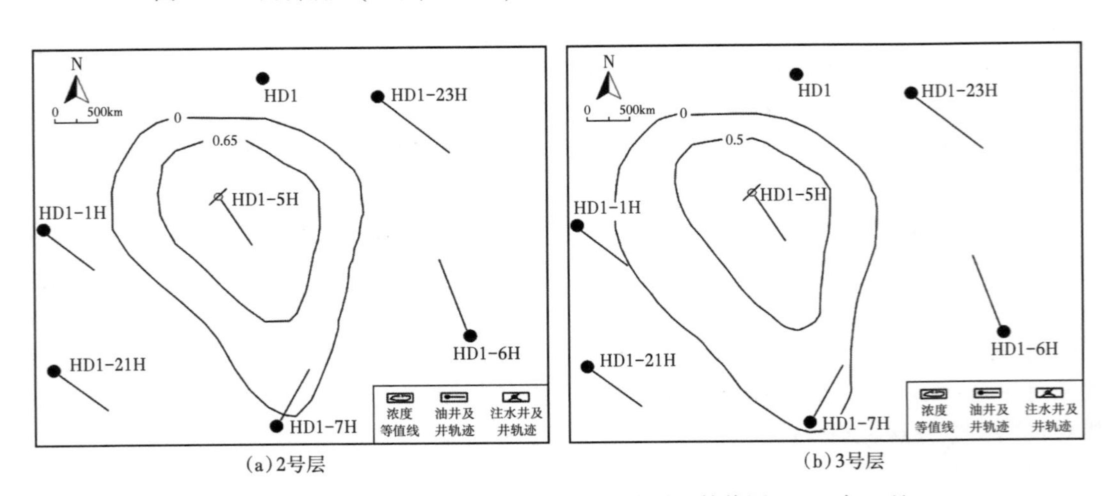

图 4-20　HD-5H 井组油层示踪剂浓度变化平面等值图(2009 年 9 月)

表 4-6　油井见水时间及见注水井统计表（部分井）

油井井名	油井投产日期	2 号层			3 号层		
		见水时间	见注水井号	推进速度 m/d	见水时间	见注水井号	推进速度 m/d
HD1-3H	2002-04	2005-12	HD1-18H	1.04	2005-07	HD1-18H	1.23
HD1-3H	2002-04	2005-08	HD1-22H	0.92	2005-04	HD1-22H	1.01
HD1-4H	2002-03	2005-05	HD1-16H	1.23	2003-02	HD1-16H	4.18
HD1-15H	2002-05	2003-07	HD1-22H	1.92	2003-03	HD1-22H	2.51
HD1-13H	2002-03	—	—	—	—	—	—
HD1-7H	2001-07	2004-04	HD1-25H	1.32	2004-02	HD1-25H	1.37
HD1-7H	2001-07	2005-07	HD1-5H	0.95	2005-05	2005-05	0.99
HD1-29H	2006-09	2006-12	HD1-10	1.42	2006-11	HD1-11H	1.02
HD1-29H	2006-09	2006-12	HD1-11H	21.20	2006-11	HD1-11H	21.40

注：“—”表示未见示踪剂。

从注水井水驱前缘和单井受效分析得出，研究区井组水驱工作已经进行了一个阶段，且流线、井间连通性、受效性在周围部分油井已经形成。为了避免注水井向部分油井推进过快，即“水窜”现象的出现，应当相应采取一些措施（如调水、调剖、堵水工艺措施等），并实施一批工艺技术（如细分注水、分注分采等工艺技术），从而最大限度地提高水驱动用程度，使目前未连通的油水井建立连通、受效关系，以此改善生产效果。

4. 边水推进研究

由于油藏存在边水的入侵影响，并且平面上边水推进不均匀，在实际生产中如不能定性—定量准确判断油井受效来自注水井还是边水入侵的影响及具体见水时间，将会影响边水调剖措施的实施和合理注水开发方案的制订，因此有必要认识边水推进规律。

按照边水示踪剂参数设置，采用流线模型对边水推进进行研究。结合研究区块压力分布，对研究区块动态流线图分析（图 4-21）。油藏边水主要是沿油藏东西两侧向中部推进入侵，在研究区南部构造低的部位部分井受到边水入侵影响尤为明显；由于中部注水井注水影响，抑制了边水继续推进，因而受边水入侵影响的井主要集中在油藏边缘部位，中部大部分的井目前未受到边水入侵影响，说明边水还未波及全区。

由于分别对每口注水井和边水设置了不同示踪剂代号，因此通过对油藏生产井的示踪剂采出浓度曲线分析，可以容易区分油井是受到注水井影响还是受到边水的影响、具体受到来自某一口注水井的影响和见水时间，并推算注入水和边水各自推进速度。根据模拟结果对研究区所有受到边水影响的油井进行了单独统计（表 4-7）。根据示踪剂采出浓度曲线可知，目前全区共有 12 口生产井不同程度受到边水入侵的影响。其中 HD10 井、HD114 井和 HD1-13H 井在投产后不久就受到来自边水入侵的影响，边水推进速度非常快；其他 9 口生产井在投产后 2~3a，陆续受到边水入侵的影响，边水平均推进速度为 1.5~3m/d，并且 3 号层见边水时间早于 2 号层。

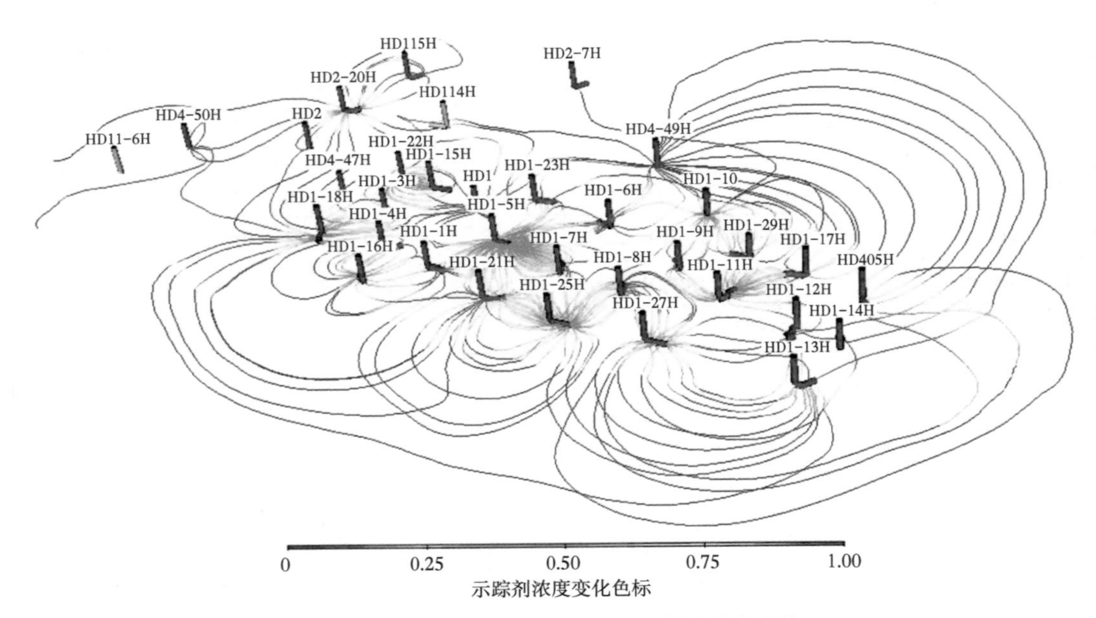

图 4-21　研究区边水与注水井示踪剂浓度流线

表 4-7　受边水影响井、见边水时间及推进速度

油井井名	油井投产日期 年-月	2 号层		3 号层	
		见水时间 年-月	推进速度 m/d	见水时间 年-月	推进速度 m/d
HD1-4H	2002-03	2005-07	2. 11	2005-05	2. 21
HD1-15H	2002-05	2005-01	2. 53	2005-01	2. 53
HD1-13H	2002-03	2004-08	1. 35	2004-05	1. 46
HD1-17H	2002-08	2002-05	11. 32	2002-07	10. 61
HD1-21H	2002-06	2004-02	2. 57	2004-01	2. 57
HD1-7H	2001-07	2007-07	0. 89	2007-07	0. 93
HD2	1998-09	2005-08	1. 71	2005-07	1. 72
HD4-47	2005-05	2000-02	1. 56	2000-02	1. 56
HD10H	2004-03	2007-03	3. 62	2007-03	3. 61
HD1-6H	2001-06	2004-04	312. 21	2004-04	312. 22
HD114H	2004-10	2006-04	0. 91	2006-04	0. 91
HD114H	2004-10	2004-11	256. 72	2004-11	256. 72

通过对边水推进研究取得的认识（重点针对目前受到边水影响较大的井），可以通过新增注水井或确定合理的采液速度，以保持合理的地层压力，避免边水入侵造成油井过早水淹而影响了开发效果。

第三节　薄砂层油藏哈得 1 井区开发技术政策数模机理研究

哈得逊油田薄砂层油藏包括哈得 1、哈得 10 共 2 个井区。与哈得 10 井区相比，哈得 1 井区含油面积较大、地质储量较大、储层物性较好、单井产量较高、开发效益较高，是哈得逊油田薄砂层油藏的主力井区。哈得 1 井区于 1998 年投入开发，开发初期、中期都做了大量的关于合理开发技术政策的数模机理研究，采用了单井模型、井组模型、剖面模型和油藏模型等多种模型方式[3]。本节主要总结或再现开发初期（或试采阶段）的数值模拟机理研究主要做法。因为初期的模型与现在模型差别较大，包括构造、储层、流体分布等方面，都存在一定差别，本次机理研究模型采用近期的 3D 地质模型。本次机理研究结果和认识与当年总体是一致的，既是对当年研究的回顾肯定，也提供了对近期开发调整和今后提高采收率研究工作的一种有益的借鉴。

一、机理模型及主要参数

1. 机理模型的选择

薄砂层油藏哈得 1 井区为层状边水油藏，探明含油面积 68km²，探明石油地质储量 1194×10^4t。该油藏构造平缓、断层不发育；为潮坪相沉积，含油储层为薄砂层 2 号、3 号层，2 号、3 号层间发育一套全区分布的隔层，小层厚度为 1～2m，其中 2 号、3 号层平均厚度分别为 1. 1m、1. 6m 左右，2 号、3 号层继承性较好、分布较稳定，2 号、3 号层含油面积叠合程度高（图 4-22）；储层物性为中孔隙度中渗透率，地层原油为中质、低黏原油，

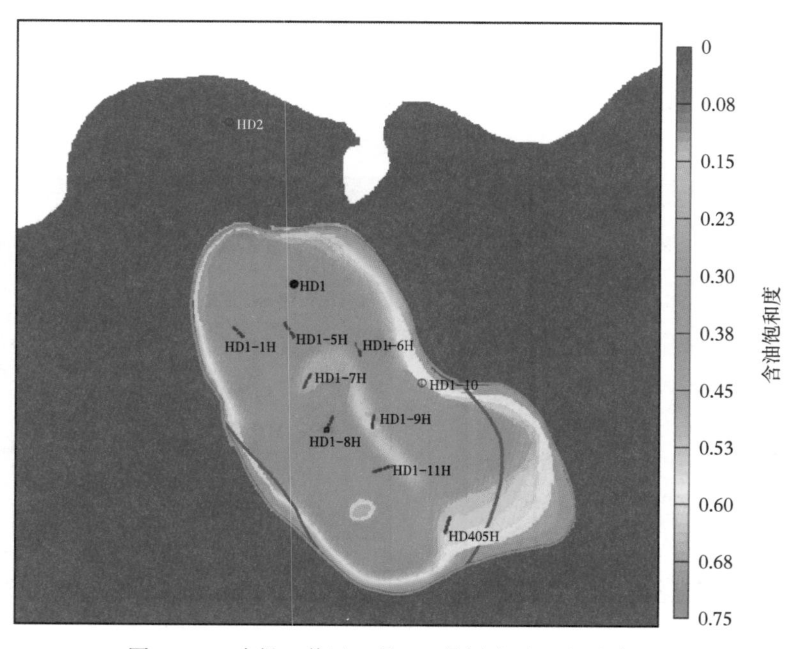

图 4-22　哈得 1 井区 2 号、3 号层含油面积叠合图

紫色线表示2号层油水边界，红色线表示 3 号层油水边界

地面原油密度为 0.867g/cm³，地层原油黏度为 4.78mPa·s。

该油藏构造简单、储层简单，所建立的地质模型储层物性有一定的平面、层间非均质性，但网格数量不大，不超过 50 万个有效网格，采用黑油模型进行计算，预测 40 年其计算时间不超过 1h。综合考虑，可直接选择粗化后的油藏地质模型作为开发机理研究的地质模型，一是计算速度不是问题，二是远比单井模型、剖面模型有代表性，三是为方案设计、开发历史拟合等积累数模经验。

2. 机理模型主要参数

由薄砂层油藏生产井、东河砂岩油藏过路井小层划分对比、孔隙度和渗透率处理数据、薄砂层沉积微相分布研究成果、单砂体分布范围地质认识，建立哈得 1 井区薄砂层油藏细网格地质模型，并进行适当粗化，作为该油藏的数值模拟静态模型和机理研究模型。

地质模型网格数、网格大小。该机理模型总网格数为 1388037，有效网格数为 310620。平均网格大小为 40m×40m×(1~2)m，网格正交关系好。

模型储层厚度分布与孔隙度和渗透率分布特征。2 号、3 号层厚度分布图如图 4-23 所示，含油范围内厚度分布直方图如图 4-24 所示。2 号层含油范围内油层厚度为 0.81~1.70m，平均为 1.14m；3 号层含油范围内油层厚度为 1.1~2.1m，平均为 1.62m，含油范围内西北部厚度较大、东南部较小，有一定的非均质性。2 号、3 号层孔隙度分布图如图 4-25 所示，孔隙度分布直方图如图 4-26 所示。2 号层含油范围内孔隙度为 6%~22%，平均为 15%；3 号层含油范围内孔隙度为 15%~22%，平均为 18%；2 号、3 号层孔隙度分布平面上具有明显非均质性，含油范围内西北部孔隙度较大、东南部较小。2 号、3 号层渗透率分布图如图 4-27 所示，渗透率分布直方图如图 4-28 所示。2 号层含油范围内渗透率为 7~230mD，平均为 135mD；3 号层含油范围内渗透率为 118~250mD，平均为 188mD；2 号、3 号层渗透率分布平面上具有明显非均质性，含油范围内西北部渗透率较大、东南部较小。总体而言，2 号层厚度、孔隙度、渗透率小于 3 号层，平面上，2 号、3 号层含油范围内西北部物性好于东南部。

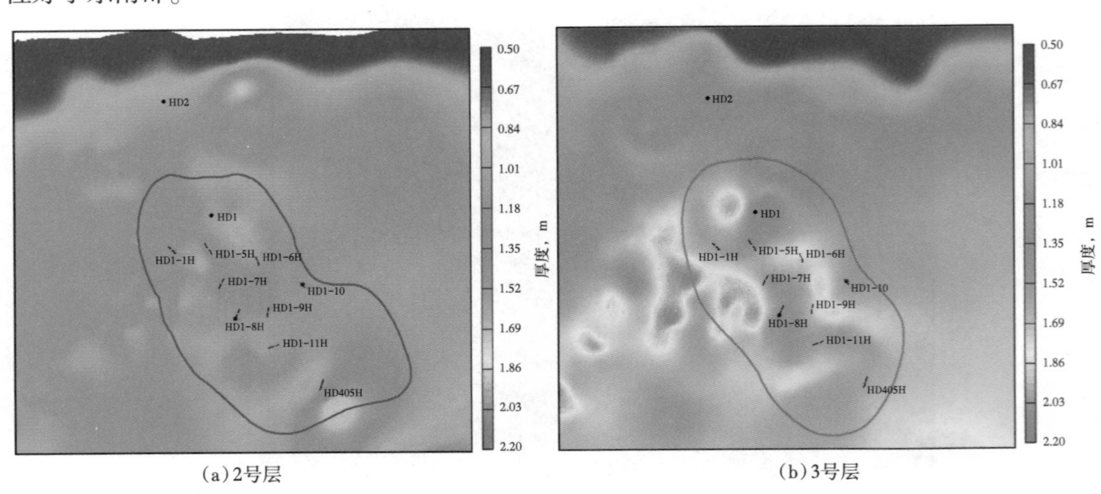

图 4-23 哈得 1 井区 2 号层、3 号层储层厚度分布图(包括含油边界)

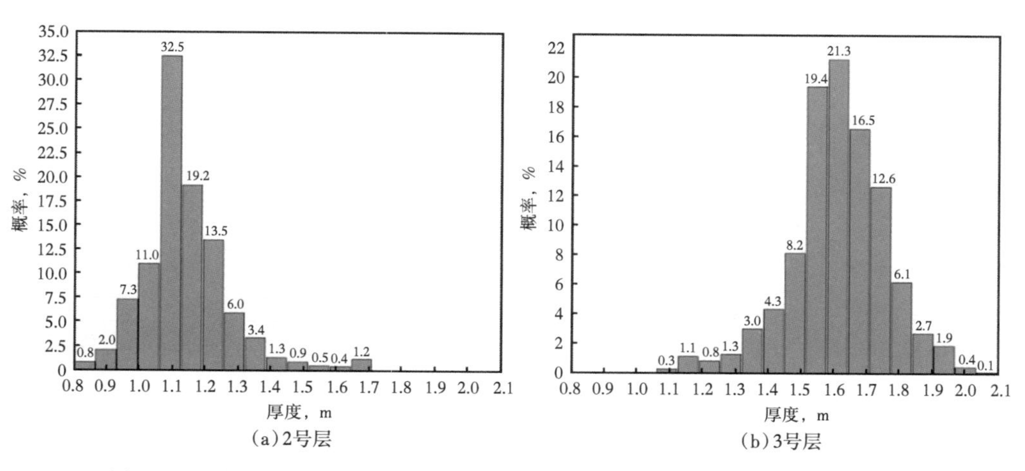

(a)2号层 (b)3号层

图4-24 哈得1井区2号层、3号层储层厚度概率分布直方图(含油边界内)

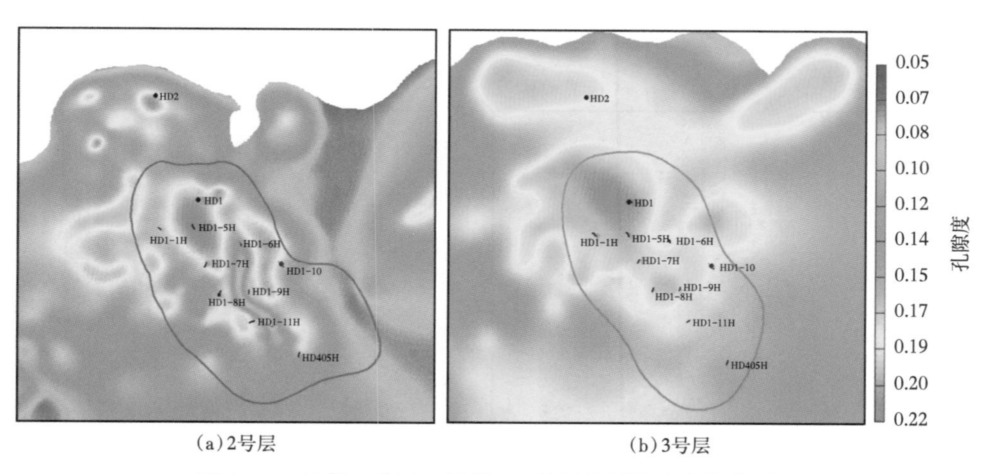

(a)2号层 (b)3号层

图4-25 哈得1井区2号层、3号层储层孔隙度分布图

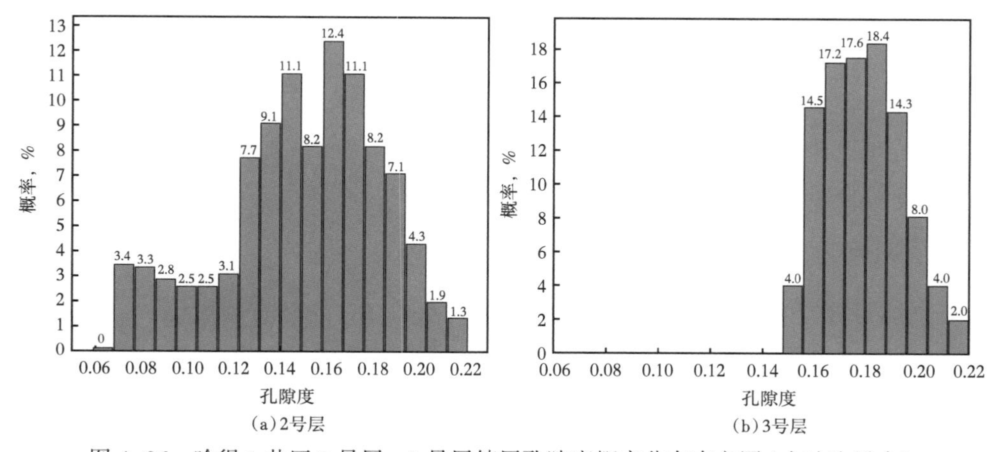

(a)2号层 (b)3号层

图4-26 哈得1井区2号层、3号层储层孔隙度概率分布直方图(含油边界内)

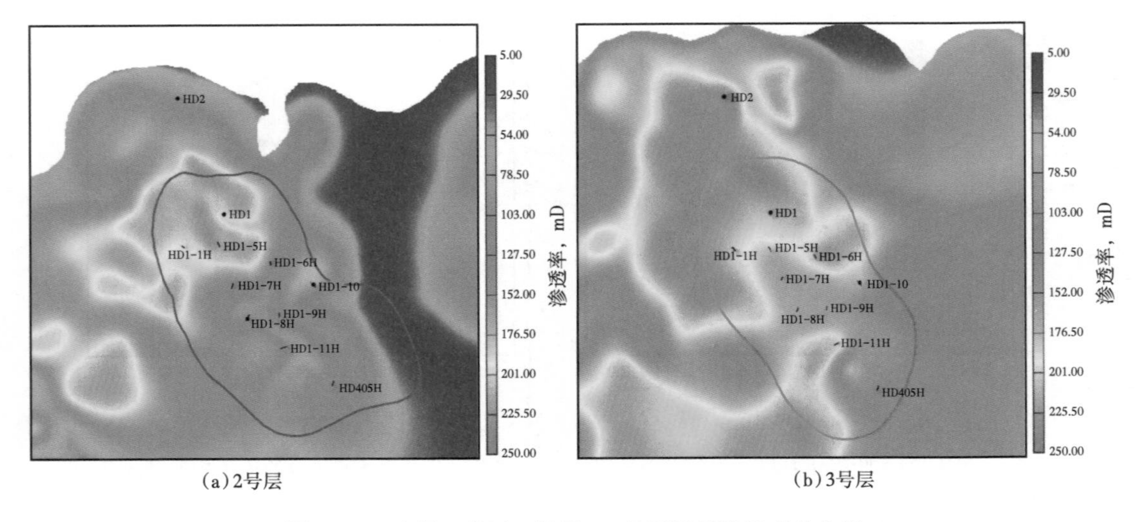

(a)2号层　　(b)3号层

图 4-27　哈得 1 井区 2 号层、3 号层储层渗透率分布图

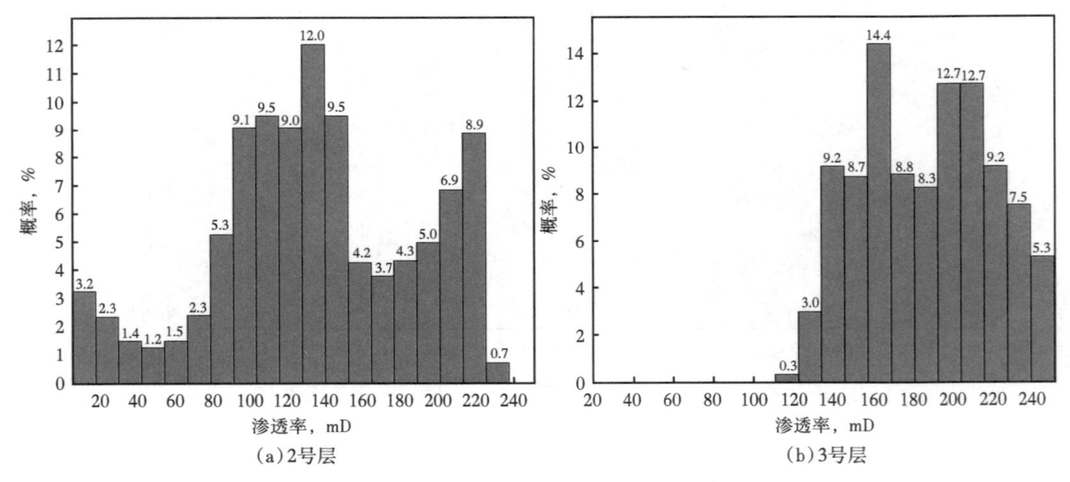

(a)2号层　　(b)3号层

图 4-28　哈得 1 井区 2 号层、3 号层储层渗透率概率分布直方图(含油边界内)

机理研究建立的地质模型，石油地质储量为 $1388\times10^4m^3$，比上交探明储量小 2.5%左右。地质模型包含和连接的地层天然边水的体积为 $7092\times10^4m^3$，为原油体积的 5 倍左右。

二、直井与水平井产能对比

1. 天然能量开发水平井与直井产能对比

对以上建立的机理模型，设计水平井、直井天然能量开发，模型主要参数见表 4-8，其中 1200m 井距水平井、直井井网部署图如图 4-29 所示。

天然能量开发，定井底流压为 25MPa，两套井网各 9 个模型的计算结果及认识如下。

(1)天然能量开发，边水能量弱，地层压力快速下降，水平井与直井井网产能快速下

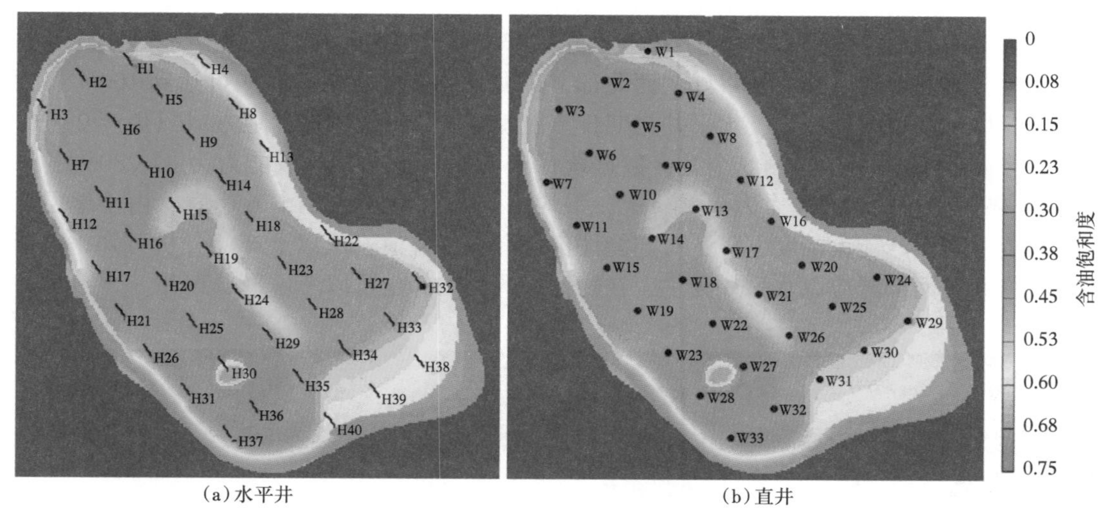

图 4-29　哈得 1 井区天然能量开发 1200m 井距水平井、直井井网设计图

降，采收率低，需要注水开发。对比模型预测 10 年(图 4-30)，几乎没有产能了，采出程度仅为 10%~11.6%。显然，该油藏不适合采用天然能量开发，需要注水开发，提供地层能量，才能大幅度提高采收率。

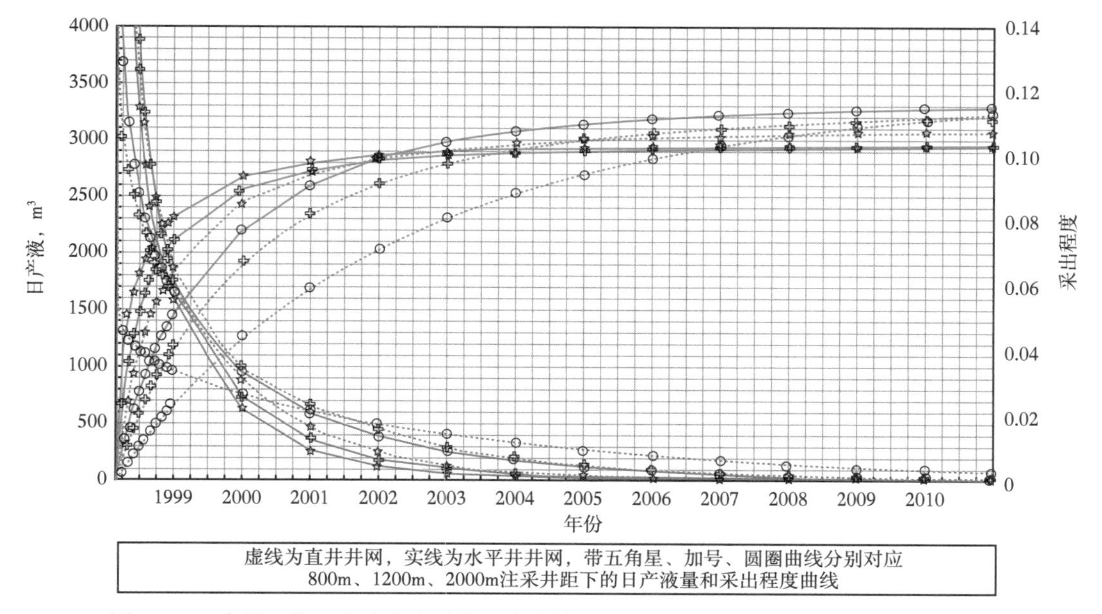

图 4-30　哈得 1 井区全油藏水平井、直井井网天然能量日产液量、采出程度对比图

(2) 初期产能水平井高于直井，水平井、直井产能油藏西北部高于东南部、中部，物性好的部位直井产能较高，方案设计时储层物性好的部位也可以考虑部署直井。以 1200m 井距水平井、直井井网为例，数模预测投产 1 个月日产液能力分布如图 4-31 所示。

预测 1 个月，数据统计表明，水平井日产液能力为 $23\sim500m^3$，平均为 $245m^3$；直井日产液能力为 $12\sim215m^3$，平均为 $102m^3$；水平井的产能是直井的 2.4 倍。从产能分布图和前面的物性分布图对比可知，孔渗好的西北部，产能高，直井初期日产能可达到 $100m^3$，而东南部、中部物性差的地方，水平井初期日产能也低于 $200m^3$，局部地方或只生产 2 号层的井日产能低于 $50m^3$。预测 6 个月，数据统计表明，水平井日产液能力为 $8\sim280m^3$，平均为 $78m^3$；直井日产液能力为 $9\sim144m^3$，平均为 $68m^3$。显然，预测 6 个月，由于地层压力大幅度下降，产能大幅度下降，对产能评价没有参考价值。从以上产能分析可知，该油藏开发方案井网部署应以水平井为主，在物性好的西北部也可以考虑部署直井。

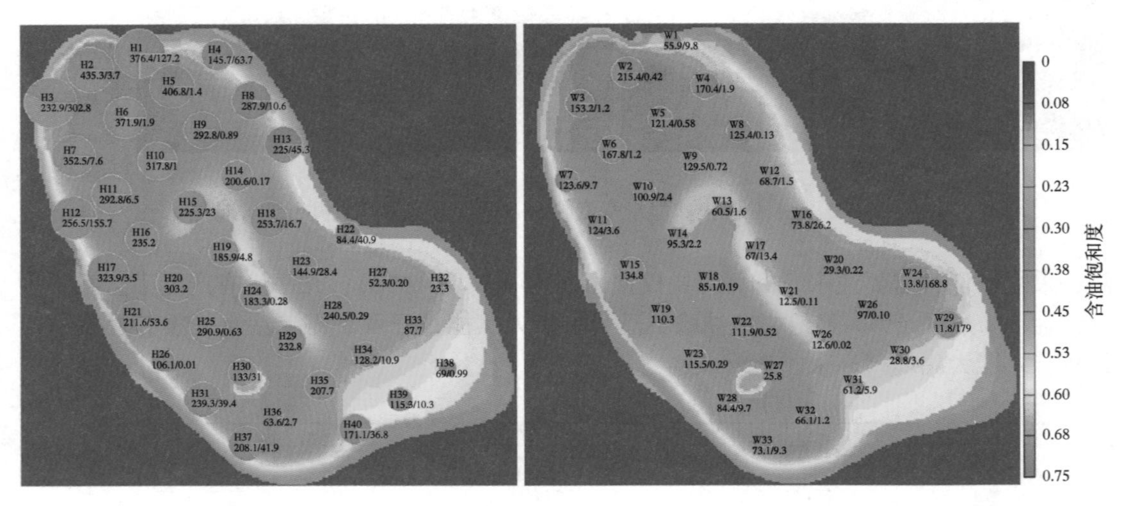

图 4-31　哈得 1 井区天然能量开发 1200m 井距水平井、直井投产 1 个月日产液能力泡泡图

(1)图中包括井名、日产油、日产水。(2)泡泡图：生产井——红色为日产油、绿色为日产水，数据中“/”前后分别为日产油、日产水，单位均为 m^3。(3)底图为含油饱和度分布图，色度标尺为含油饱和度标尺，单位为小数

表 4-8　天然能量开发水平井与直井对比设计表

<table>
<tr><th>序号</th><th>水平井模型</th><th>直井模型</th><th>主要参数</th></tr>
<tr><td>1</td><td>NR_WD800</td><td>V_NR_WD800</td><td rowspan="9">(1)沿西北—东南方向，在含油范围内布井，两套井网各 9 个模型，对应的井距为 800m、900m、1000m、1100m、1200m、1300m、1400m、1500m、2000m。
(2)水平井设计为双台阶水平井，水平段长度 400m，其中 2 号、3 号层水平段长均为 175m（合计 350m），穿过隔层的水平段长度为 50m。
(3)如果设计的油井在 2 号、3 号层某层为水层，则只射开油层段。
(4)天然能量开发，定井底流压为 25MPa</td></tr>
<tr><td>2</td><td>NR_WD900</td><td>V_NR_WD900</td></tr>
<tr><td>3</td><td>NR_WD1000</td><td>V_NR_WD1000</td></tr>
<tr><td>4</td><td>NR_WD1100</td><td>V_NR_WD1100</td></tr>
<tr><td>5</td><td>NR_WD1200</td><td>V_NR_WD1200</td></tr>
<tr><td>6</td><td>NR_WD1300</td><td>V_NR_WD1300</td></tr>
<tr><td>7</td><td>NR_WD1400</td><td>V_NR_WD1400</td></tr>
<tr><td>8</td><td>NR_WD1500</td><td>V_NR_WD1500</td></tr>
<tr><td>9</td><td>NR_WD2000</td><td>V_NR_WD2000</td></tr>
</table>

2. 五点法注采井网水平井与直井产能对比

五点法注水开发，要使水平井和直井的产能有较好的对比性，一是设计保持注采平衡，二是要给定合理的注水井井底流压、采油井井底流压。当注水井井口注入压力取值10~12MPa，注入水密度取值 1.1g/cm^3，井底垂深 5000m，可计算井底流压为 64~66MPa。当采油井保持动液面为 1200~1400m，计算 50%含水率的井流物混合密度为 0.97g/cm^3，则预测采油井井底流压为 34~36MPa。综合考虑，设计对比模型注水井合理井底流压取值65MPa，采油井合理井底流压取值 35MPa，对比模型主要参数见表 4-9。

表 4-9　五点法注水开发水平井与直井对比设计表

<table>
<tr><th rowspan="2">序号</th><th colspan="2">水平井模型</th><th colspan="2">直井模型</th><th rowspan="2">主要参数</th></tr>
<tr><th>对比模型</th><th>注水井数+采油井数=总井数，口</th><th>对比模型</th><th>注水井数+采油井数=总井数，口</th></tr>
<tr><td>1</td><td>BS_BH_WD800</td><td>49+48=97</td><td>V_BS_BH_WD800</td><td>43+44=87</td><td rowspan="9">(1)沿西北—东南方向，在含油范围内布井，两套井网各 9 个模型，对应的井距为 800m、900m、1000m、1100m、1200m、1300m、1400m、1500m、2000m。
(2)水平井设计为双台阶水平井，水平段长度为400m，其中 2 号、3 号层水平段长均为 175m（合计 350m），穿过隔层的水平段长度为 50m。
(3)如果设计的油井在 2 号、3 号层某层为水层，则只射开油层段。
(4)注水井井底流压限制为 65MPa，采油井井底流压限制为 35MPa，保持注采平衡</td></tr>
<tr><td>2</td><td>BS_BH_WD900</td><td>35+36=71</td><td>V_BS_BH_WD900</td><td>35+34=69</td></tr>
<tr><td>3</td><td>BS_BH_WD1000</td><td>32+31=63</td><td>V_BS_BH_WD1000</td><td>30+29=59</td></tr>
<tr><td>4</td><td>BS_BH_WD1100</td><td>23+26=49</td><td>V_BS_BH_WD1100</td><td>24+23=47</td></tr>
<tr><td>5</td><td>BS_BH_WD1200</td><td>20+23=43</td><td>V_BS_BH_WD1200</td><td>22+21=43</td></tr>
<tr><td>6</td><td>BS_BH_WD1300</td><td>19+18=37</td><td>V_BS_BH_WD1300</td><td>17+15=32</td></tr>
<tr><td>7</td><td>BS_BH_WD1400</td><td>16+16=32</td><td>V_BS_BH_WD1400</td><td>14+15=29</td></tr>
<tr><td>8</td><td>BS_BH_WD1500</td><td>15+14=29</td><td>V_BS_BH_WD1500</td><td>13+12=25</td></tr>
<tr><td>9</td><td>BS_BH_WD2000</td><td>7+8=15</td><td>V_BS_BH_WD2000</td><td>9+7=16</td></tr>
</table>

五点法注水开发，保持注采平衡、定井底流压为采油井 35MPa、注水井 65MPa，两套井网各 9 个模型的计算结果及认识如下。

(1)与直井相比，水平井注采井网产能高、采液速度高、期末采出程度高。数模预测40 年，水平井、直井五点法注采井网对比模型日产液量、采出程度对比如图 4-32 所示，采液速度对比图如图 4-33 所示。在图 4-32 中，虚线对应直井井网；曲线由上到下，分别对应 800m、900m、1000m、1100m、1200m、1300m、1400m、1500m、2000m 注采井距。从该对比图可知：①开发初期和中期，相同注采井距，水平井产液能力明显高于直井；注采井距越小，采油井受效越快，产液量上升越快；②开发中后期，水平井注采井距越小，见水越早，单井含水率达到 98%关井后产液量越小；③预测 40 年，井型、注采井距对预测期末采出程度有明显影响。水平井注采井网期末采出程度为 43.8%~53%，平均 48%；

直井注采井网期末采出程度为 23.5%~51%，平均为 38%。从对比图 4-33 可知：①定井底流压和注采平衡，水平井井网早中期采液速度为 3%~55%、平均 22%，直井井网为 0.78%~16%、平均 3.8%，水平井井网采液速度远高于直井；②注采井距越小，采液速度越高。

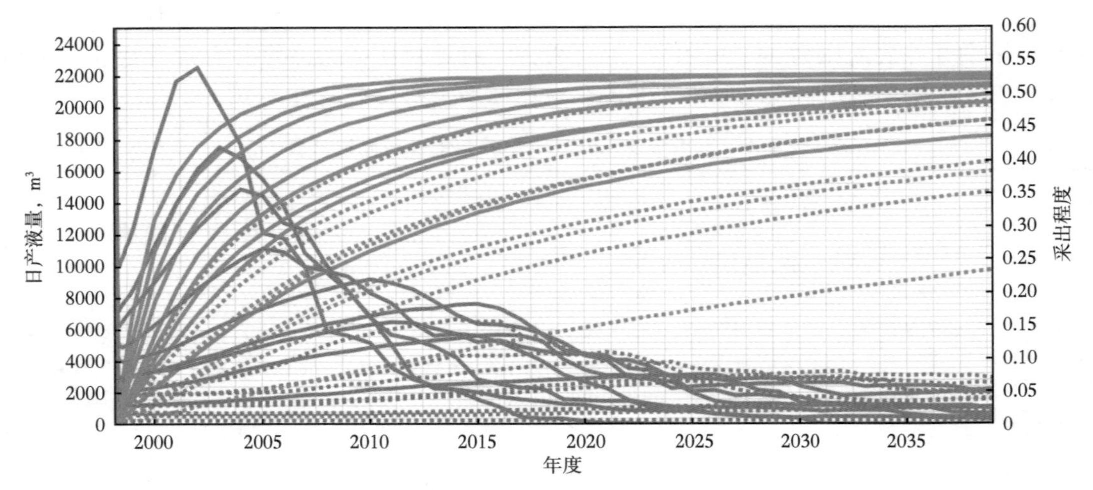

图 4-32　哈得 1 井区水平井、直井五点法注采井网日产液量、采出程度对比图

虚线为直井井网；曲线由上到下，分别对应 800m、900m、…、2000m 注采井距

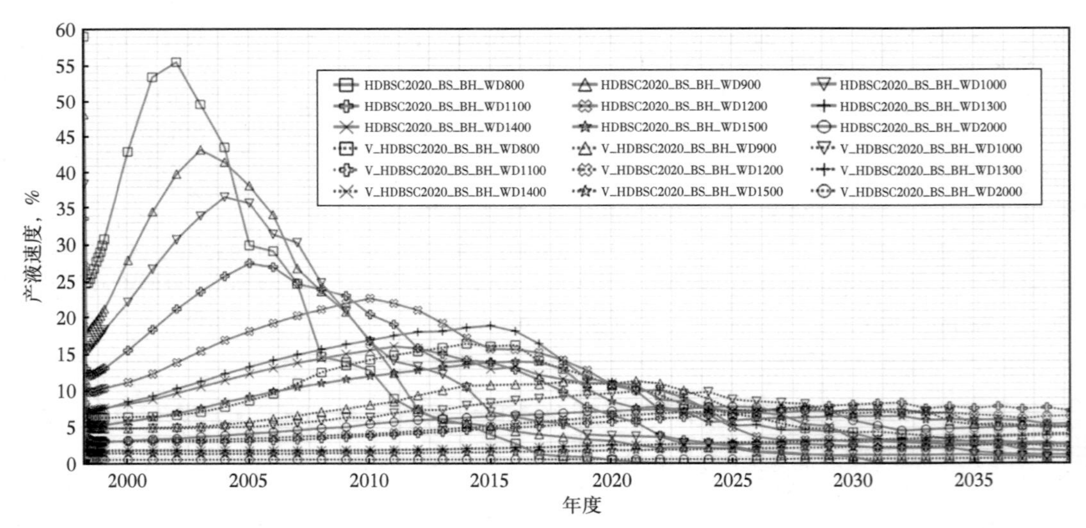

图 4-33　哈得 1 井区水平井、直井五点法注采井网采液速度对比图

虚线为直井井网；曲线由上到下，分别对应 800m、900m、…、2000m 注采井距

（2）水平井产液能力、注水能力明显高于直井，水平井、直井产注能力油藏西北部高于东南部、中部，储层物性好的部位直井产注能力也较高，方案设计时储层物性好的部位也可以考虑部署直井。以 1200m 井距水平井、直井注采井网为例，数模预测投产 6 个月日产液能力、注水能力分布如图 4-34 所示。预测 6 个月，数据统计表明，水平井日产液能

力为 10~450m³，平均为 200m³，日注水能力为 35~440m³，平均为 240m³；直井日产液能力为 2~125m³，平均为 68m³，日注水能力为 7~187m³，平均为 78m³；水平井平均日产液能力是直井的 2.9 倍、平均日注水能力是直井的 3.1 倍。从产能分布图和前面的物性分布图对比可知，孔渗好的西北部，产注能力高，直井日产液能力可达到 100m³、日注水能力可达 100m³，而东南部、中部物性差的地方，水平井日产液能力低于 150m³、日注水能力低于 150m³，局部地方或只生产 2 号层的井产注能力低于 50m³。从以上产能分析可知，该油藏开发方案井网部署应以水平井为主，在物性好的西北部也可以考虑部署直井。

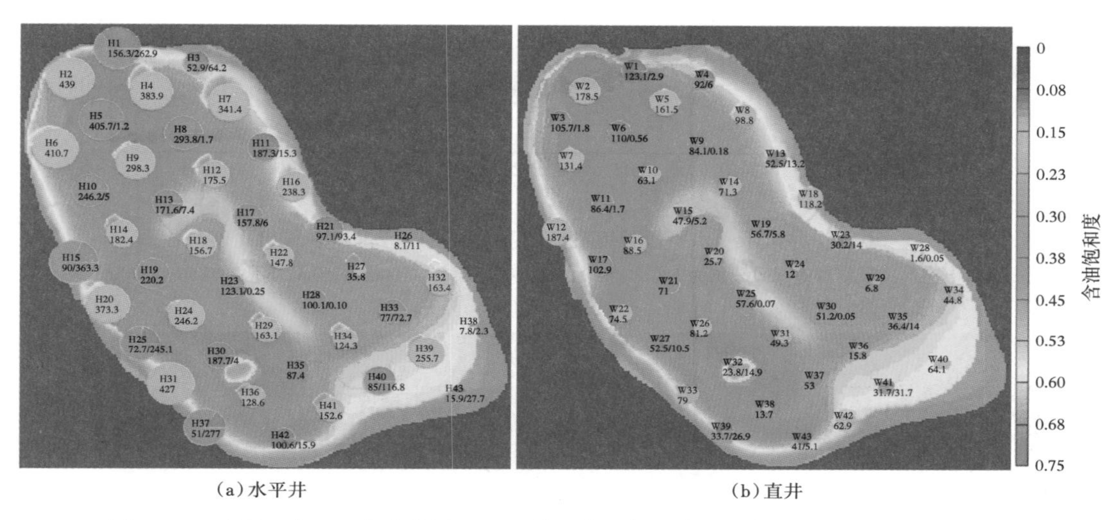

(a)水平井　　(b)直井

图 4-34　哈得 1 井区五点法井网 1200m 井距水平井、直井投产 6 月日产注能力分布图

(1)图中包括井名、日产油、日产水、日注水。(2)泡泡图：生产井——红色为日产油、绿色为日产水，数据中“/”前后分别为日产油、日产水，单位均为 m³；注水井——天蓝色为日注水，单位为 m³。(3)底图为含油饱和度分布，色度标尺为含油饱和度标尺，单位为小数

3. 水平井水平段长度与产能

设计对比模型为，五点法注采井网，井距 1200m，9 个模型 NH01~NH09 对应水平段长为 500m、550m、600m、650m、700m、750m、800m、850m、900m，保持注采平衡，定井底流压为采油井 35MPa、注水井 65MPa，其他参数同于五点法注采井网模型。数模预测 40 年，油藏日产液量、采出程度对比曲线如图 4-35 所示。从图 4-35 可以看出：(1)水平段越长，日产液能力越大，由注采平衡可知，日注水能力也越大；(2)水平段长增加 50~200m，产注能力提高幅度不大；(3)最重要的是，最终预测计算期末采出程度差别不大，为 52.3%~52.7%。

对水平段长为 500m、900m 的模型 NH01、NH09，数模预测投产 6 个月日产液能力、注水能力泡泡图如图 4-36 所示。预测 6 个月，数据统计表明，模型 1（NH01)水平井日产液能力为 10~560m³，平均为 230m³，日注水能力为 87~510m³，平均为 240m³；模型 2(NH09)水平井日产液能力为 13~710m³，平均为 300m³，日注水能力为110~720m³，平均为 310m³。模型 2 平均日产液能力、注水能力均是模型 1 的 1.3 倍，表明该模型水平段长增加 400m，产注能力增加 30%。

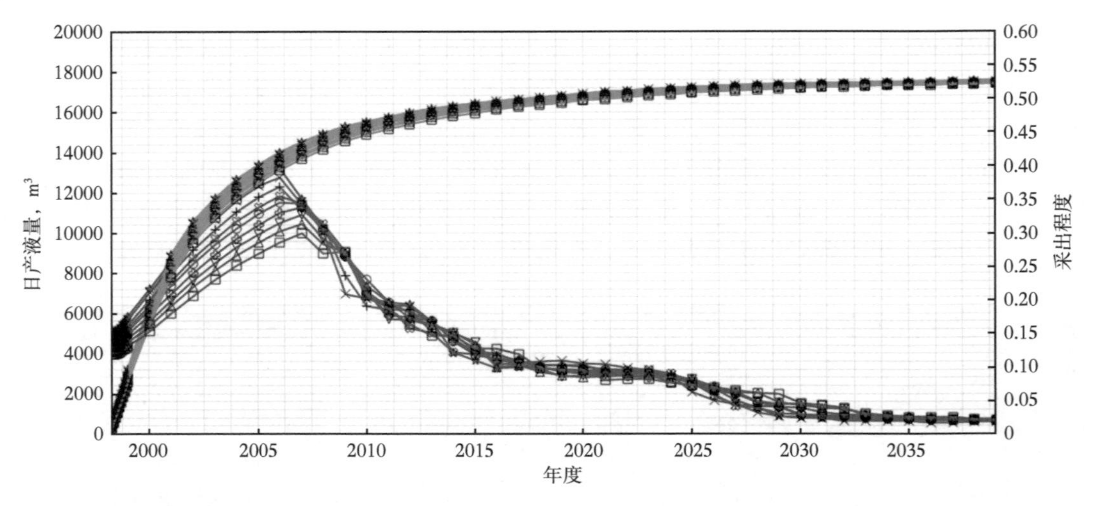

图 4-35 哈得 1 井区不同水平段长度五点法注采井网日产液量、采出程度对比图

曲线由下而上，分别对应水平段长为 500m、550m、600m、650m、700m、750m、800m、850m、900m

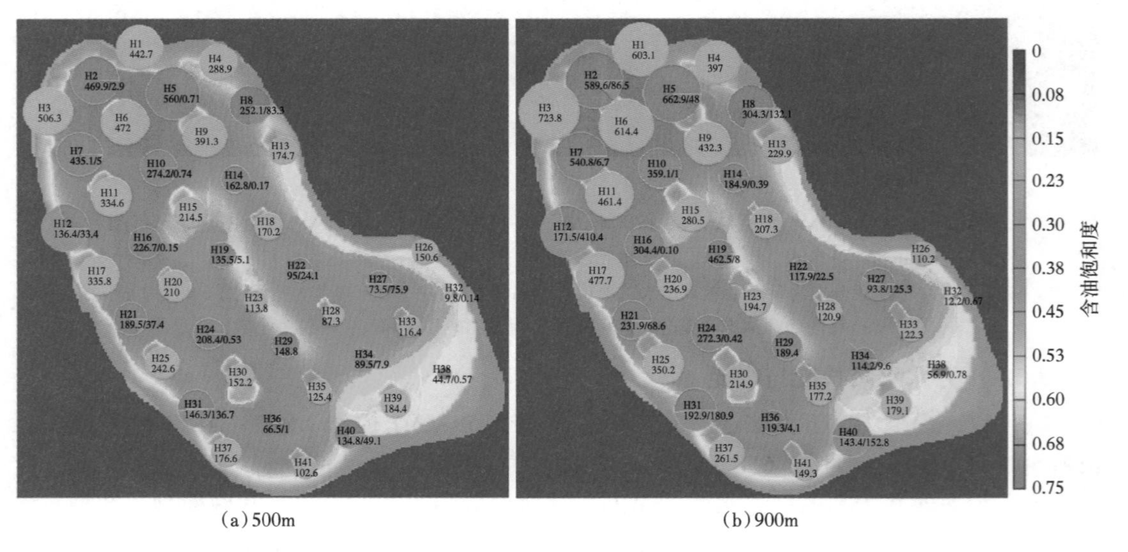

图 4-36 水平段长 500m、900m 注采井网投产 6 月日产注能力泡泡图

(1) 图中包括井名、日产油、日产水、日注水。(2) 泡泡图：生产井——红色为日产油、绿色为日产水，数据中“/”前后分别为日产油、日产水，单位均为 m^3；注水井——天蓝色为日注水，单位为 m^3。(3) 底图为含油饱和度分布，色度标尺为含油饱和度标尺，单位为小数

鉴于该油藏平面非均质性较强，且 2 号、3 号层油水边界并非完全重合，根据以上研究认识，建议：(1) 物性较好的部位，即油藏的西部、西北部，部署 300~400m 的双台阶水平井，可以满足产能要求；(2) 在物性差的部位，即油藏的东南部、中部，可以考虑部署 400~600m 双台阶水平井；(3) 在 2 号、3 号层油水边界非重合部位，即 2 号层为油层、3 号层为水层部位，可以考虑部署 400~600m 单台阶水平井。

三、井网井型论证

1. 井型选择

本节第二部分的研究表明：(1)无论天然能量开发初期、五点法注水开发初中期，水平段长度为400m（有效长度350m)的水平井，其平均产液能力、注水能力均为直井的2~3倍；(2)在该油藏物性好的西北部，直井的产注能力也较高，可以达到或接近水平井的平均产注能力。鉴于对储层预测、储层非均质性认识存在风险，该油藏还是以部署双台阶水平井为主，可以利用预探评价井的直井或后期利用钻遇下部东河砂岩的直井，而开发方案设计中不考虑部署直井。

2. 水平井四点法、五点法、九点法注采井网指标预测与分析

根据前面研究认识，该油藏适于采用双台阶水平井注水开发，水平段长度以400m为主，储层物性差的部位、单层开采部位考虑水平段长600m。另外，从前面的研究可知，五点法注采井网，注采井距小于1500m时，只由井底流压控制的水平井井网采液速度远高于油藏开发保持较长稳产期的2%左右的采液速度。为使研究更具有可对比性，并较符合实际开发需要，作为机理研究，对四点法、五点法、九点法注采井网，可设计注采井距为800~2000m，统一设计水平段长为400m，设计采液速度为1.9%~4.28%(对应油井日产液30~100m^3)，具体参数见表4-10、表4-11。

表4-10　四点法、五点法、九点法水平井注采井网井数与主要参数对比表

<table>
<tr><td rowspan="2">序号</td><td colspan="2">四点法水平井模型</td><td colspan="2">五点法水平井模型</td><td colspan="2">九点法水平井模型</td></tr>
<tr><td>对比模型</td><td>注水井数+采油井数=总井数，口</td><td>对比模型</td><td>注水井数+采油井数=总井数，口</td><td>对比模型</td><td>注水井数+采油井数=总井数，口</td></tr>
<tr><td>1</td><td>BS_4WD800</td><td>37+59=96</td><td>BS_WD800</td><td>49+48=97</td><td>BS_9WD800</td><td>24+58=82</td></tr>
<tr><td>2</td><td>BS_4WD900</td><td>29+48=77</td><td>BS_WD900</td><td>35+36=71</td><td>BS_9WD900</td><td>19+47=66</td></tr>
<tr><td>3</td><td>BS_4WD1000</td><td>24+39=63</td><td>BS_WD1000</td><td>32+31=63</td><td>BS_9WD1000</td><td>15+37=52</td></tr>
<tr><td>4</td><td>BS_4WD1100</td><td>18+33=51</td><td>BS_WD1100</td><td>23+26=49</td><td>BS_9WD1100</td><td>13+32=45</td></tr>
<tr><td>5</td><td>BS_4WD1200</td><td>15+26=41</td><td>BS_WD1200</td><td>20+23=43</td><td>BS_9WD1200</td><td>11+28=39</td></tr>
<tr><td>6</td><td>BS_4WD1300</td><td>12+26=38</td><td>BS_WD1300</td><td>19+18=37</td><td>BS_9WD1300</td><td>10+25=35</td></tr>
<tr><td>7</td><td>BS_4WD1400</td><td>11+21=32</td><td>BS_WD1400</td><td>16+16=32</td><td>BS_9WD1400</td><td>8+20=28</td></tr>
<tr><td>8</td><td>BS_4WD1500</td><td>8+19=27</td><td>BS_WD1500</td><td>15+14=29</td><td>BS_9WD1500</td><td>7+20=27</td></tr>
<tr><td>9</td><td>BS_4WD2000</td><td>5+11=16</td><td>BS_WD2000</td><td>7+8=15</td><td>BS_9WD2000</td><td>4+12=16</td></tr>
<tr><td>主要参数</td><td colspan="6">(1)沿西北—东南方向，在含油范围内布井，三套井网各9个模型对应的井距为800m、900m、…、2000m。(2)水平井设计为双台阶水平井，水平段长度400m，其中2号、3号层水平段长均为175m（合计350m)，穿过隔层的水平段长度为50m。(3)如果设计的油井在2号、3号层某层为水层，则只射开油层段。(4)注水开发，采油井限制日产液300m^3、井底流压35MPa，注水井限制日注水300m^3、井底流压65MPa，日产液量配置见表4-11，保持注采平衡</td></tr>
</table>

表 4-11 四点法、五点法、九点法水平井注采井网产液速度设置表

序号	井距 m	日产液 m^3	年产液 10^4m^3	采液速度 %	四点法注采井网		五点法注采井网		九点法注采井网	
					油井数 口	平均单井日产液 m^3	油井井数 口	平均单井日产液 m^3	油井井数 口	平均单井日产液 m^3
1	800	1800	59.13	4.28	59	30.5	48	37.5	58	31.0
2	900	1500	49.28	3.57	48	31.3	36	41.7	47	31.9
3	1000	1400	45.99	3.33	39	35.9	31	45.2	37	37.8
4	1100	1200	39.42	2.85	33	36.4	26	46.2	32	37.5
5	1200	1100	36.14	2.62	26	42.3	23	47.8	28	39.3
6	1300	1000	32.85	2.38	26	38.5	18	55.6	25	40.0
7	1400	900	29.57	2.14	21	42.9	16	56.3	20	45.0
8	1500	850	27.92	2.02	19	44.7	14	60.7	20	42.5
9	2000	800	26.28	1.90	11	72.7	8	100.0	12	66.7

对以上设计的 3 套模型，预测 40 年，采出程度对比见表 4-12，日产油、采出程度对比曲线如图 4-37 所示。从表 4-12 可知：(1)注采井距 800~1200m，相同注采井距，四点法、五点法、九点法预测 40 年采出程度相差较小，在 2%以内，而四点法注采井网采出程度比五点法、九点法高 1%；(2)注采井距 1300~2000m，相同注采井距下，四点法、五点法、九点法预测 40 年采出程度相差变大，其中 1400m 井距时，四点法比五点法高 3.1%，总体而言，仍是四点法采出程度较高。从图 4-37 可知，1200~1500m 注采井距，总体而言，四点法日产油量、采出程度明显高于五点法和九点法。图 4-38 为 1400m 注采井距 2 号层四点法、五点法预测期末剩余油分布对比图，该图也得出四点法好于五点法。四点法注采井网开发指标好于五点法、九点法，分析主要原因是：(1)注采井网配置更合理；(2)注采比更合理。

表 4-12 四点法、五点法、九点法水平井注采井网预测 40 年采出程度对比

序号	四点法水平井模型		五点法水平井模型		九点法水平井模型	
	对比模型	采出程度,%	对比模型	采出程度,%	对比模型	采出程度,%
1	BS_4WD800	45.7	BS_WD800	45.1	BS_9WD800	45.3
2	BS_4WD900	44.0	BS_WD900	43.3	BS_9WD900	43.4
3	BS_4WD1000	43.6	BS_WD1000	42.3	BS_9WD1000	41.6
4	BS_4WD1100	41.6	BS_WD1100	40.0	BS_9WD1100	39.0
5	BS_4WD1200	39.6	BS_WD1200	38.4	BS_9WD1200	39.7
6	BS_4WD1300	37.3	BS_WD1300	37.2	BS_9WD1300	38.8
7	BS_4WD1400	37.8	BS_WD1400	34.7	BS_9WD1400	36.6
8	BS_4WD1500	36.7	BS_WD1500	34.5	BS_9WD1500	34.5
9	BS_4WD2000	35.6	BS_WD2000	31.8	BS_9WD2000	34.3

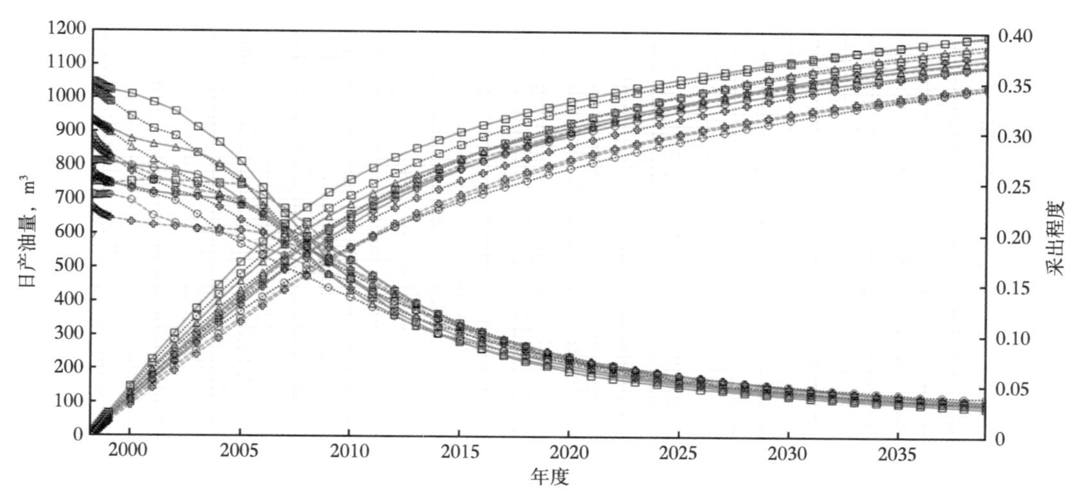

图 4-37　四点法、五点法、九点法注采井网日产油、采出程度对比图

曲线由上而下,注采井距分别为 1200m、1300m、1400m、1500m，红实线为四点法，蓝虚线为九点法，绿虚线为五点法

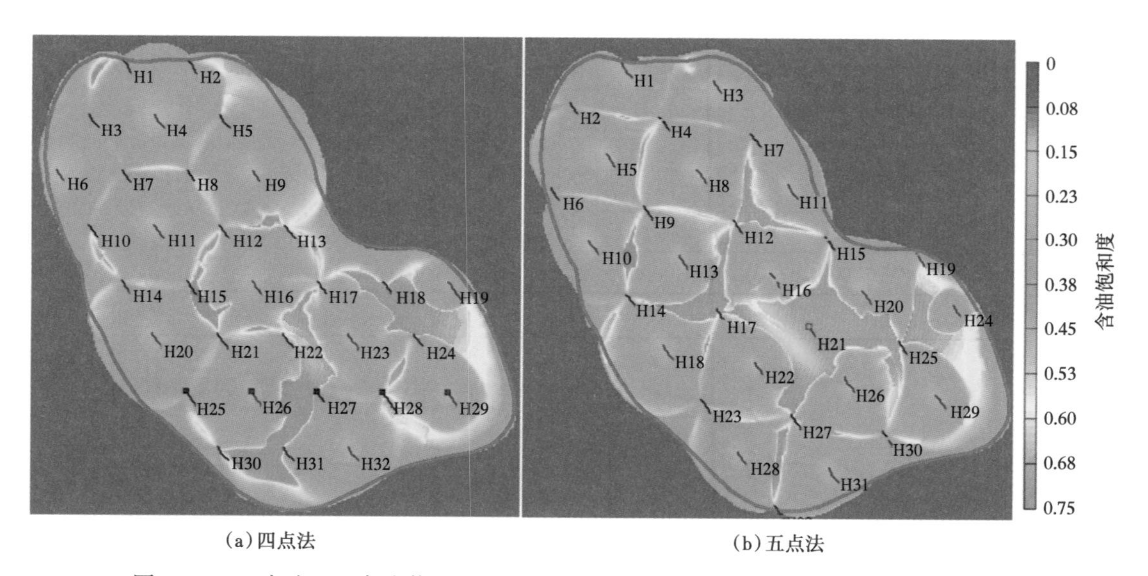

(a)四点法　　(b)五点法

图 4-38　四点法、五点法井网 1400m 井距 2 号层预测期末剩余油饱和度分布对比图

粉色闭合线表示2号层含油边界

3. 井网选择

从上面的水平井四点法、五点法、九点法注采井网指标预测与分析中可得，推荐该油藏采用四点法注采井网，既能满足油藏合理注采比的需求，又能达到较高的采收率。

四、合理井距论证

通过前面机理研究，推荐该油藏采用四点法注采井网。进一步分析 800~2000m 井距四点法注采井网的预测指标，定井底流压为采油井 35MPa、注水井 65MPa，不限制油水井产量或油藏采液速度，保持注采平衡，设计9个模型，主要参数见表4-13。数模预测日产液量、采出程度对比如图4-39所示，数模预测主要指标对比见表4-14。从对比图可知，800~1400m注采井距，预测40年各模型采出程度比较接近，为52.1%~54.1%，相差1%~2%。而注采井距达到1500m后，采出程度明显下降，井距1500m、2000m的模型预测期末采出程度分别为50.7%、45.5%，比800~1400m注采井距模型平均采出程度分别减少2.4%、7.6%。另外，从对比表4-14可知，1400m井距模型，预测期末累计产油高、平均单井累计产油高。图4-40为四点法水平井注采1400m、2000m井距2号层期末单井累计产油对比图，从图4-40可知，1400m井距模型水驱波及系数明显高于2000m井距模型。综合分析数模计算结果，该油藏合理的注采井距应该为1400m左右。

表4-13　四点法水平井注水开发对比模型参数设计表(不限制单井日产注量)

序号	水平井模型		主要参数
	对比模型	注水井数+采油井数=总井数，口	
1	BS_BH_4WD800	37+59=96	(1)沿西北—东南方向，在含油范围内布井，9个模型对应的井距为800m、900m、…、2000m。 (2)水平井设计为双台阶水平井，水平段长度为400m，其中2号、3号层水平段长均为175m（合计350m），穿过隔层的水平段长度为50m。 (3)如果设计的油井在2号、3号层某层为水层，则只射开油层段。 (4)四点法注水开发，注水井井底流压限制为65MPa，采油井井底流压限制为35MPa，保持注采平衡
2	BS_BH_4WD900	29+48=77	
3	BS_BH_4WD1000	24+39=63	
4	BS_BH_4WD1100	18+33=51	
5	BS_BH_4WD1200	15+26=41	
6	BS_BH_4WD1300	12+26=38	
7	BS_BH_4WD1400	11+21=32	
8	BS_BH_4WD1500	8+19=27	
9	BS_BH_4WD2000	5+11=16	

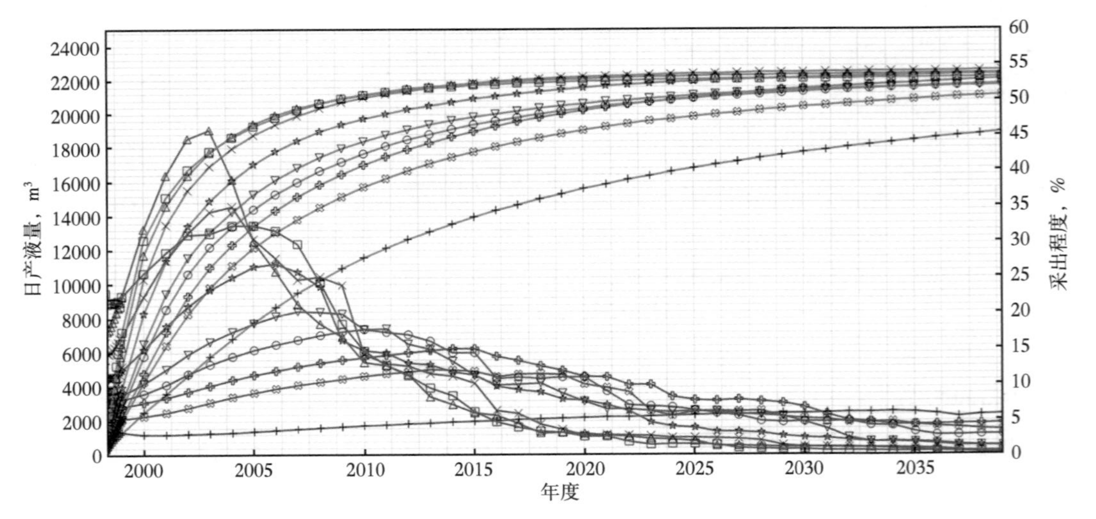

图4-39　四点法水平井注采井网日产液量、采出程度对比图

曲线由上到下对应800m、900m、…、2000m注采井距

表 4-14　四点法水平井注水开发数模预测 40 年主要指标对比（不限制单井日产注量）

序号	对比模型	注水井数 口	采油井数 口	总井数 口	单井控制储量 10^4m^3	累计产油 10^4m^3	采出程度 %	平均单井累计产油 10^4m^3
1	BS_BH_4WD800	37	59	96	13.9	737.6	53.1	7.68
2	BS_BH_4WD900	29	48	77	17.4	746.3	53.8	9.69
3	BS_BH_4WD1000	24	39	63	21.2	751.3	54.1	11.93
4	BS_BH_4WD1100	18	33	51	26.2	744.1	53.6	14.59
5	BS_BH_4WD1200	15	26	41	32.6	722.7	52.1	17.63
6	BS_BH_4WD1300	12	26	38	35.2	725.6	52.3	19.09
7	BS_BH_4WD1400	11	21	32	41.8	734.4	52.9	22.95
8	BS_BH_4WD1500	8	19	27	49.6	704.3	50.7	26.08
9	BS_BH_4WD2000	5	11	16	83.6	632.2	45.5	39.51

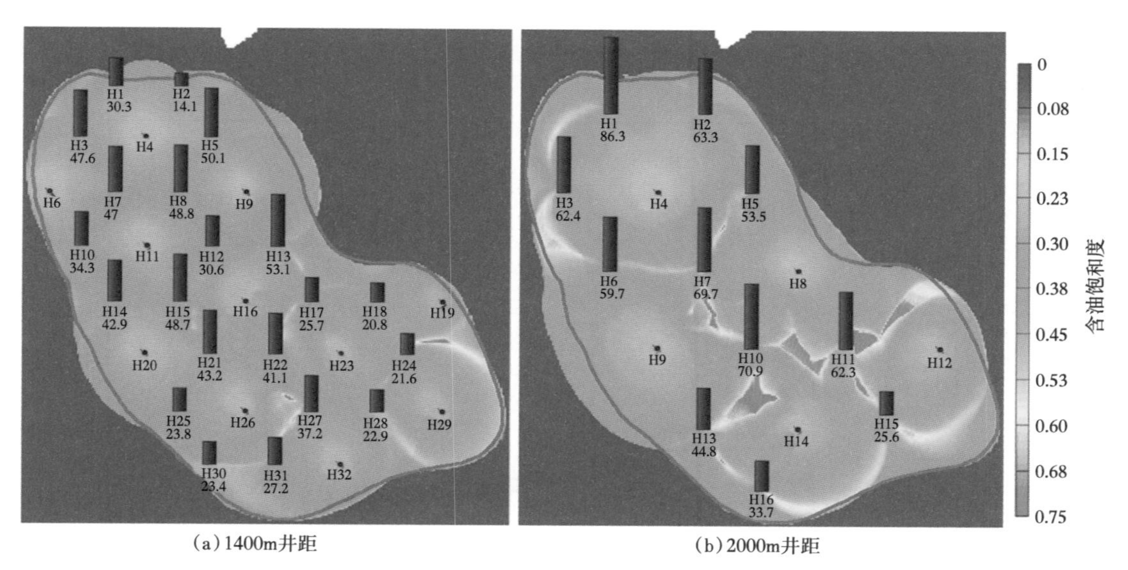

图 4-40　四点法水平井注采 1400m、2000m 井距 2 号层期末单井累计产油对比图

图中每组上下两个数据分别表示井名、单井累计产油，累计产油单位为 10^4m^3

五、合理采油速度论证

机理研究推荐四点法注采井网、推荐合理井距为 1400m 左右。这里，进一步分析 1400m 井距四点法注采井网的开发初期合理的采油速度。设计对比模型见表 4-15，设计日产液 700~1500m^3，对应初期产油速度为 1.55%~3.55%，定井底流压为采油井 35MPa、注水井 65MPa，保持注采平衡。图 4-41 为对比模型不同初期采油速度模型日产油量、采出程度对比图，从图 4-41 可以看出：(1)对比模型预测期末采出程度为 35%~42%，稳产期为 4~10 年；（2)定液量生产，初期采油速度越高，预测 40 年期末采出程度越高；

(3)定液量生产，初期采油速度越高，稳产期越短。综合考虑期末采出程度高且有一定的稳产期，推荐合理的初期采油速度为 1.5%~2%。

表 4-15　四点法水平井注水开发不同采油速度对比模型设计

序号	对比模型	日产液 m^3	年产液 10^4m^3	采液速度 %	油井数 口	油井日产液配产 m^3
1	BS_4WD1400_R01	700	23.00	1.66	21	33.3
2	BS_4WD1400_R02	800	26.28	1.89	21	38.1
3	BS_4WD1400_R03	900	29.57	2.13	21	42.9
4	BS_4WD1400_R04	1000	32.85	2.37	21	47.6
5	BS_4WD1400_R05	1100	36.14	2.60	21	52.4
6	BS_4WD1400_R06	1200	39.42	2.84	21	57.1
7	BS_4WD1400_R07	1300	42.71	3.08	21	61.9
8	BS_4WD1400_R08	1400	45.99	3.31	21	66.7
9	BS_4WD1400_R09	1500	49.28	3.55	21	71.4

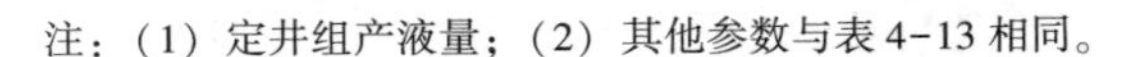
注：(1)定井组产液量；(2)其他参数与表 4-13 相同。

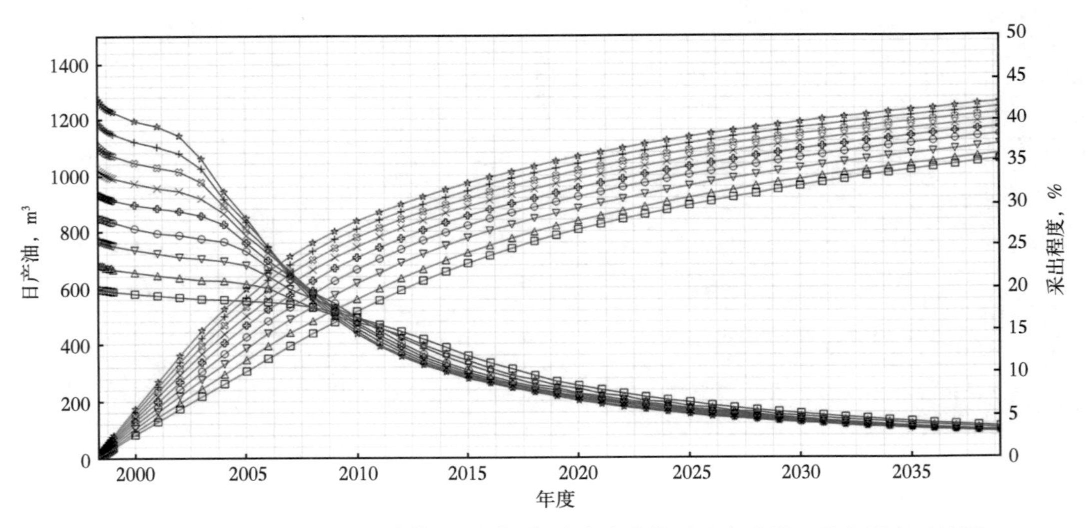

图 4-41　四点法 1400m 注采井距不同初期采油速度模型日产油量、采出程度对比图

曲线由下到上对应表4-15 中的采液速度 1.66%~3.55%的模型

六、合理压力保持程度论证

对 1400m 井距四点法注采井网，设计压力保持程度对比模型，见表 4-16，设计日产液 900m^3，对应初期产油速度为 2.13%，定井底流压为采油井 35MPa、注水井 65MPa。图 4-42为四点法 1400m 注采井距不同压力保持程度模型预测地层压力、采出程度对比图，由图 4-42 可知，地层压力保持程度达到 75%以上，对期末采出程度的影响不大，推荐该油藏地层压力保持程度为 80%以上。

表 4-16　四点法水平井注水开发不同采油速度对比模型设计

序号	对比模型	原始地层压力 MPa	保持地层压力 MPa	压力保持程度 %
1	BS_4WD1400_FPR01	54.2	29.81	55
2	BS_4WD1400_FPR02		32.52	60
3	BS_4WD1400_FPR03		35.23	65
4	BS_4WD1400_FPR04		37.94	70
5	BS_4WD1400_FPR05		40.65	75
6	BS_4WD1400_FPR06		43.36	80
7	BS_4WD1400_FPR07		46.07	85
8	BS_4WD1400_FPR08		48.78	90
9	BS_4WD1400_FPR09		54.20	100

注：(1)定井组日产液量 900m^3；(2)其他参数与表 4-13 相同。

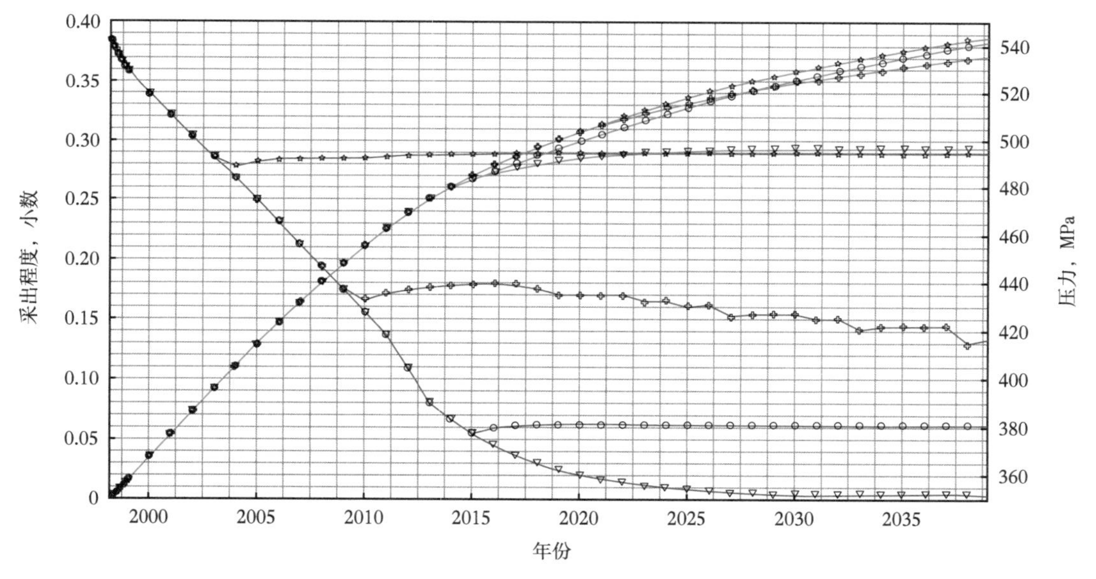

图 4-42　四点法 1400m 注采井距不同压力保持程度模型地层压力、采出程度对比图

蓝线代表地层压力曲线，红线代表采出程度曲线；带五角星、加号、圆圈、倒三角曲线分别对应压力保持程度为 60%、70%、80%、90%的地层压力和采出程度曲线

通过本节机理研究，得到以下主要认识。

(1)机理研究模型选择。直接选择粗化后的哈得 1 井区薄砂层油藏地质模型作为开发机理研究的地质模型，一是计算速度不是问题，二是远比单井模型、剖面模型有代表性，三是为方案设计、开发后的历史拟合等积累数模经验。

(2)天然能量开发水平井与直井产能对比。天然能量开发，边水能量弱，地层压力快速下降，水平井与直井井网产能快速下降，采收率低，需要注水开发。水平井产液能力、明显高于直井，水平井、直井产液能力油藏西北部高于东南部、中部，储层物性好的部位直井产液能力也较高，方案设计时储层物性好的部位也可以考虑部署直井。

(3)五点法注采井网水平井与直井产能对比。与直井相比，水平井注采井网产能高、采液速度高、期末采出程度高。水平井产液能力、注水能力明显高于直井，水平井、直井产注能力油藏西北部高于东南部、中部，储层物性好的部位直井产注能力也较高，方案设计时储层物性好的部位也可以考虑部署直井。

(4)水平井水平段长度与产能。水平段越长，日产液能力越大，由注采平衡可知，日注水能力也越大；水平段长增加 50~200m，产注能力提高幅度不大。①物性较好的部位，即油藏的西部、西北部，部署 300~400m 的双台阶水平井，可以满足产能要求；②在物性差的部位，即油藏的东南部、中部，可以考虑部署 400~600m 双台阶水平井；③在 2 号、3 号层油水边界非重合部位，即 2 号层为油层、3 号层为水层部位，可以考虑部署 400~600m 单台阶水平井。

(5)井网井型。通过水平井四点法、五点法、九点法注采井网指标预测与分析，推荐该油藏采用四点法注采井网，既能满足油藏合理注采比的需求，又能达到较高的采收率。

(6)合理井距。通过水平井四点法注采井网不同井距模型指标预测与分析，确定该油藏合理的注采井距应该为 1400m 左右。

(7)合理采油速度。通过 1400m 井距四点法注采井网的开发初期合理的采油速度模型指标预测与分析，推荐合理的初期采油速度为 1.5%~2%。

(8)合理压力保持程度。四点法 1400m 注采井距不同压力保持程度模型预测表明，地层压力保持程度达到 75%以上，对期末采出程度的影响不大，推荐该油藏地层压力保持程度为 80%以上。

第四节　薄砂层油藏哈得 10 井区井型井距与产能关系数模机理研究

哈得逊薄砂层油藏包括 2 个井区，哈得 1 井区、哈得 10 井区。与哈得 1 井区相比，哈得 10 井区含油面积较小、地质储量较小、储层物性较差、单井产量较低、开发难度较大。薄砂层油藏哈得 10 井区砂体分布、油水分布也远比哈得 1 井区复杂，2004 年上交探明储量后，经历了长期试采未动用阶段。在哈得 1 井区投入开发多年后，通过地质认识的深化、开发经验的积累，薄砂层油藏哈得 10 井区于 2012 年才正式投入开发。通过近 8 年来的开发，该油藏暴露了部分新井效果差、注采矛盾突出、部分井网井距不合理等问题。本节主要针对薄砂层油藏哈得 10 井区井网井距与产能关系，采用跟踪模拟（2017 年至 2019 年 12 月）最新的 3D 地质模型，开展数模机理研究，为后期井网优化[4]、注采结构调整提供理论依据。

一、基础模型主要参数

哈得10井区薄砂层油藏发育3套含油砂体，即3号、4号、5号层，其中3号、4号层为主力层，为开发方案设计的主要目的层，5号层储量小，作为兼顾层或后期接替层。机理研究模型来自哈得10井区最新跟踪研究建立的实际地质模型，为简化研究，去掉了非主力的5号层。机理模型3号、4号层厚度、孔隙度、渗透率、含油饱和度分布如图4-43至图4-46所示。主要参数为：含油边界内，油层厚度3号层为0.2~1.48m，平均1.06m，4号层为0.6~1.07m，平均0. 83m；含油饱和度油层中部高、边部低；孔隙度3号层为12%~20%，平均17.5%，4号层为9.5%~17%，平均12.8%；渗透率3号层为50~240mD，平均140mD，4号层为30~150mD，平均110mD；含油面积3号、4号层分别为44km^2、72km^2，地质储量3号、4号层分别为$330\times10^4m^3$、$400\times10^4m^3$，合计$730\times10^4m^3$。总体而言，3号层孔渗物性稍好于4号层，为中低孔中低渗透储层。

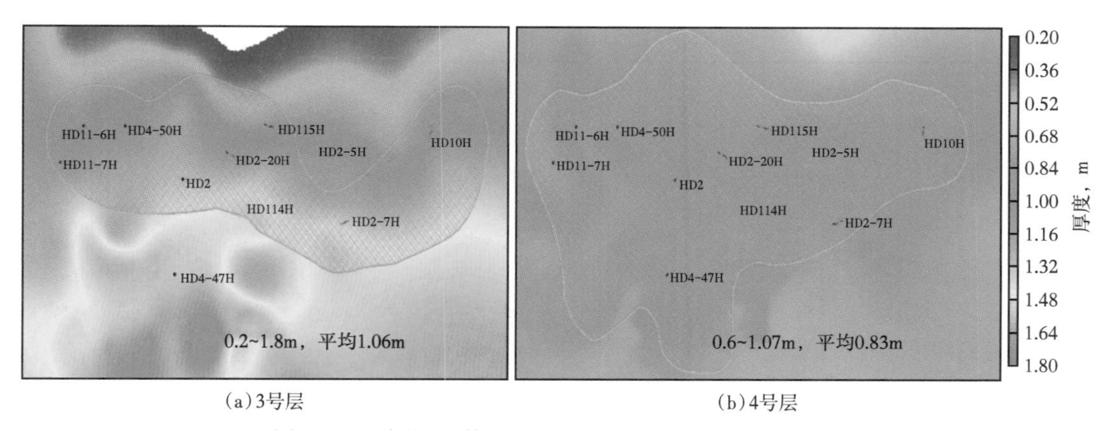

(a)3号层 (b)4号层

图4-43 哈得10井区3号层、4号层储层厚度分布图

粉色闭合线为含油边界

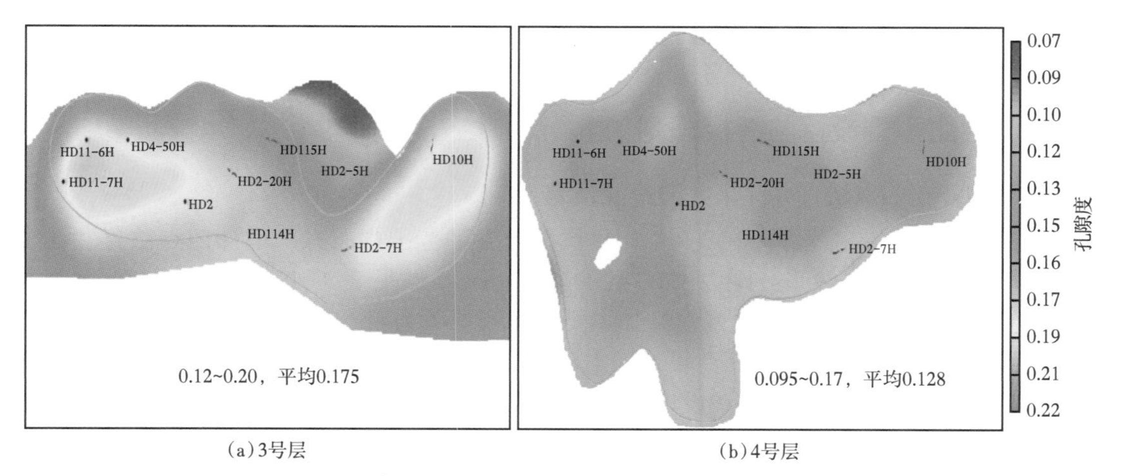

(a)3号层 (b)4号层

图4-44 哈得10井区3号层、4号层储层孔隙度分布图

粉色闭合线为含油边界

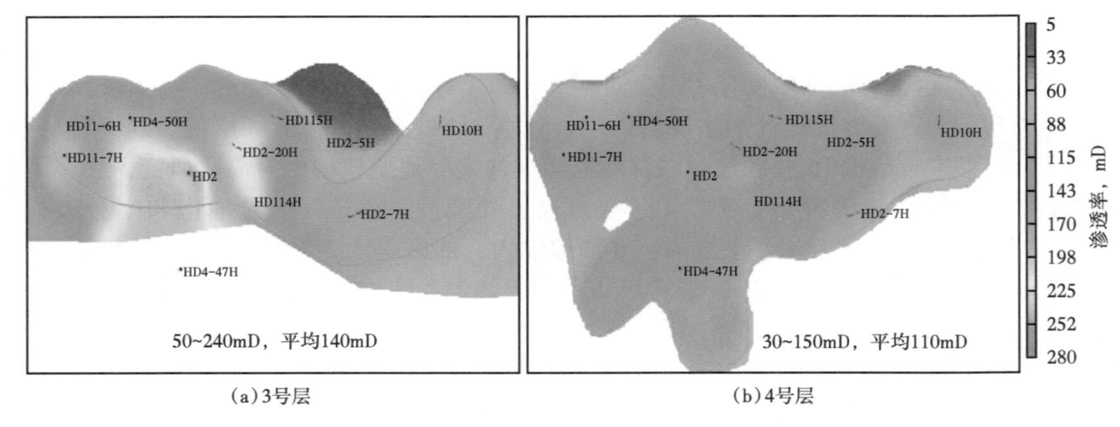

(a)3号层　　(b)4号层

图 4-45　哈得 10 井区 3 号层、4 号层储层渗透率分布图

粉色闭合线为含油边界

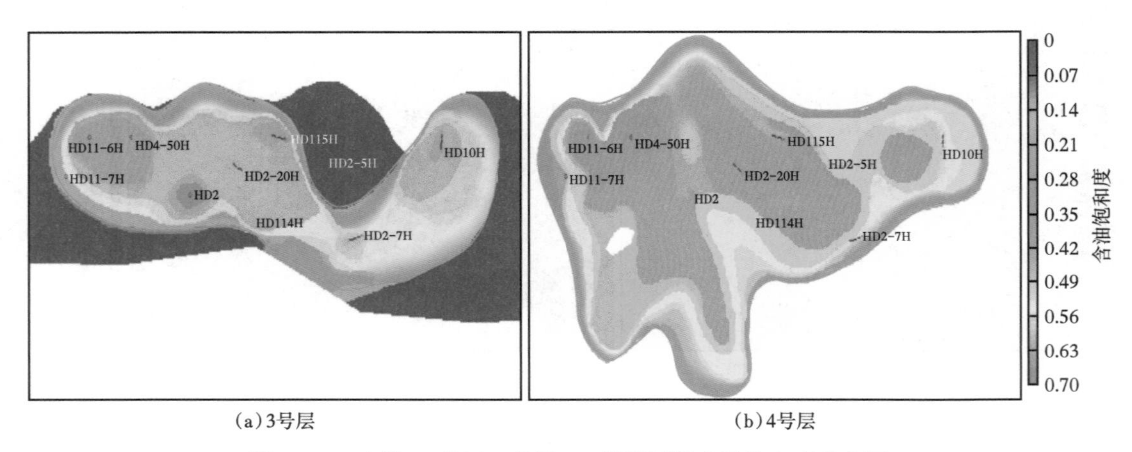

(a)3号层　　(b)4号层

图 4-46　哈得 10 井区 3 号层、4 号层原始含油饱和度分布图

粉色闭合线为含油边界

二、对比模型设置与指标预测

1. 不同井距四点法直井注采井网产能预测

对机理模型，沿南北方向在 3 号、4 号层叠合含油范围内布井，设计四点法直井注采井网，9 套井网模型，注采井距为 1200~2000m，具体参数见表 4-17，其中 1200m 井距井网设计图如图 4-47 所示。该井网设计，主要依据和参数为：(1)参考油藏工程研究认识，注采井数比设计为 1∶2 左右，因此设计四点法注采井网；(2)初步估算单井控制储量达到 $10\times10^4m^3$ 以上，才有经济效益，设计井距 1200m 以上；(3)如果设计的油井在 3 号、4 号层某层为水层，则只射开油层段；(4)限定井底流压，设置油井 35MPa、注水井 65MPa (取值依据见本章第二节)，保持注采平衡，单井含水率达到 98%后关井，其他井继续生产，预测 40 年。

表 4-17　哈得 10 井区 3 号、4 号层四点法直井注采井网井数与主要参数对比表

序号	直井模型	井距 m	注水井数+采油井数=总井数	其他参数
1	HD10_4VWD1200	1200	21+40=61	(1)沿南北方向在含油范围内布井，四点法注采井网，井距为 1200m、1300m、…、2000m，共 9 个模型。 (2)如果设计的油井在 3 号、4 号层某层为水层，则只射开油层段。 (3)限定井底流压，设置油井 35MPa、注水井 65MPa（取值依据见本章第二节），保持注采平衡，单井含水率达到 98%后关井，预测 40 年
2	HD10_4VWD1300	1300	19+36=55	
3	HD10_4VWD1400	1400	15+33=48	
4	HD10_4VWD1500	1500	13+29=42	
5	HD10_4VWD1600	1600	12+24=36	
6	HD10_4VWD1700	1700	12+21=33	
7	HD10_4VWD1800	1800	9+19=28	
8	HD10_4VWD1900	1900	9+17=26	
9	HD10_4VWD2000	2000	10+12=22	

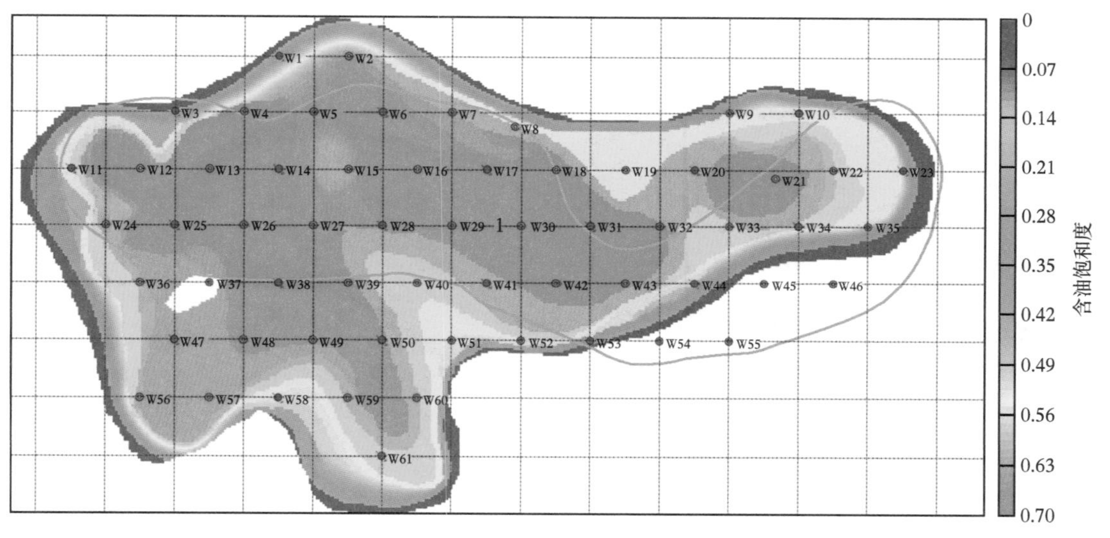

图 4-47　哈得 10 井区 3 号、4 号层 1200m 井距四点法直井井网设计图（注采井比 21∶40）

底图为4号层含油饱和度分布图，色度标尺为含油饱和度标尺，单位为小数；粉色实线为 3 号层含油边界；带箭头的蓝圆点为注水直井，红心绿圆点为采油直井

油藏产能、采出程度对比与分析。对这 9 套不同注采井距模型数值模拟预测 40 年，日产液、采出程度对比图如图 4-48 所示。从图 4-48 可知，直井四点法注采井网，初期产液快速下降，0.5~1 年后注水受效，产液量稳定；5~7 年后，注采井距越小，含水率上升越快、产液能力上升越快(20 年后，部分井关井，产液能力下降)；1200~2000m 注采井距，预测 40 年，采出程度对应为 39%~27%，表明注采井距越小，产能越高，预测期末采出程度越高。

单井产能对比与分析。不同注采井距单井产液、注水能力，预测 6 个月，1200m、2000m 井距产吸能力分布泡泡图如图 4-49、图 4-50 所示。从图 4-49 可知，1200m 注采井距预测 6 月，单井日产液能力为 6~184m^3，平均为 32m^3，日注水能力为 13~226m^3，平

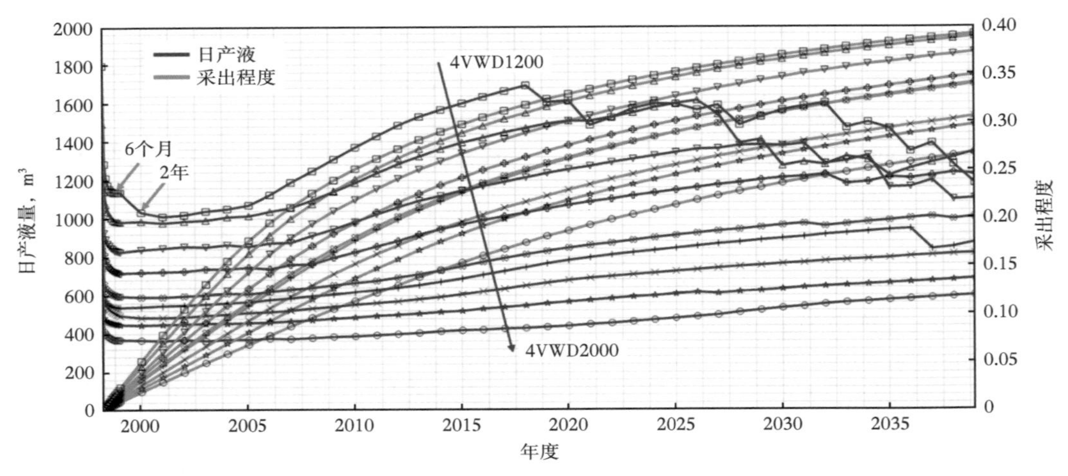

图 4-48　哈得 10 井区 3 号、4 号层 1200~2000m 井距四点法直井注采井网日产液、采出程度对比图

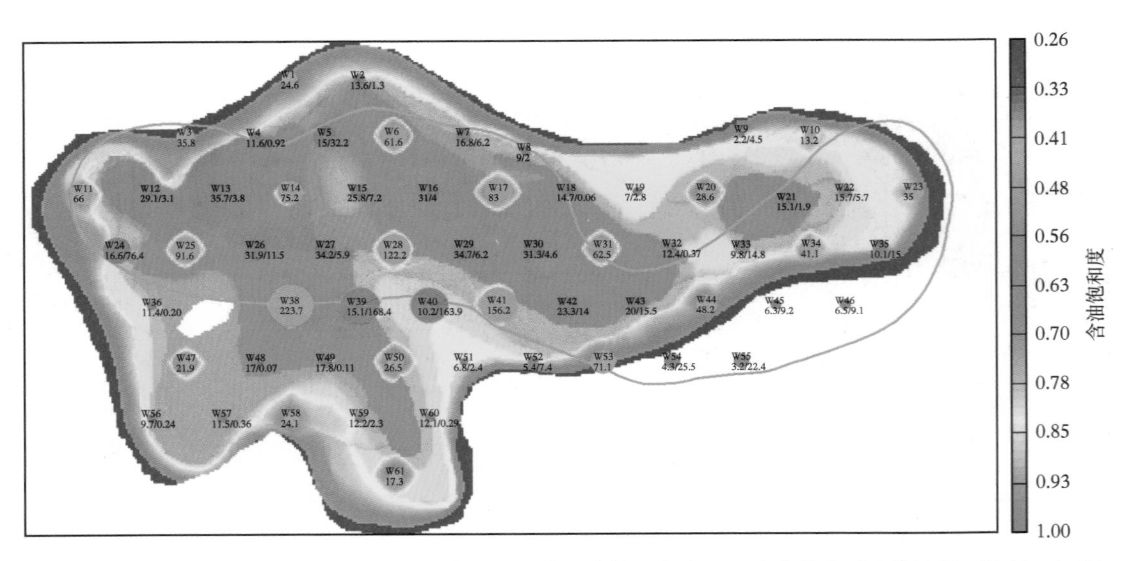

图 4-49　哈得 10 井区 1200m 井距四点法直井注采井网单井日产液、日注水能力对比泡泡图（投产 6 个月）

（1）图中包括井名、日产油、日产水、日注水。（2）泡泡图：生产井——红色为日产油、绿色为日产水，数据中“/”前后分别为日产油、日产水，单位均为 m³；注水井——天蓝色为日注水，单位为 m³。（3）底图为 4 号层含油饱和度分布图，色度标尺为含油饱和度标尺，单位为小数；粉色实线为 3 号层含油边界

均为 63m³。从图 4-50 可知，2000m 注采井距预测 6 月，单井日产液能力为 10~79m³，平均为 34m³，日注水能力为 7~129m³，平均为 43m³。总体而言，井距越大，单井平均产吸能力越小。主要认识：（1）受储层物性、钻遇油砂体层数、含油饱和度影响，单井产注能力平面差别相当明显；（2）单层产注能力明显低于多层产注能力；（3）渗透率高则产注能力强。

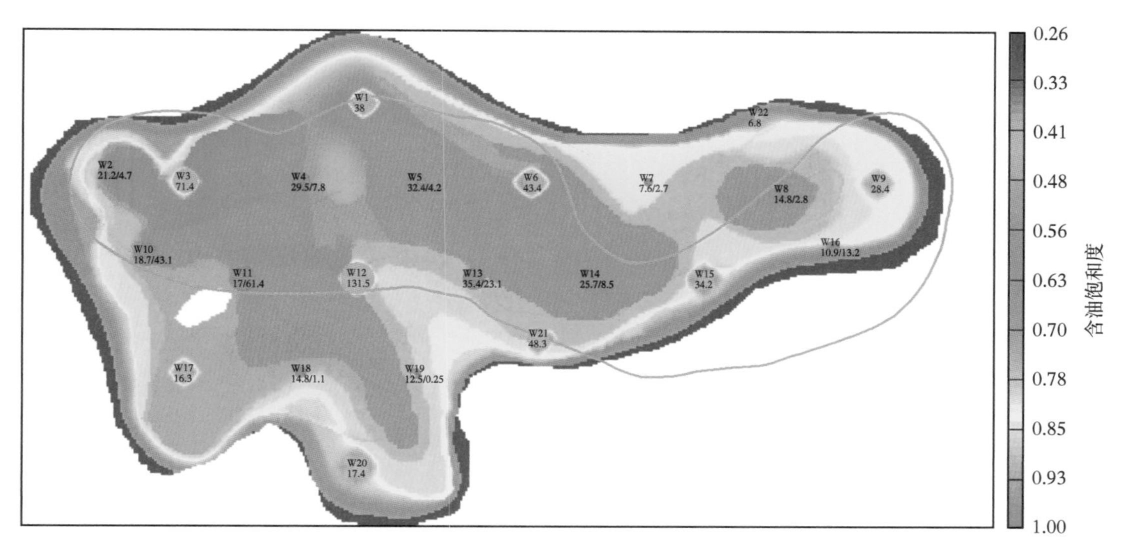

图 4-50　哈得 10 井区 2000m 井距四点法直井注采井网单井日产液、日注水能力对比泡泡图（投产 6 个月）

（1）图中包括井名、日产油、日产水、日注水。（2）泡泡图：生产井——红色为日产油、绿色为日产水，数据中“/”前后分别为日产油、日产水，单位均为 m^3；注水井——天蓝色为日注水，单位为 m^3。（3）底图为 4 号层含油饱和度分布图，色度标尺为含油饱和度标尺，单位为小数；粉色实线为 3 号层含油边界

2. 不同井距四点法水平井注采井网产能预测

类似于四点法直井注采井网，设计注采井距为 1200～2000m 水平井注采井网，具体参数见表 4-18，其中 1200m 井距井网设计图如图 4-51 所示。该井网设计，水平井设计为双台阶水平井，水平段长度 650m，其中 3 号、4 号层水平段长均为 300m，穿过隔层的水平段长度为 50m。其他参数设计与直井井网一致。

表 4-18　哈得 10 井区 3 号、4 号层四点法水平井注采井网井数与主要参数对比表

序号	直井模型	井距 m	注水井数+采油井数=总井数	主要参数
1	HD10_4HWD1200	1200	21+44=65	（1）沿南北方向在含油范围内布井，四点法注采井网，井距为 1200～2000m（按 100m 递增），共 9 个模型。 （2）水平井设计为双台阶水平井，水平段长度 650m，其中 3 号、4 号层水平段长均为 300m，穿过隔层的水平段长度为 50m。 （3）如果设计的油井在 3 号、4 号层某层为水层，则只射开油层段。 （4）限定井底流压，设置油井 35MPa、注水井 65MPa（取值依据见本章第二节），保持注采平衡，单井含水率达到 98%后关井，预测 40 年。
2	HD10_4HWD1300	1300	19+36=55	
3	HD10_4HWD1400	1400	15+33=48	
4	HD10_4HWD1500	1500	14+28=42	
5	HD10_4HWD1600	1600	12+24=36	
6	HD10_4HWD1700	1700	12+21=33	
7	HD10_4HWD1800	1800	10+18=28	
8	HD10_4HWD1900	1900	9+17=26	
9	HD10_4HWD2000	2000	9+12=21	

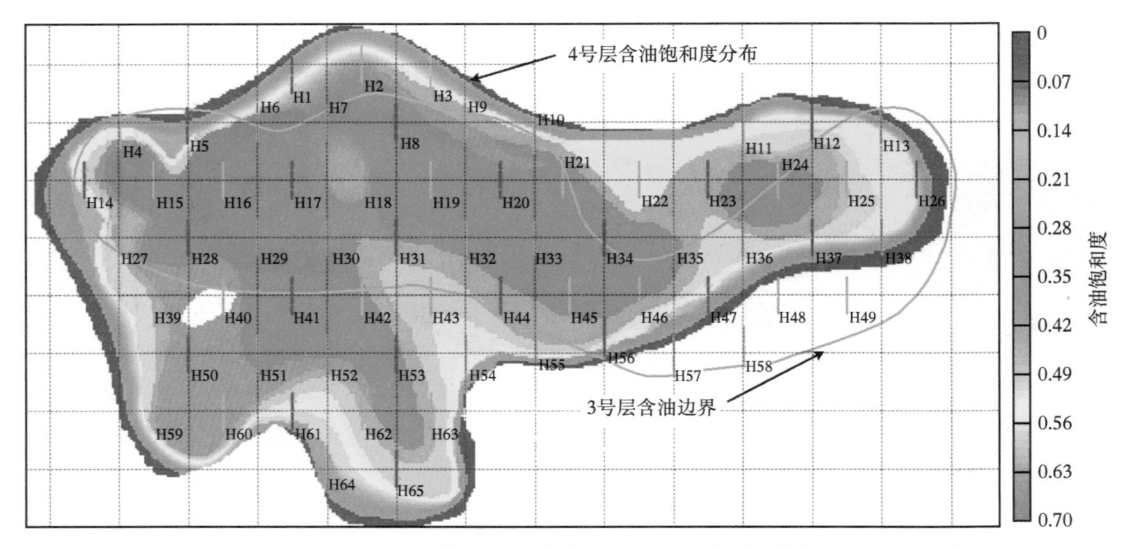

图 4-51　哈得 10 井区 3 号、4 号层 1200m 井距四点法水平井井网设计图(注采井比 21:44)

底图为4号层含油饱和度分布图，色度标尺为含油饱和度标尺，单位为小数；粉色实线为 3 号层含油边界；蓝色短直线为注水水平井，粉色短直线为采油水平井

油藏产能、采出程度对比与分析。对这 9 套不同注采井距模型数值模拟预测 40 年，日产液、采出程度对比图如图 4-52 所示。从图 4-52 可知，水平井四点法注采井网与直井井网相比，产液能力恢复较快，注采井距越小，含水率上升越快、产液能力上升越快(5~7 年后，部分井关井，产液能力下降)；1200~2000m 注采井距，预测 40 年，采出程度对应为 43%~38%，井距对采出程度的影响不太明显。四点法直井、水平井注采井网采出程度对比图如图 4-53 所示，从图 4-53 可知，水平井井网产吸能力高、预测期末采出程度高，水平井注采井网显然好于直井注采井网。

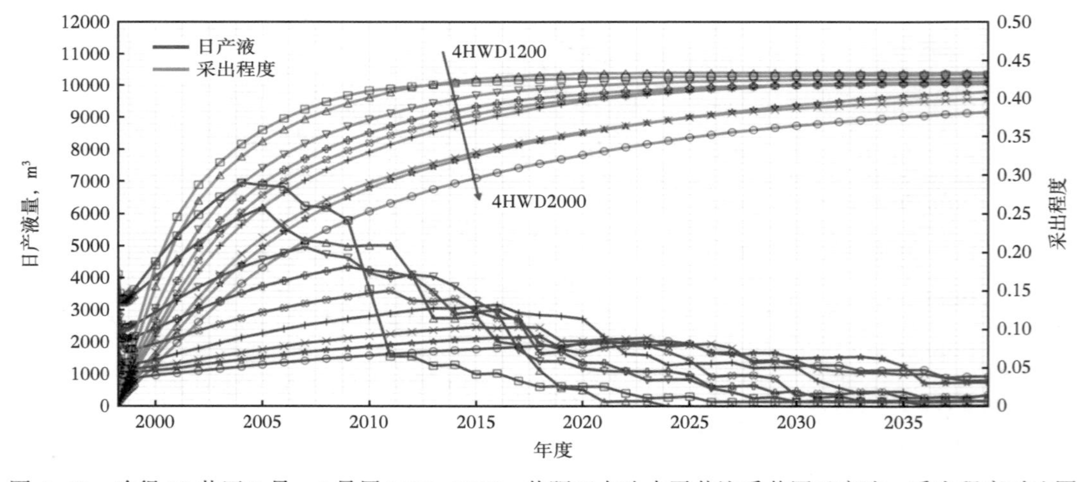

图 4-52　哈得 10 井区 3 号、4 号层 1200~2000m 井距四点法水平井注采井网日产液、采出程度对比图

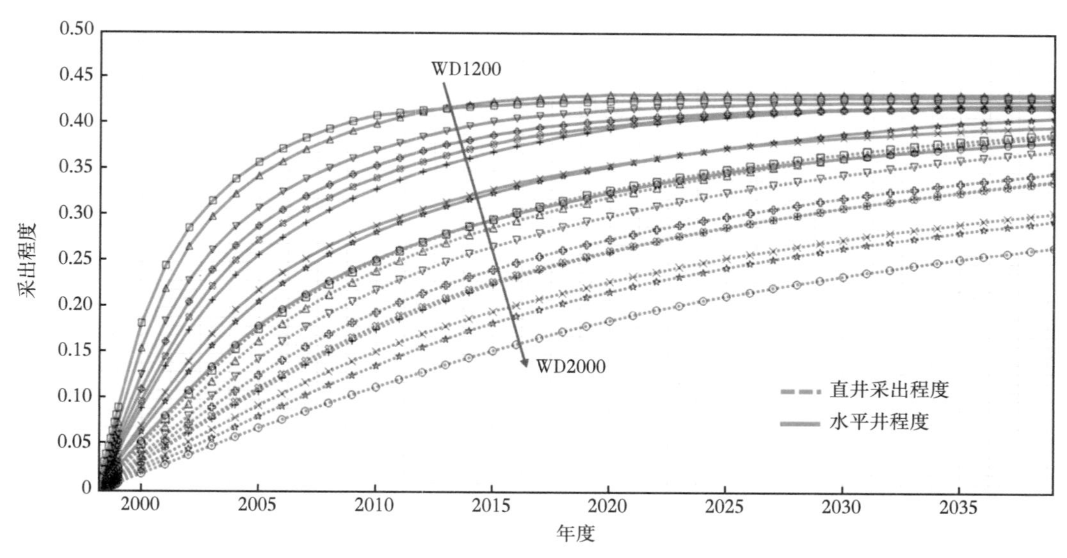

图 4-53 哈得 10 井区 3 号、4 号层 1200~2000m 井距四点法直井、水平井注采井网采出程度对比图

单井产能对比与分析。不同注采井距，单井产液、注水能力预测 6 个月，1200m、2000m 井距产吸能力分布泡泡图如图 4-54、图 4-55 所示。从图 4-54 可知，1200m 注采井距，预测 6 个月，单井日产液能力为 19~290m³，平均为 91m³，日注水能力为 71~429m³，平均为 213m³。从图 4-55 可知，2000m 注采井距，预测 6 个月，单井日产液能力为 30~155m³，平均为 84m³，日注水能力为 25~373m³，平均为 113m³。总体而言，井距越大，

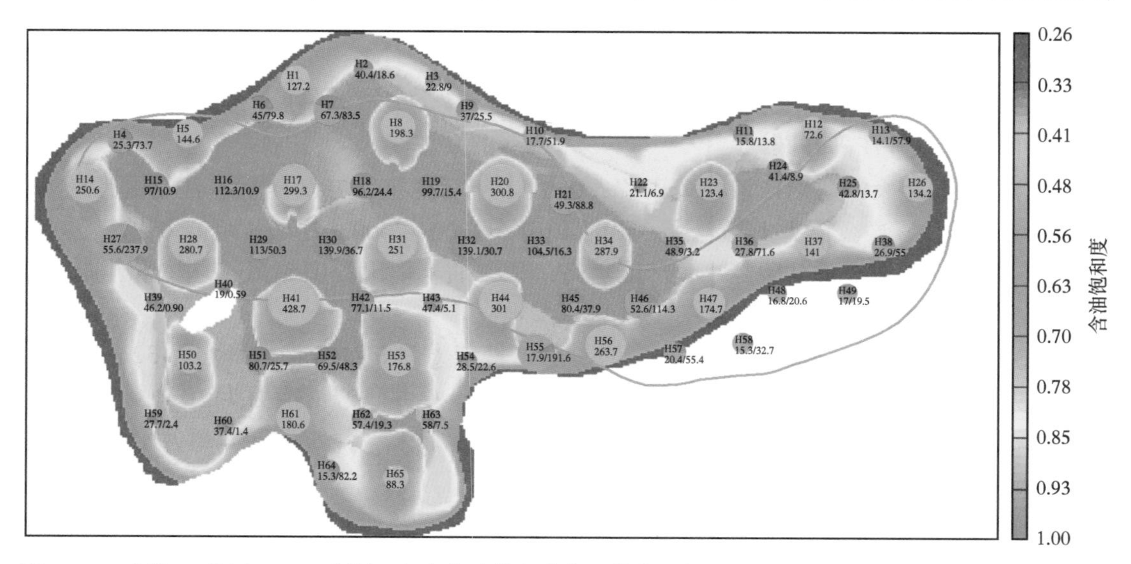

图 4-54 哈得 10 井区 1200m 井距四点法水平井注采井网单井日产液、注水能力对比泡泡图（投产 6 个月）

（1）图中包括井名、日产油、日产水、日注水。（2）泡泡图：生产井——红色为日产油、绿色为日产水，数据中“/”前后分别为日产油、日产水，单位均为 m³；注水井——天蓝色为日注水，单位为 m³。（3）底图为 4 号层含水饱和度分布图，色度标尺为含油饱和度标尺，单位为小数；粉色实线为 3 号层含油边界

单井平均产吸能力越小。主要认识：(1)受储层物性、钻遇油砂体层数、含油饱和度影响，单井产注能力平面差别依然明显；(2)单层产注能力明显低于多层产注能力；(3)渗透率高则产注能力高；(4)水平井产吸能力为对应直井的3.0倍。

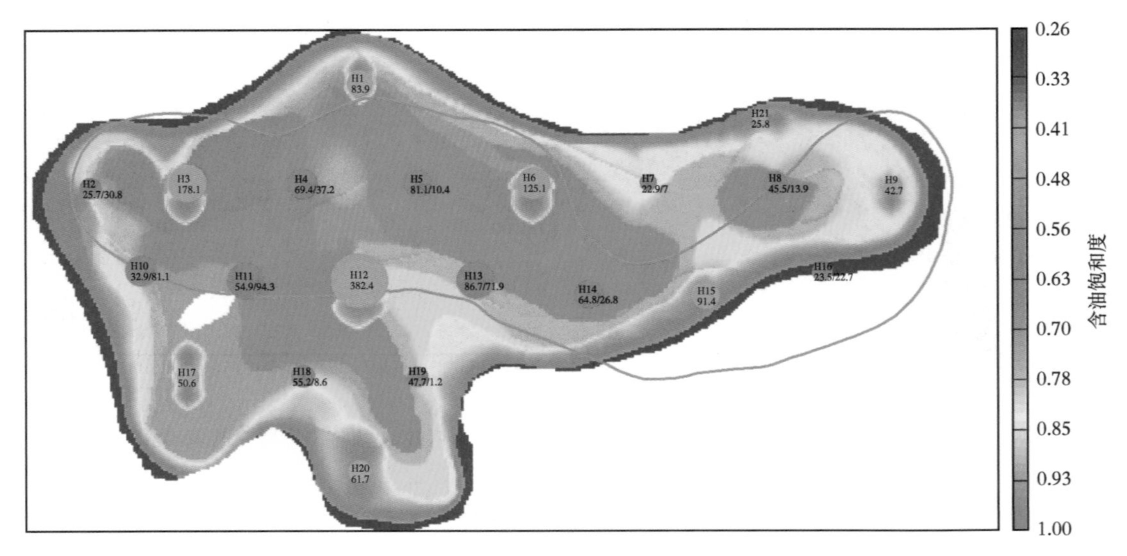

图4-55　哈得10井区2000m井距四点法水平井注采井网单井日产液、注水能力对比泡泡图(投产6个月)

(1)图中包括井名、日产油、日产水、日注水。(2)泡泡图：生产井——红色为日产油、绿色为日产水，数据中“/”前后分别为日产油、日产水，单位均为m^3；注水井——天蓝色为日注水，单位为m^3。(3)底图为4号层含水饱和度分布图，色度标尺为含油饱和度标尺，单位为小数；粉色实线为3号层含油边界

三、主要结论与认识

1. 四点法直井注采井网

(1)注采井距大，初期产液快速下降，0.5~1年后稳定；5~7年后，注采井距越小，含水率上升越快、产液能力上升越快。预测40年，1200~2000m注采井距，采出程度对应为39%~27%，表明注采井距越小，产能越高，预测期末采出程度越高，且注采井距对采出程度的影响比较明显。

(2)预测6个月，1200m注采井距，单井日产液能力为6~184m^3，平均为32m^3，日注水能力为13~226m^3，平均为63m^3；2000m注采井距，单井日产液能力为10~79m^3，平均为34m^3，日注水能力为7~129m^3，平均为43m^3。总体而言，井距越大，单井平均产吸能力越小。

(3)受储层物性、钻遇油砂体层数、含油饱和度影响，单井产注能力平面差别相当明显；单层产注能力明显低于多层产注能力；渗透率高则产注能力高。

2. 四点法水平井注采井网

(1)与直井井网相比，产液能力恢复较快，注采井距越小，含水率上升越快、产液能力上升越快(5~7年后，部分井关井，产液能力下降)。1200~2000m注采井距，预测40

年，采出程度对应为43%~38%，注采井距对采出程度的影响不太明显。

(2)预测6个月，1200m注采井距，单井日产液能力为19~290m^3，平均为91m^3，日注水能力为71~429m^3，平均为213m^3；2000m注采井距，单井日产液能力为30~155m^3，平均为84m^3，日注水能力为25~373m^3，平均为113m^3；总体而言，井距越大，单井平均产吸能力越小。

(3)单层产注能力明显低于多层产注能力；渗透率高则产注能力高；水平井产吸能力为对应直井的3.0倍。

(4)水平井井网产吸能力高、预测期末采出程度高，水平井注采井网显然好于直井注采井网。

参考文献

[1] 周炜，王陶，伍铁鸣．示踪剂模拟技术在边水油藏水驱前缘研究中的应用——以哈德油田为例[J]．吉林大学学报(地球科学版)，2010，40(3)：549-556.

[2] 伍铁鸣，唐仲华，卞万江，等．哈得油田薄砂层油藏双台阶水平井注水开采数值模拟及剩余油分布规律研究[J]．工程地球物理学报，2011，8(2)：231-236.

[3] 唐永亮，王倩，王陶，等．超深超薄油藏水平井水平段合理长度论证[J]．新疆石油天然气，2013，9(2)：28-32.

[4] 姚凯，姜汉桥，武兵厂，等．五点法水平井与垂直井联合井网波及系数研究[J]．长江大学学报(自科版)理工卷，2007，4(2)：187-189.

第五章　超深超薄油层水平井钻完井技术

针对哈得逊油田实施水平井钻完井面临储层超薄钻遇低、水泥浆储层伤害大等诸多技术难题，从井身结构设计、水平井井眼轨迹剖面优化、水平井井眼轨迹跟踪调整以及安全优质、快速钻井等方面开展了工程技术攻关与实践，引进了旋转地质导向钻井技术，应用选择性固井工艺技术，形成哈得逊油田超深超薄油层水平井钻完井配套工艺技术，保障了哈得逊油田高效经济开发。

第一节　水平井钻井主要技术问题

哈得逊油田石炭系主要发育两套含油层系，东河砂岩油藏和中泥岩段薄砂层油藏。东河砂岩油藏油层平均厚度为5.5m，而且含有底水；中泥岩段薄砂层油藏为背斜型层状边水油藏，埋藏超深，大于5000m，纵向上主要发育有4个小层，全区均有分布。石炭系中泥岩段薄砂层油藏主要目的层为薄砂层2号、3号、4号、5号层，在油区范围内3个砂层分布非常稳定。其中，薄砂层2号层由北向南逐渐增厚，厚度0.3~1.89m，平均1.2m；3号层由北向南逐渐增厚，厚度0.4~2.2m，平均1.6m；4号层北厚南薄，厚度0.36~1.5m，平均0.9m；5号层厚度变化较大，0.3~2.12m，平均1.3m。各砂体之间是相对海平面下降时沉积的以泥质为主的隔层，平面厚度非常稳定。其中，3号层与2号层之间分布一套厚度在2.7~4.6m之间，平均3.4m的泥岩隔层；4号层与3号层之间分布一套厚度在0.5~2.1m之间，平均1.4m的泥岩隔层。

哈得逊油田整体表现为油藏储量丰度较低，仅为$19\times10^4 t/km^2$。直井HD2井投产初期日产原油仅为23t，有关专家认为这样的油田属于无经济效益的边际油田，没有开发价值。因此，需要改变开发方式，通过利用水平井开发提高单井产量，借助水平井钻井技术的提高降低整体钻井费用，进而降低整个油田的开发成本，使没有开发价值的油田变成高效油田。

但哈得逊油田油藏具有储层埋藏深、厚度薄等特点，实施水平井钻井面临诸多技术难题。

(1)油藏埋藏深，如何准确进行地层预报和判定砂、泥岩界面成为首要的难点，及时地对下部地层进行预报和准确地判定砂、泥岩界面，关系到井眼轨迹的准确中靶，是首先必须解决的技术难题。

(2)利用水平井技术开采厚度不足2m的超薄油层，缺乏可借鉴参考的经验。同时，中泥岩段薄砂层油藏油层超薄，井眼轨迹控制精度要求极高，水平段施工中，需要最大限度保证井眼轨迹准确地穿行于油层，提高储层钻遇率是哈得逊油田高效开发的技术关键。

(3)对于超长裸眼、阶梯式水平井，水平段钻进时往往托压严重，难以有效传递钻压，导致钻进效率低、通井时间长，也易发生卡钻等事故。另外，大斜度井段井眼高边易拉出键槽，严重时发生键槽卡钻。

(4)储层敏感性强，固井水泥浆储层伤害大，影响单井产量和开发效果。

第二节　工程设计及优化钻井技术

一、优化井身结构设计

井身结构是一口井能否成功完成的关键。合理的井身结构应该首先能够避免漏、喷、塌、卡等复杂情况的发生，为全井顺利钻进创造有利条件；还要能够有效地保护油气，使不同压力梯度的油气层不受钻井液伤害；同时，钻下部高压地层时所用的较高的钻井液密度产生的液柱压力，不能压漏同一裸眼段薄弱的地层；另外，要使最容易获得较高机械钻速的井段最长，以提高全井的平均钻进速度，缩短钻井周期。因此，井身结构不仅关系到钻井技术指标的高低，还关系到钻井经济指标的高低、生产层的保护和生产能力的长期维持。

哈得逊油田最早直井的井身结构是 HD1 井的 13⅜ in 作表层的 3 层套管结构，其后简化为 HD2 井 17½ in、9½ in 两种尺寸钻头钻进的结构，再优化为 HD4-10 井这种 12¼ in、8½ in 两种尺寸钻头钻进，用 9⅝ in 套管作表层，用 7 in+5½ in 复合套管作油层套管(图 5-1)。从优化过程来看，套管层次少了，套管尺寸小了，材料费用大幅降低；另一方面，开钻次数少了，钻头尺寸小了，用最有利于提高钻井速度。8½ in 钻头钻全井 85%的井段，钻井速度大幅提高，1999 年以前开钻的 6 口直井，平均完钻周期 77.5 天，最快的

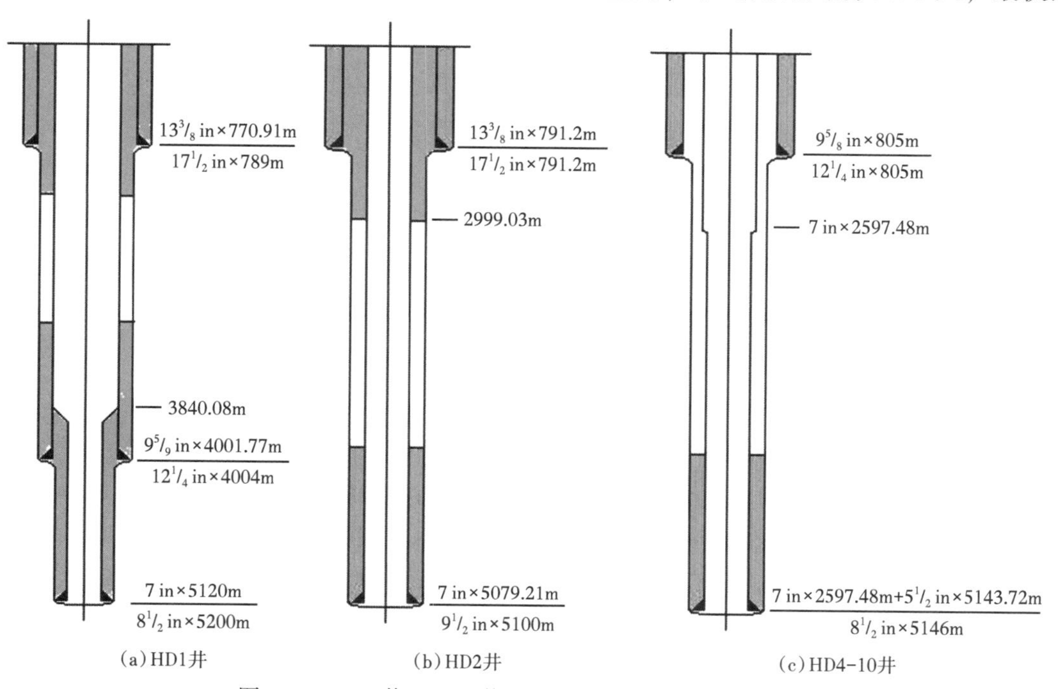

图 5-1　HD1 井、HD2 井、HD4-10 井井身结构示意图

是 44.8 天，而 2000 年以后的开发水平井的导眼，周期一般是 30 天左右，最快 21 天，周期大大减少，费用大幅降低。

哈得逊油田的开发井均为水平井井型，主体采用两开次井身结构。一开 12¼ in 井眼下入 9⅝ in 表层套管，下深由 800m 优化为 500m；二开 8½ in 井眼钻至完钻井深，下入 7 in 套管+5½ in 套管+5½ in 筛管的复合完井管串，7 in 套管下深从 2600m 优化为 3000m 以满足电泵下入深度要求，5½ in 套管下至 A 点位置，5½ in 筛管下至 B 点位置（常规水平井）或 D 点位置（双台阶水平井）。哈得逊油田薄砂层油藏常规水平井最常见井身结构如图 5-2 所示，即 HD4-11H 井所采用的井身结构。双台阶水平井最常见井身结构如图 5-3 所示，即 HD1-11H 井所采用的井身结构。而对于兼顾后期注水的开发井，将二开 5½ in 套管位置由 A 点优化至 C 点（图 5-4），这样既能够保证注水井的早期采油，又能满足后期分层注水的要求。这两种井身结构的广泛应用，大大节约了哈得逊油田超深超薄油层开发的钻井投资，使哈得逊油田成为一个低投入高产出的高效油田。

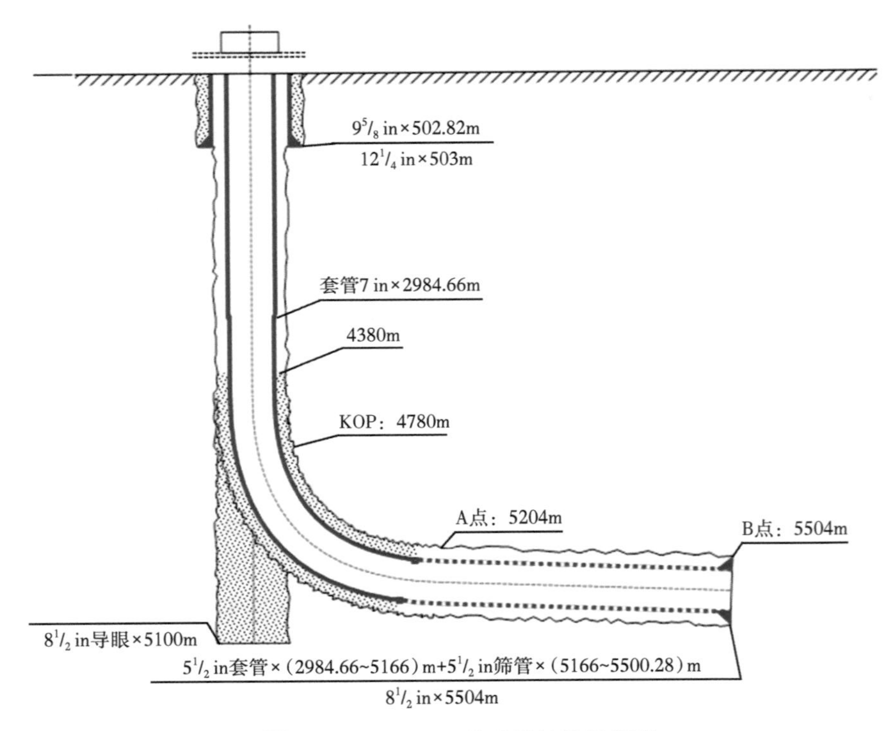

图 5-2　HD4-11H 井井身结构示意图

但随着哈得逊油田开发进入中后期，两层套管的井身结构也显现出一定的弊端，因二开裸眼井段过长且二叠系存在易漏火成岩，固井时水泥浆一次上返困难，导致固井质量差，油层套管外存在较长自由段，在长期地层流体腐蚀等因素影响下出现套损，造成部分井报废。另外，为了避免目的层钻井时采用过高的钻井液密度造成储层伤害，同时也降低压差卡钻风险，2017 年又将二开井身结构由二开优化调整为三开，典型井如 HD1-3-2H 井所示（图 5-5）。

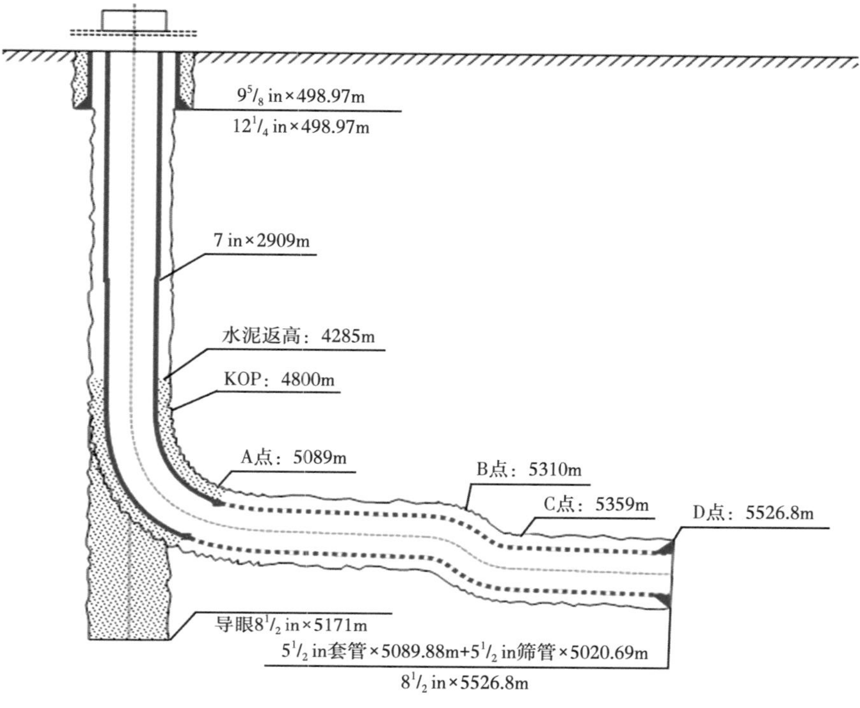

图 5-3 HD1-11H 井井身结构示意图

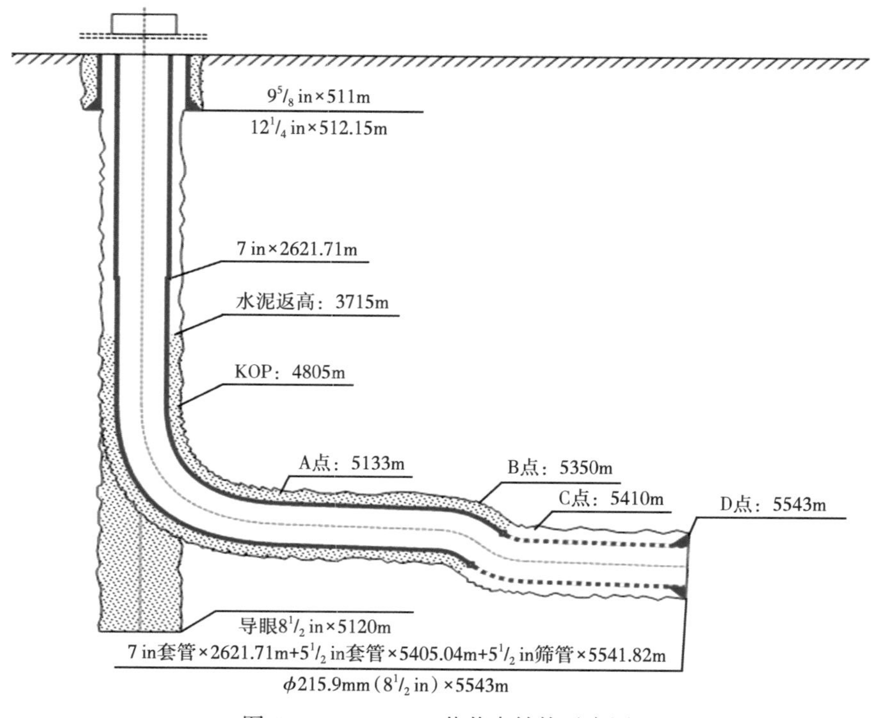

图 5-4 HD1-25H 井井身结构示意图

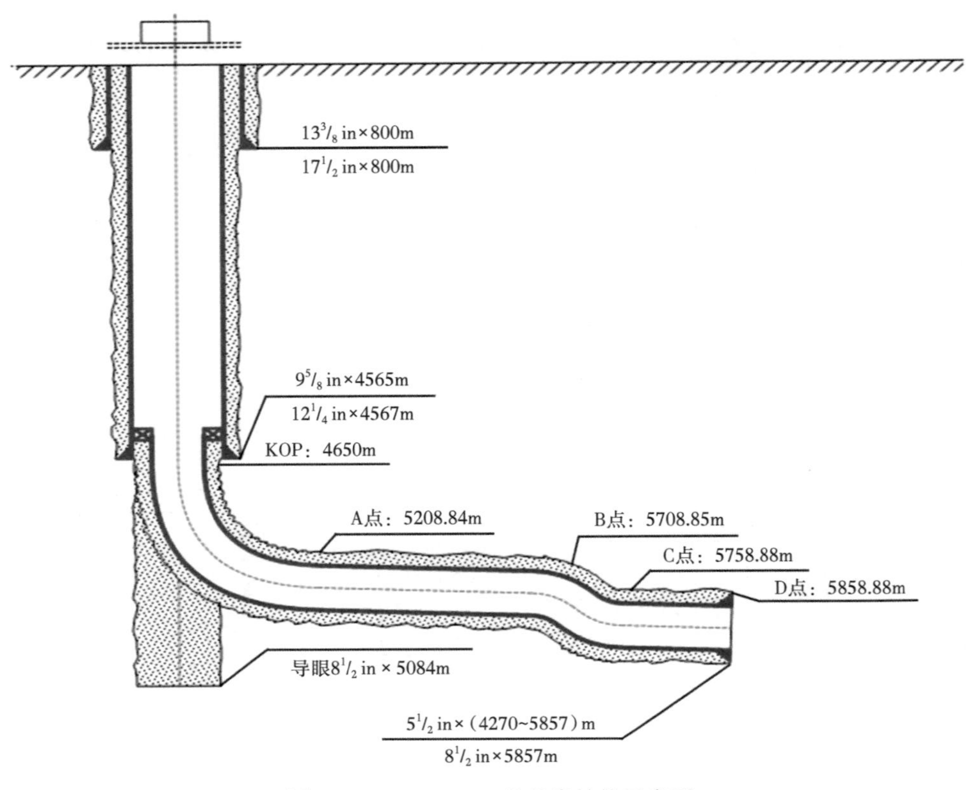

图 5-5　HD1-3-2H 井井身结构示意图

二、优化水平井井眼轨迹剖面设计

1. 常规水平井

井身结构决定着一口井的成败和钻井速度的快慢，井眼轨迹又是决定着水平井难度和水平井速度的关键。2000 年初，哈得逊油田进入以水平井为主要开发方式的开发阶段，首先遇到的问题就是井眼轨迹剖面优化的问题。表 5-1 给出了 2000 年以前开钻的五口井实钻轨迹数据，其造斜段平均长度为 608.3m，平均造斜段工期 72.3 天。基于对该地区的地层岩性的认识提升和对该地区的地层造斜规律的研究，对井眼轨迹剖面进行了优化设计，首先将靶前位移从早期的 300m、250m 降低到 200m，其次是将造斜段设计成三段增斜剖面，第一段造斜为 30°/100m，第二段造斜为 12°/100m，第三段的增斜率调整为 30°/100m，这套增斜剖面的优点是通过将靶前位移缩短、增大造斜率等方法使造斜段缩短，使钻井周期缩短（表 5-2）。从表 5-1 和表 5-2 的对比情况来看，井眼轨迹优化后比优化前造斜段平均缩短 281m，造斜段周期平均缩短 45 天，大大降低了钻井时间，进而降低了钻井成本。通过对地层造斜率的不断研究和实践表明，适当增大造斜率但未增大钻井难度，而缩短了造斜段同时缩短了高风险井段，使全井的整体效益和优势得到了体现。

表 5-1 2000 年以前开钻水平井实钻轨迹数据

井号	造斜点深度 m	A 点			造斜段		B 点			水平段	
		斜深 m	垂深 m	位移 m	段长 m	时间 d	斜深 m	垂深 m	位移 m	段长 m	时间 d
HD1-2H	4805.37	5190.36	5048.04	250.00	384.99	64.00	5591.00	5047.00	650.00	400.64	19.00
HD402H	4430.00	5622.44	5071.06	737.03	1192.44	131.00	5941.77	5070.05	1056.04	319.33	16.00
HD403H	4768.00	5255.44	5071.05	323.33	487.44	66.25	5550.00	5072.11	617.92	294.56	17.17
HD4H	4721.36	5213.26	5071.58	240.00	491.90	52.96	5522.00	5071.12	548.69	308.74	19.67
HD4-H2	4685.00	5169.77	5047.60	249.43	484.77	47.50	5477.58	5057.16	556.61	307.81	21.42
平均	4681.95	5290.25	5061.87	359.96	608.31	72.34	5616.47	5063.49	685.85	326.22	18.65

表 5-2 2000 年以后开钻水平井实钻轨迹数据（部分井）

井号	造斜点深度 m	A 点			造斜段		B 点			水平段	
		斜深 m	垂深 m	位移 m	段长 m	时间 d	斜深 m	垂深 m	位移 m	段长 m	时间 d
HD4-11H	4780.00	5170.33	5046.00	174.50	390.33	30.00	5463.00	5055.00	493.38	318.88	13.00
HD4-12H	4834.00	5178.00	5047.50	224.42	344.00	34.00	5458.60	5047.58	504.77	280.35	10.00
HD4-14H	4829.00	5171.00	5056.09	191.17	342.00	26.00	5465.38	5056.75	485.42	294.25	14.00
HD4-15H	4830.00	5163.00	5052.59	172.59	333.00	22.00	5443.00	5055.31	452.38	279.79	16.00
HD4-16H	4840.00	5202.00	5055.50	237.08	362.00	27.00	5552.00	5055.97	564.20	327.12	13.00
HD4-17H	4835.00	5174.36	5049.89	190.00	339.36	25.00	5478.00	5050.60	493.51	303.51	17.00
HD4-18H	4858.00	5185.00	5056.08	218.27	327.00	22.00	5485.00	5057.40	518.18	299.91	13.00
平均	4829.43	5177.67	5051.95	201.15	348.24	27.14	5477.85	5054.09	501.69	300.54	16.00

2. 双台阶水平井

哈得逊油田主要发育两套含油层系，即石炭系中泥岩段薄砂层油藏和东河砂岩油藏。其中，薄砂层油藏属于超深度（大于 5000m）、低幅度（22m）、油层超薄（0.6~2.0m）、特低丰度（$19×10^4t/km^2$）油藏。薄砂层油藏的 2 号、3 号层为油层，2 号层平均厚度 1.2m，3 号层平均厚度 1.6m，2 号、3 号层之间的夹层为泥岩，厚度为 3.4m 左右。如何高效动用这部分储量关键在于薄油层水平井钻井技术能否取得突破，如果技术上获得突破，不但能开发哈得逊油田的薄油层，同时也能够解决塔中广泛分布的志留系的薄油层开发问题。

针对薄砂层油藏开发，为了进一步降低钻井成本、提高单井产量，把两口水平井合并为一口水平井，将轨迹剖面设计成两个水平段的双台阶水平井[1-2]，用一口井开采两个油层（图 5-6）。根据该地区的地层造斜规律，对井眼轨迹剖面进行了优化设计。采用哈得逊油田东河砂岩水平井已经取得成功并有很好钻井经验的三段制增斜的成熟剖面，第一段造斜为 30°/100m，第二段造斜为 12°/100m，第三段的增斜率调整为 30°/100m，以有利于调节，使轨迹准确进入A点。两个水平段之间设计100m位移过渡段，采用平均分解降斜、增斜率的设计，使一、二水平段平稳过渡，实践证明这是一个非常合理的优化井眼轨迹的剖面。

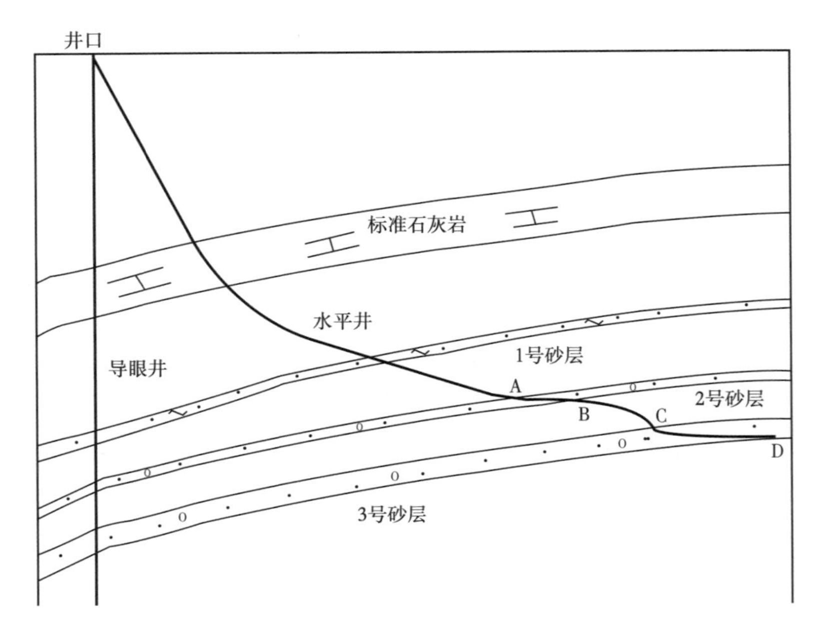

图5-6　哈得逊油田双台阶水平井井眼轨迹剖面示意图

HD1-H1井是哈得逊油田第一口超薄油层双台阶水平井。这口双台阶水平井上下两段各钻150m，中间斜井过渡段50～100m，用24天钻完230m的定向造斜井段。在仅有1m厚的第一水平段钻进100m，连续在油层中钻进83m。在第二水平段钻进159m，连续在油层中钻进137m。两个油层水平段总长259m，日产原油180t。全井井眼轨迹与设计要求完全吻合，取得了钻井技术的重大突破，逐步在哈得逊油田薄砂层油藏开发中推广应用。

3. 双分支水平井

为更大地增加单井油层泄油面积，提高油藏的采收率，挖掘剩余油潜力，改善油田开发效果，也有利于减少施工占地，减少环境污染，降低油田开发成本，塔里木油田开展了双分支水平井技术攻关。2014年在哈得10号圈闭部署了HD10-5-1HF井和HD10-1-4HF井两口双分支水平井，推进和提升钻井工程新技术的应用水平。其中，HD10-5-1HF井于2014年4月19日开钻，2014年12月9日完钻，2015年2月19日完井；HD10-1-4HF井于2014年6月1日开钻，2014年11月11日完钻，2014年12月14日完井。

HD10-1-4FH井第一分支(北侧分支)完钻层位为石炭系中泥岩段薄砂层3号、4号层(图5-7)，造斜点4799m，井深5946m，完井方式为A1B1段射孔完井，C1D1段筛管完井。第二分支(南侧分支)完钻层位为石炭系中泥岩段薄砂层3号、4号层，造斜点4685m，井深5908m，完井方式为A2B2段射孔完井，C2D2段筛管完井。北侧分支完钻周期84天，完井周期101天；完钻井深5947m，水平段长646m，水平段采用旋转地质导向工艺技术，油层钻遇率89.21%，日产油135.5m^3。南侧分支完钻周期55天，完井周期88

天；完钻井深5908m，水平段长622m，水平段钻进采用旋转地质导向工艺，油层钻遇率91.26%，日产油57m³。

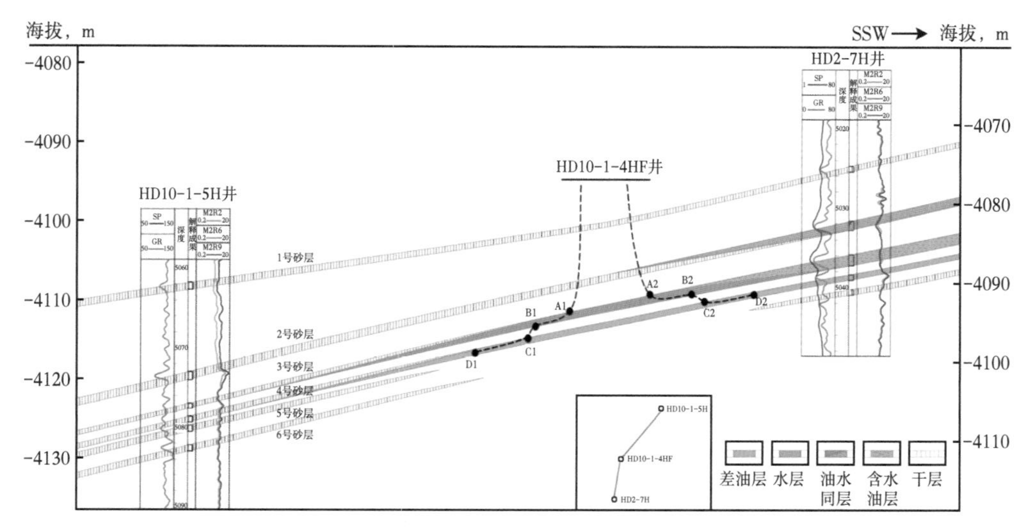

图5-7　HD10-1-4HF双分支井井眼轨迹剖面示意图

HD10-1-4HF井、HD10-5-1HF井均为当时国内最深的超长四级双分支双台阶水平井，选用贝克休斯Hook Hanger System壁挂式悬挂器系统及配套完井管柱，作业过程中集成应用了旋转地质导向技术、分支井技术、一体化套管开窗技术、自愈合水泥浆固井技术等多套钻完井先进技术，解决了超深分支井施工中遇到的一系列难题，两口分支井取得较好的实施效果，能够实现各分支井眼选择性开采，填补了国内超深分支井的技术空白。

三、水平井井眼轨迹跟踪调整优化技术

哈得逊油田薄砂层油藏水平井钻井作业中，为保证储层钻遇率，水平井井眼轨迹跟踪调整优化技术先后经历了三个不同的地质导向技术阶段。在攻关的初期，借助先进的随钻地层评价技术（FEWD，Formation Evaluation While Drilling）来判断油层位置。随着哈得逊地区滚动开发程度与地质认识的加深，考虑随钻测井仪器的费用昂贵和仪器数量有限，在构造中部地层比较稳定的区域大胆尝试使用了常规水平井钻井技术进行薄油层的阶梯水平井钻井，也取得了较好的开发效果。但对于构造边缘地层变化较大的区域以及开发中后期薄砂层油藏水窜严重、油水分布混乱等情况，常规的定向钻井技术，储层钻遇率低，井眼轨迹控制难，钻井周期长，同时也影响了后期开发效果，在2005年开始引进试验并在2013年推广应用的旋转地质导向钻井技术，成为提高哈得逊油田单井产量的重要技术手段，同时也提高了钻井速度。

1. 随钻地层评价技术

薄砂层油藏水平井在直井段和造斜段时，其措施和东河砂岩油藏水平井的钻井要求一样。不同的是东河砂岩油层较厚，对入靶精确的要求不是太严格，靶区要求上下半靶高±1.5m，但是对于薄砂层油藏的井，靶区要求上下半靶高±0.5m，必须精确知道靶点的深

度才能保证准确入靶。因此，对于薄砂层油藏的双台阶水平井，钻完导眼后，要测出FEWD的测井曲线，并以此确定油层位置和标志性地层位置，同时与电测曲线对比；在井斜角接近80°时，下入带有两套（或四套）地层参数的FEWD仪器，在对井眼轨迹监控的同时，加强对地层变化的监测，在钻穿标志性地层后，测出FEWD的测井曲线，并利用该曲线，同时结合地质录井资料，明确实钻地层与设计垂深的偏差。根据随钻电阻率等测井曲线预报油层的到来，为准确预测油层位置并及时对靶点进行调整、确保以最佳的井斜角入靶提供了有利的条件。井眼进入水平段后，用1.25°单弯配合PDC钻头的稳斜钻具复合钻进，同时加密测点，对于使用了FEWD的薄砂层油藏阶梯水平井，充分利用电阻率和伽马变化情况及测斜数据，及时调整钻进方式，在油层的中间位置钻进时，电阻率相对比较稳定，一旦电阻率值明显升高，意味着井眼轨迹所处的位置已靠近油层的顶部或底部，必须结合井眼轨迹数据和地层数据（地层倾角），将钻井方式调整为增斜、稳斜或降斜钻进。在油层的中间位置时伽马值最低，由于在水平段钻进时井斜角接近90°，伽马的探测深度只有30cm，其导向井段可达10~20m，所以在水平段钻进时，伽马的地质导向作用比电阻率要明显一些。另外，钻进中还要及时对比分析FEWD测出的电阻率及伽马曲线，根据上部井眼的实钻曲线及井眼轨迹情况，对实钻轨迹做出分析判断，明确井眼的实际位置，及时采取措施，准确地控制井眼轨迹穿行于储层中有利于产油的最佳位置。

2. 常规随钻测量技术

随着哈得逊油田滚动开发不断推进，通过油藏精细描述，地质构造、油藏埋深、油层走向越来越清楚，同时因随钻测井仪器的费用昂贵和仪器数量有限，尝试使用了MWD进行薄油层的阶梯水平井钻井。先钻导眼，并进行录井、地层倾角测井、VSP测井，进一步落实构造形态和储层的分布规律；再明确直井和水平井的校深标志层，并进行深度和厚度预测，以便在钻井过程中，根据其实钻深度变化及时进行调整。

哈得4号圈闭两个油层上部发育标准石灰岩、1号层、2号层等3个主要的标志层，全区分布稳定，且层间厚度变化幅度小，标准石灰岩顶距2号层顶的厚度一般为49.0~52.0m之间，1号层顶至2号层顶的厚度为7.0~8.0m，2号层层底至3号层层顶的厚度为3.4~3.8m，根据这些层深度变化，可以达到精确控制水平井井眼轨迹的作用，以准确入靶。首先，造斜段钻揭标准石灰岩时，预测钻头距目的层的垂直距离，对水平段井眼轨迹进行粗调整；其次，根据1号层钻遇的垂直深度，对AB段的轨迹进行微调，调整范围小于1m；再次，CD段要根据2号层底界垂直深度及2~3号层之间泥岩厚度进行调整；最后，在水平段钻进过程中，依据精细录井，结合构造形态及储层分布规律，及时调整钻头位置，确保钻头始终位于油层中。考虑油层薄，井眼轨迹调整余地比较小，进入A、C点入靶角度必须在88°~89°之间，以保证在水平段内井眼轨迹不做大幅度调整。HD1-7H井是第一口使用MWD完成的阶梯水平井，该井进入油层A、C点的入靶角度都控制在88°以上，平稳穿越AB段油层有效长159m，CD段油层有效长136.8m，全井油层有效长295.78m，达到全井设计油层长度的98.6%。HD1-7H井的成功标志使用常规MWD也能进行超深超薄阶梯水平井钻探，此后薄砂层油藏的井基本不再使用LWD，而是通过加强地质录井，加强油藏的精细描述，通过导眼段的标准石灰岩、1号层、2号层、3号层的相对深度和构造走势来预测水平段的准确深度，使井眼轨迹控制在砂岩地层中穿行，钻进中关键是要确定好盖层和油层间的砂泥岩界面，以此来指导水平段钻进。

3. 旋转地质导向技术

随着哈得逊油田开发不断推进，薄砂层油藏水窜严重，油水分布混乱，同时，在油藏边部，储层分布非均质性及构造不稳定性增加，地层倾角不稳定，油水界面不统一，隔夹层发育且不稳定，对储层钻遇率有很大的挑战。若使用常规定向钻井技术，井眼轨迹控制难，钻井施工进度慢，钻井周期长，造成较高的生产成本。针对以上难题，2005 年开始在哈得逊油田薄砂层油藏开发中引进、试验旋转地质导向钻井技术，截至 2013 年底，先后试验、推广应用 21 口井。其中，2013 年应用 16 口井，与常规定向钻井技术相比，钻井周期大幅缩短，井眼质量和储层钻遇率大幅提高，目前旋转地质导向技术已成为提高哈得逊油田单井产量，实现油田高效开发的重要技术手段。

HD11-5-3H 井是位于哈得 1 号圈闭西北部哈得 11 号圈闭的一口开发井，处于油藏含油边界以外，面临构造及油水界面不确定、隔夹层发育不稳定、油层厚度不确定等多种挑战。该井成功应用了斯伦贝谢“PeriScope HD+ NeoScope+ Archer”旋转地质导向钻井系统，储层钻遇率达到 91.0%。其中，PeriScope HD 多边界探测技术，能够提前探测目的层，确保成功着陆，也能提前探测油水界面，避免进入水层，以确保提前进行井眼轨迹调整；Archer 工具拥有近钻头井斜和方位测量功能，以实现井眼轨迹的精细控制，其近钻头方向性伽马(伽马成像)，配合 PeriScope HD 保证了哈得超薄油层钻遇率，同时高造斜率能够缩短靶前位移，提高了井眼快速调整能力，增加水平段长度和钻遇率，增加泄油面积；NeoScope 多功能无源综合测井仪，可以提供岩性、物性、电性、含油性“四性”关系综合储层评价，实现了在薄层、水平段、低阻储层实时地层评价，为确保油层钻遇率提供了有利保障。

四、水平井优化钻井技术

为了推动哈得逊油田薄砂层油藏的高效开发，还采用了井身质量控制、优质钻井液、钻头优选及固井质量控制等钻井技术，以实现水平井的安全、优质、快速钻井。

1. 井身质量控制措施

优化的井眼轨迹剖面设计只是成功进行水平井钻井的关键之一，要取得水平井钻井的最后成功还需要强化钻井各个环节上的技术要求和施工措施。针对哈得逊油田薄砂层油藏水平井地层特点，形成不同井段针对性技术措施，保证井眼质量满足钻探要求。

1) 直井段施工措施

开直井口，保证井身质量，钻进中做好防斜打直工作，最大限度地控制直井段的井斜、位移，加强单点、多点对直井段的监测，确保直井段的井身质量符合设计要求(设计规定：最大井斜角不大于 5°，造斜点处最大水平位移不大于 50m，导眼完钻后，测量整个直井段的电子多点数据，测量间距不大于 30m，并对数据进行处理，以指导下步侧钻施工，直井段井斜角越小、水平位移越短(适当)、方位角越接近设计定向方位，越有利于下部定向钻进的井眼轨迹控制。

2) 造斜段施工措施

(1) 下钻前认真检查好动力钻具，准确测量与仪器之间的定向差角。

(2)优选导向动力钻具进行施工，组织好比设计能力高2°~3°的导向动力钻具，以满足各造斜段的具体要求。

(3)侧钻开始要控制钻进，等到逐渐能够吃住钻压、地层岩屑含量大于70%之后，再逐渐加大钻压，提高钻进速度和造斜率。

(4)全部造斜段采用可靠性好的MWD仪器跟踪测斜，以保证井眼轨迹的控制。钻进时采用较大排量，满足携砂要求，保证井下安全。

(5)为确保钻具和井下安全，施工中尽量简化钻具组合，定期进行钻具探伤和倒换钻具作业。

(6)每钻进1根停钻测量一次井斜数据，准确控制井眼轨迹，严格按设计轨道钻进。

(7)根据工具面角定向的需要，调整和掌握好钻压，要求钻压稳定。

(8)井斜超过60°后，加压难度大，可利用短起下作业破坏下井壁形成的岩屑床，以利于安全快速钻进，每钻进100m短起下钻一次。

(9)确保入窗的一次成功，井斜60°~70°之间测ESS一次，以校对MWD数据，保证入窗的准确性和安全性。

(10)在造斜井段中，本着上部造斜率偏低、下部造斜率稍高的工作原则进行施工，以避免钻具疲劳。

(11)整个施工过程中，随时判断井下动力钻具、钻头、MWD仪器的工作情况，确保井身质量和速度。

(12)实钻中根据地层柱状剖面图，选配钻头、井下动力钻具和参数。

(13)继续维护和调整好钻井液性能，确保净化设备运转正常，达到设计要求。

3)水平段施工措施

(1)水平段施工前要对各类入井工具进行探伤。

(2)进入A点后15m必须进行电子多点测量，为水平段井眼轨迹微调提供依据。

(3)钻井过程中若遇复杂地质情况要进行电子多点测量和地质循环。

(3)水平井段采用优质钻井液减少油层伤害。

(4)对于水平段的快钻时段，要适时停止钻进，大排量循环携砂，并定井段进行短起下作业，确保安全优质，达到快速钻进的目的。

(6)配合地质人员搞好层位的预测。

(7)及时进行井眼轨迹预测，并与实钻井眼轨迹核对，防止井眼轨迹脱靶。

(8)水平井完钻井深较深，扭矩摩阻较大，尽量简化钻具结构，提高钻井液性能，降低扭矩和摩阻。

2. 优质钻井液技术

优良的钻井液性能是成功进行长裸眼、深井、薄油层、阶梯水平井钻井的关键，要求钻井液具有：(1)很强的抑制、防塌能力，保证长裸眼多套岩性地层的井壁稳定，解决好分散与抑制的矛盾；(2)很强的携砂、悬浮能力，保证井眼净化及避免岩屑床的形成，既要保护井壁，同时又要求具有低的黏度，以利于螺杆及钻头水马力的发挥，提高机械转速，缩短钻井周期，也就是解决好流变性—岩屑床与压耗的矛盾；(3)良好的造壁性、润滑性，避免卡钻事故的发生，同时还要降低摩阻，解决钻压传递问题和摩阻过大引起的断钻具事故；(4)良好的造壁性及更低的滤失量，形成薄而韧的泥饼及屏蔽层，保护井壁，减少漏失，并保护油气层。

针对众多苛刻的限制条件，选择好适合哈得地区的钻井液体系，通过研究发现正电胶与磺化处理剂合理复配，即膨润土+聚合物+正电胶+聚磺混油钻井液体系，使钻井液具有低的失水量、良好的润滑性能、强的悬浮携砂能力和防塌效果，有力地保证了井眼稳定，避免了井下的事故和复杂，加之正电胶体系本身具有油层保护性，又较好保护了油气层。

表层井段钻遇岩性主要为不成岩流砂层及成岩性较差的黏土层，在调整维护钻井液性能时应主要考虑如下几方面的问题：防坍塌、防渗漏、携砂、悬浮。保证钻井液具有很强的造壁性和适当高的切力，失水可适当放开。膨润土含量可适当高一些，保持在50~60g/L，同时复配使用正电胶。充分利用正电胶的特性，发挥其“软套管”的作用，利于携砂、悬浮、防渗漏、防坍塌。配制浓度为8%~10%的膨润土浆并水化+0.2%~0.4%的正电胶(干粉)+其他配成的胶液，调整处理，形成良好的结构。膨润土含量与正电胶的加量成反比关系。钻进过程中用正电胶、大分子聚合物、小分子聚合物复配的胶液和膨润土浆进行性能维护、补充消耗，保证充足的钻井液量。加大膨润土浆及正电胶的用量。严格用好固控设备，最大限度地清除有害固相。

二开井段为长裸眼井段，地层岩性复杂。长裸眼井的钻井液维护要求其性能要具有较强的抑制性。

在上部井段，首先加足高分子量聚合物包被剂并结合使用正电胶、清洁剂，尽量不用分散剂是解决阻卡、防泥包、划眼的关键，防止中、上部软泥岩地层的分散、造浆，做到大分子加足，膨润土含量适当。在材料选配与加量方面，抗高温降滤失剂、防塌剂、润滑剂的加量要适当增加，以防塌、防卡。在钻井液维护上，膨润土含量是不可忽视的因素，它是形成优质滤饼、优良结构及保证良好流变性的基础，及时补充水化好的优质膨润土浆，为正电胶形成良好结构提供“活性离子”。正常钻进，以正电胶结合大分子聚合物、小分子聚合物复配胶液进行性能维护，正电胶(干粉)加量0.2%~0.4%，高分子量聚合物(80A51、KPAM等)加量0.5%~0.8%，小分子聚合物(NPAN、KPAN等)加量0.3%~0.5%，配合使用0.2%~0.4%的清洁剂(RH-4)和1%~2%的润滑剂，配合使用超细碳酸钙(1型、2型)进行封堵，改善滤饼质量，调整流型用聚合物或两性离子稀释剂。在此井段，用好低固相强包被正电胶聚合物钻井液体系，抑制了水化分散，解决了上部井段的阻卡和钻头泥包问题。

中深部井段，主要是保证井壁稳定、防坍塌、防渗漏及做好保护油气层工作。钻井液性能维护在中、上部井段的基础上，及时引入磺化处理剂进行转化，改善滤饼质量，提高体系抗温稳定性，并配合使用防塌剂以稳定井壁，磺化处理剂及防塌剂必须及时引入，磺化处理剂(SMP、SPNH、PSC复配使用)加量3%~5%，防塌剂(YL-50系列)加量控制在2%~3%，探井用WFT-666，配合使用油层保护剂及超细碳酸钙(1型、2型)并控制适当的膨润土含量(40~50g/L)，改善滤饼质量，形成屏蔽暂堵层，加强对泥页岩及玄武岩、凝灰岩等岩石孔缝的封堵，减少钻井液滤液渗入地层，提高体系的抗温稳定性及防塌能力，保证了长裸眼井壁稳定，解决了二叠系英安岩、玄武岩掉块、垮塌问题。

三开定向、水平段，采用正电胶聚磺混油钻井液体系，主要从避免岩屑床、保持井壁稳定及良好的润滑性三方面考虑。井斜角小于45°以前，原油加量控制在3%~5%；45°以后，原油加量逐渐提高至5%~8%，乳化剂加量控制在0.3%~1%，保证原油充分乳化，流变性良好，中压失水控制在小于5mL，高温高压失水控制在小于12mL。充分发挥正电胶的固有特性，以利于动力钻具功能的发挥。该段钻井过程中，控制屈服值7~9Pa，初切2~3Pa，终切8~10Pa，动塑比大于0.5，保证钻井液具有较好的携砂及悬砂能力。该地区普遍存在严重渗透性漏失的问题，加入2%~3%的单相压力封闭剂，配合适量的超微细碳酸钙及沥青，基本上解决了渗漏问题。在进入油气层段钻进前50m，按照室内实验配方，在钻井液中加入超细碳酸钙、油溶性树脂等保护油气层材料，配方2% TQS-3（细）、1.5% TQS-3（粗）、2% TYZ-8，对井壁进行暂堵，防止有害固相和钻井液滤液进入储层，实钻中效果非常好，完井替喷时薄砂层油藏水平井日产最高超过180t，解决了长裸眼井段井眼稳定和储层损害的矛盾。

3. 钻头优选技术

对于任何一个油田的勘探井和开发井的钻井，都面临着提高机械钻速的问题，除井身结构对钻速有较大影响外，钻头选型也是影响机械钻速的一个重要因素。从图5-8可以看出，2000年以前开钻的开发井，直井段0~4100m需要15~20天周期（含一开完井时间），4100~5100m却需要30~40天钻井周期，全井钻至5120m需要65~92天，4100~5100m井段成为提高该地区机械钻速的主要障碍。为了提高整个哈得逊油田的钻井速度，缩短钻井周期，首先在HD4-3H井下部井段试用FS2565这种型号的PDC钻头，其后的HD4-10井在上部和下部使用这种型号的钻头，均取得了很好的效果，从图5-8也可以看出，4500m以后的钻速明显比早期的井快，HD4-3H井和HD4-10井分别以38天和36天的周期钻至5100m和5146m，为提高整个哈得逊油田的钻井速度闯出一条新途径，其后开钻的HD4-6H井，以31天周期钻至5100m，钻井周期有了较大的突破。

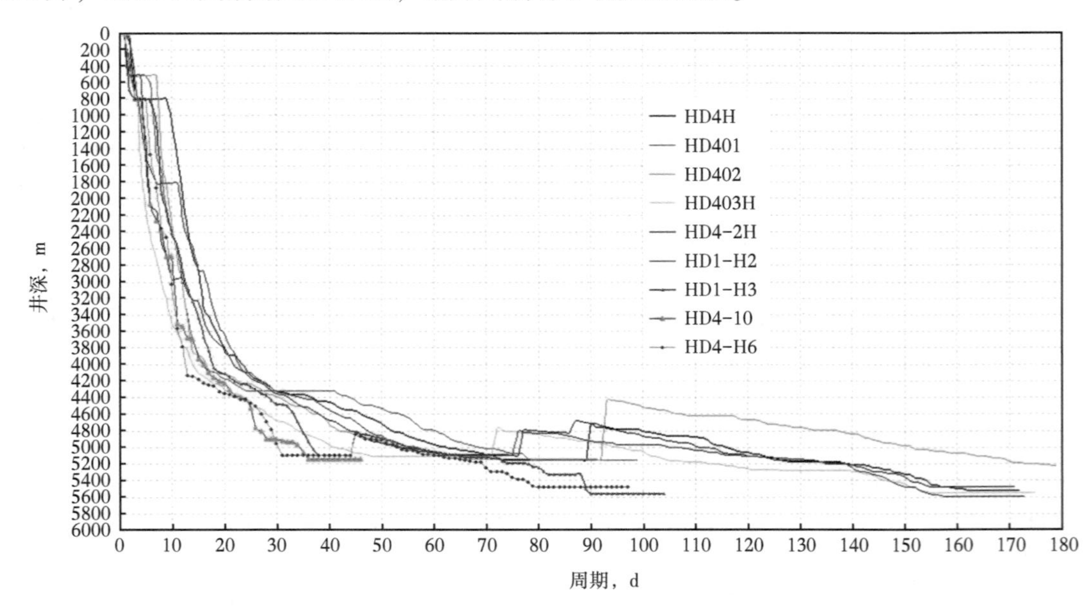

图5-8 哈得逊油田2000年前、后钻井周期对比

从哈得逊油田总体的地层岩性来看，钻头选型大致有以下规律。

直井段 0~2800m 地层较软，用铣齿牙轮钻头，通过调配钻头水眼，采用高泵压、大排量可以充分发挥喷射钻井水力冲击作用，获得较高的机械钻速。2800~4100m 为软到中硬的褐色泥岩，可选用机械钻速较高的 FS2565 或 MS1952SS 钻头，4100~4400m，由于岩石中含砾石，对 PDC 钻头磨损较大，可选用三牙轮镶齿钻头，4500~5120m 井段为中硬石灰岩及褐色泥岩，可选用 FS2565 或 MS1952SS 钻头。

斜井段，早期钻井过程中，一般采用螺杆加 HJ517 钻头组合，但由于牙轮钻头受轴承所限，使用时间一般在 40h，而且其使用情况不好判断，易发生掉牙轮事故，从而造成起下钻频繁，时效低。目前使用 1 只 HJ517 侧钻成功后，选用 1 只保径效果较好的 GP447、GP585、M1663MSSD 等钻头，或用与之类似的钻头，从 4800m 钻进至 5300m 左右，进尺 500m，这类钻头稳定性好，在该井段的褐色泥岩及粉砂岩钻井过程中，结合井底动力钻具，能较好地满足定向时摆动工具面需要，保证定向钻进时工具的稳定，并能获得较高的机械钻速。再用 1~2 只 PDC 钻头从 5300m 钻至完钻的 400m 水平段和过渡段，可获得 1.5~2.0m/h 的机械钻速。在转盘钻进、造斜率合适的情况下力争采用复合钻进方式，以减少井下动力钻具滑动钻进井段，提高机械钻速，这对井下清洁也有好处。

通过多口井的钻井现场分析，PDC 钻头是在该地区此类型井获得高机械钻速的关键。在目前条件下，通过强化参数来提高深井机械钻速已没有多少可行空间，过于强化的钻井参数容易引起钻具事故，同时设备也很难承受。而通过合适的 PDC 钻头选型，这些问题将迎刃而解，会大幅度地提高机械钻速，大量减少起下钻时间。

2012—2015 年，根据钻头在实钻过程中遇到的问题，不断优化改进定向钻头性能（图 5-9），旋转导向工具配套定向专用钻头，平均机械钻速已由 2.9m/h 提升至 6.25m/h，钻头使用寿命大幅提高，攻击性、导向性、稳定性匹配度大幅提高（图 5-10）。

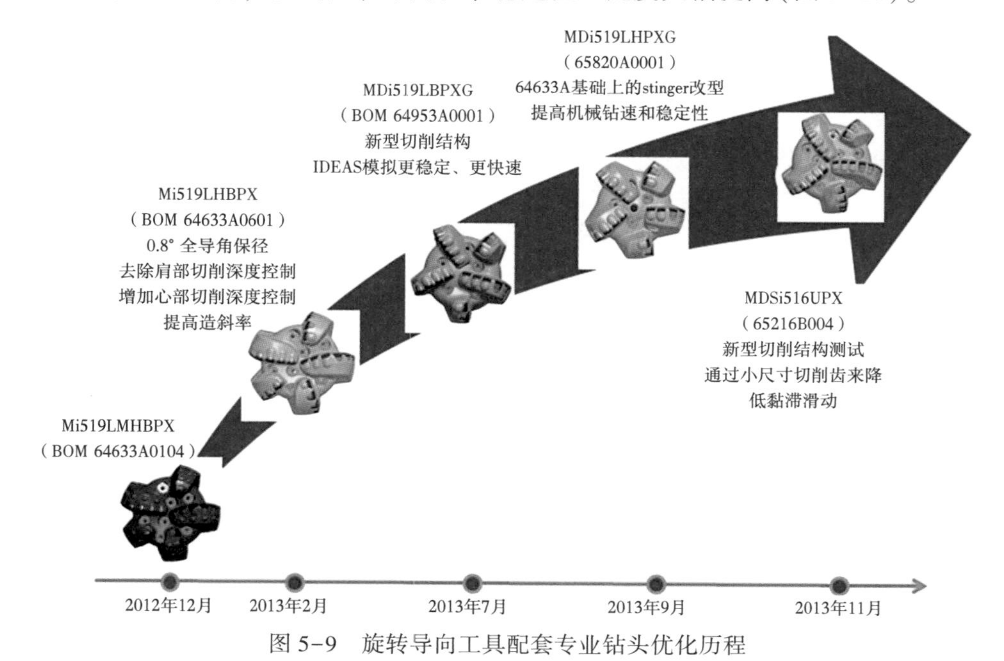

图 5-9 旋转导向工具配套专业钻头优化历程

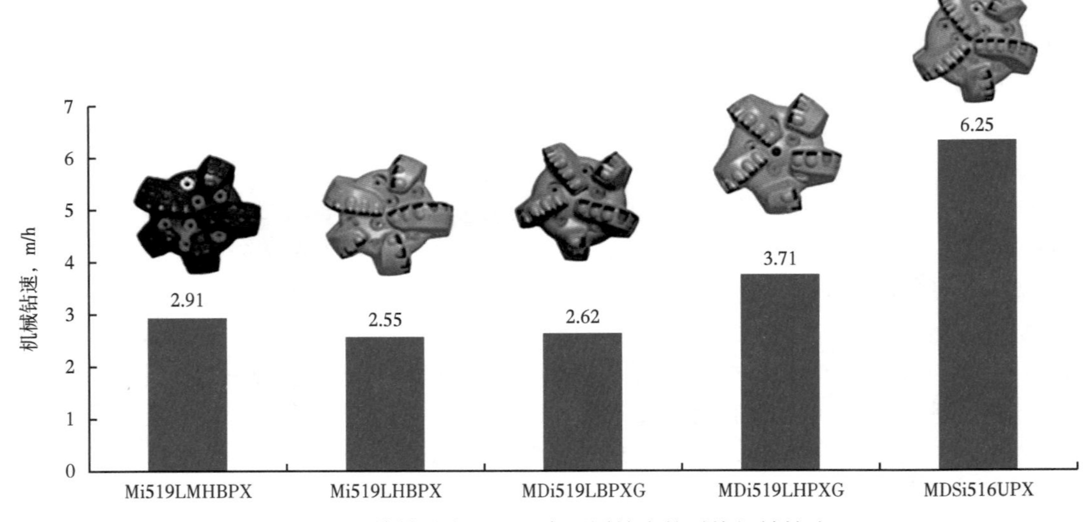

图 5-10　旋转导向工具配套不同钻头的平均机械钻速

4. 固井质量控制技术

井身结构简化为二开以后，表层 9⅝ in 套管下深 500m 左右，8½ in 钻头二开钻进，裸眼井段超过 5000m，完井套管以 7 in 套管(3000m)+5½ in 套管+5½ in 筛管为主，其中水平井段全部下筛管。由于主要封固井段多套压力系统并存，因此对固井质量要求较高。

1)固井主要存在的难点和风险

(1)裸眼段长，而且是双台阶水平井，套管安全下入难度大。

(2)套管下到位后环空变窄，地层承压能力低，容易造成固井漏失。

(3)水泥浆性能需要进一步优化：水泥浆密度、黏度偏高存在固井漏失风险，屈服值偏高影响顶替效率。

(4)斜井段套管居中度难以保证，容易发生窜槽，影响封固质量。

(5)水泥浆容易进入水平井段而堵塞筛管，影响后期产量。

为解决以上固井难题，从水泥浆性能指标、固井工艺措施两方面提出了相应要求。

2)水泥浆性能指标要求

(1)水泥浆密度：1.85~1.90g/cm^3。

(2)水泥浆流动度：大于 23cm，稠化实验温度为 80~100℃，稠化曲线正常，稠化时间能够满足安全施工需要。

(3)API 失水小于 50mL/(30min·6.9MPa)。

(4)抗压强度不小于 14MPa/(BHST·20.7MPa·24h)。

(5)水泥浆沉降稳定性实验，倾斜 45°游离液为零，同时用沉降稳定性装置在高温高压下倾斜 45°进行养护，水泥石试样上下密度差小于 0.03g/cm^3，无沉降分层现象。

(6)应保证水泥石具有低失水、无收缩、早强、较好的高温流变性和高温高压沉降稳定性等优良性能。

(7)水泥浆对油气层伤害后，渗透率恢复值不小于95%。

3)固井工艺措施要求

(1)下套管前认真通井，保证井眼规则、顺畅，尽可能降低下套管遇阻风险。

(2)下套管前充分循环，并提高钻井液的封堵能力，保障地层的承压能力。

(3)优化调整钻井液性能，在满足井下安全的条件下尽量降低钻井液塑性黏度和屈服值，减小固井漏失风险，提高水泥浆顶替效率。

(4)根据实际电测井径数据，结合专业固井模拟软件，合理设计扶正器类型及安放方式，保证套管居中度满足固井要求。

(5)为避免水泥浆进入水平井段堵塞筛管，下套管前在水平井段注入低固相高黏切封闭液。

(6)优化冲洗液及隔离液性能，冲洗液应尽可能接近牛顿流体；隔离液应与钻井液和水泥浆具有良好的相容性，隔离液的密度和动塑比应介于钻井液和水泥浆之间，确保能够有效地冲刷井壁，避免水泥浆发生窜槽和伤害的风险；此外，隔离液还应具有良好的悬浮性和高温高压稳定性。

(7)结合软件模拟结果合理确定注替参数，隔离液和水泥浆出管鞋后环空返速不低于1m/s，且在地层条件允许的情况下应尽可能提高顶替排量，保证水泥浆的顶替效率和界面胶结质量。

第三节　旋转地质导向技术应用

一、地质导向技术简介

对于复杂油气藏，由于其精细构造无法预知，仅靠井眼轨迹控制在钻井设计的几何靶区内的常规水平井钻井技术，常常由于储层钻遇率低而无法实现预期开发目标。即使是对于情况了解比较清楚的地区，也会因为产层的变化导致水平井的钻进效果不理想。而随钻测井技术的突破，实现了水平井的实时地质导向，即根据井底地质测井结果而非三维几何空间目标将井眼轨道保持在储层内的一种轨迹控制。1992年，斯伦贝谢公司首次提出了地质导向的概念，并于1993年研制出第一套用于水平井地质导向的随钻测井工具，随后哈里伯顿、贝克休斯等公司也相继研制出了各自的地质导向系统。针对不同类型油田的油藏特点及开发需求，各大公司应用发展了有针对性的地质导向技术系列。

所谓地质导向技术，是指在水平井钻井过程中，将先进的随钻测井技术、工程应用软件与人员紧密结合的实时互动式作业，其目标是优化水平井井眼轨迹在储层中的位置，实现单井产量及投资效益的最大化。该技术是地质、钻井、测井等专业密切配合，从设计到现场实施全过程跟踪、调整和控制的技术。在整个过程中，地质尽可能提前提供储层展布方向，下达前进方位指令；钻井精心实施，严格控制井眼轨迹。

地质导向技术是保持井眼轨迹尽可能位于油层中的重要技术手段。随着钻井技术不断进步，哈得逊油田薄砂层油藏开发在常规水平井定向钻井基础上，先后采用了常规地质导向、旋转地质导向等技术。

1. 常规地质导向技术

常规条件下的薄油层钻井地质导向技术，是指基于常规油藏描述、地质、录井、测井等常规技术条件下的地质导向技术，常规条件下的钻井地质导向技术工作流程如图 5-11 所示。

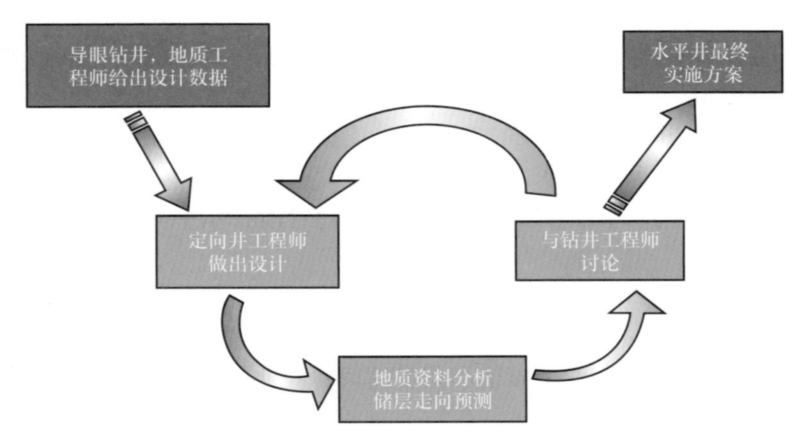

图 5-11　常规条件下的钻井地质导向技术工作流程图

技术要点包括：油藏的精细描述、导眼井校正、现场跟踪研究和调整、水平井井眼轨迹与油藏关系的测井解释等几个方面。

油藏精细描述技术。利用实钻地层标定，VSP 测井、声波测井约束反演等技术对油藏进行精细描述，从相对宏观的角度准确描述储层分布规律，为水平井钻井井眼轨迹控制提供依据。

导眼井校正技术。测井深度与钻具深度校正，消除两套系统的误差，将实施钻井工程时的储层垂深统一到钻具深度上来。用导眼井实钻资料、地层倾角处理成果重新校正油藏构造，进一步落实储层的展布规律。

现场跟踪研究和调整技术。在目的层上方选定几个区域分布稳定，且与目的层之间厚度变化幅度小的标志层进行深度和厚度的预测，在实钻过程中根据钻遇的标志层垂深与预测垂深等进行对比分析，及时逐次调整，以达到精确控制水平井 A 点入靶的目的。

2. 旋转地质导向技术

动力钻具和旋转导向钻井系统是目前应用最多的定向钻井工具。但使用动力钻具在滑动钻进时无法获取随钻测井成像及方向性测量数据，给地质导向带来一定的困难。同时，应用导向动力钻具(螺杆)导向钻井，在滑动导向模式下，钻柱不旋转，贴靠在井底，钻头只在内部转子带动下旋转。因此，作用在钻柱上的摩阻力的方向是轴向的，在大斜度井和水平井的钻井过程中，常常会导致给钻头加压困难，即现场通常所说的“托压”严重的问题；在调整井眼轨迹时容易造成“台阶”，使得井眼不光滑；由于钻柱不旋转，不利于携岩，从而在井底易形成岩屑床，增加了卡钻风险。由于以上不利因素，降低了施工效率，增加了作业风险。因此，石油界开始了对旋转导向钻井系统研究，斯伦贝谢、哈里伯顿、贝克休斯等公司也逐步推出了旋转导向钻井系统。

旋转地质导向钻井系统可以在旋转钻进过程中实施定向，全过程都可以获得成像数据，与近钻头井斜和近钻头伽马相结合，为地质导向进行精确井眼轨迹控制提供有力的帮助。旋转导向钻井通过钻井液脉冲方式来实现井下仪器与地面的双向通信，控制井下仪器单元改变工具面的指向，进一步提高了作业效率和降低了作业风险。

二、已推广的地区、规模及效果

为了进一步提高哈得逊油田薄砂层储层钻遇率，先后引进贝克休斯、斯伦贝谢等公司先进的旋转地质导向钻井技术，并在钻井实践中不断完善、改进，对整个哈得逊油田薄砂层油藏高效开发起到了巨大支撑作用。旋转地质导向技术在塔里木油田的推广应用，整体上分为三个阶段。

第一阶段：2012 年及以前，在哈得逊油田个别高难度水平井进行先导试验，共使用 4 井次，仅在水平段使用，属于试验及工具改进阶段。

第二阶段：2013—2015 年，在哈得逊油田薄砂层油藏规模化应用，并推广至东河砂岩，累计使用 33 井次，不断改进工具，适应超深水平井需求，在哈得逊油田使用效果较好，大幅提升了储层钻遇率，同时大幅降低了综合费用。

第三阶段：2016 年至今，在塔里木碎屑岩老区全面推广应用，目前已推广到了东河、塔中 4 等油田，实现随钻方位电阻率、方位伽马、中子密度等测量，各区块油层钻遇率整体提升，实现水平井优质钻井。

目前，旋转地质导向技术已从哈得逊油田薄砂层油藏推广应用至哈得逊油田东河砂岩油藏、塔中志留系以及东河老区碎屑岩等区域，累计使用 53 井次。

1. 哈得逊油田薄砂层油藏应用

自 2013 年推广旋转地质导向技术以来，哈得逊油田东河砂岩储层钻井累计使用 35 井次，定向周期由常规定向 65 天降低至 34 天左右，水平井钻完井周期逐年降低，提速效果显著，其中 HD10-1-1H 井创下哈得逊油田薄砂层油藏旋转地质导向施工最短周期纪录，定向段进尺 725m，仅消耗 23 天。使用旋转地质导向技术后，井身结构由常规水平井优化为超长水平井，水平段长度由 300m 提升至 636m，同时储层钻遇率逐年提升，平均储层钻遇率由常规定向的 55. 43%提高至 91. 3%（图 5-12），而平均单井日产量提高 1 倍以上。

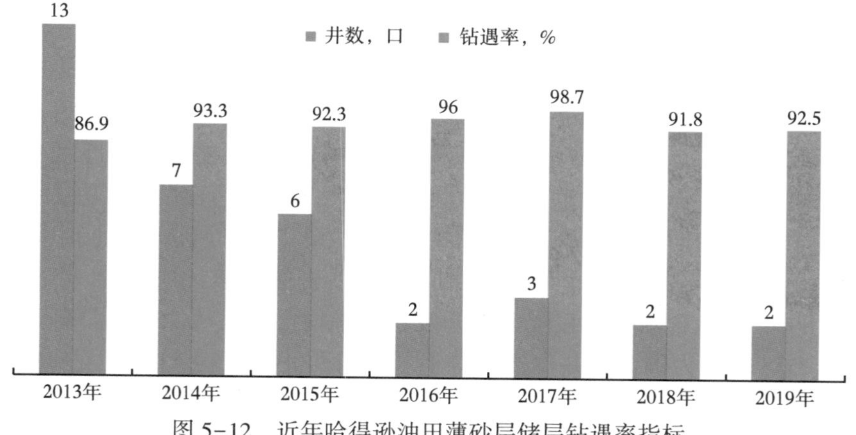

图 5-12　近年哈得逊油田薄砂层储层钻遇率指标

以 HD10-1-4HF 井为例，其南分支设计目的层位为中泥岩段薄砂层 2 号、3 号、4 号层，厚度分别为 1.03m、1.06m、0.75m 左右，且地层倾角在横向上变化较大，对地层、地层自然造斜规律不清楚，井眼轨迹控制难度较大（图 5-13）。

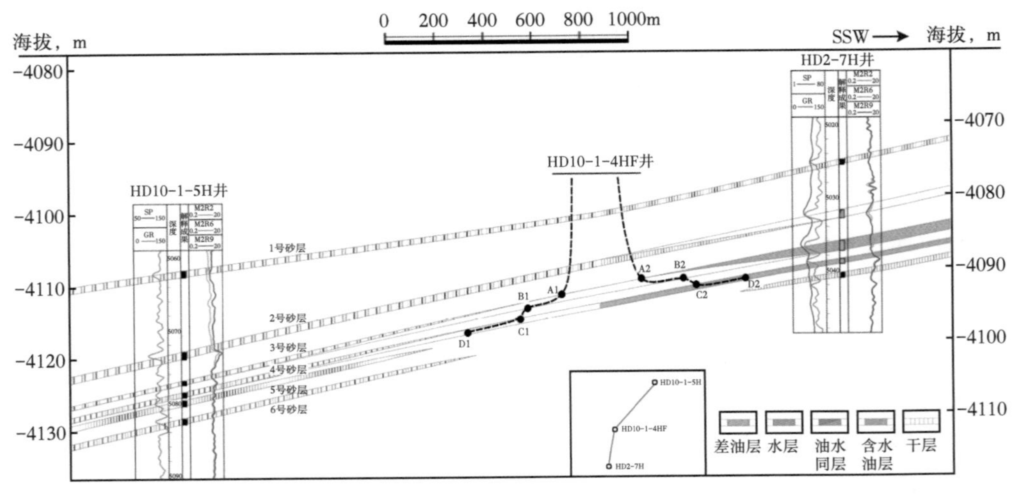

图 5-13　过 HD10-1-5H 井—HD10-1-4HF 井—HD2-7H 井油藏剖面图

为提高储层钻遇率，同时保证机械钻速，采用了斯伦贝谢公司旋转地质导向技术 Archer+ Periscope+ Telescope。4 号层钻进过程中，由于仪器问题导致出层 40m，现场地质导向师根据地层倾角实时调整地质模型，要求定向工程师优化调整井斜，从而保证储层钻遇率（图 5-14）。当钻进至 5777.5m/垂深 5059.6m 短起完后，近钻头井斜突然增至 90.8°，预计井底 90.85°，近钻头平均伽马 52API，上伽马 57API，下伽马 51API，工具面 180/75%，表现出降斜很困难。继续钻进至 5782m（垂深 5059.54m），近钻头上伽马 66API，下伽马 51API，预计井斜 90.9°，修改工具面 180/100%，进尺 40m 后，井深至 5822m（垂深 5059.92m），井斜 88.88m，井眼又回到储层当中。

2. 哈得石炭系东河砂岩储层应用

水平井开发是延缓东河砂岩底水锥进、避免油井过早见水的关键手段。哈得石炭系东河砂岩储层发育底水，开发中后期底水抬升，如何精准控制井眼轨迹位于储层上方以保证有效避水高度显得尤为重要。另外，边部油藏储层分布非均质性及构造不稳定性增加；地层倾角不稳定，油水界面不统一，隔夹层发育且不稳定，油层厚度薄且厚度不稳定，对钻遇率有很大的挑战。为有效规避底水，也逐步探索使用了具备“探边功能+储层实时评价”功能的旋转地质导向技术，及时判断油层油水关系，及时调整目的层，同时大大提高油层钻遇率，提升油井开采效果。哈得逊油田东河砂岩储层累计应用 11 井次，平均储层钻遇率达 99.8%，平均含水率明显降低，开发初期平均含水率从 75.3%下降至 30.5%。

以 HD11-5-3H 井为例，该井位于哈得 1 号圈闭西北部哈得 111 井区，油藏含油边界以外，具有构造及油水界面不确定、隔夹层发育不稳定、油层厚度不确定等多种挑战（图 5-15）。实钻中在设计主力储层判断水淹情况下，应用斯伦贝谢 PeriScope HD 高清多

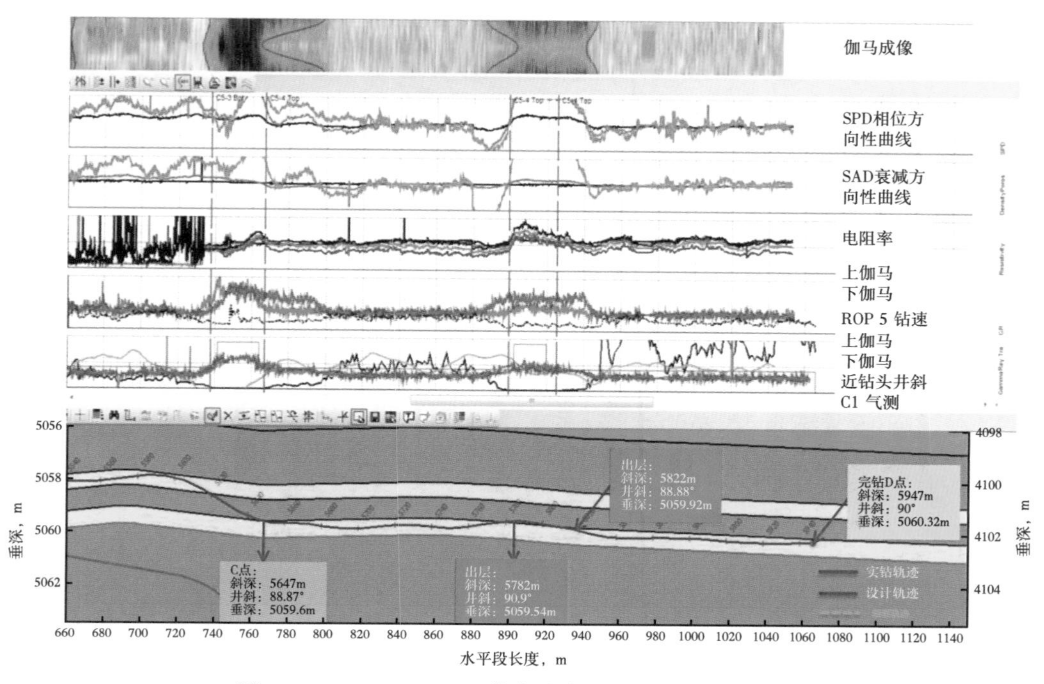

图 5-14　HD10-1-4HF 井南分支井地质导向完钻模型

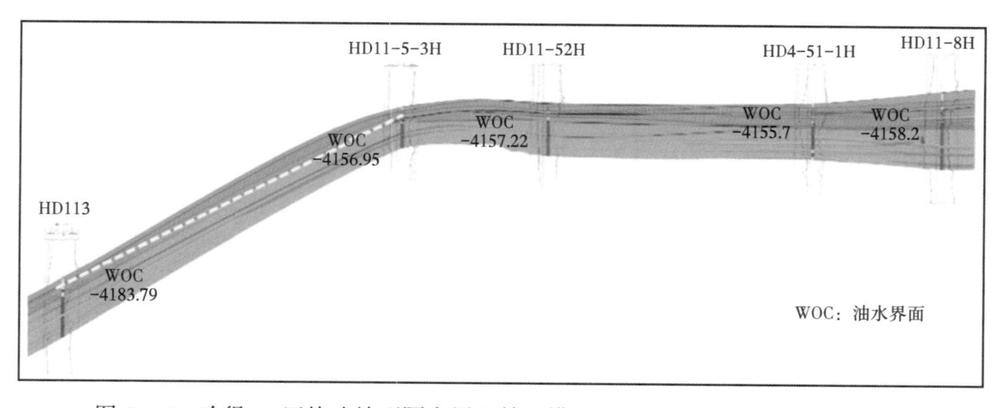

图 5-15　哈得 11 区块连续型隔夹层和储层横向变化共同约束的边水水淹模式

边界地层探测技术以及 NeoScope 随钻测量，清楚地识别出储层的油和水，有效将水平段井眼轨迹控制在目的层中上部，成功实现利用水平井有效动用主力油藏顶部夹层遮挡型超薄（1m）剩余油，水平段 299m，钻遇率 90.96%（图 5-16），投产初期日产油 41.9m^3，生产状况平稳，成功救活一口失利井。

3. 塔中志留系、东河侏罗系老区碎屑岩储层应用

塔中石炭系和志留系、东河侏罗系老区碎屑岩同样面临着水平井目标砂体一旦厚度低于 2m，使用常规定向手段开发难度很大的难题，采用常规定向钻进，若水平段调整次数多，对后期作业包括储层改造等施工有负面影响。因此，优选旋转地质导向技术来提高储

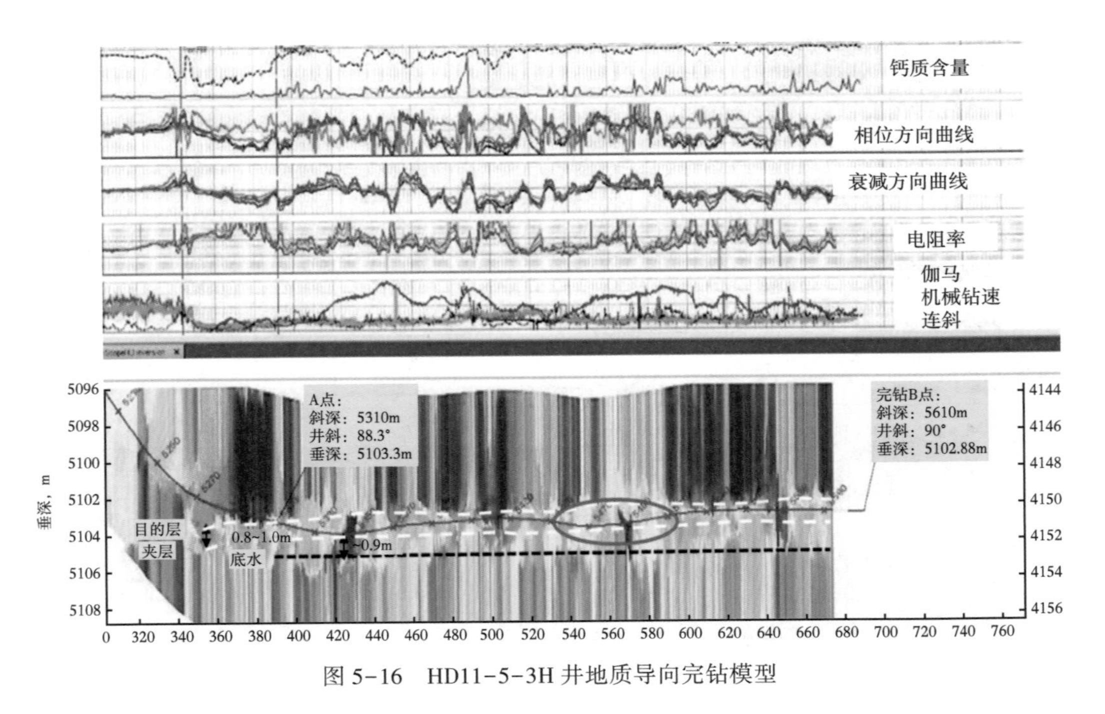

图 5-16 HD11-5-3H 井地质导向完钻模型

层钻遇率，提升水平井开发效果，累计应用 TZ12-H7 井、TZ40-H17 井、TZ168-H2 井、TZ160H 井、TZ231H 井、TZ6-3H 井等 6 井次。

以 TZ40-17H 井为例，该井是部署在塔中隆起塔中 10 号构造带塔中 40 井区的一口开发井，其目的层为石炭系下泥岩段薄砂层油藏，厚度在 1.5~2.0m 之间，砂体沉积相对稳定，分布较均匀，埋深在 4300m 左右(图 5-17)。为提高薄砂层储层钻遇率及提高钻井效

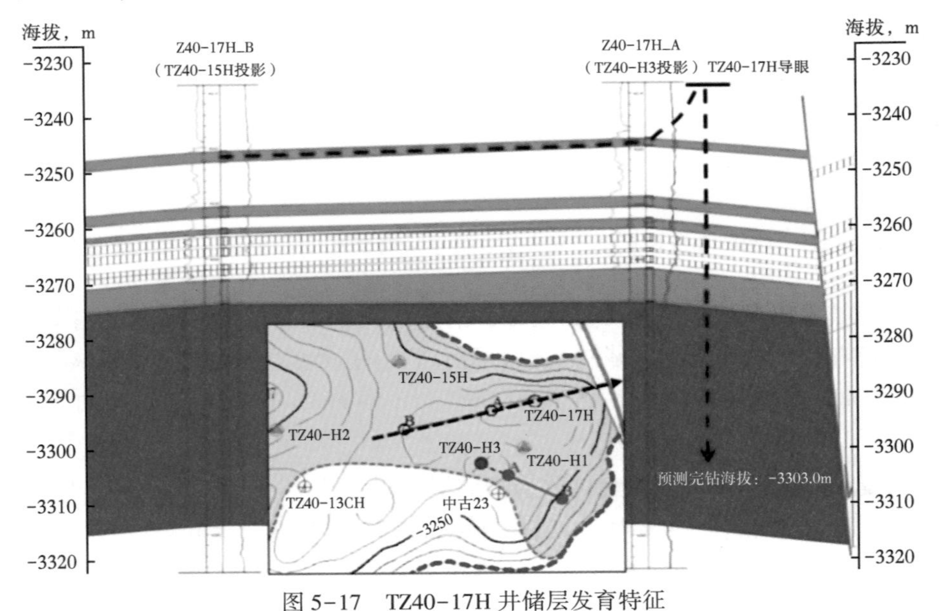

图 5-17 TZ40-17H 井储层发育特征

率，使用贝克休斯新一代旋转导向工具 AutoTrak GT4G 完成旋转地质导向钻进作业。两趟钻顺利完成三开 643m 旋转地质导向施工，纯钻时间 97.4h，整体机械钻速比较稳定，平均机械钻速 6.6m/h，较邻井提高 32%，水平段共 517m，储层钻遇率达到了 97.68%（图 5-18）。

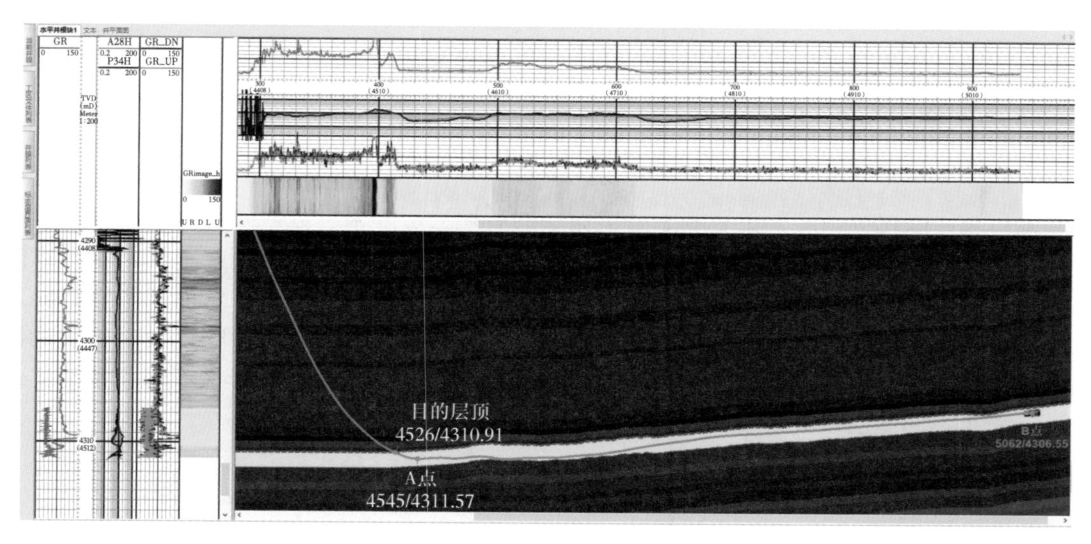

图 5-18　TZ40-17H 井地质导向完钻模型

第四节　选择性固井工艺应用

一、选择性完井概述

选择性完井是割缝衬管或割缝筛管完井方法的一种，通过下入衬管或筛管与套管的组合管柱，配套使用盲板、管外封隔器、开孔短节等固井辅助工具，实现储层段衬管或筛管完井、储层以上段注水泥封固。该工艺储层伤害小，多用于低渗透产层完井或固井后需要实施压裂、酸化等增产措施的井；也可以用于层间封隔要求高且必须保证储层不受水泥浆伤害的井。因此，该工艺非常适用于哈得逊油田薄砂层低丰度油藏。

最基础的选择性完井工艺采用“筛管+盲板+旋流开孔短节+套管+悬挂器”的管串结构，水泥浆通过旋流开孔短节返出，封固油层上部井段。该方式一定程度上结合了套管固井和筛管完井的优点，但存在水泥浆下沉伤害储层堵死筛管的风险，不能实现分层开采、找水堵水的效果。在该工艺的基础上，塔里木油田积极优化改进选择性完井工艺，采用“筛管+盲板+机械式管外封隔器+机械开孔短节+套管+悬挂器”或“筛管+盲板+液压式管外封隔器+液压分级箍+套管+悬挂器”的管串结构，并在哈得逊等不同区块取得成功应用。由于管外封隔器的使用，使得注水泥封固层段具备了选择性，对多层系油气藏能够实现只固隔层不固油气层：既可以防止水泥浆伤害油气层，又可以实现层间封隔，为油层改造提供有利条件，是提高哈得逊油田薄砂层油藏水平井综合开发效益的有效手段。

选择性完井技术的关键是固井工具的选择及固井工艺方案的确定。目前生产选择性固井配套工具的厂家较多，技术参数不尽相同，工艺类型差异大，尚未形成统一的选择性固井技术方案及施工作业标准。其中，国内主要生产厂家有德州大陆架、安东石油、渤海钻探工程技术研究院、华北油田采油工艺研究所；国外主要厂家有哈里伯顿、贝克休斯 TAM 公司和 TAM 公司威德福。在现场施工作业过程中，封隔器坐封位置选择、井眼准备等配套工艺措施也都成为直接决定选择性固井成功与否的关键。

二、选择性完井工艺优点

选择性完井工艺既可以保证水泥浆不伤害封固段以下的产层，又能保证后期可以对产层实施压裂、酸化等措施，更有利于各类储层的后期分层开采、分段酸化以及找水、堵水等作业，同时投产后有明显更长的低含水生产时间。作为一种特殊的完井方式，管外封隔器的坐封位置可以根据具体井况加在封隔层的顶部、底部或中间位置，从而选择性封固复杂层段，避开水层对主力储层的影响，实现水平井段复杂储层的有效封隔以及其他复杂性储层的选择性开采；同时为后期分层酸化、多段改造、动态监测、找堵水等作业留下工作通道，满足不同储层多种开发模式的需要。

三、选择性完井管串结构

根据管外封隔器和开孔工具种类的不同，目前塔里木油田在用的选择性固井工艺管串结构主要有两种类型：

(1)筛管+盲板+管外封隔器(机械式)+机械开孔短节+套管+尾管悬挂器；

(2)筛管+盲板+管外封隔器(液压式)+液压开孔短节(分级箍)+套管+尾管悬挂器。

其中，哈得逊油田薄砂层油藏选择性固井工艺采用的是第二种管串结构(图 5-19)，

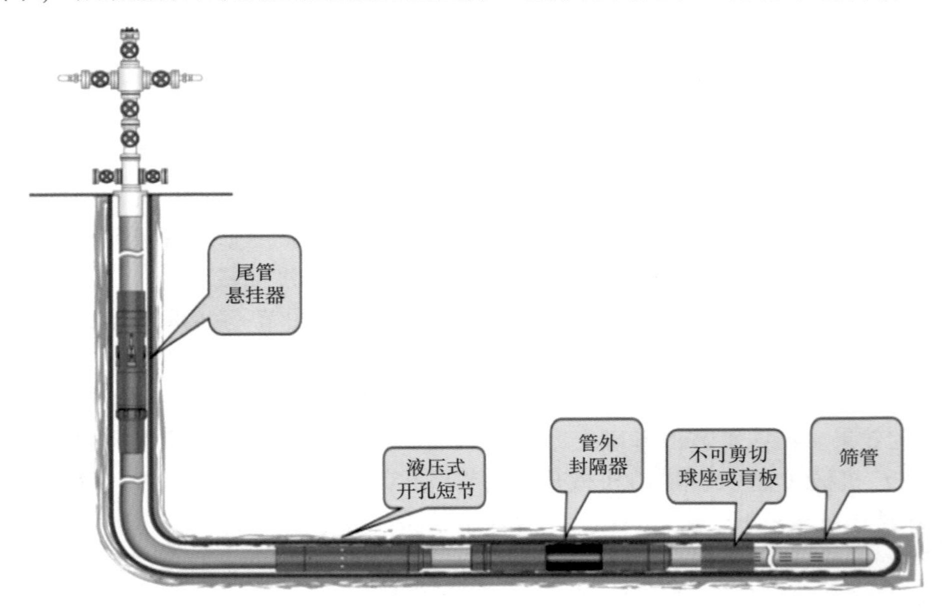

图 5-19　哈得逊油田选择性固井工艺管串结构示意图

配套使用液压式管外封隔器和液压式分级箍（图5-20）。

首先，通过三级压力系统分别实现悬挂器坐挂、封隔器胀封、液压式开孔短节（分级箍）开孔，然后在液压开孔短节（分级箍）以上套管段注替水泥浆，替浆到量后碰压关孔，实现储层以上注水泥、储层段筛管完井，有效避免了水泥浆下沉导致的筛管堵塞及储层伤害问题。基本作业程序如下：

（1）下送尾管到设计井深；

（2）投球、候球入座；

（3）悬挂器坐挂，憋压7~8MPa；

（4）封隔器胀封，憋压12~13MPa；

（5）分级箍开孔，憋压18~20MPa；

（6）注替水泥浆；

（7）碰压关孔，碰压压力附加5MPa；

（8）起钻、循环洗井。

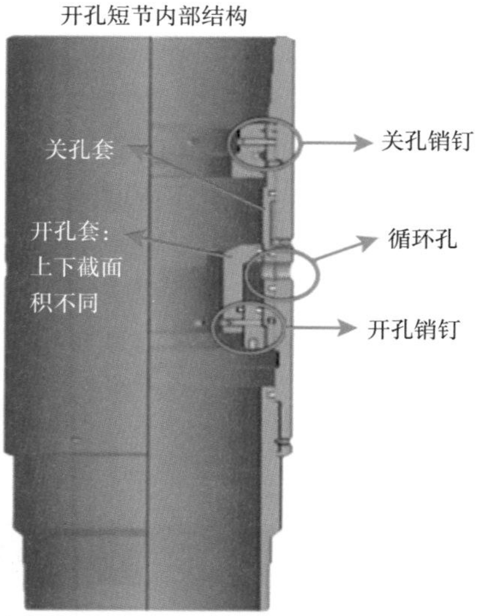

开孔：憋压剪断开孔销钉，开孔套下行，打开循环孔
关孔：关孔塞机械力剪断关孔销钉，关孔套下行关孔

图5-20　液压式分级箍结构图

该工艺的主要难点在于：（1）压力级差的设计和控制；（2）管外封隔器的密封效果。若压力级差设计过小或压力控制不准，造成作业程序混乱，则难以进行下步作业；若封隔器密封失效，固井仍漏失，水泥浆下沉堵塞筛管，则失去选择性固井意义。

与其他选择性固井工艺方案相比，该方案操作流程简单，与常规尾管固井工艺操作流程相似，注替结束关孔后可直接起钻，钻具相对安全，同时管外封隔器的使用有效防止了水泥浆下沉，对于容易漏失、且钻井液触变性弱的固井作业适应性较强。其优缺点对比见表5-3。

表5-3　哈得逊油田选择性完井工艺优缺点对比

选择性完井方案	优点	缺点
坐挂悬挂器	直接憋压坐挂，操作简单	压力级差设计和控制难度大
坐封封隔器	直接憋压胀封，操作简单	
打开循环孔	直接憋压开孔，操作简单	
注替水泥浆	钻具相对安全	—
关孔	机械关孔，工艺成熟	对关孔塞质量和滑套密封性要求高
适应性	适应于钻井液触变性弱且漏失风险高的井	

四、配套工具介绍

选择性固井工艺中最重要的配套工具是管外封隔器和固井开孔工具（一般是分级箍）。哈得逊油田薄砂层油藏一般都是深井水平井开采，井况比较复杂，对配套固井工具在高温、高压及复杂井况下的性能及可靠性要求也相对较高。

1. 管外封隔器

1）结构及工作原理

管外封隔器（简称 ECP）的基本结构大体相同（图 5-21），主要由橡胶筒、中心管、阀箍等组成。中心管为一短套管短节，可直接与套管串连接；橡胶筒是一种承受高压的可膨胀密封原件，它的各项指标决定了管外封隔器性能，要求胶筒的膨胀量达到 1.5～2.5 倍，能与不规则的裸眼井壁形成可靠的压力密封，封隔环空压差；阀箍上装有两只断开杆和三个并列串联在一起的控制阀，在施工中可准确地控制管外封隔器坐封，不必担心提前密封或胀破橡胶筒，且阀箍中有过滤装置，可防止钻井液中的颗粒物堵塞阀孔及进液通道。

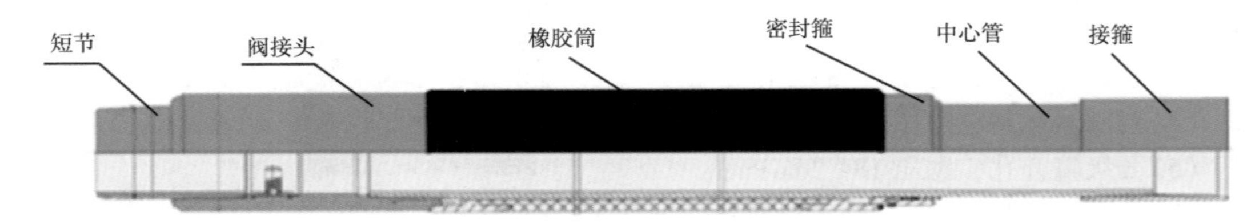

图 5-21　管外封隔器示意图

管外封隔器的工作原理（图 5-22）：根据地质及后期开发要求将其下入所需层位，选择井眼规则、井径扩大率小的井段，安装管外封隔器，待其准确到位后投胶塞（此时未用盲板），然后通过地面打压设备小排量憋压，达到一定开启压力时开启阀的销钉剪断，高压流体介质打开单流阀，经关闭阀进入胶筒的膨胀腔内。在压力作用下封隔器膨胀变形与井壁紧密接触形成密封，实现封闭和分隔环形空间。当膨胀腔内的压力达到一定值时，关

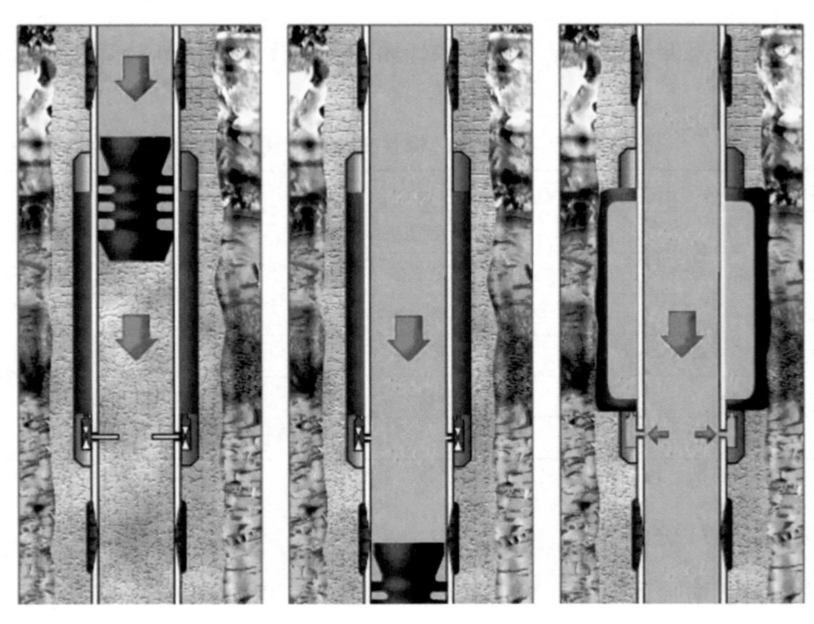

图 5-22　管外封隔器工作原理示意图

闭阀的销钉剪断，回压推动关闭阀将进液孔堵死。此时套管内压力的变化不会对管外封隔器胶筒膨胀腔产生影响，胶筒外表面紧密作用在相应的井壁上，对井壁产生足够大的径向压力，实现安全坐封。

管外封隔器阀系作用机理如图 5-23 所示，钻井液或水泥浆通过进液阀和限压阀进入胶筒的膨胀腔内(第 1~2 步)；当压力达到一定值后，限压阀上销钉剪断，限压阀关闭，形成永久密封(第 3~4 步)。

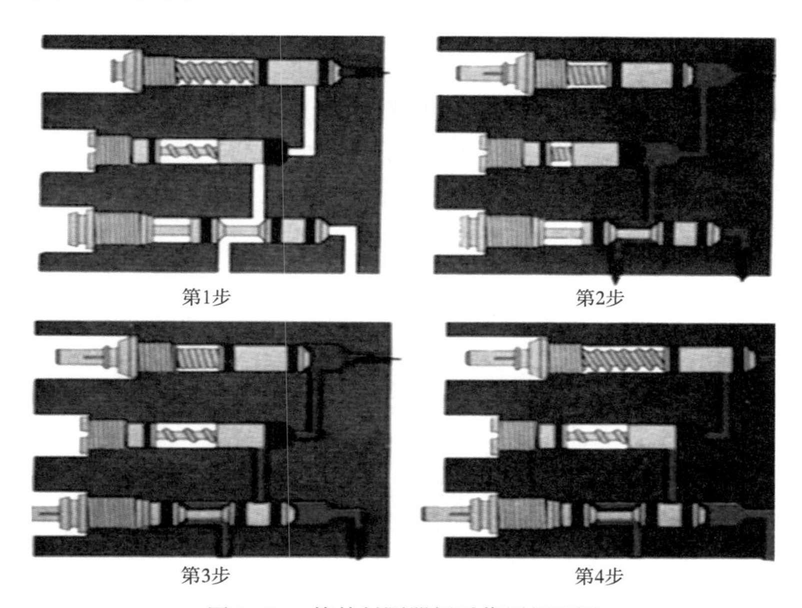

图 5-23　管外封隔器阀系作用机理图

通过现场施工的压力曲线记录图可知(图 5-24)，管外封隔器在胀封的过程中要经历三个阶段：(1)缓慢打压至进液孔打开压力，封隔器开始进液；(2)缓慢打压至关闭压力，胀封管外封隔器及关闭进液孔；(3)泄压后，再次打压至关闭压力，验封。在管外封隔器

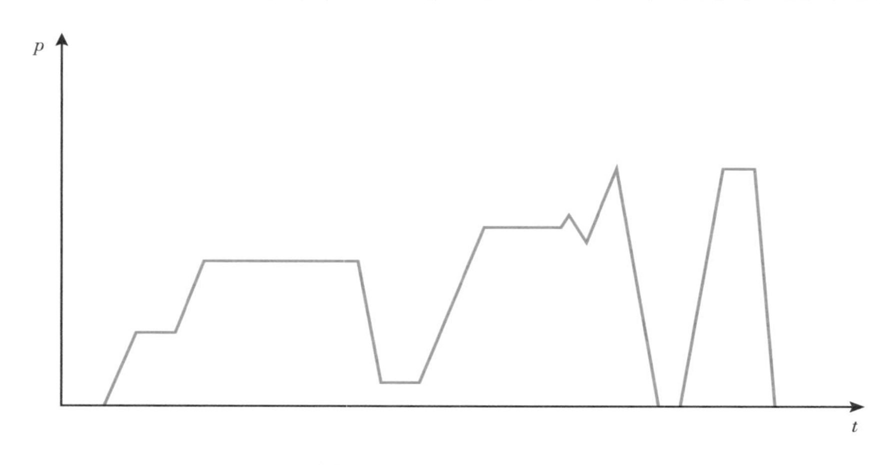

图 5-24　管外封隔器打压胀封时的压力曲线图

胀封的过程中，对压力的控制要求极为严格，打压设备必须能够满足小排量平稳打压、阶梯打压、缓慢泄压等要求，设备仪表要灵敏可靠，并且具有打压过程压力曲线的记录。过大的压力波动可能导致管外封隔器提前关闭进液孔，因胀封不到位导致不能正常工作，也不利于记录压力曲线判断管外封隔器在井下的工作状态。因此，要求在施工过程中，打压胀封过程压力控制要灵敏可靠，实现缓慢打压和阶梯打压的要求。

若管外封隔器胀封井段地层岩性较软或裂缝发育，将严重影响管外封隔器的封隔效果。另外，管外封隔器的承压能力与其胀封位置的井径大小有关。在一定的胀封范围内，其承压能力随胀封井径的扩大而降低。塔里木油田水平井井况比较复杂，砂泥岩和石灰岩储层处于同一裸眼段，水敏性强、井径变化严重。若管外封隔器坐封位置井眼扩眼率较大，会降低管外封隔器胶筒承受压差的能力，在管外封隔器上下压差较大的情况下，胶筒可能会受损失效。因此胀封位置要求地层岩性稳定、致密、强度高，以保证管外封隔器的封隔效果。

2) 主要类型

管外封隔器主要分为机械式、液压式和遇油遇水膨胀式。在选择性固井中应用的主要是液压式管外封隔器。

液压式管外封隔器按照膨胀介质的不同，可以分为水力膨胀式和水泥浆膨胀式：水力膨胀式管外封隔器通常以钻井液为膨胀介质，施工工艺简单，主要应用于固井临时密封或非热采井的长期封固；水泥浆膨胀式管外封隔器的胶筒较长，密封性能大幅度提高。水泥浆膨胀式管外封隔器由于采用超缓凝水泥浆作为膨胀介质，具有明显的优点：凝固的水泥可以防止由于装在阀体、滑块或固定套上的弹性元件破坏而导致的封隔器失效；可忽略膨胀介质的热胀冷缩引起的密封失效及封隔器破裂条件下承受开采或增产措施中的温度变化；可承受较高的压差和更大的轴向载荷。但是，其施工过程较钻井液介质复杂，风险也相对更高。

2. 固井开孔工具

塔里木油田选择性固井工艺所配套的开孔工具主要有旋流短节和分级箍，根据打开方式不同，分级箍分为液压式分级箍和机械式分级箍。其中哈得逊油田薄砂层油藏使用的主要是液压式分级箍。

1) 工具原理及主要参数

根据帕斯卡定理，液体内部的压强处处相等，当压强相等而面积不相等时，作用在不同面积上的压力也不同。压差式分级箍就是利用这个物理原理工作的：开孔座上下截面积不同（上截面积大于下截面积）导致产生一个向下的力，从而剪切销钉，实现分级箍开孔；为保证密封性，压差式分级箍在其关闭套和打开套与本体之间使用了密封材料，以此避免环空压力和套管内压力连通。憋压开孔后，开始注水泥作业。注水泥结束，打入上胶塞，在关孔套处碰压，关孔，止退环弹开，永久关闭。待水泥凝固后，下相应钻具，钻掉分级箍内部结构。这种操作特征允许压差式分级箍适用于大斜度井、水平井的分级固井作业，因此可与管外封隔器一起联用，进行选择性固井作业。国内外主要厂家液压式分级箍参数情况见表 5-4。

表 5-4　国内外主要厂家液压式分级箍参数表

厂家	尺寸范围	关键参数
哈里伯顿 ES-Type-H	114.3~339.7mm	打开压力：8.27~22.75MPa 关闭压力：3.79~9.62MPa 密封压力：25MPa
贝克休斯 PAC	88.9~244.5mm	打开压力：12.66~21.59MPa 关闭压力：6.62~7.41MPa 密封压力：35MPa
安东石油	114.3~244.5mm	打开压力：18~22MPa 关闭压力：3~10MPa 密封压力：35MPa
德州大陆架	139.7~365.1mm	打开压力：17~18MPa 关闭压力：5~6MPa 密封压力：50MPa

2) 工具风险及应对措施

液压式分级箍由于井深、井眼不规则、下放过程遇阻卡时猛提猛放或钻井液性能黏切较大等因素影响，存在提前开孔、无法开孔或无法关孔等风险。工具主要存在的风险及应对措施如下。

(1) 分级箍在下入过程中，由于套管下放速度过快或钻井液黏切过大等原因，可能导致激动压力过大，甚至大于分级箍的密封压力，在较大激动压力作用下，套管内外的液体压力将连通，此时，若作用在套管外传递到套管内的压力超过了压差式分级箍的打开压力，就可能发生压差式分级箍提前打开。由于管外封隔器未坐封，如果直接固井施工，将在筛管部分形成水泥环及混浆带，堵塞油流通道，后期只能在筛管段进行射孔补救，不但会造成筛管报废，而且会降低油气层产能。因此，密封性能和密封压力是评估筛选液压式分级箍的关键参数，管串入井的激动压力是破坏压差式分级箍密封性能的主要因素，工具下入之前一定要准确计算激动压力，调整好钻井液性能、严格控制下放速度，避免出现分级箍提前开孔事故。

(2) 分级箍下入设计位置后，加压至分级箍工作压力而分级箍无法打开。这种情况下可以采用开泵憋压、泄压的疲劳方式剪断销钉进而打开分级箍，或者进行射孔作业，打开固井通道后进行施工。

(3) 固井后释放胶塞，顶替至分级箍位置，实现碰压后，分级箍关闭不严。这种情况下通常采用憋压候凝的方法，通过在套管内施加一定泵压，防止回流。

五、应用效果

哈得逊油田薄砂层油藏从 2014 年开始陆续在水平分支井中试验选择性固井工艺，现场施工过程顺利，工艺应用效果良好，有力保障了薄砂层油藏水平井的长期稳定投产。该工艺丰富了哈得逊油田薄砂层油藏水平井完井技术手段，满足了不同的开发要求，为提高哈得逊油田薄砂层油藏水平井单井产量和采收率提供了重要的技术途径，较其他完井方式具有更好的经济性和适应性。

目前该工艺体系已在 HD10-1-4HF、HD10-5-1HF 等分支水平井成功应用，并取得了良好的效果。以 HD10-1-4HF 分支水平井为例，管串结构如图 5-25 所示。

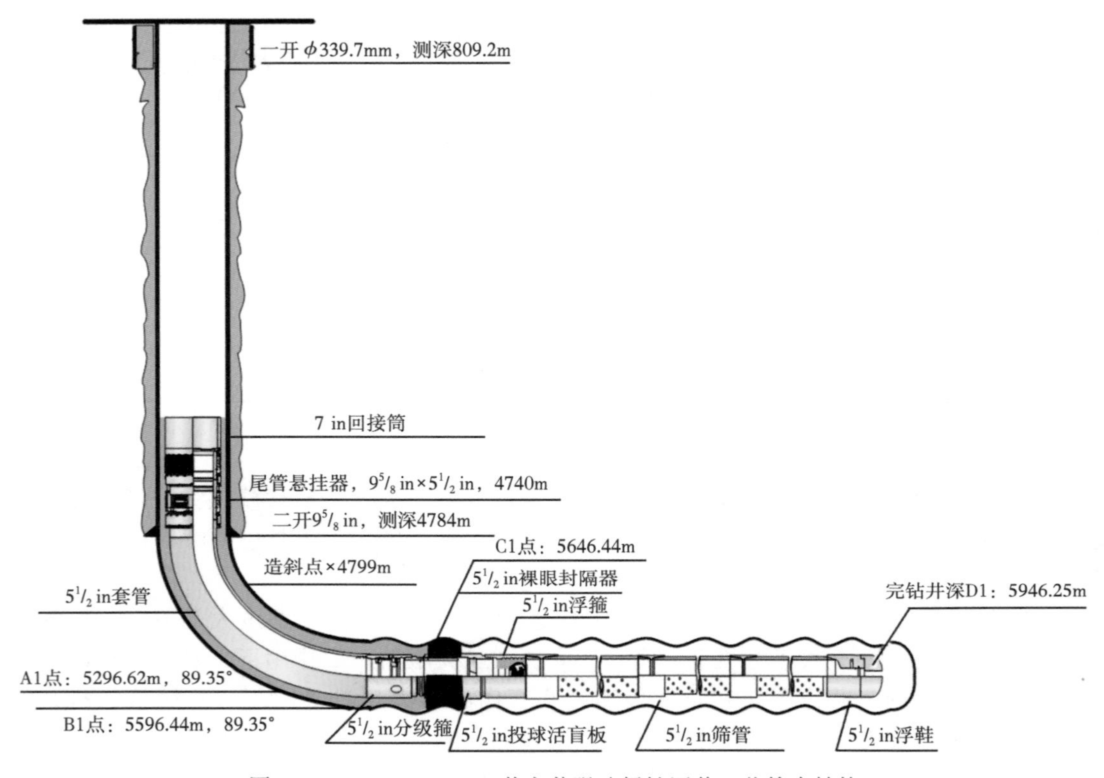

图 5-25　HD10-1-4HF 井主井眼选择性固井工艺管串结构

该井水平段采用 5½ in 筛管，斜井段和重合段采用 5½ in 套管，配合使用投球盲板、液压式管外封隔器和液压式分级箍等辅助工具，现场工艺操作流程如下：

(1)依据管柱设计连接引鞋、筛管、浮箍、活盲板、裸眼封隔器、分级箍、套管、悬挂器、送入钻具；

(2)送入尾管至设计位置，上提悬重 190t 不能提活，下放称重 170t，计算拉伸量 1.2m；

(3)投球，以 35 冲(170mm 缸套)的排量送球，83min 后球到位打压至 12 MPa，坐挂液压式尾管挂，下压钻具重量 30t 确认尾管挂坐住后，继续打压到 17MPa，稳压 5min，坐封裸眼封隔器，同时脱手服务工具；

(4)上提至中和点再上提 0.5m，悬重 165t 不变，丢手成功；

(5)打压至 20MPa，稳压 10min，充分压缩裸眼封隔器；

(6)缓慢打压到 24MPa，打开分级箍，建立循环；

(7)按照固井设计，泵送前置液、水泥浆，投钻杆胶塞、泵送 0.5m^3 水泥浆压胶塞，继续泵送顶替液直至与尾管胶塞复合，顶替压力过大，未看到明显的复合压力；

(8)胶塞到达分级箍前 $2m^3$，降低排量至 $1m^3/min$，碰压后，打压至 24MPa，稳压 5min，关闭分级箍；

(9)泄压，无回流，分级箍关闭成功；

(10)上提管柱 3.5m，同时下压 30t 钻具重量坐封顶部封隔器；

(11)打压 10MPa，上提服务工具至压降，迅速开泵循环，清洗多余的水泥浆。

该井选择性固井施工过程顺利，全过程未漏。测井结果显示斜井段合格率 54%，优质率 46%。后期试油及生产过程中均未见异常，平均日产油 46.5t，累计产油 8.7×10^4t，明显高于同区块其他井，增产效果明显，见表 5-5。

表 5-5　哈得 10 井区水平井产油量统计

井号	日均产量，t	累计产油，10^4t
HD10-1-1H	3.32	1.94
HD10-1-3H	2.42	5.08
HD10-1-4HF	46.50	8.68
HD10-1-5H	1.52	1.16
HD10-1-H2	7.55	5.21
HD10-2-11H	0.84	0.27
HD10-3-1BH	8.77	0.83
HD10-3-3H	3.00	3.66
HD10-3-H1	9.19	2.06
HD10-3-H2	37.84	8.21
HD10-5-2H	15.84	4.67
HD10-6-1H	18.52	5.96
HD10-6-H2	10.39	5.53

参考文献

[1] 雷军，黎强，张建良，等．哈得油田双台阶水平井钻井的实时跟踪——以 HD10-HX 井为例[J]．长江大学学报(自科版)，2015，12(17)：46-49.

[2] 荣宁，吴迪，韩易龙．双台阶水平井在塔里木哈得油田的应用及效果评价[J]．油气井测试，2006，15(5)：31-32.

第六章　超深超薄储层酸化改造增产新技术

针对哈得逊油田薄砂层油藏油层埋深大、常规酸化只能解决近井地带伤害且酸化后二次伤害严重、造成酸化有效期短、酸化效果差等问题，采用氟硼酸与土酸结合的多功能酸液配方、泡沫酸酸化技术及全新的移动式气举酸化排液技术，在多口油水井的现场应用，效果显著，成功解决了深井深部酸化的难题。同时针对哈得逊油田薄砂层油藏部分采油井打开程度不完善，首次将水平井产能公式与油藏特征相结合，推导出具有哈得逊油田薄砂层油藏特色的水平井产能计算方法，创立了水平井同层补孔理论技术体系，为水平井同层补孔技术参数的界定提供了理论依据。

第一节　哈得逊油田薄砂层油藏储层评价

一、储层特征

哈得逊油田薄砂层油藏油层薄，薄砂层 2 号层由北向南逐渐增厚，厚度 0.3~1.89m，平均 1.2m；3 号层由北向南逐渐增厚，厚度 0.4~2.2m，平均 1.6m；4 号层北厚南薄，厚度 0.36~1.5m，平均 0.9m；5 号层厚度变化较大，为 0.3~2.12m，平均 1.3m。油藏类型上，薄砂层 2 号、3 号层为层状边水油藏，薄砂层 4 号、5 号层为岩性油藏，天然能量整体不足。岩心物性分析资料表明，薄砂层 2 号、3 号层储层物性相对较好，以中孔中渗透储层为主，4 号层物性较差，主要为低孔中渗透储层，5 号层物性最差，属低孔低渗透储层。

二、储层的非均质性

1. 层内非均质性

层内均质性较强，经计算各砂层渗透率变异系数均值大于 0.70，其中 3 号层含油区的渗透率变异系数为 0.77，非均质程度相对最弱，5 号层含油区的渗透率变异系数最大，层内非均质性较强。

2. 层间非均质性

哈得 1 井区 2 号、3 号层物性最好，其次为哈得 10 井区 2 号、3 号层，4 号层次之，5 号层物性最差。物性最好砂层的孔隙度、渗透率分别是物性最差砂层孔隙度、渗透率的 1.6 倍和 9.9 倍，层间存在较强非均质性。

3. 平面非均质性

根据各小层的厚度、规模、连续性以及小层内部孔隙度、渗透率的平面变化开展平面非均质性评价，经计算平面上渗透率变异系数大多在0.7以上，主要以强非均质为主。

面对如此强的非均质薄储层，油藏实际开发过程中单井储层钻遇率偏低，井眼轨迹附近隔夹层发育、孔隙度渗透率低等现象普遍，必须寻找出一套与该类油藏配套的储层改造技术。

第二节 深层砂岩酸化技术

一、深层砂岩油藏氟硼酸酸化技术

针对哈得逊油田薄砂层油藏油层埋深大，常规酸化只能解决近井地带伤害且酸化后二次伤害严重，造成酸化有效期短、酸化效果差等问题。采用氟硼酸与土酸结合的多功能酸液配方及全新的移动式气举酸化排液技术，在哈得地区多口油水井的现场应用后效果显著，成功解决了深井深部酸化的难题。

1. 与储层潜在损害有关的储层特征

1）岩性特征

中泥岩段薄砂层岩性为灰色、灰褐色细砂岩、粉砂岩，岩石类型主要为细粒岩屑长石砂岩，含少量长石岩屑砂岩及长石石英砂岩。石英含量低，一般50%~75%；长石含量17%~32%，以钾长石为主，斜长石少量，含量一般小于1%；岩屑含量10%~20%，平均15.6%，以岩浆岩和变质岩岩屑为主，沉积岩岩屑相对较少。

2）填隙物特征

填隙物包括杂基和胶结物，含量平均10.5%，杂基含量低，以胶结物为主，胶结物成分主要为方解石，含少量白云石、铁方解石和铁白云石，白云石、铁方解石和铁白云石的总含量为2%~3%。方解石分布极不均匀，局部富集，含量为0~32%。杂基含量仅1%~4%,成分以泥质为主。

3）岩石结构特征

薄片观察细砂岩中细砂级组分大多在84%~96%之间。粉砂岩中粉砂级组分为95%左右。颗粒分选好，颗粒磨圆次棱—次圆状，砂岩具有成分成熟度低、结构成熟度相对较高的特征。胶结类型多为孔隙—基底式，点—线接触，胶结致密。

4）储层敏感性特征

对该油藏敏感性评价试验结果表明：储层无速敏、无碱敏、中等盐敏、弱水敏和弱酸敏。因此，酸化工艺技术在该油藏是可行的。

5）储层伤害分析

油藏属中孔、中渗透油藏，胶结物质量分数高，黏土颗粒运移，容易堵塞地层；油藏井深超过5100m，水平段长300~400m，钻井、完井、射孔过程中的钻井液、压井液等高pH值流体通常会造成近井地带孔隙空间的部分堵塞。因此，需要增产改造措施来解除地层伤害[1]。

2. 氟硼酸酸化机理研究

1）氟硼酸深部酸化机理

氟硼酸酸化[2]是利用氟硼酸进入地层后，水解生成氢氟酸溶解硅质矿物，解除较深部地层的堵塞，恢复并提高渗透率，增加油井产量和注水井的注入量。化学反应方程式如下。

第一级：HBF_4+H_2O ══ HBF_3OH+HF（反应慢）。

第二级：HBF_3OH+H_2O ══ $HBF_2(OH)_2+HF$（反应快）。

第三级：$HBF_2(OH)_2+H_2O$ ══ $HBF(OH)_3+HF$（反应快）。

第四级：$HBF(OH)_3$ ══ H_3BO_3+HF（反应快）。

氟硼酸第一级水解慢，限制了酸液中 HF 的生成速度。这为氟硼酸进入深部地层创造了条件。随着氢氟酸地层反应的消耗，氟硼酸水解反应进一步深入从而产生更多的氢氟酸。

由于氟硼酸水解生成的氢氟酸浓度很低，通常小于 0.2%，因此在清除近井地层表皮伤害时，处理效果不如土酸，因而氟硼酸通常与盐酸或土酸联合使用。联合使用时，盐酸或土酸的作用是解除近井地带的堵塞，氟硼酸的作用是解除地层深部的伤害。

2）*氟硼酸稳定黏土的机理*

通过在地层中水解生成的氢氟酸溶解黏土矿物及颗粒后，被溶蚀的黏土会覆盖在其表面，封锁了黏土表面离子交换点，降低黏土阳离子交换能力，使潜在的黏土颗粒原地胶结，从而在清除堵塞的同时达到固结黏土、防止微粒运移的目的。

3）*氟硼酸稳定地层胶结物机理*

氟硼酸与岩石反应的速度比常规土酸慢，对岩石胶结物的破坏程度比土酸小，酸化作用距离较远。据资料显示，在 83.3℃时氟硼酸与玻璃片的反应速度是具同样氢氟酸数量的土酸的 1/9，岩石抗压强度比土酸高 30%～50%，最大限度地减少了发生二次伤害的可能性。

3. 酸化处理液配方的确定

哈得逊油田薄砂层油藏采用双台阶水平井开发，水平井伤害形态与直井差异较大，水平井段物性和伤害程度存在差异，为椭圆锥台形状，无法进行分段酸化。因此，为了最大限度清除储层伤害，选择主体酸为低伤害缓速酸的酸液体系，酸液中配以适当的黏土防膨剂、铁离子稳定剂等酸化添加剂。配方见表 6-1。

表 6-1 哈得 11-6H 井酸化液体配方

序号	液体名称	液体配方	配制量，m^3
1	预前置液	5%酸化用增效活性剂+1%黏土防膨剂	7
2	前置酸	10%盐酸+2%酸化缓蚀剂+2%黏土防膨剂+2%铁离子稳定剂+1%破乳剂+2%助排剂+5%酸化用增效活性剂	7
3	主体酸 1	10%盐酸+10%氟硼酸+2%酸化缓蚀剂+2%黏土防膨剂+2%铁离子稳定剂+1%破乳剂+2%助排剂	5
4	主体酸 2	12%盐酸+2%氢氟酸+2%酸化缓蚀剂+2%黏土防膨剂+2%铁离子稳定剂+1%破乳剂+2%助排剂	8
5	后置酸	8%盐酸+2%酸化缓蚀剂+2%黏土防膨剂+2%铁离子稳定剂+1%破乳剂+2%助排剂	17
6	顶替液	清水（顶替后置酸进入地层，避免腐蚀管柱）	20

4. 残酸快速返排技术

在低压、超深油井里，酸化后残酸快速返排对于降低二次伤害和增加酸化效果具有重要作用，抽汲排液法、连续油管注氮气排液法、水力喷射泵注液降压排液法在排液速度和经济成本等方面存在不同的缺陷。哈得超深井井下作业难度大，返排残酸工序往往相对滞后，滞留的乏酸影响酸化效果。

通过对国内外先进采油技术的调研，综合考虑哈得逊油田薄砂层油藏酸化施工的现场特点，创造性地提出了应用成熟的气举采油井下配套技术，结合可以移动的地面制氮注入设备，形成了一套全新的移动式气举酸化排液技术，在 HD11-6H 井酸化现场实施后返排第三天残酸返排率达到 70%以上，返排率[3]大幅提高从而减少残酸对地层的二次伤害，提高酸化效果。返排效果见表 6-2。酸化后该井日增油 11t，酸化效果显著。

表 6-2 HD11-6H 井酸化施工后残酸排液情况

报表日期	工作制度	排残酸，m^3	累计排液，m^3	返排率，%
2009-7-10	移动式气举技术	8.0	8.0	7.94
2009-7-11	移动式气举技术	42.3	50.3	49.90
2009-7-12	移动式气举技术	20.3	70.6	70.04
2009-7-13	移动式气举技术	19.0（残酸+地层水）	89.6	88.89

二、深层砂岩油藏泡沫酸酸化技术

1. 技术背景

塔里木油田水平井非均质性普遍严重，储层改造时常规酸液进入水层比较容易、进入油层相对困难，进入高渗透层比较容易、进入低渗透层相对困难，导致常规酸化技术无法实现均匀布酸和控水酸化。针对这一问题，结合塔里木现场实际，将 35MPa 制氮车更换为 103MPa 液氮泵车，确保施工时氮气供应充足，从而提高泡沫质量；在酸液中添加 10%的甲醇，防止水锁，提高酸化效果；施工排量控制在 0.5～1.0m^3/min 之间，避免大排量强挤，为泡沫酸选择性酸化创造条件。此技术也成功引入了哈得逊油田薄砂层油藏。

2. 泡沫酸的特点及技术优势

泡沫酸主要有以下特点。(1)均匀布酸。酸液进入地层后优先进入高渗透区域，泡沫越聚越多，在孔喉处产生贾敏效应，随着贾敏效应的叠加，酸液越来越难进入高渗透区域，转而进入低渗透区域，达到均匀布酸的目的。(2)堵水不堵油。由于选用的起泡剂为水基类，所以泡沫遇水较稳定，遇油易消泡，酸液更多地进入了油层区域。(3)深部酸化。塔里木油田所用泡沫起泡介质为液氮，由于液氮能更好地降低目的层温度，降低酸岩反应速度，使酸液有效反应距离更长；由于酸液中产生的泡沫大大增加了酸液的体积，使酸液作用的距离更长。(4)易返排。酸化施工结束后，酸液中的泡沫利用其膨胀作用为酸液返排提供了能量。

而对于水平井，泡沫酸酸化具有如下优点：(1)泡沫对渗透率有选择性，酸液均匀进入高低渗透层，提高储层改造程度；(2)泡沫对油水层有选择性，酸液优先进入油层，降低对水层的改造程度，减小水体局部突破的风险；(3)泡沫中气体膨胀能为残酸返排提供能量并具有较强携带能力，可将固体颗粒携带出井筒；(4)泡沫酸是一种缓速酸，能实现深部酸化，并且泡沫酸酸化在前期应用中取得较好效果，因此水平井推荐采用泡沫酸酸化工艺，达到控水、增产、增注等目的。

适用范围：

(1)水平井及多层非均质油层酸化——均匀布酸；

(2)老井的重复酸化——封堵酸溶蚀通道；

(3)油水同层的油井——封堵水层，防止酸化后含水率上升；

(4)低压低渗透油井——残酸彻底返排。

第三节　水平井同层补孔技术

一、水平井同层补孔理论基础

1. 具有哈得逊油田薄砂层油藏特色的水平井产能公式

推导过程如下。

首先给出哈得逊油田薄砂层油藏的一些假设条件：水平井井筒半径为 r_w，水平段长度为 $2L$。

根据有关学者分析，将水平井的三维流场近似分解为近井区域的垂向平面径向流动和远井区域的水平平面径向流动两个部分。其近井区域为半径为 r_{ef}、边界压力恒为 p_e 的圆形泄流区，类似于井径为 $L/2$、井底流压为 p_{wf} 的“普通直井”供油模型；其远井区域泄流面积为边长分别为 $h/2$ 和 $h/(2\pi)$ 的长方形，它也与半径为 $h/(2\pi)$ 的圆形区域面积等效，类似于向着井筒半径为 r_w 的“普通直井”供油。则应用等值渗流阻力法得到哈得逊油田薄砂层油藏水平井产量公式：

$$q_{Bop}=\frac{(p_e-p_w)}{\Omega_2}=\frac{54287Kh(p_e-p_w)}{\mu B\left(\ln\frac{2r_{eh}}{L}+\frac{h}{2L}\ln\frac{h}{2\pi r_w}+S\right)} \tag{6-1}$$

根据等值渗流阻力法，引用刘慈群和李凡华的结果，将哈得逊油田薄砂层油藏水平井的产量公式简写为

$$q=\frac{(p_e-p_w)}{\Omega_2}=\frac{p_e-p_w}{\frac{\mu B}{2\pi Kh}\left|(1+G_{r1})\ln\frac{2r_{eh}}{L}+(1+G_{r2})\frac{h}{2L}\ln\frac{h}{2\pi r_w}+S\right|} \tag{6-2}$$

其中，$G_{r1}=\frac{2\pi Kh(r_{eh}-L/2)}{q\mu B}G$；$G_{r2}=\frac{2\pi Kh(h/2\pi-r_w)}{q\mu B}G$。

把 G_{r1} 和 G_{r2} 代入式(6-2)，最终可得到水平井产量公式：

$$q=\frac{p_{\mathrm{e}}-p_{\mathrm{w}}}{\frac{\mu B}{2\pi Kh}\left|\left[1+\frac{2\pi Kh(r_{\mathrm{eh}}-L/2)}{q\mu B}G\right]\ln\frac{2r_{\mathrm{eh}}}{L}+\left[1+\frac{2\pi Kh(h/2\pi-r_{\mathrm{w}})}{q\mu B}G\right]\frac{h}{2L}\ln\frac{h}{2\pi r_{\mathrm{w}}}+S\right|} \tag{6-3}$$

整理为

$$q=\frac{p_{\mathrm{e}}-p_{\mathrm{w}}}{\frac{\mu B}{2\pi Kh}\left|\ln\frac{2r_{\mathrm{eh}}}{L}+\frac{h}{2L}\ln\frac{h}{2\pi r_{\mathrm{w}}}+S\right|}-\frac{\left(r_{\mathrm{eh}}-\frac{L}{2}\right)\ln\frac{2r_{\mathrm{eh}}}{L}+\left(\frac{h}{2\pi}-r_{\mathrm{w}}\right)\frac{h}{2L}\ln\frac{h}{2\pi r_{\mathrm{w}}}}{\frac{\mu B}{2\pi Kh}\left|\ln\frac{2r_{\mathrm{eh}}}{L}+\frac{h}{2L}\ln\frac{h}{2\pi r_{\mathrm{w}}}+S\right|}G \tag{6-4}$$

式中　r_{eh}——泄油半径，m；

L——水平段半长，m；

S——表皮因子。

2. 水平井补孔机理

从哈得逊油田薄砂层油藏水平井的产能公式可以看出，水平段长度 2L 与油井产量成正比关系。该油藏水平井水平段射开长度大都小于水平段长度，甚至有的水平段穿越比较厚的油层段时油层段也未被射开。如果把这些未射开的井段进行补孔，这将会增加公式中的射开长度，从而增加油井产能，达到增产的目的。

根据哈得逊油田薄砂层油藏水平井产能公式，对于水平井补孔增加产能存在两种情况。一是可以通过增大泄油面积增加产能，二是可以通过减小水平段的表皮系数，降低抑制产能因素，提高产能。这两种情况在薄砂层油藏水平井同层补孔措施作业中都得到应用与证实。

(1)对于射孔完井的水平井，若存在未射开井段，通过补孔方式可以增大泄油面积，从而增加油井产能。

(2)对于筛管完井的水平井，也可以通过射开筛管，降低阻碍水平段产能释放的影响，降低原油从油层流向井底的附加阻力，扩大生产压差，提高油井产能。

油井补孔措施主要是增加射开新的油层，也是一项保障油井高产、油田持续开发的重要增产措施。而补孔措施效果的好坏，主要取决于目标井层的选择是否合适。

二、水平井同层补孔多因素综合评价体系

1. 水平井同层补孔影响因素

1)水平井本身因素

(1) 水平井含水率 f_{w}：越小越优选。

(2)水平井日产油量 q_{o}：越小越优选。

2)油层因素

(1)油层渗透率 K：越大越优选。

(2)油层孔隙度 ϕ：越大越优选。

(3)油层有效厚度 h_e：越大越优选。

(4)油层含油饱和度 S_o：越大越优选。

(5)油层地层压力 p_r：越大越优选。

(6)水平段未射开长度 h_p：越大越优选。

(7)油水界面高度 h_w：越大越优选。

3)补孔工艺参数

(1)射孔深度：越大越优选。

(2)孔密的影响：在孔密较小时对油井生产能力的影响较为明显。它是一条减速递增的曲线，不可能随孔密的增加而无限增加。塔里木油田一般采用16孔/m。

(3)孔径的影响：由于目前弹型的射孔孔眼直径变化范围较小，因此孔径对油井产率比的影响不明显。但在射孔穿透深度较浅时对油井产率比的影响要比射孔穿透深度较深时的影响大。

(4)相位角的影响：在射孔深度相同时，90°相位角最好，其次为180°，0°度相位角产率最低，120°与90°相位角在产能方面是相当的。只有筛选出既具有较好的水平井条件，又具备好的油层性质，还要优化水平井补孔参数，才能取得好的效果。而对于每一口水平井它本身的条件和油层性质都是参差不齐的，这样就必须通过数学方法对这些客观指标进行综合评价，并进行权重分析，获得多因素的综合影响。

2. 水平井同层补孔潜力井优选方法

水平井同层补孔技术评价指标按属性通常分为三类，一是水平井本身因素；二是水平段穿越油层的因素；三是补孔工艺参数。三类因素中水平井本身因素越小越优、水平段穿越油层的因素越大越优。在所确定的指标体系中，水平井本身因素包括水平井含水率 f_w 和水平井日产油量 q_o；水平井穿越油层因素包括油层渗透率 K，油层孔隙度 ϕ，油层有效厚度 h_e，油层含油饱和度 S_o，油层地层压力 p_r，水平段未射开长度 h_p，油水界面高度 h_w；范围型指标包括补孔工艺参数等。

首先根据所有参选水平井及待补孔井段的各影响因素值确定各影响因素的变化区间，见表6-3，然后按照式(6-5)、式(6-6)对各参数进行归一化处理。

表6-3 水平井同层补孔影响因素取值范围示例表

序号	符号	指标名称	取值区间[A, C]	备注
1	B_1	水平井含水率 f_w	[f_{wmin}, f_{wmax}]	
2	B_2	水平井日产油量 q_o	[q_{omin}, q_{omax}]	
3	B_3	油层渗透率 K	[K_{min}, K_{max}]	
4	B_4	油层孔隙度 ϕ	[ϕ_{min}, ϕ_{max}]	
5	B_5	油层有效厚度 h_e	[h_{emin}, h_{emax}]	
6	B_6	油层含油饱和度 S_o	[S_{omin}, S_{omax}]	
7	B_7	油层地层压力 p_r	[P_{rmin}, p_{rmax}]	
8	B_8	水平段未射开长度 h_p	[h_{pmin}, h_{pmax}]	
9	B_9	油水界面高度 h_w	[h_{wmin}, h_{wmax}]	

因 $B_i \in [A_i, C_i]$，对于越小越好的水平井本身因素，则有

$$x_i = 1 - \left|\frac{B_i - A_i}{C_i - A_i}\right| \tag{6-5}$$

而对于越大越好的水平井穿越油层因素，则有

$$x_i = \left|\frac{B_i - A_i}{C - A_i}\right| \tag{6-6}$$

式中，$i=1, 2, \cdots, n$，该研究中 $n=9$。

3. 水平井同层补孔影响因素计算评价矩阵

1）确定评价级别

把区间［0，1］分成4个级别，见表6-4。当然，根据实际应用的需要，可以做更细的划分。

表6-4　补孔措施选井选层评价级别划分示例表

级别	差	一般	较好	好
区间 $[X, Z]$	[0, 0.25]	[0.25, 0.50]	[0.50, 0.75]	[0.75, 1.00]

2）计算评价级别向量（$\boldsymbol{V}$）

$$\boldsymbol{V} = [\boldsymbol{v}_1, \boldsymbol{v}_2, \boldsymbol{v}_3, \cdots, \boldsymbol{v}_{m1}]^T \tag{6-7}$$

$$\boldsymbol{v}_j = \boldsymbol{y}_j + \frac{z_j - y_j}{2} \tag{6-8}$$

式中，j 为评价级别个数，$j=1, 2, \cdots, m$，该研究中分了4个级别，所以 $m=4$。

3）计算评价矩阵（$\boldsymbol{R}$）

$$\boldsymbol{R} = \begin{bmatrix} \boldsymbol{r}_{11} & \cdots & \boldsymbol{r}_{1m} \\ \vdots & \vdots & \vdots \\ \boldsymbol{r}_{n1} & \cdots & \boldsymbol{r}_{nm} \end{bmatrix} \tag{6-9}$$

式中 r_{ij}，为因素 i 来评价候选同层补孔水平井，候选同层补孔水平井属于级别 j 的可能性，$r_{ij}=1-|x_i-\boldsymbol{v}_j|$；$i$ 为因素序号，$i=1, 2, \cdots, n$ 该项目中 $n=9$ 为评价级别个数，$j=1, 2, \cdots, m$，该项目中 $m=4$。

4. 水平井同层补孔影响因素权重的计算

本节使用层次分析法求每层元素对上一层的权重。其原理是，用层次分析方法作系统分析，首先把问题层次化，形成一个多层次的分析结构模型。为了将比较判断定量化，从此分析法引入比率标度方法，构成判断矩阵。其含义见表6-5。

表 6-5　层次分析标度表

标度	含　义	备注
1	表示两个因素相比，具有同等重要性	
3	表示两个因素相比，一个相比另一个稍微重要	
5	表示两个因素相比，一个相比另一个明显重要	
7	表示两个因素相比，一个相比另一个非常重要	
9	表示两个因素相比，一个相比另一个极其重要	
2，4，6，8	上述两个相邻判断的中值	
倒数	因素与比较得到的判断为 p_{ij}，则因素 j 与比较得到的判断 $p_{ji}=1/p_{ij}$	

5. 水平井同层补孔影响因素构造等价矩阵

由于对比矩阵不一定满足判断一致性，为了避免多次调整判断矩阵才能满足一致性要求，利用最优传递矩阵，对对比矩阵进行改良，使之自然满足一致性要求，建立等价矩阵，令

$$C_{ij}=\lg P_{ij} \tag{6-10}$$

$$d_{ij}=\sum_{k=1}^{N}(C_{ij}-C_{jk})/N \tag{6-11}$$

$$P_{ij}^{*}=10_{ij}^{d} \tag{6-12}$$

以 $P^{*}=|P_{ij}^{*}|_{N\times N}$ 作为判断矩阵与 P 完全等价，且具有判断一致性。

(1)根据求得的等价矩阵用方根法求：

$$\overline{W}_{i}=\sqrt[n]{\prod_{j=1}^{n}P_{ij}^{*}},\ i=1,\ 2,\ \cdots,\ n \tag{6-13}$$

(2)将 W_i 规范化：

$$W_{i}=\frac{\overline{W}_{i}}{\sum_{k=1}^{N}\overline{W}_{i}} \tag{6-14}$$

则 $W=[W_1,\ W_2,\ \cdots,\ W_n]^{\mathrm{T}}$ 即为该水平段油层有关元素对上一层次的权重。

6. 水平井同层补孔影响因素总权重计算

若上一层有个因素，其权重分别为 $a_1,a_2,\cdots,a_m$，本层次 n 个因素 $A_1,A_2,\cdots,A_n$，对于上层每个因素的相对权重为 $W_1^i,W_2^i,\cdots,W_n^i$ $(i=1,2,\cdots,m)$，则本层每个因素的组合权重为

$$\sum_{i=1}^{m}a_iW_i^i,\ \sum_{i=1}^{m}a_iW_2^i,\ \cdots,\ \sum_{i=1}^{m}a_iW_n^i \tag{6-15}$$

可如此一层一层自上而下求，直至底层所有因素权重均可求出。

7. 水平井同层补孔影响因素综合评价

将权重向量 $\boldsymbol{W}$ 乘以评判矩阵 $\boldsymbol{R}$，就可以得到评价向量 $\boldsymbol{S}$。

$$\boldsymbol{S}=\boldsymbol{W}\boldsymbol{R}=[S_1,\ S_2,\ S_3,\ \cdots,\ S_m]^{\mathrm{T}} \tag{6-16}$$

式中，S_j 为评价向量，$S_j = \sum_{i=1}^{n} r_{ij} W_{i,j} = 1, 2, \cdots, m$。

根据评价级别向量 $V = [v_1, v_2, v_3, \cdots, v_m]^T$ 和评价向量 $S = [S_1, S_2, S_3, \cdots, S_m]^T$，由式(6-17)得到综合评价结果 D。

$$D = \sum_{i=1}^{m} S_i v_i / \sum_{i=1}^{m} S_i \tag{6-17}$$

值所在区间就是该侯选同层补孔水平井的综合评价结果。对于多个侯选井层的情况大小，根据排序可优选同层补孔措施水平井。

第四节　实施情况及推广意义

一、新酸化工艺的推广应用情况

1. 氟硼酸酸化工艺推广应用

1)现场应用

2007 年 11 月 10 日在哈得逊油田薄砂层油藏水平井油井 HD4-50H 井中首次采用土酸酸化不出液的情况下，实施了氟硼酸酸化解堵措施，如图 6-1 所示。气举排液后，电泵顺利投产，日产油 $10m^3$ 且生产平稳，截至 2019 年 12 月底，该井累计产油 27509t。

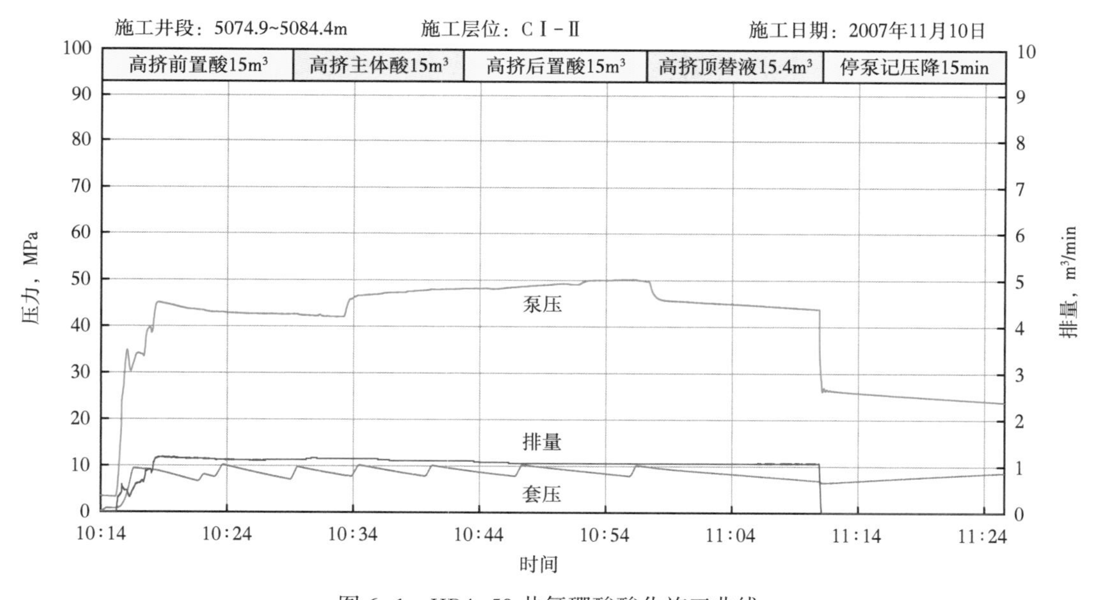

图 6-1　HD4-50 井氟硼酸酸化施工曲线

2)效果评价

(1)筛选的氟硼酸酸化配方适合哈得逊油田的地质状况和油藏特点，所选用添加剂与氟硼酸具有很好的配伍性，优选出的酸液配方表面张力低、破乳效果好、络合铁离子能力强、产生的酸渣量少、防黏土膨胀能力强等特点，对储层伤害小。

(2)氟硼酸体系对哈得逊油田薄砂层油藏酸化效果试验评价表明，氟硼酸酸化效果最佳，酸化后岩石骨架结构破坏小，能有效控制微粒运移，由于氟硼酸的水解作用，不仅延缓了酸岩反应速度，达到深部酸化解堵的目的，而且较长时间地保持了酸化后储层的低pH值，防止了砂岩土酸酸化的二次伤害。

(3)筛选的氟硼酸酸化配方在哈得逊油田薄砂层油藏实施达到了深部防膨酸化解堵的目的，取得了良好增油效果。

2. 泡沫酸酸化工艺推广应用

2012年8月在塔中四油田TZ4-6-2H井首次成功应用氮气泡沫酸技术，2014年成功推广应用到哈得逊油田薄砂层油藏，2口油井HD10-1-1H井、HD10-3-1BH井和2口注水井HD10-2-1H井、HD10-2-H3井酸化后效果较好，见表6-6。

表6-6 哈得逊薄层油藏泡沫酸酸化效果统计表

井号	措施完开井日期	措施前含水率%	目前含水率%	措施前日产量		日增产		年增产		年有效井次	总井次井次
				液，t	油，t	液，t	油，t	液，t	油，t		
HD10-1-1H	2014-4-23	0	44.8	0	0	16	9	4557	2203	1	1
HD10-3-1BH	2017-4-21	57.1	69.7	7	3	8	2	2419	316	1	1

典型井HD10-2-1H井泡沫酸酸化施工及效果分析如下。

1)生产概况

该井于2013年12月20日油井转注，转注之初油压5~7MPa即可完成配注，但注水油压迅速上升至和泵压持平，表明储层吸水能力变差，目前已不能完成地质配注。该井投产前后及转注之后均未曾进行酸化解堵，钻完井及后续作业过程中可能对储层造成伤害。

注水层段长达593.31m，非均质性强，考虑均匀布酸、及时返排残酸控制二次伤害问题，拟用泡沫酸酸化解堵，以期提高注水层段吸水能力。

2)工作液配方及配制量

HD10-2-1H井泡沫酸配方情况见表6-7。

表6-7 HD10-2-1H井泡沫酸配方

序号	液体名称	液体配方	配制量，m^3
1	泡沫前置酸	清水+10%盐酸+0.8%起泡剂+2%缓蚀剂+2%铁离子稳定剂+2%黏土稳定剂+3%酸化增效剂	100
2	泡沫主体酸	清水+12%盐酸+3%氢氟酸+0.8%起泡剂+2%缓蚀剂+2%铁离子稳定剂+2%黏土稳定剂+3%酸化增效剂	200
3	顶替液	清水+2%黏土稳定剂	40

3)施工曲线

HD10-2-1H井泡沫酸酸化施工曲线如图6-2所示。

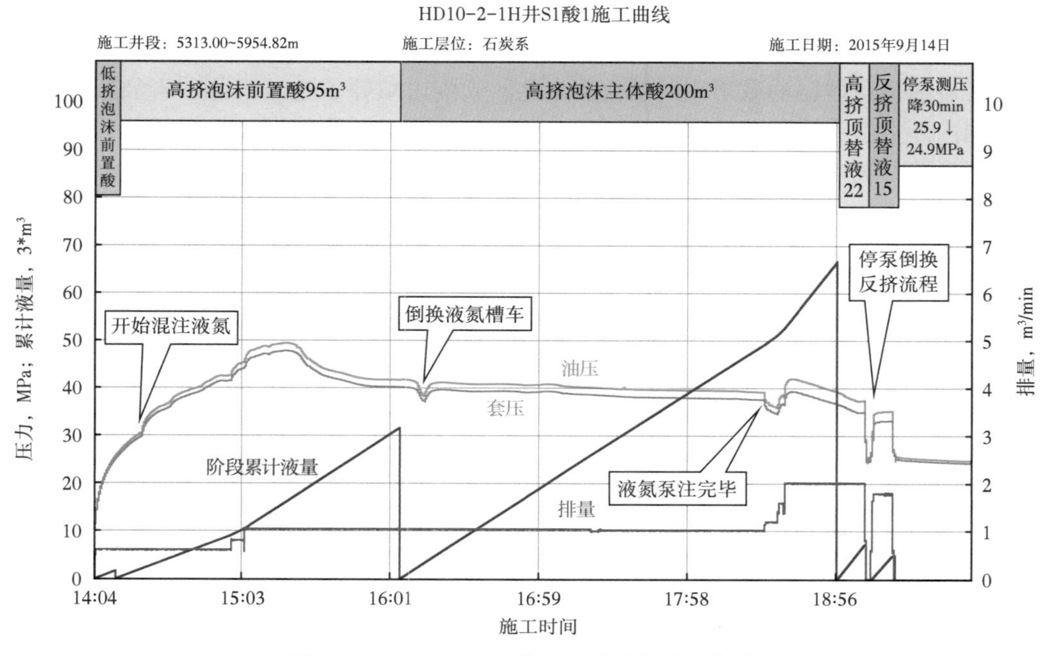

图 6-2 HD10-2-1H 井泡沫酸酸化施工曲线

4）酸化后效果

泡沫酸酸化施工后，日注水量由 75m³ 上升至 105m³，完成地质配注。

二、水平井同层补孔技术的推广应用情况

截至 2019 年 12 月，哈得逊油田薄砂层油藏共实施油井同层补孔 10 井次，其中有效 9 井次，措施有效率 90%，累计增油 20885t，应用效果显著，见表 6-8。

表 6-8 水平井同层补孔推广应用统计表

井号	措施完开井日期	措施前含水率%	目前含水率%	措施前日产量		日增产		年增产		年有效井次	总井次井次
				液，t	油，t	液，t	油，t	液，t	油，t		
HD1-15H	2006-9-27	54.5	97.8	11	5	0	0	0	0	0	1
HD11-8H	2008-9-22	88.7	93.9	43	5	0	0	1248	203	1	1
HD4-38H	2011-1-1	0	14.6	0	0	30	27	10971	10467	1	1
HD1-23H	2013-8-10	53.2	45.2	25	12	70	40	11596	5938	1	1
HD116H	2013-12-7	0	95.2	0	0	16	1	483	23	1	1
HD171C	2014-1-1	0	58.5	0	0	15	6	4458	1564	1	1
HD10-1-5H	2015-1-23	3.6	18.1	4	3	0	0	134	76	1	1
HD10-1-1H	2015-6-21	0	22.4	0	0	14	11	3348	2480	1	1
HD10-1-3H	2017-4-18	51.5	58.1	33	16	0	0	0	105	1	1
HD2-7H	2019-9-26	100.0	98.8	8	0	20	0	1867	29	1	1
合计									20885	9	10

三、推广意义

哈得逊油田薄砂层油藏采用的酸化新工艺、新配方填补了超深超薄砂岩油藏深部酸化理论的国内外空白，为国内外同类油藏的酸化增产找到了理论依据、指明了正确方向；水平井同层补孔新技术开创了同类技术成功应用于超深油藏水平井措施增产的先河，为国内外深层油藏水平井开发的措施增产奠定了理论基础。同时该技术已推广应用到哈得逊油田东河砂岩油藏超深井 17 井次，截至 2019 年 12 月，累计增油 78814t，推广应用前景十分广阔。

参考文献

[1] 陈兰，蒋仁裕，刘敏，等．哈得油田薄砂层油藏酸化增注效果[J]. 断块油气田，2009，16(2)：99-100.
[2] 王东梅，张建利，王勇，等．疏松砂岩油藏氟硼酸酸化技术研究与应用[J]. 钻采工艺，2003，26(4)：48-53.
[3] 陈兰，张贵才．酸化助排研究现状与应用进展[J]. 油田化学，2007，24(4)：375-378.

第七章 超深超薄油藏水平井动态监测技术

哈得逊油田薄砂层油藏经过20多年的高速开发，各主力井区已经相继进入高含水阶段，储采比低、剩余油高度分散、产量递减快。要想实现稳产，必须做好高含水条件下的油藏精细注水和剩余油挖潜工作。因此，通过监测手段获得各项动静态资料，准确认识水驱油藏油水运动规律、剩余油分布规律就显得十分重要。

历经多年不断的探索、创新、实践，解决了制约超深超薄油藏动态监测若干重要技术瓶颈问题，实现了高温、高压、高矿化度、复杂井筒条件下的动静态参数的准确获取，满足了高含水油藏开发后期精细注采调整、层间层内精细剩余油挖潜对动态监测资料的需求，提升了塔里木深层、超深层油藏中高含水开发后期开发管理水平。本章重点对哈得逊油田薄砂层油藏（水平井）引入的生产测井、水驱前缘监测、原油色谱指纹、试井分析等动态监测技术进行介绍。以上技术在哈得逊油田东河砂岩油藏推广应用效果较好，为更好地展示测试成果，部分选用了东河砂岩油藏（水平井）实例。

第一节 生产测井技术

生产测井技术被称为油气藏的“体检医生”[1]，通过在套管内采集各种物理信息，从而反映储层饱和度的变化、层间的干扰和井筒结构的完整性，为油气藏研究人员提供可靠的分析依据，根据生产测井监测内容和对象的不同，生产测井技术可分为注入剖面测井、产出剖面测井、工程测井以及套后饱和度测井。

一、注入剖面测井

根据不同的井况条件和生产需求，哈得逊油田薄砂层油藏不同时期采用不同的注入剖面监测技术以满足生产需求，注水开发早期采用同位素测井，后采用涡轮流量+同位素组合测井，目前以脉冲中子氧活化测井方法为主。

1. 井温测井法

井温测井分流温和静温两种方法，流温是在注入井正常注水条件下，录取流动条件下的目的层的井温曲线，静温是在关井一定时间间隔后录取的恢复井温曲线。通过流温可以判断吸水底界，通过静温分析主要受效层位。井温曲线是定性分析单井吸水剖面的重要资料，且施工简单，可靠性较高，因此该方法是哈得逊油田薄砂层油藏注入剖面监测的必选项目。

2. 同位素测井

同位素测井法又称放射性同位素示踪测井，是利用示踪剂（微球载体）与注入水混合形成均匀的悬浮液，悬浮液中的注入水进入地层，而微球载体却滤积在井壁上，地层的吸水量与滤积在井壁上的同位素微球载体量和放射性强度三者之间成正比，将倒源前后伽马曲线叠合在一起，通过计算叠合曲线异常面积的大小即可计算各层的吸水量。由于该方法具有管柱结构适应能力强、厚层细分能力强、检查管外窜槽能力强等优点，成为哈得逊油田薄砂层油藏初期注水监测的重要手段。

3. 涡轮流量测井

随着注水开发的深入，同位素测井受管柱沾污、地层大孔道等因素的影响，解释容易出现多解性。为此，涡轮流量测井逐渐推广应用。涡轮流量测井是利用井内流体推动涡轮旋转，通过记录涡轮转速从而确定井内流体的流速和流量。该方法与同位素测井组合应用，可以优势互补，有效地避免或降低沾污、大孔道等因素引起的误差，解释结果更可信。

4. 脉冲中子氧活化测井

脉冲中子氧活化测井(图 7-1)也被称为能谱水流测井，是一种测量水流速度的测井方法。该方法通过中子管的核反应使仪器周围的水具有放射性，解析伽马时间谱计算水流速度，结合流动截面进一步计算出水流量。该方法具有管柱结构适应能力强、计算精度高等优点，该方法成为哈得逊油田薄砂层油藏水井吸水剖面的主要测试手段，特别是在双台阶水平井注入剖面监测中，发挥了不可替代的作用。

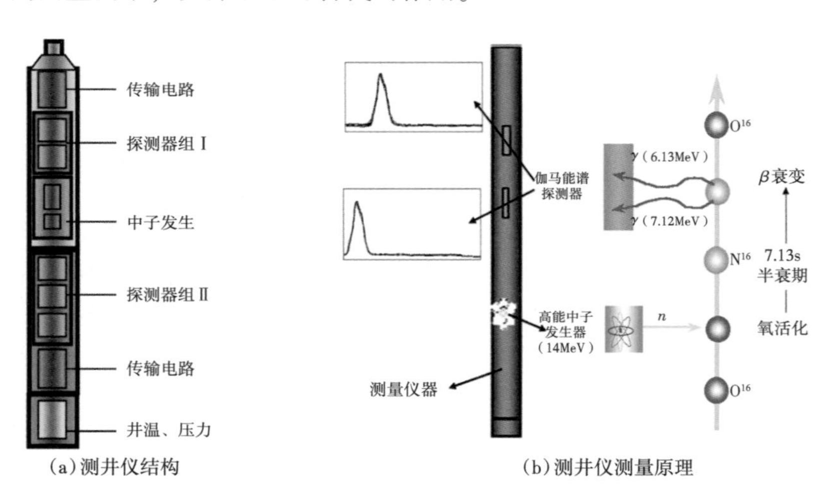

(a)测井仪结构　　(b)测井仪测量原理

图 7-1　脉冲中子氧活化测井仪结构及原理

[**实例 1**] HD1-7-H1 井是薄砂层油藏哈得 1 井区中部的一口双台阶水平井，其中 AB 段生产 2 号层，CD 段生产 3 号层。为了评价石炭系中泥岩段薄砂层油藏层间矛盾，2019 年 7 月对该井进行了脉冲中子氧活化测井，测量井段为 5199.0~5561.0m，测试结果见表 7-1。

通过对比 AB 段和 CD 段历年吸水差异发现(表 7-2)：

(1)本井 AB 段相对吸水量为 54.11%，CD 段相对吸水量为 45.89%，层间矛盾不明显；

(2)同历年测试结果相比，CD 段吸水量有逐年下降趋势。

基于以上认识，将相邻水井 HD1-25H 井的 3 号层配注量实施上调，调整后对应油井产量递减率明显减缓。

表 7-1　HD1-7-H1 井脉冲中子氧活化测井解释成果表

序号	层位	射孔深度 m	评价深度 m	厚度 m	绝对注入量 m^3/d	相对注入量 %	注入强度 $m^3/(d\cdot m)$
1	薄砂层 2 号层	AB 段: 5199. 0~5357. 0	5199. 0~5220. 1	12. 8	19. 4	20. 70	1. 52
2			5220. 1~5235. 6	15. 5	6. 5	6. 94	0. 42
3			5235. 6~5264. 3	28. 7	7. 7	8. 22	0. 27
4			5284. 4~5339. 4	55. 0	5. 2	5. 55	0. 09
5			5339. 4~5357. 0	17. 6	11. 9	12. 70	0. 68
6	薄砂层 3 号层	CD 段: 5430. 5~5561. 0	5430. 5~5453. 4	22. 9	6. 6	7. 04	0. 29
7			5453. 4~5467. 4	14. 0	18. 6	19. 85	1. 33
8			5477. 4~5485. 3	7. 9	8. 7	9. 28	1. 10
9			5521. 0~5546. 0	25. 0	9. 1	9. 71	0. 36
合计				199. 4	93. 7	100. 00	

表 7-2　HD1-7-H1 井历年测井结果对比表

评价井段	2019 年测试		2017 年测试		2016 年测试	
	绝对吸水量 m^3/d	相对吸水量 %	绝对吸水量 m^3/d	相对吸水量 %	绝对吸水量 m^3/d	相对吸水量 %
AB	50. 7	54. 11	55. 1	49. 91	35. 7	35. 52
CD	43. 0	45. 89	55. 3	50. 09	64. 8	64. 48

二、产出剖面测井

薄砂层油藏开发一般采用多层合采和水平井开发，随着开发的深入，有些因素严重影响薄砂层的效益开发，如套损井的治理、层间干扰的治理、高含水井的治理，完井射孔层段的优化等，要完成上述工作，需确定有效产出层位，尤其是具体的出水层位。为此，薄砂层油藏引进七参数测井进行产出剖面监测，在单井调整措施的制订和油藏治理方案的编制中发挥了积极的作用。

七参数产出剖面测井与裸眼井测井类似，都是利用一串仪器下井，录取流量、密度、持水率、压力、温度、伽马、磁定位等参数，从而评价井下各射孔层的产量和产出流体性质。利用涡轮确定井筒内的流体速度，利用密度或者持率等曲线确定井筒内不同流体性质的占比，然后根据管流力学原理和生产测井流动实验研究的成果，采用递减法确定各射孔层的产量和流体性质。产出剖面测井的涡轮流量曲线、温度曲线等资料对具体的套损出水位置也有一定的反映，可以作为套损井找堵水治理的重要依据[2]。

[实例 2] HD4-9H 水平井是哈得逊油田东河砂岩油藏构造高部位的一口水平井，该井生产层段为 5140. 5~5489. 0m，生产管柱最小内径为 62mm，油管引鞋在 5021. 54m，其井斜为 45. 8°，测井所用的井下仪器是国产七参数产出剖面组合仪和哈里伯顿公司 PLT 组合测井仪器。其中流量参数的测量使用金属集流伞和转子流量计；集流后增加了测量通道内流体速度，提高了测量精度。全流量段点测和连续测量结果基本一致，在点测数据的约

束下以连续流量为主进行分段解释，综合分析井温、压力、含水率，结合井眼轨迹变化，解释结果如图 7-2 所示。主力贡献段多在水平段后半部，余下的井段贡献极小或基本不做贡献，各层相对产量的高低与储层孔隙度发育情况呈正相关。该井产液剖面测井应用获得

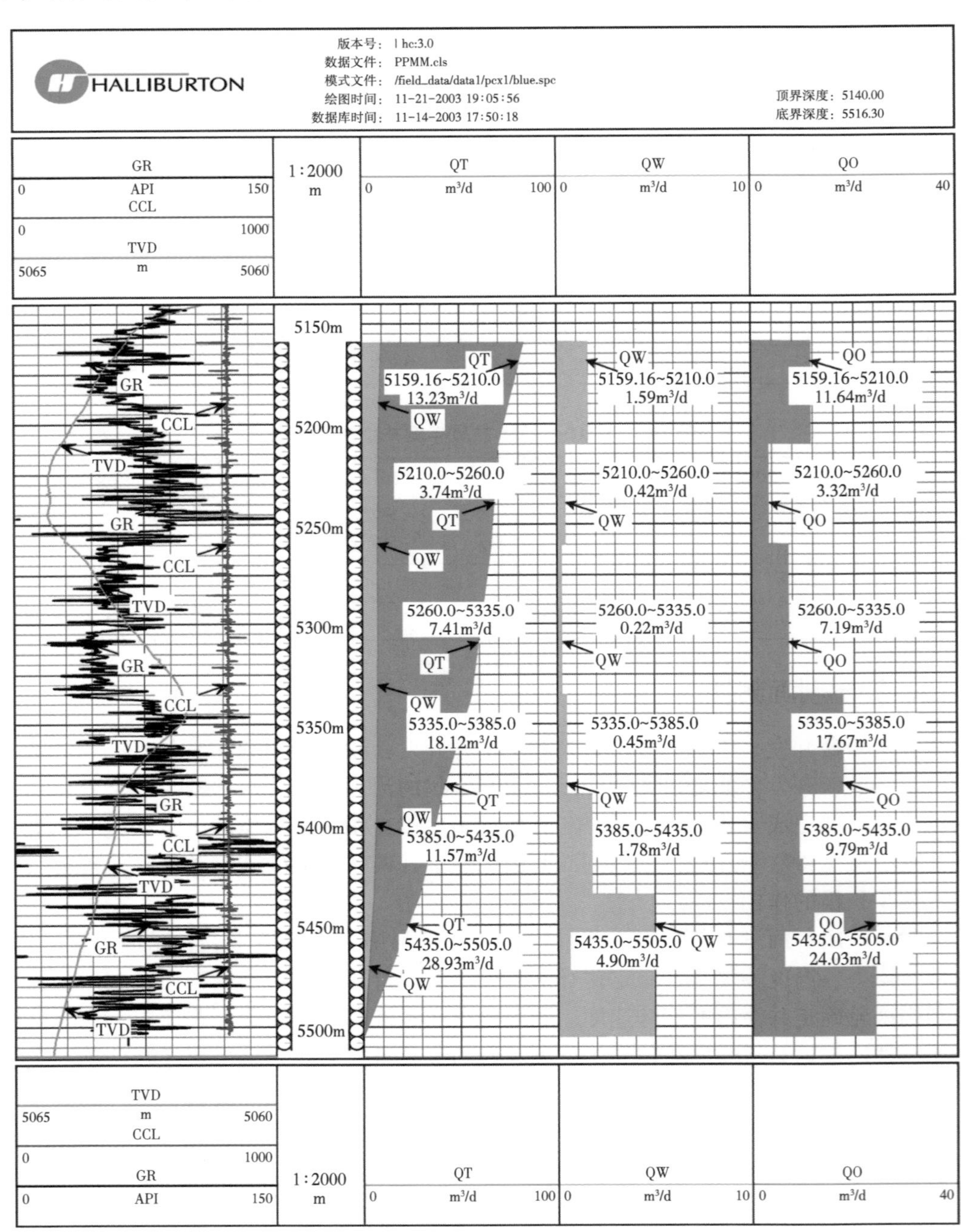

GR—自然伽马，API；CCL—磁性定位；TVD—实际垂深，m；QT—产液量，m³/d；
QW—产水量，m³/d；QO—产油量，m³/d

图 7-2　HD4-9H 水平井产出剖面

成功，为 HD4-9H 井下步挖潜指明了方向，同时也对该区域水平井钻井、开发等方面有着重要的启示，可根据需要筛选推广。

三、工程测井

多臂井径、电磁探伤、CAST 测井等工程测井技术在哈得逊油田推广应用，在套损(漏点)检查中发挥重要的作用。

1. 多臂井径测井

多臂井径测井根据不同的测量臂数可以分为 X-Y 井径、24 臂、40 臂、60 臂等类型，原理基本相同，主要是通过机械响应的方式测量不同方位上井径的变化来反映套管(油管)的腐蚀形变情况，是分析评价套管内部腐蚀形变的主要技术。

2. 电磁探伤测井

电磁探伤测井主要是利用电磁感应原理，测量并记录套管(或者油管)内感应电动势的大小，从而反映管柱的壁厚。这种仪器可以过油管测量，并能反映套管的平均壁厚。电磁探伤测井与多臂井径组合测井，优势互补，不仅能精确定位套损发生的类型和程度，还能同时判断多层管柱的损伤情况，是薄砂层油藏主要的套损监测手段。

3. CAST 测井

CAST 测井技术是哈里伯顿公司的声波扫描成像测井技术，该技术通过激发超声波脉冲并记录反射回的超声波的幅度和时间等信息，从而可以提供大量有关套管和水泥胶结的信息[3]。因此该项技术既有套损监测的功能，也有固井质量评价的功能。该项技术具有井周覆盖率大、纵向分辨率高的特点，可以提供套管井周 360°范围内的内径和平均壁厚信息，是薄砂层油藏重点井、疑难井的主要监测技术和有效手段。

4. IBC 测井

IBC 测井是斯伦贝谢最新一代用于套管及固井质量评价的仪器(图 7-3)，它结合了经典的脉冲回波和最新的挠曲波成像两种声波技术(图 7-4)。通过两种波相互独立的测量，

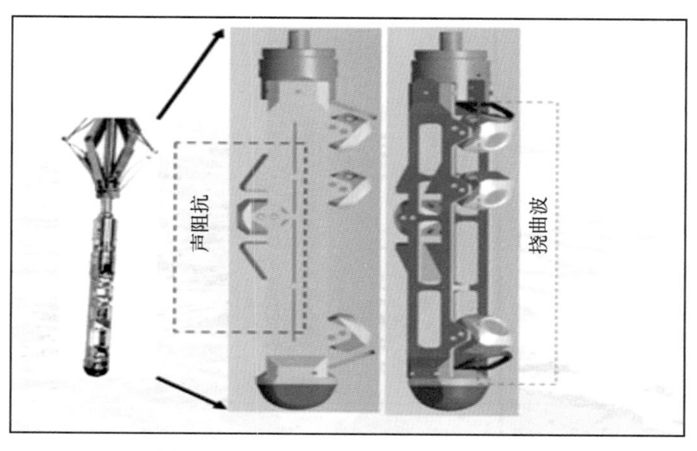

图 7-3　Isolation Scanner 旋转探测器

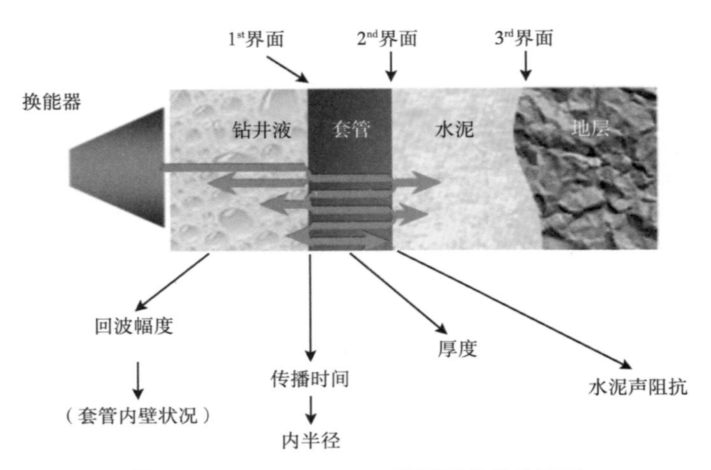

图 7-4　Isolation Scanner 判断固井质量原理

可以获得套管内壁粗糙度、套管内径、套管厚度、套管与水泥的胶结、水泥与地层的胶结情况(图 7-5)。在条件有利的情况下，还可测定双层套管的居中情况(图 7-6)。IBC 测井由于可以同时监测套管和水泥环的质量，因此可以综合评价套管内外的腐蚀情况，准确分析套管腐蚀和变形情况并获得漏点位置[3]。

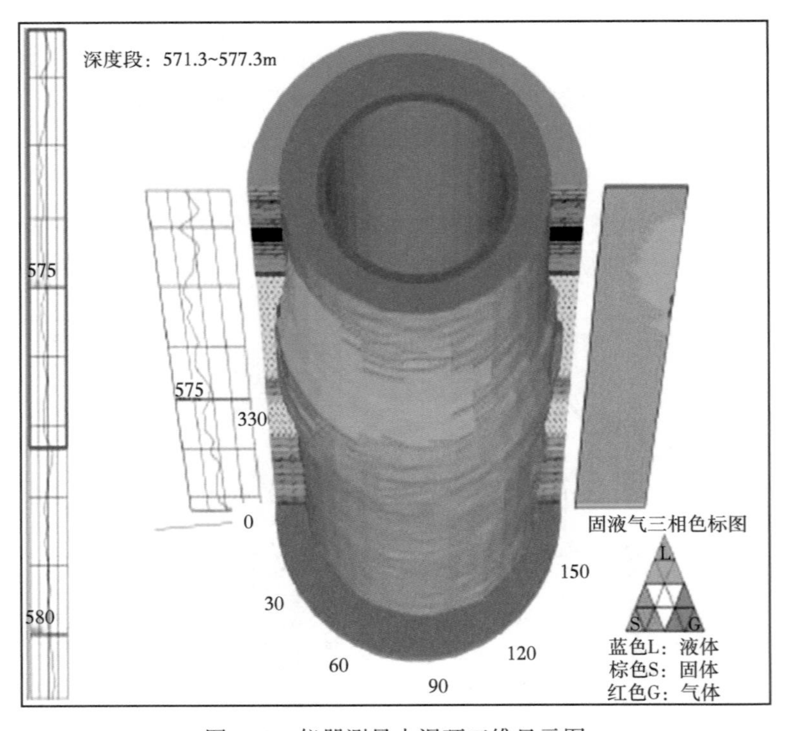

图 7-5　仪器测量水泥环三维显示图

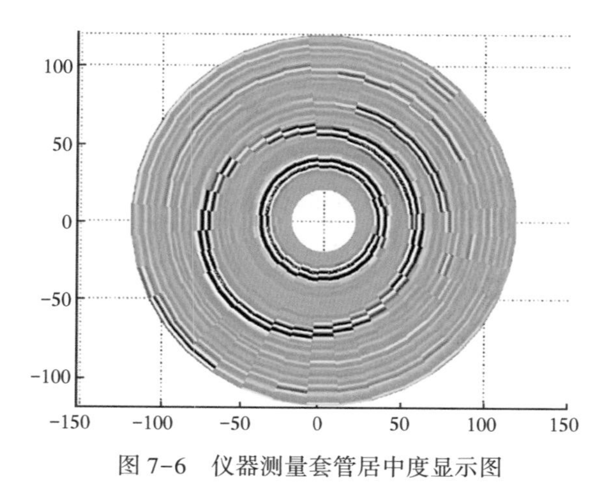

图 7-6　仪器测量套管居中度显示图

［**实例 3**］HD4-68H 井是东河砂岩油藏一口水平井，采用筛管方式完井，2004 年 11 月 26 日投产，日产液 116t、日产油 115t，综合含水率 0.7%。2011 年 7 月 15 日含水化验发现，与上个月对比，含水率从 48.25%突增至 100%，产液量从 97t/d 上升至 240t/d，动液面由 850m 突升至 75m，根据含水率及氯离子含量化验结果，初步判断该井发生套损。

利用 IBC 成像技术完成 HD4-68H 井 70~4820m 井段测试，共 4750m，如图 7-7 所示。

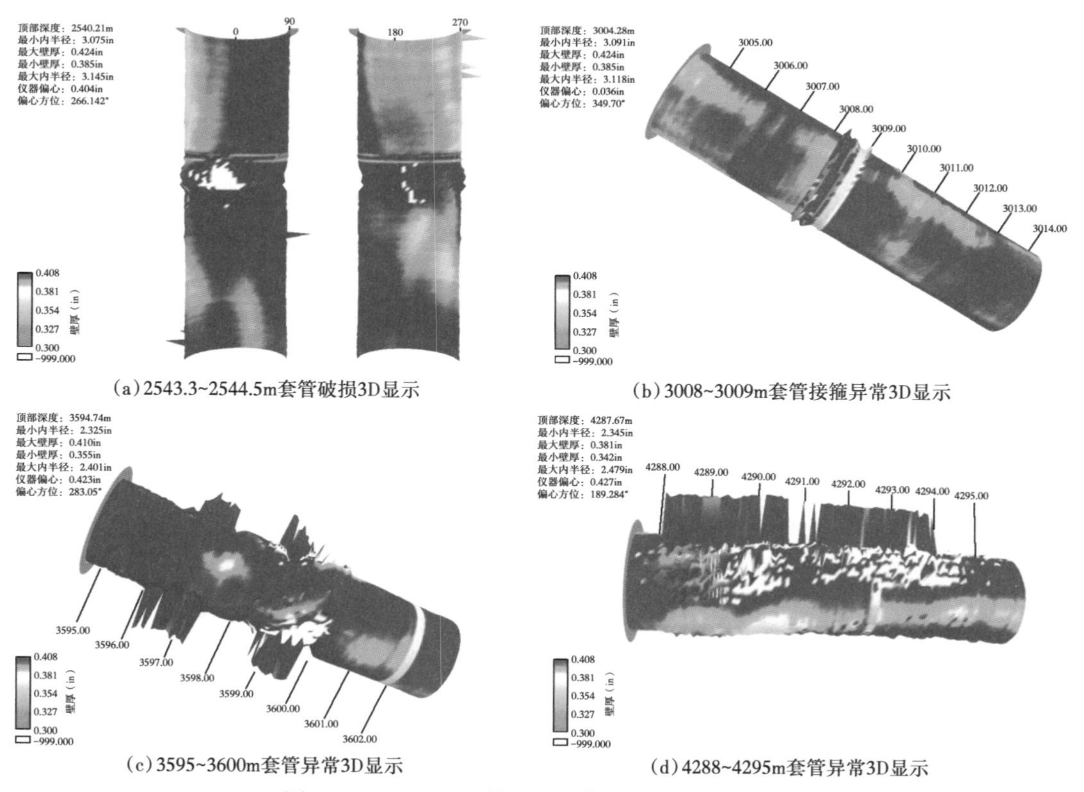

（a）2543.3~2544.5m套管破损3D显示　（b）3008~3009m套管接箍异常3D显示

（c）3595~3600m套管异常3D显示　（d）4288~4295m套管异常3D显示

图 7-7　HD4-68H 井 IBC 成像技术套管 3D 显示

测试发现4处套管腐蚀变形严重：17in套管2543.3~2544.5m处，套管内表面、半径和壁厚均出现异常，该漏点随后被工程找漏证实；27in套管3008~3009m处，接箍长度大于其他接箍，判断接箍有可能已松扣；35.5in套管3595~3600m处严重腐蚀，是可疑漏点；4、5.5in套管4288~4295m处严重腐蚀，是可疑漏点。

利用该项找漏技术及井下作业挤水泥堵漏技术实现油井的起死回生，含水率由100%下降至89%，日产油水平增加12t。

四、套后饱和度测井

油田进入高含水开发的中、后期，一方面迫切需要了解单井、区域上的储层的剩余油分布，寻找潜力油层，优化作业方案；另一方面，许多老井由于受当时条件的限制，缺少必要的测井资料，而无法对储层性质进行重新认识。油井生产之前都会下套管进行固井。因为套管的物理特性，很多裸眼井中的测井方法受到了限制，不能用于套管井的地层评价。目前套管井中使用最多的饱和度测井方法都是基于核测井的原理，如国内油田常用的碳氧比测井、中子寿命测井、硼中子测井等。薄砂层油藏先后应用过PNN测井、RPM测井、RAS测井等技术。

1. PNN测井

PNN测井是Hotwell公司研制开发的一种中子寿命测井仪器。常规中子寿命测井仪器一般是对热中子俘获伽马射线进行记录和分析，计算提取俘获截面曲线从而反映储层饱和度；而PNN测井最突出的特点是对地层中未被俘获的热中子进行记录和解析，从而提取俘获截面反映饱和度的衰竭情况。这一特点使得PNN测井在低孔隙度、低矿化度地层具有较好灵敏度和分辨率，因此PNN测井在中低孔渗薄砂层油藏依然具有较好的适应性，能够准确落实剩余油饱和度。

[**实例4**] 套后饱和度测井在薄砂层油藏的应用，可以从油井角度更为精准地量化层间矛盾，了解各小层水淹程度差异。目前哈得逊油田共完成了20井次套后饱和度监测，为剩余油分布规律研究提供了关键的技术依据。

HD4-30H井是东河砂岩油藏一口水平井，也是薄砂层油藏的过路井，为了评价石炭系中泥岩段薄砂层油藏剩余油的分布情况，2011年6月2日，对该井薄砂层油藏井段进行了PNN测井，测井深度为5047.9~5068.1m，该井PNN测井曲线如图7-8所示。

从图7-8中可以看出，PNN宏观俘获截面是表征地层中子特性的参数，与裸眼井的伽马、储层有很好的对应关系。在高伽马的泥岩段，俘获截面呈现高值；在低伽马的砂岩储层段，俘获截面呈现低值，储层段俘获截面值高低与储层水淹程度息息相关，在地层水矿化度、孔隙度基本相当的情况下，俘获截面值越低，剩余油饱和度越高，俘获截面值越高，地层水淹程度越严重。从该井常规解释与PNN测井解释结果对比表(表7-3)可以看出，除2号层随着油藏持续开发含油饱和度明显降低外，其他小层PNN测井解释相对裸眼井解释结论变化不大。

2. RPM测井

RPM测井是贝克休斯公司研制开发的一种套后饱和度监测仪。集中子寿命模式、碳氧比模式于一身，同时具有气体探测的模式[4]。在薄砂层油藏主要应用中子寿命测井模式

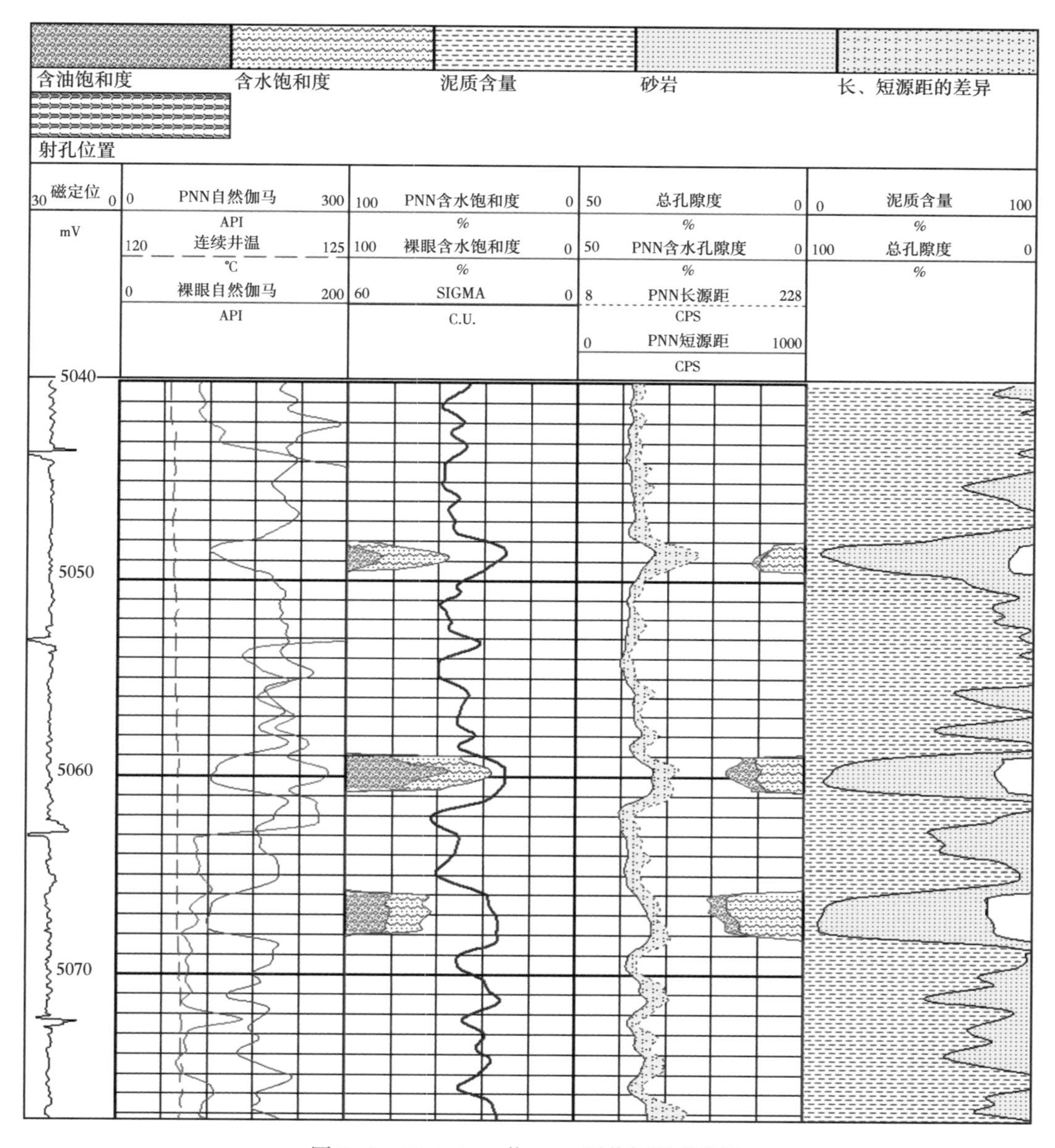

图 7-8　HD4-30H 井 PNN 测井解释成果图

表 7-3　HD4-30H 井常规解释与 PNN 测井解释结果对比(薄砂层)

层号	测量井段，m		厚度 m	泥质含量 %	孔隙度 %	PNN 含油饱和度 %	PNN 解释结论	完井含油饱和度 %	完井解释结论
	顶界	底界							
1 号层	5047.9	5049.5	1.6	21.78	9.05	7.19	水层	37	水层
2 号层	5058.8	5060.8	2.0	14.81	14.57	33.79	油水同层	72	油层
3 号层	5065.8	5068.1	2.3	14.25	18.09	15.65	水层	30	水层

和碳氧比测井模式。中子寿命测井主要测量地层的宏观俘获截面，实测资料表明，薄砂层油藏虽然孔隙度整体中等偏低（10%～15%），但是地层水矿化度高（大于220000mg/L），俘获截面能够准确反映储层饱和度的衰竭情况。碳氧比测井主要通过解析非弹性散射伽马能谱，求解地层中C和O等一系列元素的比值，进而直接分析和确定地层岩性和含油饱和度。该方法不受地层矿化度的影响，但是对储层孔隙度要求较高，薄砂层油藏10井次实测资料表明，由于该油藏储层孔隙度偏低的限制，RPM测井的碳氧比曲线无法区分储层流体性质。

3. RAS测井

RAS测井是加拿大HUNTER公司生产的新一代油藏饱和度测井仪。与RPM测井仪器和原理基本一致，都是多探头的仪器结构，都是集中子寿命模式和碳氧比测量模式于一体的饱和度测井仪。薄砂层油藏5井次实测资料与RPM测井资料反映基本一致：中子寿命测井模式可以准确确定储层剩余油饱和度的情况，碳氧比测井曲线无法区分储层流体性质。

五、其他监测技术

目前薄砂层油藏在用的其他生产测井监测技术主要有电缆地层动态测试器，包括MDT和CHDT技术。

1. MDT技术

MDT（Modular Formation Dynamics Tester）是斯伦贝谢公司推出的组合式电缆地层动态测试器，其结构如图7-9（a）所示。MDT一般用于裸眼井中，通过石英和应变压力计测量地层压力，落实油藏压力保持程度；通过泵抽采样，利用实时电阻率和可组合的流体性质分析模块直接进行流体性质和流体组分的分析，以判断水淹状况；根据测试需要，可对井下流体进行PVT取样。通过MDT测试，即可落实储层流体性质和油藏压力保持程度，预测产能规模，快速高效。

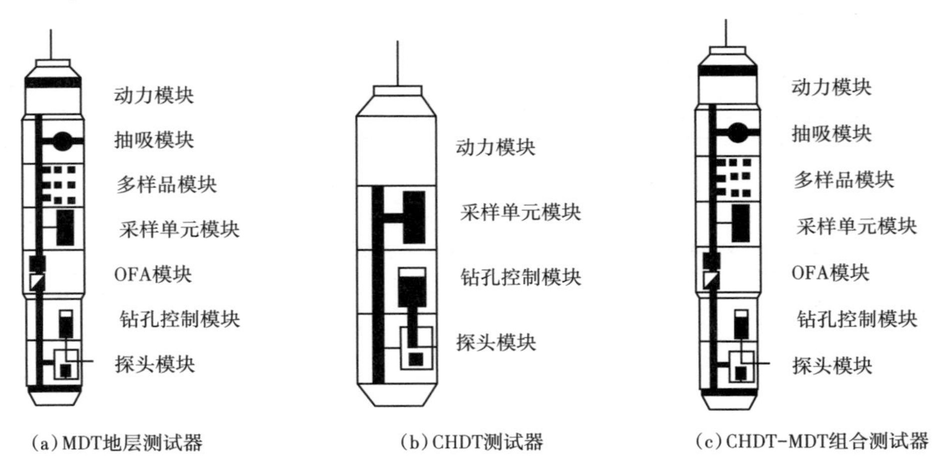

图7-9　MDT、CHDT测试仪器结构示意图

2. CHDT 技术

CHDT（Cased Hole Dynamic Tester）是斯伦贝谢公司研制的套管井地层动态测试器，简单说，就是将 MDT 用于套管井，其结构如图 7-9(b)、图 7-9(c) 所示。最突出的特色在于增加了钻孔和堵孔的功能；利用一柔性钻轴穿透套管、水泥环和地层，钻一个小孔进行测试；单点测试结束之后，需要用机械堵塞器来密封套管内的钻孔，保障套管的平滑性和井筒结构的完整性。CHDT 技术可方便地对多个储层直接进行流体性质和产能评价，而不必进行射孔作业和复杂的挤水泥作业，极大地节约了作业时间和成本[5]。CHDT 主要仪器及配件实物图如图 7-10 所示。

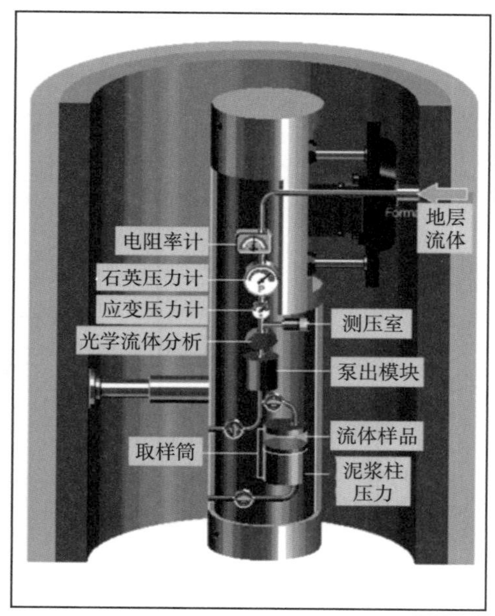

图 7-10 CHDT 主要仪器及配件实物图

[实例 5] HD4-16H 井是东河砂岩油藏的一口水平井，也是薄砂层油藏东南部的过路井，为了认识薄砂层油藏水淹和压力衰竭情况，研究决定对该井进行 CHDT 测试。计划测试点分别位于薄砂层油藏 2 号砂层(5039m)、3 号砂层(5049m)。

测试过程使用 CHDT 加一个常规取样桶的仪器串分别对 5039m、5049m 进行取样测试，施工过程如图 7-11 所示。测试点 5039m 钻进 2.30in，测地层压力为 6071.7psi，取得水样，堵孔成功；测试点 5040m 钻进 3.96in，测地层压力 6427.1psi，取得油样，堵孔成功。测点数据统计结果见表 7-4。

CHDT 在 HD4-16H 井测试成功，并在高井斜(55°)大狗腿度(15°/30m)位置，成功取得薄砂层油藏 2 号砂层(5039m)、3 号砂层(5049m)两个层的流体样品，获得了水淹数据，测试后套管成功堵孔。此次测试成功也证明了 CHDT 测试对薄砂层油藏井况具有很好的适应性。该项测试结果为数模含油饱和度修正及下步井位部署提供了重要依据。

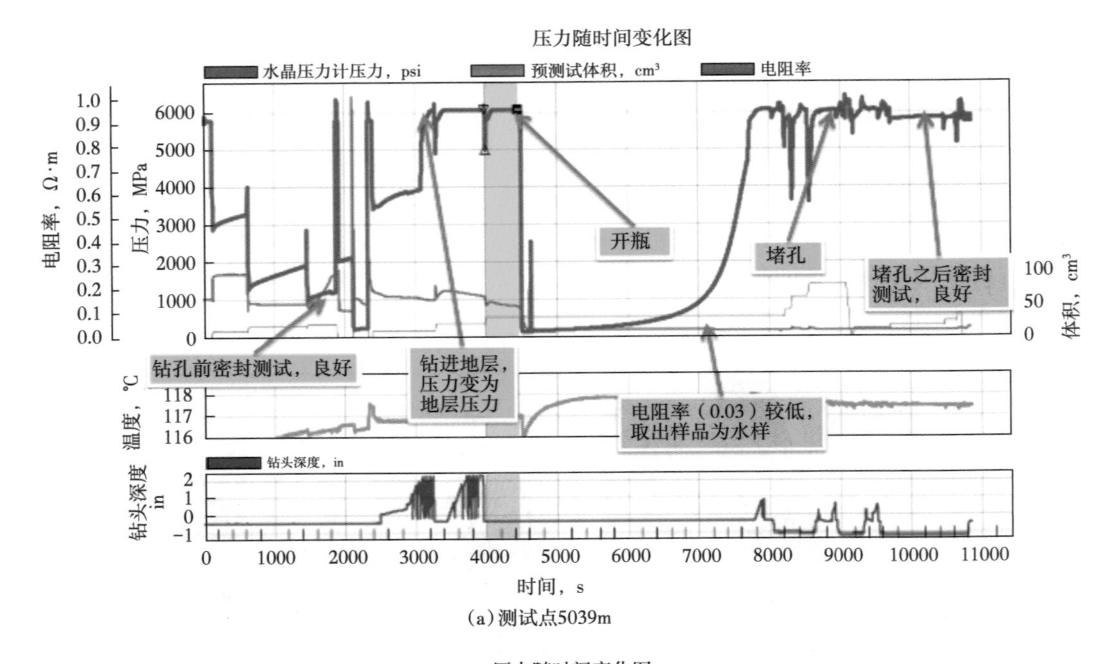

(a)测试点5039m

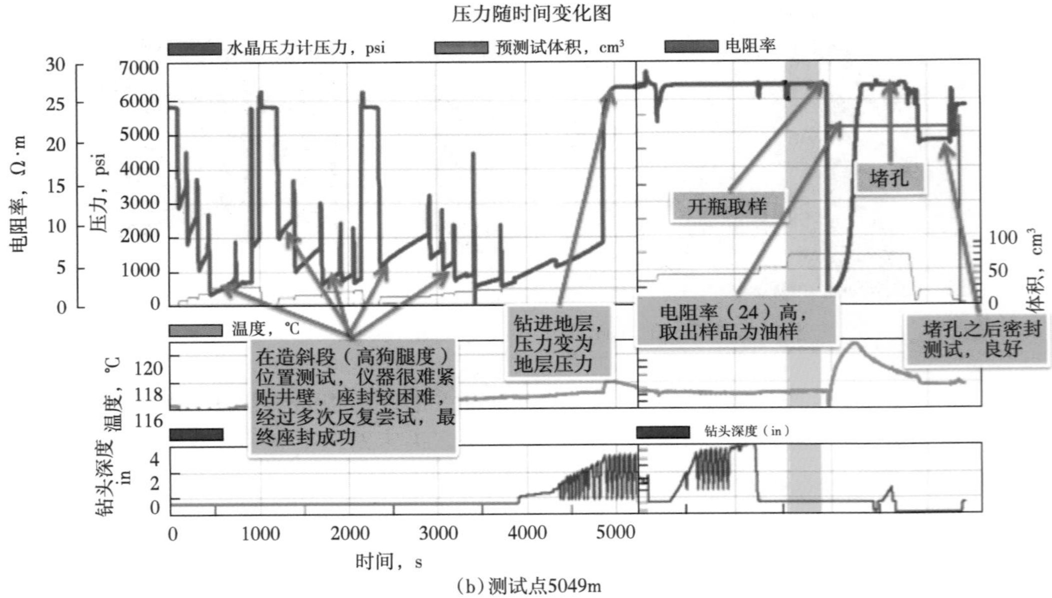

(b)测试点5049m

图 7-11 HD4-16H 井 CHDT 测试过程

表 7-4 测试结果表

测深 m	钻深 in	堵孔情况	测前套内压力 psi	地层压力 psi	流度 mD/(mPa·s)	流体判别	取样情况
5039	2.30	成功	5799.7	6071.7	0.9	水样含微量油	3.7L 大样
5049	3.96	成功	5806.8	6427.1	2.4	油样	3.7L 大样

第二节　水驱前缘监测技术

一、技术简介

注水的调整及优化在油田开发的前、中、后期，都是确保地层能量、实现稳产、降低油田递减率、提高最终采收率最直接、最简便和最主要的方法。但是注入水朝哪个方向推进、主力注水方位如何、注水前缘位于何处，这些问题以前都只能依靠油藏工程师的工作经验进行分析判断，或通过示踪剂监测进行判断。这些方法分别存在人为因素多、精度低、周期长、成本高等一系列问题。

哈得逊油田注水井中引入了潜入式水驱前缘监测技术，该技术的关键和特点主要体现在检波器的精度和置放位置、微震信号的保真采集、信号解释处理的科学性，以及施工简单、安全和环保等方面。

注水井水驱前缘监测结果，结合该区块的生产测井和注水数据等资料，可快速得到注水井的水驱前缘(含水率在90%~95%的油水过渡带)、注入水的波及范围、优势注水方向，区块的水波及区等资料，为合理布置注采井网、挖掘剩余油、提高最终采收率，提供了较为可靠的技术依据。此技术涉及的水驱前缘、水驱波及面积等概念与通常油藏工程中的含义不同，此处水驱前缘是指注水井周围含水率在90%~95%的边缘(特高含水区的边缘)，水驱波及面积是指注水井周围含水率90%~95%以上区域的面积(特高含水区域的面积)，如图7-12所示。

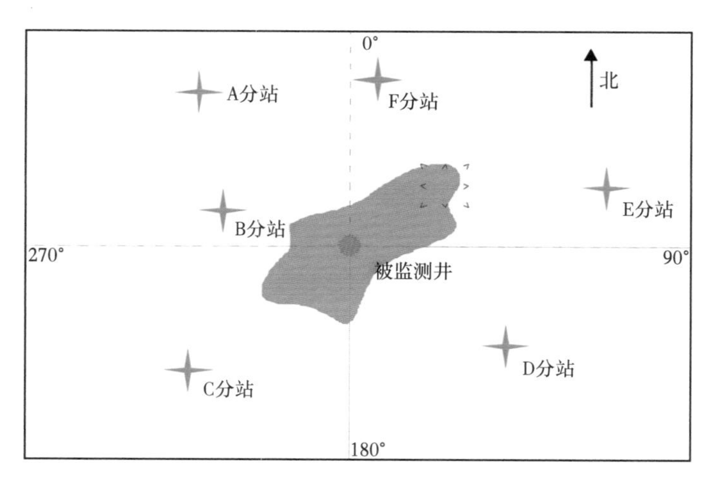

图7-12　注水井水驱前缘监测技术原理图

图中●表示被监测井，+表示监测分站，绿色区域表示含水率90%以上区域面积

二、现场应用

水驱前缘测试在薄砂层油藏应用后，油藏工程师获得了该区块主力油层的水驱前缘、注入水的波及范围和优势注水方向，了解了各油井的主力受效方向、各主力油层的水淹状

况和剩余油的平面分布状况。该资料为修正数值模拟结果提供了直接的依据。目前哈得逊油田平均每年完成约 20 井次的水驱前缘测试。

HD1-36H 井是薄砂层油藏哈得 1 井区的一口双台阶水平井，为了评价该井对周边油井的驱油效果，2019 年 11 月 8 日，对该井进行了水驱前缘测井。测试结果见表 7-5，如图 7-13、图 7-14 所示。

表 7-5　HD1-36H 井水驱前缘监测解释成果表

解释项目	解释结果
注水优势方位，(°)	253.5，185.9
水驱波及宽度，m	670.0
水驱波及长度，m	910.5
水驱波及面积，10^4m^2	41.5

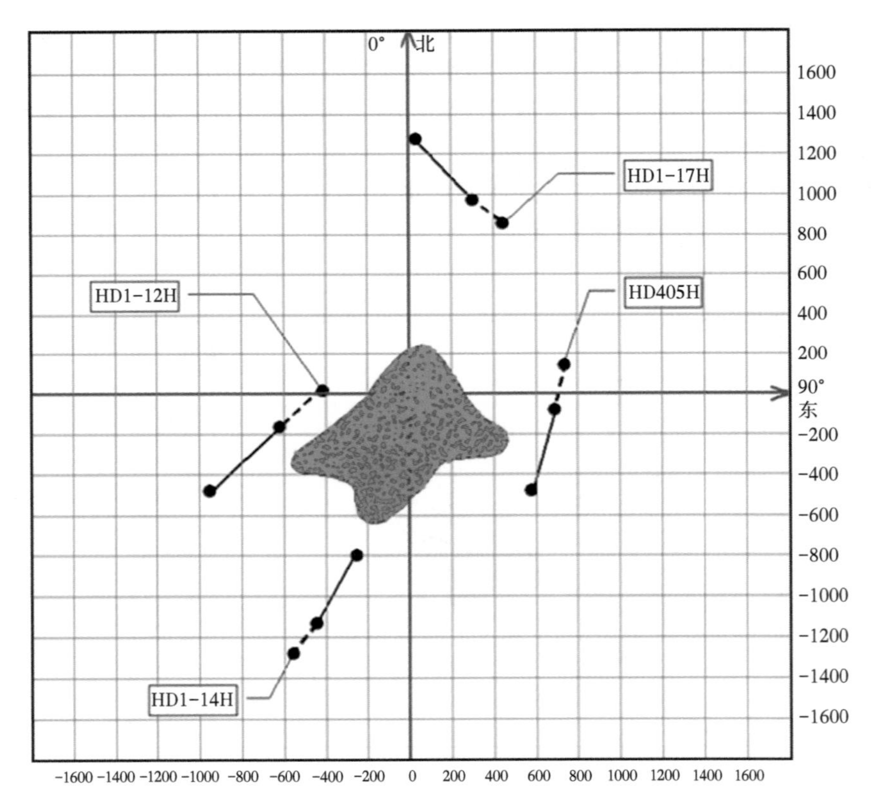

图 7-13　HD1-36H 井水驱前缘图

黑线绿底区域表示含水率 90%以上面积，该区域内红点表示原始微震点

综合分析测试结果得出以下结论：

(1)该井水驱主流方向为南西向，次主流方向为南东向，平面上优势注水方位分别为 253.5°和 185.9°，水驱前缘波及面长度为 910.5m，宽度为 670.0m，面积为 $41.5×10^4m^2$。

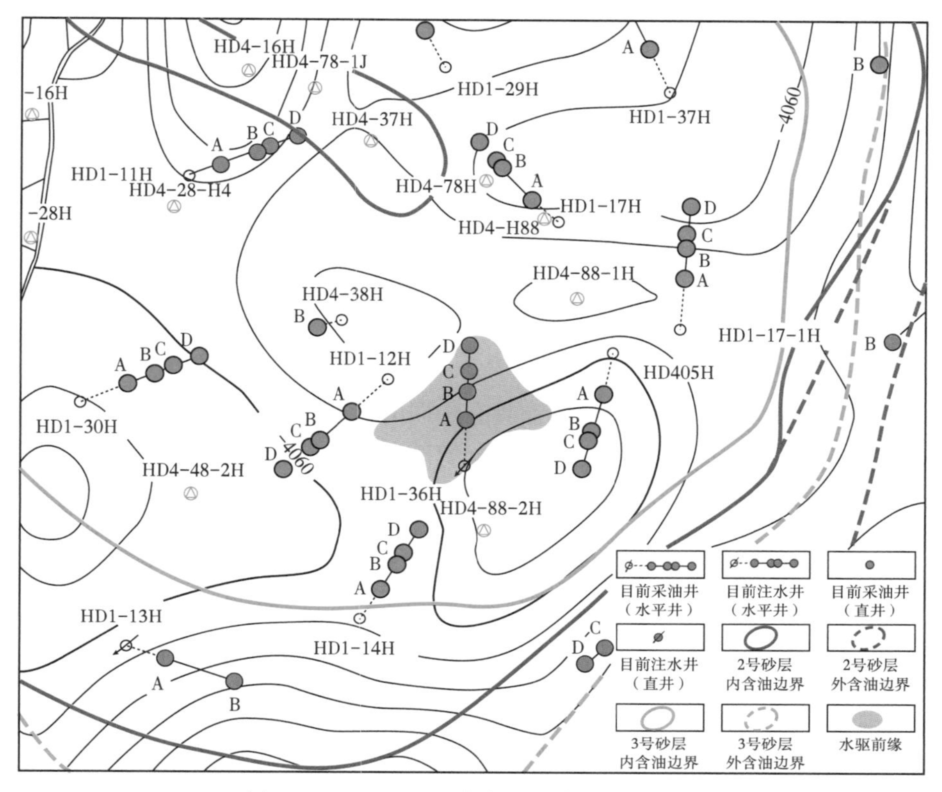

图 7-14　HD1-36H 井水驱前缘叠合示意图

红圆圈内含红三角表示东河砂岩油藏过路井

(2) 该井水驱前缘波及面呈不规则多边形展布，注入水向井的南部呈现多方向的推进趋势。

(3) 该井注入水向 HD1-12H 井、HD1-14H 井、HD405H 井方向推进趋势明显，向 HD1-17H 井方向推进趋势不明显。HD1-12H 井、HD1-14H 井、HD405H 井已不同程度注水受效，而 HD1-17H 井注水受效差。基于该项测试结果，对 HD1-36H 井开展了周期注水试验，试验过程中东南部 HD405H 井注入水水淹得到缓解。注水下调周期 HD405H 井含水率下降 31%，日增油量达 8t。

第三节　原油色谱指纹技术

一、基本原理

油气相色谱指纹分析技术是遵循油藏地球化学的基本原理和方法，将油气地球化学研究与油田地质、油藏工程相结合的一种研究方法。所谓“油气相色谱指纹”是指油气相色谱图上的除正构烷烃峰以外的精细组分峰的分布特征。在油气相色谱图中，正构烷烃几乎以等间距的系列大峰出现，而精细组分则以位于正构烷烃之间的小峰出现，人们就把这些小峰称作“油气相色谱指纹峰”。

油气相色谱能可靠地分辨出成因上有联系的原油的细微组成差别。原油的这些组成差别常具有重要的地质意义。原油中含有几万个单体化合物，它们能够提供与原油的性质有关的地质、地球化学以及开发过程中的资料。

一般认为，当避开油水和油气过渡带，在连通性好的油藏中，由于油藏流体的均一化作用，原油的烃类组成和分布特征具有一致性。而在相对分隔的油藏中，尽管可能因为烃类来源和成藏时间相同或相似会使原油具有相似或相同的气相色谱形态，但是由于各产油层位所处的地质环境差异，必然使烃类组成在一定程度上发生变化。各单层原油在精细组成上如异构烷烃、环烷烃、芳香烃等的油气相色谱指纹特征上仍存在有可检测的差异，即它们之间有着“特征指纹”差异。

简言之，一个油藏中同一油层的原油具有相同的色谱指纹，不同油层的原油具有不同的色谱指纹。油气相色谱指纹技术凭借其高分辨的分离效果和高度灵敏的检测性能，可以将原油中的各种组分高效分离，并可测出其单个组分的相对含量。这种差异成为色谱指纹技术识别油气来源的理论依据。

测试仪器需首先从单层油样的油气相色谱指纹峰中找出指纹特征（图 7-15）。为精确计算指纹参数，多采用异构烷烃、环烷烃、芳香烃等化合物作为计算参数。首先以相近或相邻的两个比较稳定的化合物的峰高比值，作为各个单油层原油的特征指纹参数。然后在相同的实验条件下对混采油样进行气相色谱分析，计算与单层油样相同的特征指纹参数。最后使用“最小二乘法”“偏最小二乘法”“主元素分析法”“数据相关性分析法”等确定混采原油中各单层贡献的大小。

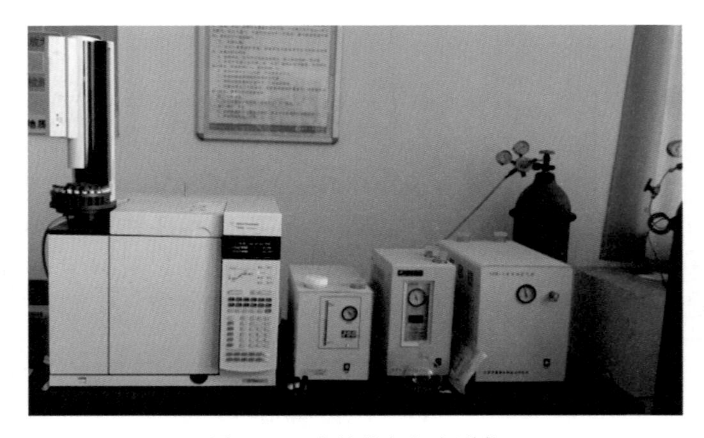

图 7-15　安捷伦气相色谱仪

二、现场应用

HD1-8H 井是位于薄砂层油藏哈得 1 井区中部的一口双台阶水平井，合采薄砂层油藏 2 号、3 号砂层。通过对 HD1-8H 井所采样品进行气相色谱指纹分析，发现该井正构烷烃分离后所得的气相色谱图峰型基本呈对称的正态分布，且姥鲛烷与正构十七烷、植烷与正构十八烷分离程度基本上达到 100%，达到了预期的分离效果，为地球化学分析提供了基础数据。

采用计算模型对 HD1-8H 井合采原油进行了产能计算，发现 2 号层是 HD1-8H 合采油井的主要贡献者，达到 99.4%，3 号层的贡献很小，只有 0.6%。基于以上测试结果，在薄砂层油藏开展了大规模的水平井分注试验，分注后区域内严重的层间矛盾得到缓解。

第四节　试井分析技术

一、概述

哈得逊油田在滚动开发过程中，录取了丰富的压力温度资料，为支撑油田开发和油藏动态分析提供了坚实基础。

1. 测试工艺

压力温度资料录取工艺采用了地面直读、钢丝存储、钢丝投捞和井下 DPT 长期监测四种工艺，其中地面直读和钢丝存储可合并为常规绳缆工艺。

1) 常规绳缆工艺

地面直读和钢丝存储工艺为常规绳缆工艺，测试设备、操作过程和测试仪器基本相同，并采用标准化地面布置(图 7-16)。在测试过程中，利用电缆或钢丝将电子压力计下至井下预定深度，连续录取压力及温度数据。

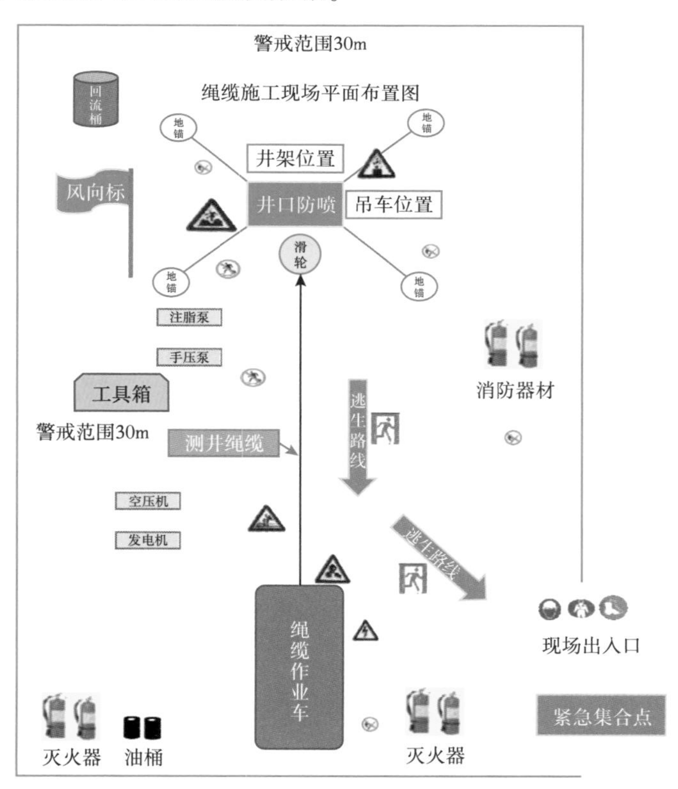

图 7-16　地面标准化布置图

2）钢丝投捞工艺

钢丝投捞测试工艺通过改变井下工具串结构，利用地面设备特定操作实现井下脱手工具的相应运动，从而将压力计单独坐落并放置于井下预定深度进行连续压力温度数据录取。在操作完成后将钢丝起出并拆卸地面设备，在整个测试过程中仅保留压力计单独放置于井下，无任何地面设备和井下钢丝，提高了安全性和适应性。施工过程中井下工具结构和状态如图 7-17 所示。

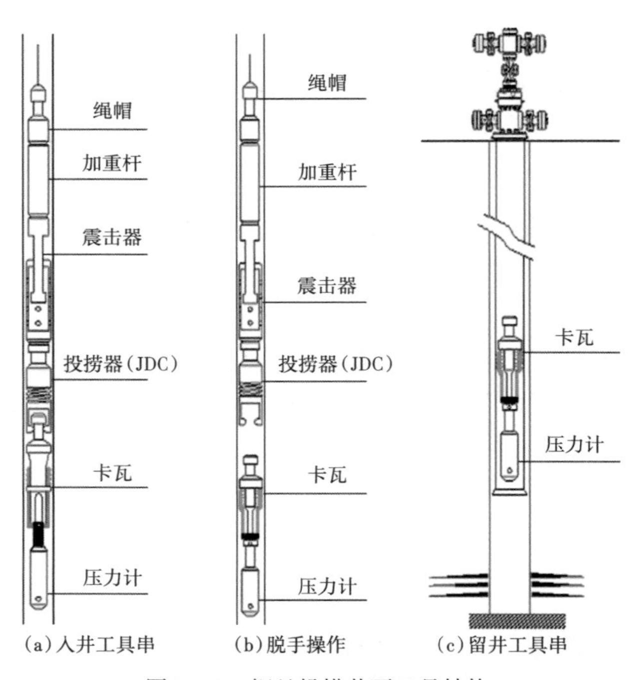

图 7-17　钢丝投捞井下工具结构

3）井下 DPT 长期监测工艺

井下 DPT 监测技术是在油井完井或修井作业下入管柱时，将存储式 DPT 压力计接在油管上，随同油管一并下入至预定深度并在井下定点位置进行长期、连续压力温度数据录取的测试工艺，在下次作业时回收压力计并回放得到测试数据。井下工具及管柱结构如图 7-18 所示。

2. 测试设备

压力温度资料录取设备可分为五大类，分别为地面动力设备、井口防喷设备、传送设备、数据录取仪器和辅助设备，在实际作业中根据工艺不同和现场实际井况，合理选择。

1）地面动力设备

为试井车或试井橇，通过车辆发动机或单独配备的发动机产生动力，带动传送设备（电缆或钢丝）在井筒内（油管内或套管内）起、下及定点悬挂，实现压力计在井筒移动或定点悬挂。

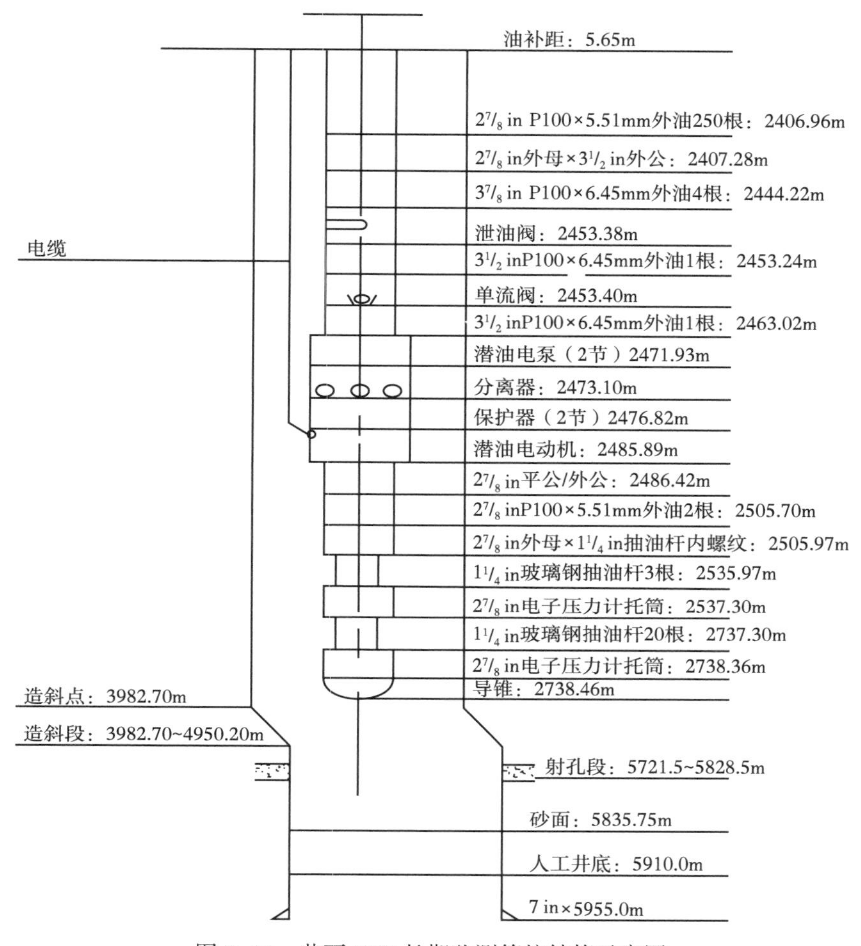

图 7-18　井下 DPT 长期监测管柱结构示意图

2) 井口防喷设备

主要由防掉器、防喷器、防喷管及防喷盒组成，用于防止测试仪器意外落井、临时封闭井口压力、预置绳缆及井下仪器串、井口密封等方面。

3) 传送设备

为电缆或钢丝，通过地面动力设备带动在井筒内起下，实现井下仪器在井筒内移动或定点悬挂。钢丝仅具备起下功能，电缆具备起下、供电和信号传输功能。

4) 数据录取仪器

压力温度数据录取通过电子压力计完成，分为直读式、存储式和 DPT 压力计，所用压力计规格为 15000PSI/177℃。

5) 辅助设备

包括坐落工具、投捞工具、发电机、注脂泵、气泵、手压泵、吊车、灭火器等为作业提供支撑、安全保障的设备。

3. 测试项目

依据油田开发需要和动态监测计划，哈得逊油田共录取了6类压力温度数据：井筒流压及流温梯度、井筒静压及静温梯度、生产井稳定试井、注水井稳定试井、生产井关井压力恢复、注水井关井压力降落。在后面章节分类介绍各类压力资料的分析和应用。

4. 测试解释技术

1）解释方法

主要针对不稳定试井（生产井关井压力恢复、注水井关井压力降落）资料进行解释[6-9]，具体方法如下：

（1）解释模型选择。

利用实测数据生成相应的双对数诊断图、特定流动形态诊断图、特定流动形态直线段诊断图，划分流动阶段，确认地层渗流特征和边界性质，从而选择合适的解释模型。碎屑岩常用解释模型自表7-6中所列井筒、内边界、油藏和外边界条件分别选择并组合，形成多种反映储层地质特征的动态模型。

表7-6 碎屑岩常用模型选择表

井筒模型	内边界模型	油藏模型	外边界模型
定井储+表皮 变井储+表皮	直井 无限导流垂直裂缝 有限导流垂直裂缝 水平裂缝 局部射开 斜井 水平井	均质 双渗 多层 径向复合 线性复合	无限大 不渗透边界（1条） 平行不渗透边界 夹角不渗透边界 圆形封闭边界 矩形封闭边界 具导流能力边界 定压边界 组合边界

在哈得逊油田的试井实践中，主要采用了三种模型：

① 定井储+表皮+水平井+均质油藏+无限大边界；

② 定井储+表皮+水平井+径向复合油藏+无限大边界；

③ 定井储+表皮+水平井+径向复合油藏+定压边界。

（2）参数分析。

①常规分析：即半对数直线分析，选用霍纳法（Horner）、MDH法或Multirate法建立不同时间函数下的半对数曲线，利用导数曲线水平直线段的对应数据进行常规分析，得到相应地层参数。

②现代试井分析：即双对数拟合分析，利用测试数据生成压差和压差导数的双对数曲线，将实测数据曲线与理想模型压力响应曲线拟合，通过调整相应拟合值，使其达到最佳拟合，从而得到相应地层参数。

（3）结果检验。

①一致性检验：分别利用常规分析和现代试井分析得到的结果应一致，渗透率误差小于10%。

②半对数拟合检验：实测数据半对数曲线与分析模型所生成的理论半对数曲线应彼此拟合，否则调整分析结果直至达到满意的拟合效果。

③历史拟合检验：利用实际产量历史、解释模型和分析结果，计算压力与时间的关系曲线并与实测曲线对比，如曲线重合则获得了良好结果；否则，解释结果与实际动态不符，应重复分析过程重新进行参数分析，直至曲线重合。

2）解释平台

测试解释均通过试井分析软件完成，包括 KAPPA Saphir 和 PanSystem。本节所列举实例，若无特殊说明，均采用 KAPPA Saphir 软件进行解释。

5. 其他

试井虽以录取优质资料为目的，须以安全施工为前提。在试井实践中，需进行合理设计，降低工程风险、避免事故发生并获取真实反映储层动态的测试资料。

1）仪器下深

仪器最终下入深度，考虑两个因素：

（1）生产管柱（或注水管柱）。

生产（或注水）管柱既是流体流动通道，也是测试工具起下的空间和路径。除特殊要求外，测试工具不出管柱，以降低工具在进出油管鞋的工程风险。

（2）井身结构。

哈得逊油田采用水平井开发，造斜点多位于 4750~4850m 范围内；仪器最终下入深度控制在井斜 30°以内，以免工具与周边管壁摩阻过大。

综合上述两点，仪器最终下入深度多位于 4850m 以内，产层中深的压力温度通过实测数据和相应的压力温度梯度折算得到。

2）压力恢复测试时机

生产井产出物为油水两相时，压力恢复测试关井期间，井筒内的油水重力分异带来驼峰效应，严重时压力恢复资料完全无法正常解释。生产井压力恢复测试在近似单相流条件下录取的资料较为可靠，根据矿场经验，选择进行压力恢复测试油井，含水率低于 5%或高于 65%。

3）变流量试井试验

为探索既对生产影响小、又可获取油藏信息的试井技术，在哈得逊油田开展了“变流量不稳定试井”探索[10]，明确了应用条件、实施效果等，丰富与发展了水平井试井方法和分析技术。

二、井筒压力温度资料分析

井筒压力温度资料包含流压流温梯度和静压静温梯度两类，通过测取井筒一定范围内的压力温度数据，与深度适配后得到井筒内的压力梯度、井筒内的温度梯度、产层中深的压力、温度，并进一步分析得到相应认识和判断。

1. 流压、流温梯度分析

井筒流压、流温梯度测试于油井自喷生产和注水井连续注水期间实施，以油井为例进行说明。

1)测试成果

生产井自喷生产期间进行井筒压力及温度梯度测试，利用所得压力温度数据和相应深度数据，得到相应井筒范围内的梯度信息，2002 年 10 月 5 日东河砂岩油藏水平井油井 HD4-2H 井测试的典型成果见表 7-7。

表 7-7　HD4-2H 井典型流压、流温梯度成果表

下深 m	压力 MPa	压力梯度 MPa/100m	温度 ℃	温度梯度 ℃/100m
0	5. 36		29. 13	
300	7. 89	0. 78	36. 81	2. 56
600	10. 38	0. 83	42. 20	1. 80
900	12. 87	0. 83	47. 98	1. 92
1200	15. 35	0. 83	53. 94	2. 00
1500	17. 81	0. 82	59. 88	1. 98
1800	20. 27	0. 82	65. 50	1. 87
2100	22. 72	0. 82	70. 96	1. 82
2400	25. 17	0. 82	76. 32	1. 79
2700	27. 61	0. 81	81. 42	1. 69
3000	30. 05	0. 81	86. 61	1. 72
3300	32. 48	0. 81	91. 95	1. 80
3600	34. 92	0. 81	97. 14	1. 73
3900	37. 35	0. 81	101. 84	1. 57
4200	39. 77	0. 81	106. 17	1. 45
4500	42. 17	0. 80	109. 49	1. 11
4600	42. 97	0. 81	110. 44	0. 95
4700	43. 97	1. 00	111. 32	0. 88
4800	44. 96	0. 99	112. 21	0. 89

2)测试分析及认识

(1)压力梯度分布特征及影响因素分析。

压力梯度具有阶段分布特征，各阶段划分和影响因素如下：

①井口至 600m 井筒范围内，压力梯度呈增加趋势，反映原油脱气影响，脱气点位置约 300m，泡点压力约 7. 9MPa；

②600~4600m 井筒范围内，压力梯度整体稳定且压力梯度与未脱气原油密度一致，流

体为单相油，自下而上温度降低，原油体积轻微收缩，对应压力梯度略有升高；

③4600~4800m 井筒范围，压力梯度稳定且比上部明显升高，含有少量水，流体为混相，因产量低、流速慢，产出地层水无法产出至地面。

(2)温度梯度特征。

①井口测点温度受地面环境影响，导致井口至300m 测点之间温度梯度高于下部；

②全测试范围内温度梯度符合区域特征，无异常点。

(3)中深数据计算。

利用4800m 测点的压力温度数据及4600m 以下范围内的梯度数据，折算至产层中部垂深(5049.75m)位置，对应压力47.44MPa、温度114.42℃。

(4)井筒内流型特征。

与压力梯度对应，井筒内流动具有阶段特征：

①井口至300m 井筒范围内为泡状流；

②300~4600m 井筒范围内为单相液相流；

③4600m 以下井筒范围为液相流动，流体为油水两相。

(5)生产特征及建议。

①井口压力已降至泡点压力以下，井筒内原油开始脱气，需适当加密井口压力和井筒梯度测试，密切关注原油脱气位置变化；

②4600m 以下已存在轻度积液，需密切关注产出物变化并适当加密井筒压力监测，及时调整生产并采取相应措施。

2. 静压、静温梯度分析

井筒静压及静温梯度测试于油井压力恢复测试关井、注水井压降测试关井和机采井检修作业期间实施，以机采井静温、静压梯度为例进行说明。

1)测试成果

机采井(抽油机井或电泵井)受到生产方式和管柱影响，仅在检泵及检管期间（测试时机在提出原井管柱后）进行井筒压力和温度测试，2010年6月6日东河砂岩油藏水平井油井HD4-89H井测试的典型成果见表7-8。

表7-8　HD4-89H井典型静压、静温梯度成果表

下深，m	压力，MPa	压力梯度，MPa/100m	温度，℃	温度梯度，℃/100m
0	0.11		28.75	
300	0.11	—	27.76	-0.33
600	2.84	—	31.13	1.12
900	5.57	0.91	38.00	2.29
1200	8.15	0.86	45.04	2.35
1500	10.75	0.87	52.18	2.38
1800	13.35	0.87	59.66	2.49

续表

下深，m	压力，MPa	压力梯度，MPa/100m	温度,℃	温度梯度,℃/100m
2100	16.01	0.89	66.72	2.35
2300	17.76	0.88	72.19	2.74
2350	18.18	0.84	73.78	3.18
2400	18.60	0.84	74.85	2.14
2450	19.01	0.82	76.92	4.14
2500	19.43	0.84	77.90	1.96
2550	19.84	0.82	72.20	-11.40
2600	20.26	0.84	72.02	-0.36
2700	21.20	0.94	73.93	1.91
3000	24.54	1.11	79.30	1.79
3300	27.88	1.11	84.83	1.84
3600	31.21	1.11	90.21	1.79
3900	34.53	1.11	95.53	1.77
4200	37.86	1.11	101.21	1.89
4500	41.17	1.10	106.01	1.60
4550	41.72	1.10	106.59	1.16
4600	42.27	1.10	107.38	1.58
4650	42.82	1.10	108.16	1.56
4700	43.37	1.10	108.95	1.58
4750	43.92	1.10	109.63	1.36
4800	44.47	1.10	110.49	1.72

2)测试分析

(1)压力梯度分布特征及影响因素分析。

压力梯度具有阶段分布特征，各阶段分布和影响因素如下：

①井口至300m井筒范围内，压力不变，数值与大气压一致，为空井筒(流体为空气)，起管柱期间，原油脱出的气体逸散至大气中，故压力与大气压一致且不能测出气柱；

②600~2600m井筒范围内，压力梯度整体稳定且与原油密度一致，流体为单相油，自下而上，温度降低且原油在一定范围内脱气、单相原油体积轻微收缩，对应压力梯度略有升高；

③3000~4800m井筒范围内，压力梯度稳定且比上部明显升高，与地层水密度一致，为水相。

(2)流体界面。

①液面位置约300m，因地层压力偏低，液面不在井口；

②油水界面约2663.3m。

(3)中深数据计算。

利用4800m测点的压力温度数据及相应的梯度数据，折算至产层中部垂深(5077.98m)位置，对应压力为47.53MPa、温度为115.26℃。

(4)温度梯度分布及影响因素分析。

①井口至600m井筒范围内，受地面环境温度和气体热传导能力影响，温度梯度偏离正常数值；

②2400~2600m井筒范围内，温度梯度明显异常，此井筒范围内热交换途径和影响因素复杂，且受到泵体发热和管柱密封性的双重影响；

③其他范围内温度梯度正常。

(5)生产特征及建议。

①产出物为油水两相，需通过地面产量和各相含量变化分析生产期间是否存在携液能力不足及井筒积液；

②通过产量和动液面数据分析液面和压力变化，掌握泵挂深度的变化；

③对温度梯度异常段开展固井质量、套损等分析。

3. 井筒压力温度资料应用

1)压力资料应用

对影响压力梯度高低和分布特征的因素进行了归纳，主要包括以下几个方面：流体性质、溶解气油比、井筒压力分布、重力分异、携液能力和温度变化。根据压力梯度特征并结合影响因素，可分析：原油脱气点位置及泡点压力、携液能力及井筒积液、生产期间压力历史追踪对比、产层中深静压及变化，并分析和评价能量系统。

2)温度资料应用

通过对异常温度资料的深化分析，发现静温异常多与固井质量、套损等情况有关，将异常温度用于套损分析和相应对策研究。

三、不稳定试井资料分析

1. 测试和分析方法

1)测试项目

不稳定试井实施了生产井关井压力恢复和注水井关井压力降落，在资料录取程序(依次录取流动条件下的压力温度、关井后的压力温度)、井口状态及操作(开井状态下入、井口关井)等方面二者一致。

2)分析方法

生产井关井压力恢复和注水井关井压力降落资料分析方法相同，在不稳定试井资料分析时，采用两种分析方法：半对数直线分析法、双对数拟合分析法。

3) 结果检验方法

两类资料分析结果检验同样采用两种方法：半对数拟合检验、压力历史拟合检验。

4) 单井分析结果

单井资料分析可提供如下认识（依据井况和储层，具体信息有所不同）：

(1) 完井及井筒相关信息：井筒储集、打开程度、近井伤害或完善程度、压裂效果、水平段有效长度。

(2) 储层渗流空间类型：均匀介质、双重介质、双渗介质。

(3) 储层参数：渗透率 K、流动系数 Kh/μ、双重介质的储能比 ω 和窜流系数 λ，双渗介质的地层系数比 k。

(4) 储层平面分布状态及参数：井周边不渗透边界的形态及距离，复合地层的流动系数 Kh/μ 和储能参数 $\phi h C_t$ 的变化形态及参数比，其他边界特征。

2. 生产井压力恢复测试资料分析

1) 测试数据

生产井关井压力恢复测试多于单相自喷生产期间进行，依次录取关井前的流压流温和关井后的压力恢复数据，以东河砂岩油藏水平井油井 HD4-3H 井于 2004 年 9 月压力恢复测试为例，典型曲线如图 7-19 所示。

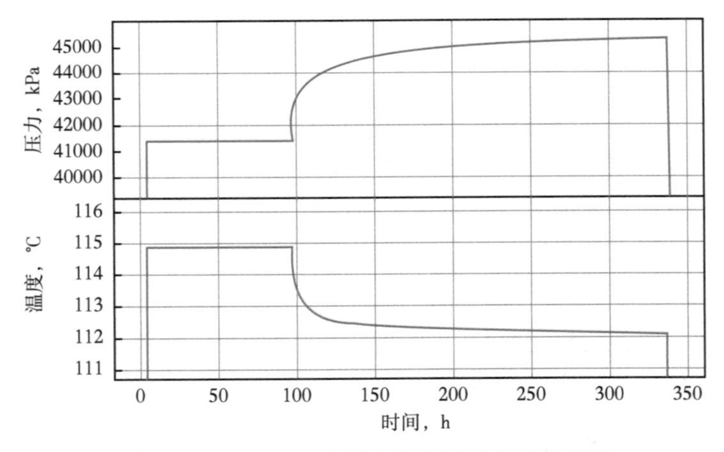

图 7-19　HD4-3H 井压力恢复测试实测数据图

2) 测试分析

(1) 分析图件。

采用半对数直线分析（图 7-20）和双对数拟合分析（图 7-21）得到储层动态分析结果，并通过半对数检验（图 7-22）和压力历史拟合检验（图 7-23）对分析结果进行验证和调整，重复上述过程得到最终分析结果。

(2) 分析结果。

利用压力恢复资料分析得到井筒及储层的相应动态信息，见表 7-9。

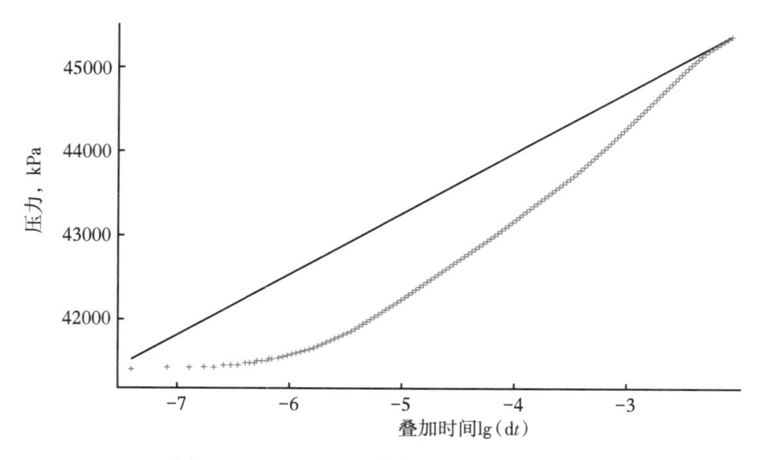

图 7-20　HD4-3H 井半对数直线分析图

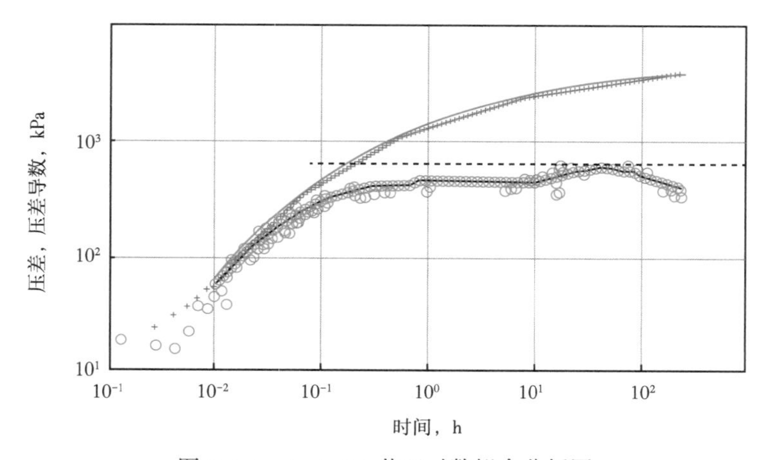

图 7-21　HD4-3H 井双对数拟合分析图

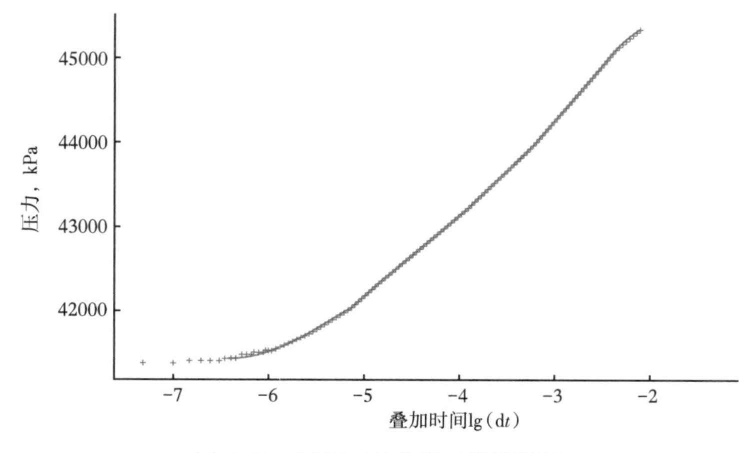

图 7-22　HD4-3H 井半对数检验图

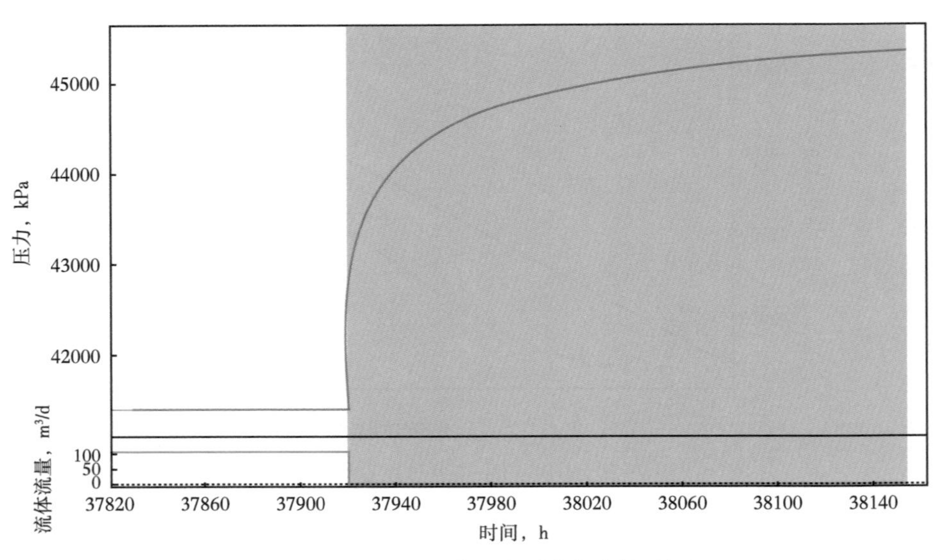

图 7-23 HD4-3H 井压力历史拟合检验图

表 7-9 水平井 HD4-3H 井压力恢复分析结果表(油层中深 5055.17m)

序号	项目		数据
1	井筒	井储系数，m^3/MPa	0.52
2		机械表皮系数	-0.61
3		机械表皮压降，MPa	-0.75
4	水平井	水平井段有效长度，m	75.2
5		垂向有效渗透率，mD	0.56
6	储层	内区流动系数，mD·m/(mPa·s)	176.03
7		内区地层系数，mD·m	517.54
8		内区径向有效渗透率，mD	45.40
9		复合半径，m	207.0
10		流度比	0.48
11		外区径向有效渗透率，mD	95.58
12	边界	在测试周期内未见边界效应	
13	压力	测点地层压力，MPa	46.91
14		中深地层压力，MPa	48.83
15		地层压力系数	0.99
16	产能	中深流压，MPa	43.29
17		生产压差，MPa	5.54
18		实测产油指数，$m^3/(d \cdot MPa)$	16.30

3. 注水井压力降落测试资料分析

1) 测试数据

注水井关井压力降落测试在稳定注水一定周期后进行，依次录取流压流温和关井压力降落数据，反映注水条件下的储层动态信息，以薄砂层油藏水平井注水井 HD1-5H 井于 2014 年 4 月压力降落测试为例，典型曲线如图 7-24 所示。

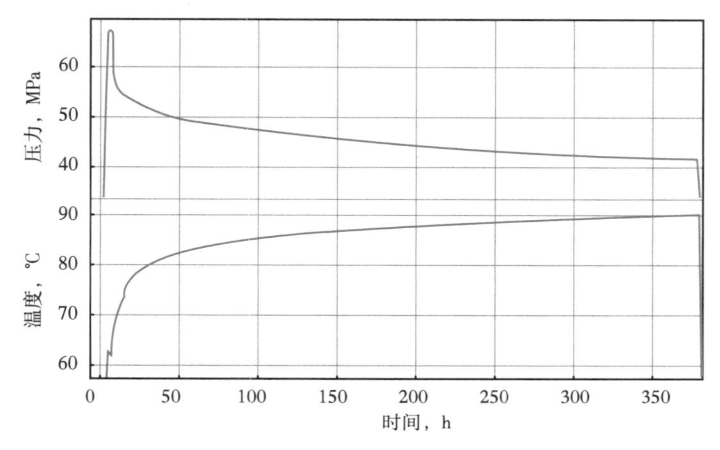

图 7-24　HD1-5H 井压力降落测试实测数据图

2) 测试分析

(1) 分析图件。

采用半对数直线分析（图 7-25）和双对数拟合分析（图 7-26）得到储层动态分析结果，并通过半对数检验（图 7-27）和压力历史拟合检验（图 7-28）对分析结果进行验证和调整，重复上述过程得到最终分析结果。

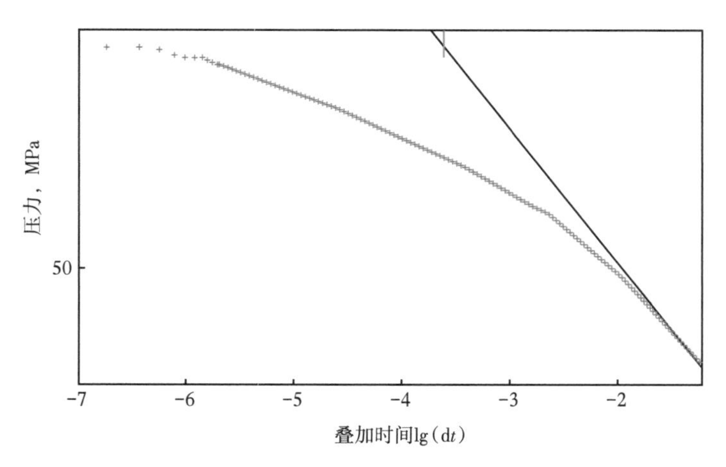

图 7-25　HD1-5H 井半对数直线分析图

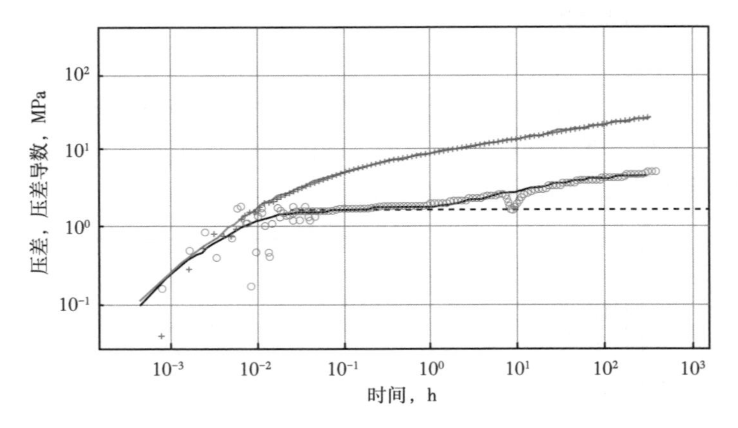

图 7-26 HD1-5H 井双对数拟合分析图

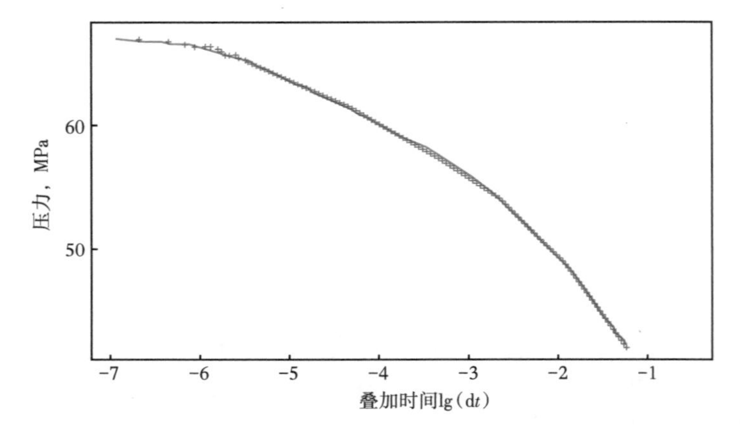

图 7-27 HD1-5H 井半对数检验图

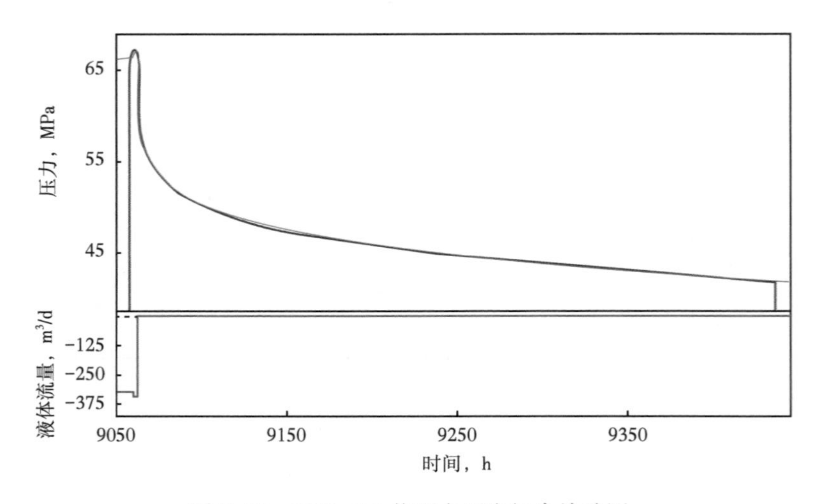

图 7-28 HD1-5H 井压力历史拟合检验图

(2)分析结果。

利用压降资料分析得到井筒及储层的相应动态信息，见表7-10。

表7-10　注水井HD1-5H井压降分析结果表(油层中深5004.09m)

序号	项　目		数据
1	井筒	井储系数，m^3/MPa	0.06
2		机械表皮系数	0.22
3		机械表皮压降，MPa	0.057
4	水平井	水平井段有效长度，m	38.00
5		垂向有效渗透率，mD	4.46
6	储层	内区流动系数，mD·m/(mPa·s)	215.99
7		内区地层系数，mD·m	92.96
8		内区径向有效渗透率，mD	37.19
9		复合半径，m	64.69
10		流度比	3.00
11		外区径向有效渗透率，mD	12.40
12	边界	在测试周期内未见边界效应	
13	压力	测点地层压力，MPa	38.03
14		中深地层压力，MPa	40.88
15		地层压力系数	0.83
16	产能	中深流压，MPa	70.22
17		注入压差，MPa	29.34
18		实测吸水指数，$m^3/(d\cdot MPa)$	11.66

4. 不稳定试井资料应用

得到单井不稳定试井资料分析结果后，进一步进行平面分析和历史追踪分析，深化储层动态认识：平面非均质性分析、地层压力分布及变化分析、单井历史追踪并结合剖面资料分析有效水平段长度及变化，试井曲线与注水前缘形态结合分析储层特征。

1)储层平面非均质性研究

利用同期多项生产井压力恢复和注水井关井压力降落资料，得到井区内平面和垂向的渗流能力信息，为储层平面、垂向渗流分析及非均质性研究提供动态支撑。如图7-29所示，为某时期薄砂层油藏覆盖全区的多口注水井关井压降测试所解释的物性数据绘制的分布图，为储层渗透率非均质性研究提供了有效参考信息：

(1)本区域径向渗透率西北部高于中部和东南部；

(2)中部及东南部区域，西北—东南向中线径向渗透率高于两侧；

(3)垂向渗透率西北部要低于中部和东南部，与径向渗透率分布相反；

(4)垂向渗透率在0.5mD以下。

2)地层压力分布及变化

综合静压测试、压恢测试和压降测试相应所得的地层压力，分析了井区内的压力分布和随时间的变化，并对注水后地层压力变化进行跟踪分析，支撑井区划分和开发调整。结

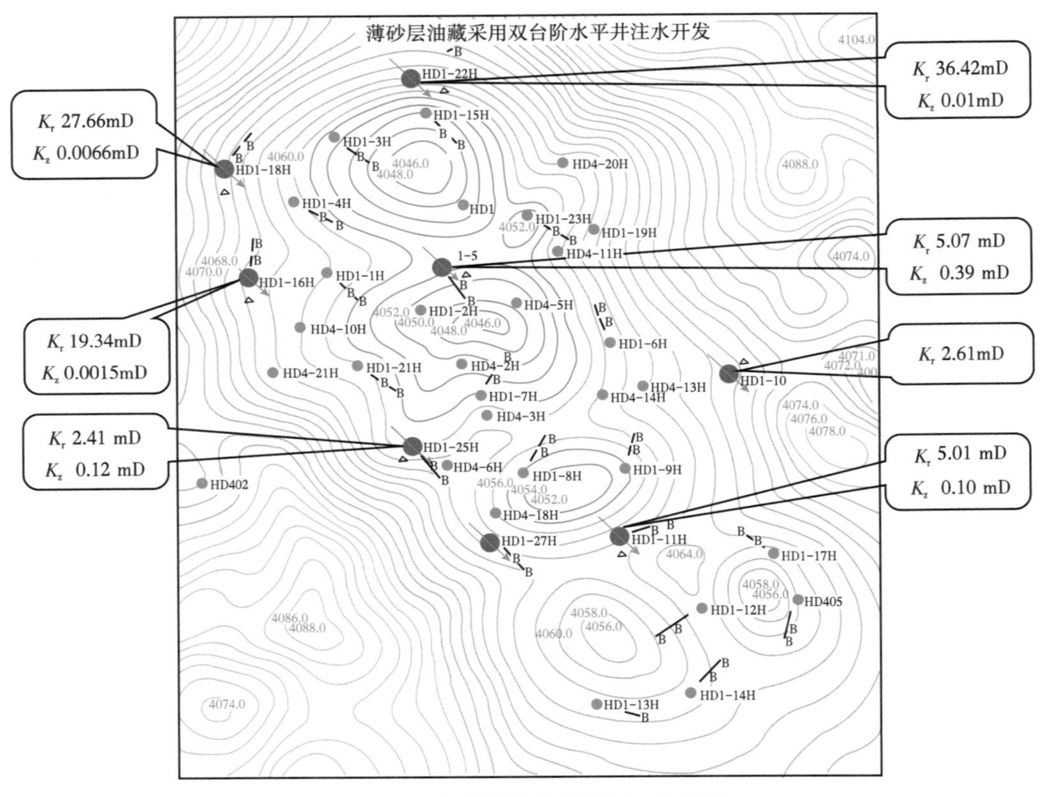

图 7-29　薄砂层油藏储层物性分布图

合地层压力变化图(图 7-30)、动液面变化曲线(图 7-31)可清晰判断地层压力的持续下降。

3)水平段有效长度

受工艺水平现状影响，油井自喷期间，鲜有生产剖面资料；注水井注水期间进行了丰富的剖面测试，利用注水井试井和剖面测试资料联立分析水平段有效长度及影响因素。结果表明，试井分析水平段有效长度与剖面测试结果具有较好的统一性。典型井结果统计见表 7-11 至表 7-13。

表 7-11　试井与剖面测试水平段有效长度对比表

序号	井号	测试年度	渗透率，mD		日注入量 m^3	水平段拟合长度 m	实测吸水剖面长度 m
			垂向	径向			
1	HD1-5H	2012	1.70	17.40	359	172	216
		2014	4.46	37.19	342	38	109
2	HD1-11H	2010	4.41	23.00	198	100	101
		2012	3.52	29.30	242	110	91
		2014	2.63	8.48	117	101	120

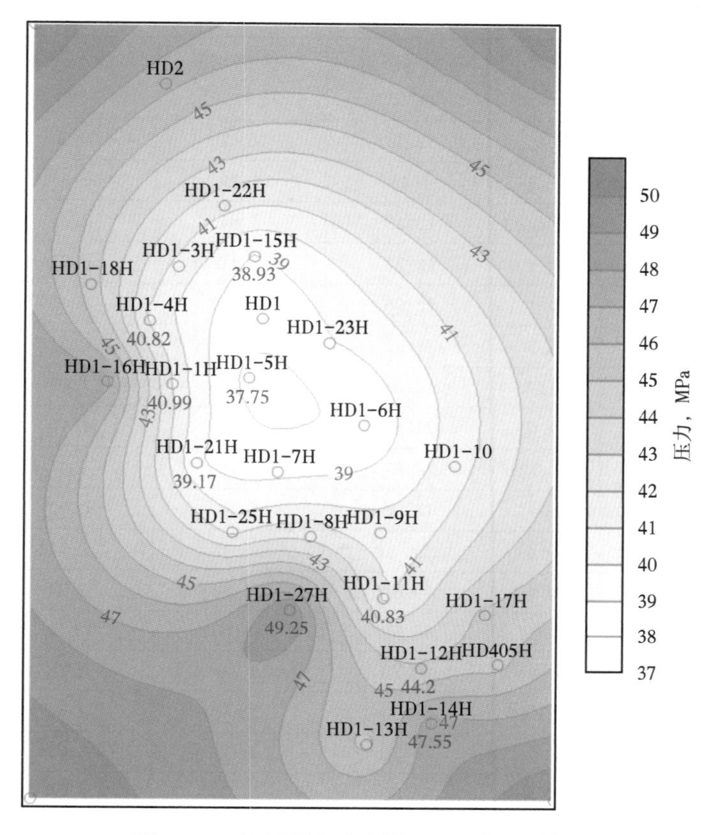

图 7-30　地层压力分布图(2002 年 12 月)

红色圆圈表示井点，蓝色数据表示上部井点实测地层压力值，单位为 MPa；线条表示压力分布线，线条截断处的数据代表该线条的地层压力值，单位为 MPa

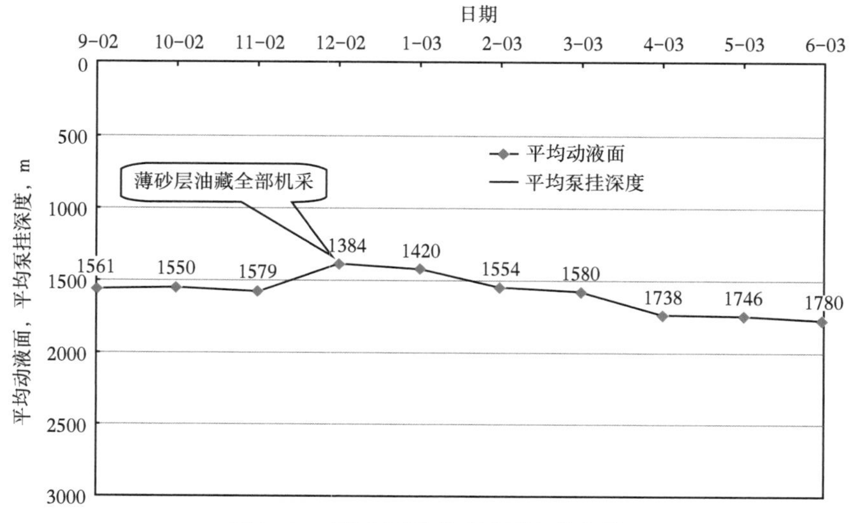

图 7-31　薄砂层油藏动液面变化曲线

表 7-12 HD1-5H 井剖面测试结果表

测试年度	吸水井段 m	厚度 m	绝对吸水量 m^3/d	相对吸水量 %	注入强度 $m^3/(d·m)$	优势吸水段厚度 m
2012	5107.8~5115.7	7.9	52.15	15.20	6.60	175
	5115.7~5127.6	11.9	4.43	1.29	0.37	
	5127.6~5133.2	5.6	12.50	3.64	2.23	
	5133.2~5153.0	19.8	18.22	5.31	0.92	
	5216.1~5245.2	29.1	12.06	3.52	0.41	
	5256.8~5271.3	14.5	11.72	3.42	0.81	
	5271.3~5283.0	11.7	12.01	3.50	1.03	
	5283.0~5294.0	11.0	21.52	6.27	1.96	
	5294.0~5303.0	9.0	12.69	3.70	1.41	
	5328.1~5353.3	25.1	18.06	5.30	0.72	
	5353.3~5402.7	49.4	124.51	36.31	2.52	
	5527.4~5548.4	21.1	43.02	12.54	2.04	
2014	5100.0~5104.4	4.4	58.80	19.60	13.36	41
	5218.8~5226.9	8.1	10.20	3.40	1.26	
	5291.0~5303.0	12.0	88.30	29.40	7.36	
	5328.1~5330.2	2.1	16.70	5.60	8.03	
	5345.5~5368.3	22.8	74.00	24.70	3.25	
	5368.3~5401.6	33.3	37.00	12.30	1.11	
	5521.8~5548.4	26.7	15.00	5.00	0.56	

表 7-13 HD1-11H 井剖面测试结果表

测试年度	吸水井段 m	厚度 m	绝对吸水量 m^3/d	相对吸水量 %	注入强度 $m^3/(d·m)$	优势吸水段厚度 m
2012	5094.0~5099.0	5.0	69.19	30.14	6.03	91
	5103.2~5109.9	6.7	14.82	6.45	0.96	
	5128.0~5138.0	10.0	61.17	26.64	2.66	
	5428.3~5440.8	12.5	48.19	20.99	1.68	
	5460.8~5471.4	10.6	4.99	2.17	0.20	
	5471.4~5518.0	46.6	31.23	13.61	0.29	
2014	5092.5~5098.0	5.5	18.20	18.80	3.31	87
	5111.9~5125.1	13.2	11.10	11.40	0.84	
	5125.1~5129.6	4.5	11.40	11.80	2.53	
	5139.2~5152.1	12.9	4.80	4.90	0.37	
	5407.2~5422.0	14.8	6.60	6.80	0.45	

续表

测试年度	吸水井段 m	厚度 m	绝对吸水量 m^3/d	相对吸水量 %	注入强度 $m^3/(d\cdot m)$	优势吸水段厚度 m
2014	5422.0~5432.4	10.4	7.50	7.70	0.72	87
	5432.4~5435.3	2.9	8.50	8.80	2.93	
	5435.3~5442.6	7.3	2.40	2.50	0.33	
	5468.8~5479.3	10.5	20.10	20.70	1.91	
	5479.3~5484.4	5.1	2.90	3.00	0.57	
	5487.1~5520.7	33.6	3.50	3.60	0.10	

结果对比表明：若各层段吸水相对均匀，则二者结果基本一致；层间吸水差异明显，存在优势明显层段，则试井分析长度与优势吸水层段对应；在不同注水量下，吸水层段和相对吸水分布会产生明显变化(表 7-14)。

表 7-14 薄砂层油藏水平段长度与测试结果对比表

井号	注入层	测试年度	水平段长度 m	试井拟合长度 m	剖面测试长度 m
HD4-49H	薄砂层	2006	246（筛管段）	60	—
		2007		134	—
HD1-11H	薄砂层	2006	427（筛管）	35	—
		2010		100	101.0
		2012		110	91.4
HD1-36H	薄砂层	2010	360（射孔 147）	80	62.0
		2012		157	132.0
HD2-20H	薄砂层	2009	366（筛管+射孔）	210	—
		2012		26	35.0
HD1-5H	薄砂层	2004	372（射孔+筛管）	50	—
		2005		55	—
		2007		60	—
		2010		55	—
		2012		152	216.0
		2013		113	—
HD1-H34	薄砂层	2010	258（射孔 130）	50	—
		2012		50	40.0
		2013		15	23.2

4)注水井注水前缘形态与试井曲线具备相关性

哈得逊油田注水井微地震水驱前缘监测所得结果(图 7-32)主要有两类：(1)注水前缘呈近似条带形；(2)注水前缘呈近似径向形态。

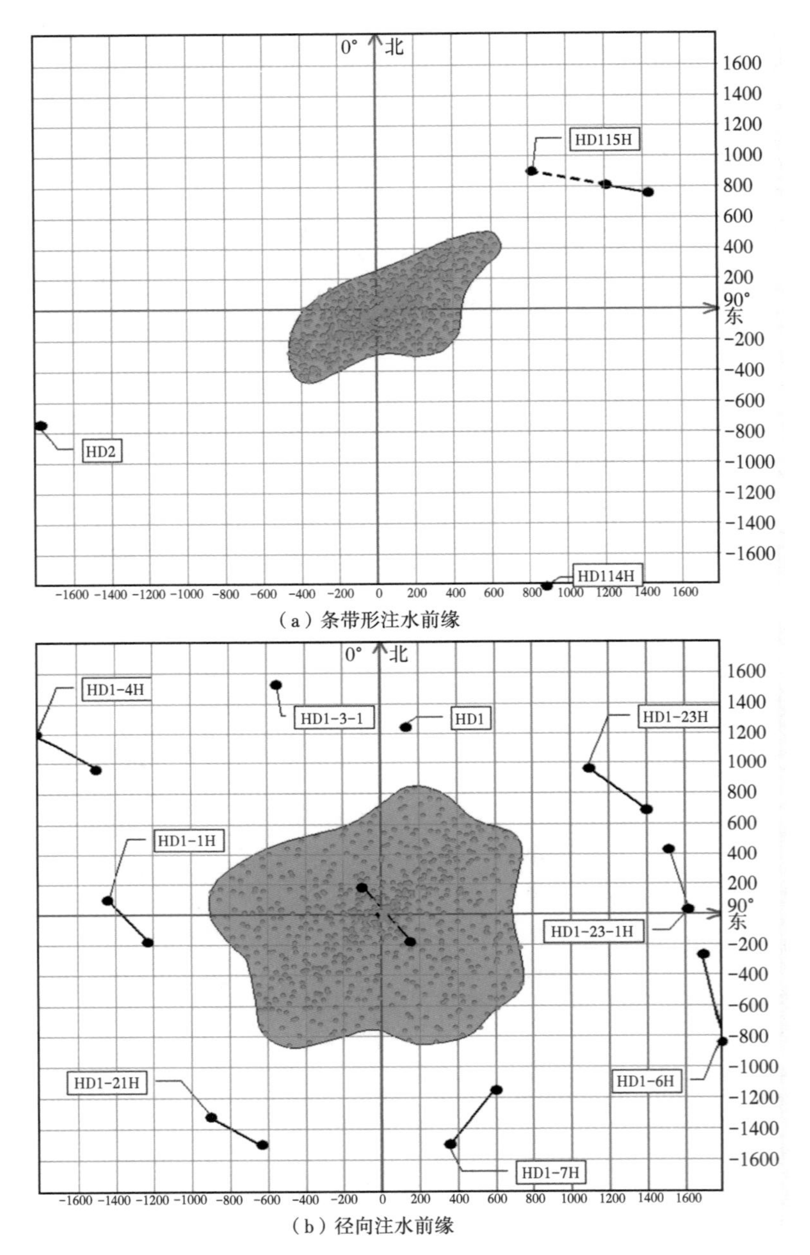

图 7-32　微地震水驱前缘监测形态示意图

黑线绿底区域表示含水率90%以上面积，该区域内红点表示原始微地震点，后同

选择 2 口典型井，将注水前缘形态与关井压力降落及压力恢复测试所得的双对数曲线进行联立分析可发现：HD1-11H 井微地震水驱前缘监测形态为条带形，注水期间关井压降测试所得双对数曲线呈现出条带形的渗流特征；生产期间的压力恢复测试所得双对数曲线，同样具备条带形渗流特征，曲线形态如图 7-33 所示。

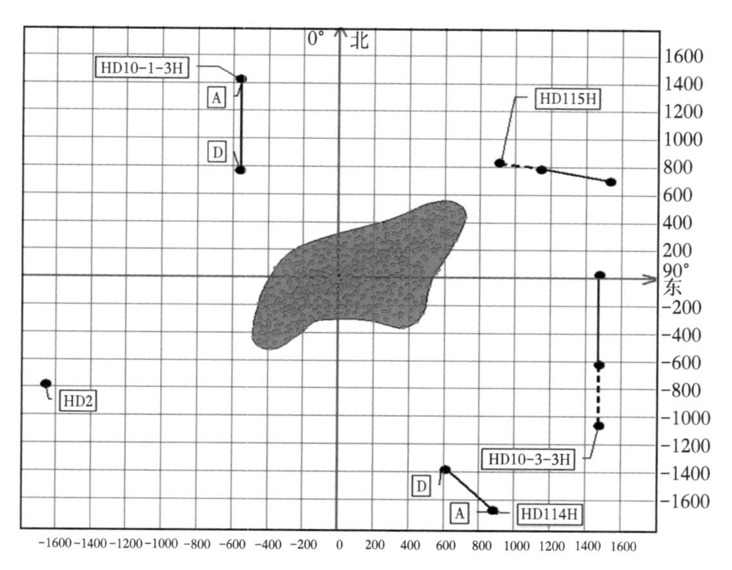

（a）HD1-11H井注水前缘

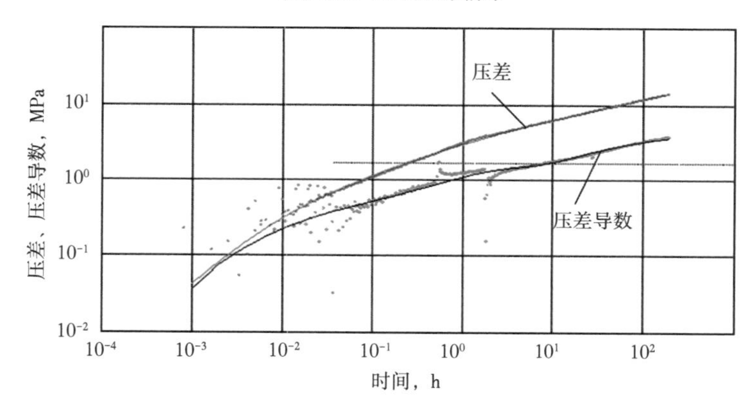

（b）HD1-11H井注水井压降测试双对数曲线

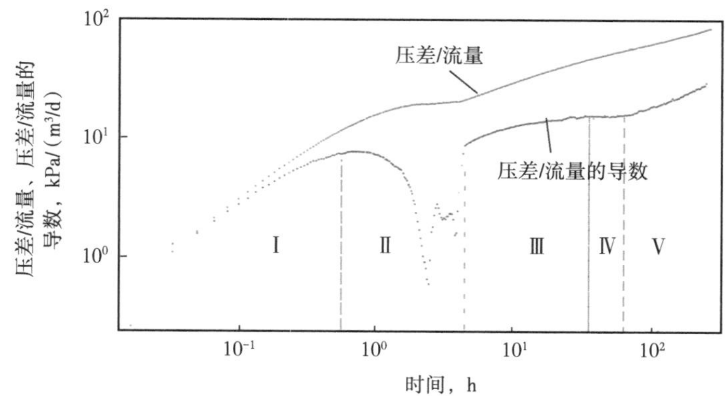

（c）HD1-11H井生产井压力恢复测试双对数曲线（PanSystem解释软件）

图 7-33　HD1-11H 井微地震水驱前缘监测形态与双对数曲线

HD1-5H 井微地震水驱前缘监测形态为径向形，注水期间关井压降测试所得双对数曲线同样呈现径向渗流特征，曲线形态如图 7-34 所示。

两类注水前缘形态表明注入水推进方式受地层因素影响，并不仅仅是由油水流体性质差异和压力不平衡影响。

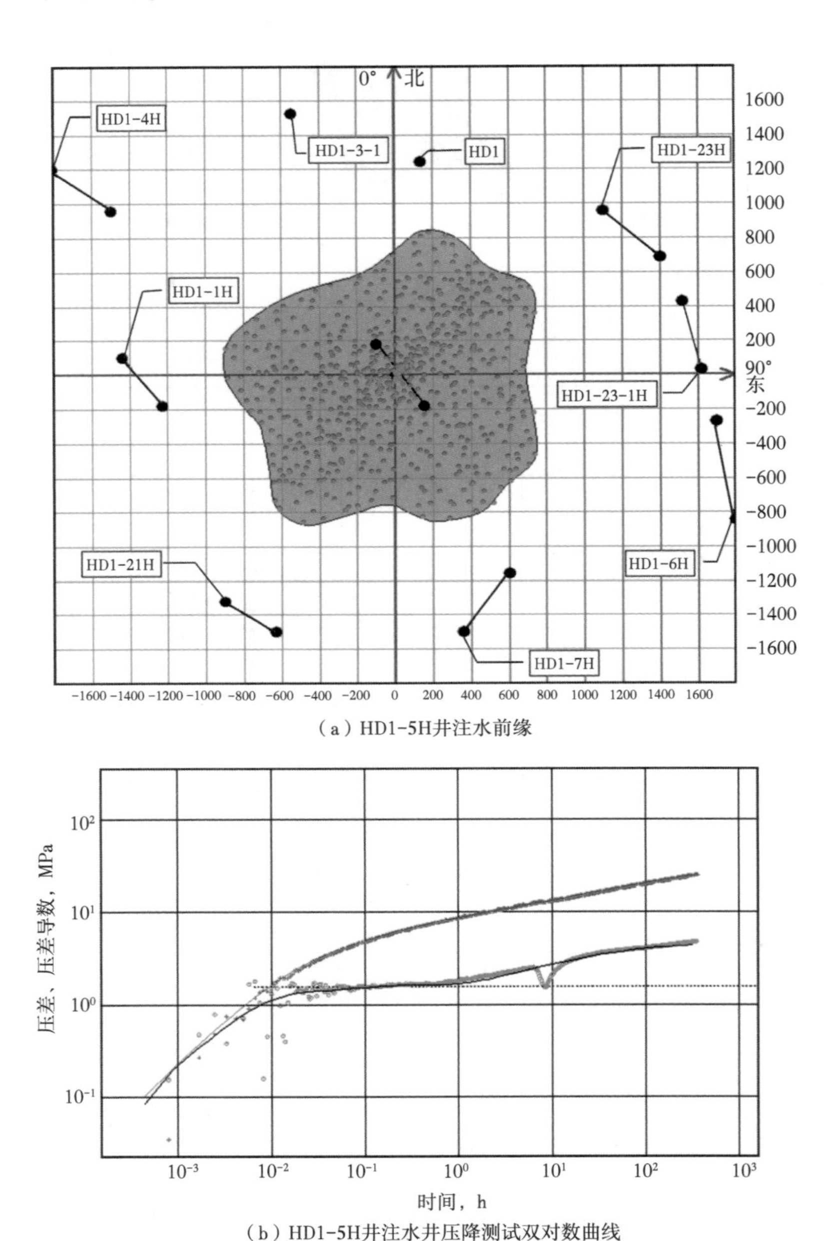

（a）HD1-5H井注水前缘

（b）HD1-5H井注水井压降测试双对数曲线

图 7-34 HD1-5H 井微地震水驱前缘监测形态与双对数曲线

绿点表示压力，红线为压力拟合线；红点表示压力导数，黑线表示压力导数拟合线

四、稳定试井资料分析

1. 测试和分析方法

1）测试方法

生产井和注水井稳定试井均采用回压试井方法进行，按顺序依次录取不同制度的流压和产量（注水量）数据，每个制度下的压力和流量数据满足稳定条件。

2）分析方法

（1）分析曲线。

利用稳定试井资料可得到下列曲线。

①指示曲线：压差和流量的关系曲线。

②系统试井曲线：对于油井，产量、流压、含水率、含砂量、气油比等与工作制度的各个关系曲线总称。

（2）动态方程。

根据指示曲线形态，选择合适的方程形式[11]。

线性方程：$q=J\Delta p_p$。

指数式方程：$q=c\ (p_R-p_{wf})^n$。

二项式方程：$\Delta p_p=aq+bq^2$。

Vogel 方程：$\frac{q_o}{q_{max}}=1-0.2\frac{p_{wf}}{p_r}-0.8\ (\frac{p_{wf}}{p_r})^2$。

3）认识和应用

利用所得曲线和动态方程，可做出下列认识和应用：判断流体流动状态（单相达西流、单相非达西流、两相流），得到采油指数或注水指数，确定是否存在清井过程或多层合采，确定合理工作制度，分析注水井是否存在多层吸水、层内非均质性和地层破裂现象。

2. 生产井稳定试井测试资料分析

1） 测试数据

以 2003 年 6 月东河砂岩油藏直井油井 HD4-26H 井稳定试井测试为例，测试期间依次录取不同制度下的流压和产量数据，测试曲线如图 7-35 所示，测试数据见表 7-15。

表 7-15　HD4-26H 井稳定试井测试数据表

油嘴，mm	日产油量，t	流压，MPa	生产压差，MPa
4	59	49.25	3.89
6	126	46.89	6.24
8	158	45.34	7.79
10	177	44.37	8.77

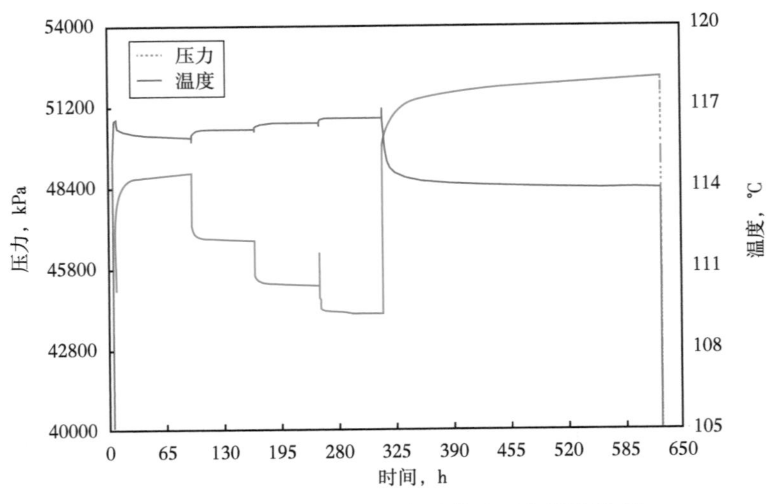

图 7-35　HD4-26H 井稳定试井典型实测曲线图

2)测试分析

利用不同制度下的产量和压力数据进行分析得到相应曲线，如图 7-36、图 7-37 所示。

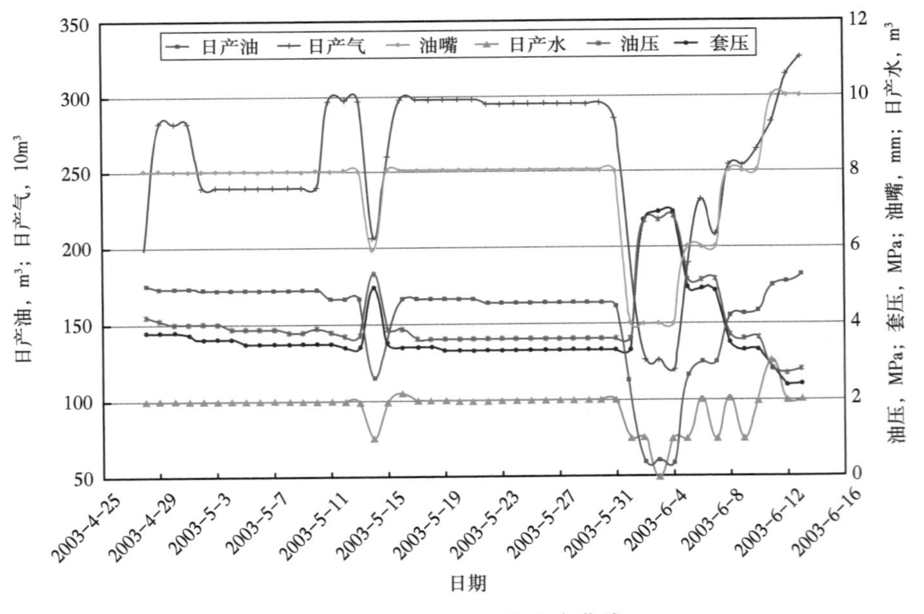

图 7-36　HD4-26H 井生产曲线

结果表明：

(1)增大制度生产时，日产水未出现明显上升(10mm 油嘴生产日产水具有短期增大现象)；

(2)不同制度下，生产气油比未出现明显变化；

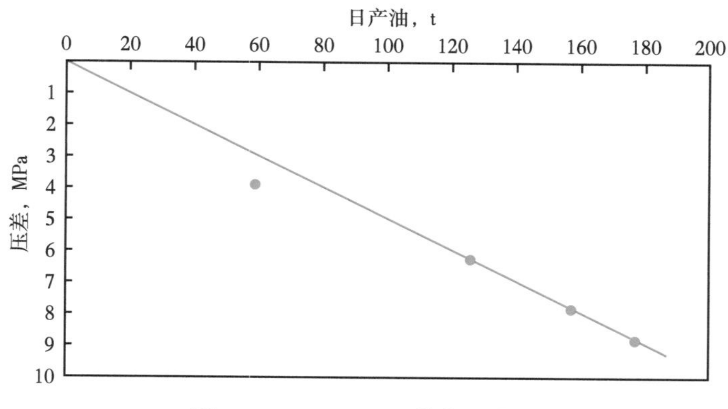

图 7-37 HD4-26H 井指示曲线

(3)指示曲线上，4mm 油嘴点明显存在不符规律的偏离，与测试过程有关，此点不参与分析；

(4)除 4mm 外的三个制度压差与产量呈一条直线，地层内流体为单相达西流动；

(5)直线形指示曲线也表明，未出现层间不均衡影响等非均质性因素；

(6)产能方程回归得到 $Q=20.224\Delta p-0.0377$，生产指数为 20.22t/(d · MPa)，截距不为零，为测试误差所致，予以忽略；

(7)综合产水、生产气油比等因素，建议本井在现有条件下，工作制度不大于 8mm。

3. 注水井稳定试井资料分析

1)测试数据

注水井稳定试井以薄砂层水平井注水井 HD1-27 井 2002 年 10 月测试为例，测试期间依次录取不同注水量下的流压和注水量数据，测试曲线如图 7-38 所示，测试数据见表 7-16。

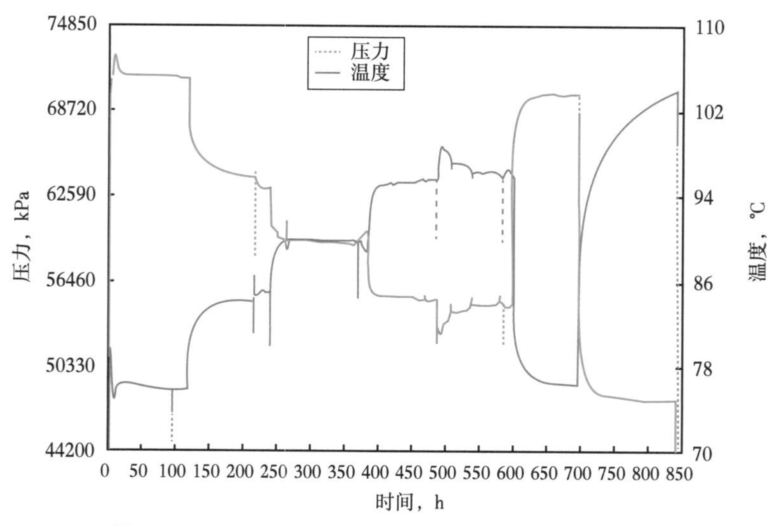

图 7-38 HD1-27 井注水井稳定试井典型实测曲线图

表 7-16　HD1-27 井注水井稳定试井测试数据表

序号	注入水量 m^3/d	流压 MPa	压差 MPa	吸水指数 $m^3/(d\cdot MPa)$
1	510	72.913	23.661	21.55
2	402	65.194	15.942	24.65
3	310	61.388	12.136	25.38
4	203	57.488	8.236	26.47
5	151	56.868	7.616	19.83
6	566	71.832	22.580	25.07

2) 测试分析

利用不同注水量及对应压力生成相应曲线，如图 7-39、图 7-40 所示。

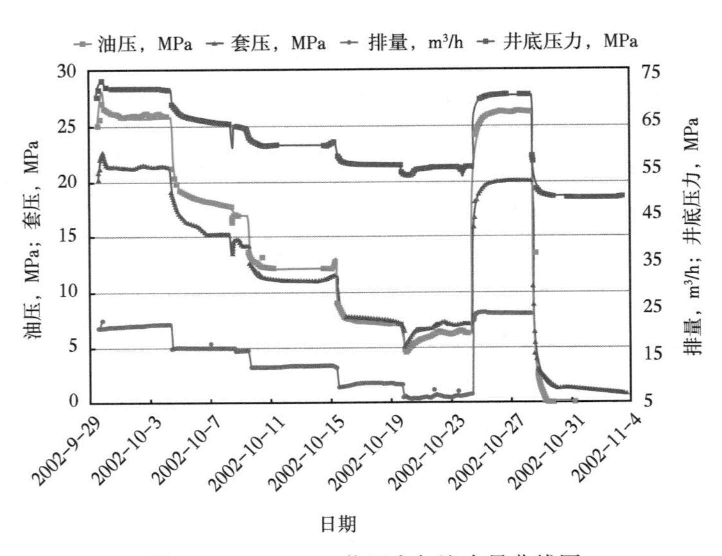

图 7-39　HD1-27 井压力与注水量曲线图

通过测试数据分析发现，$510m^3$ 和 $151m^3$ 两个注入量下，压力与注水量相关性偏离整体趋势，定性为异常点，不参与分析，利用其他 4 个测试点进行相应分析，如图 7-41 所示。

结果表明：

(1) 注水指示曲线为直线形，反映在现有注水条件下，地层内为达西流动；

(2) 指示曲线未出现转折、突变等现象，未出现管柱和非均质性等影响；

(3) 回归得到吸水指数为 $25.158m^3/(d\cdot MPa)$；

(4) 回归方程截距不为零，为测试误差所致，予以忽略；

(5) 现有注水制度均可实施，根据实际情况和需求加以选择。

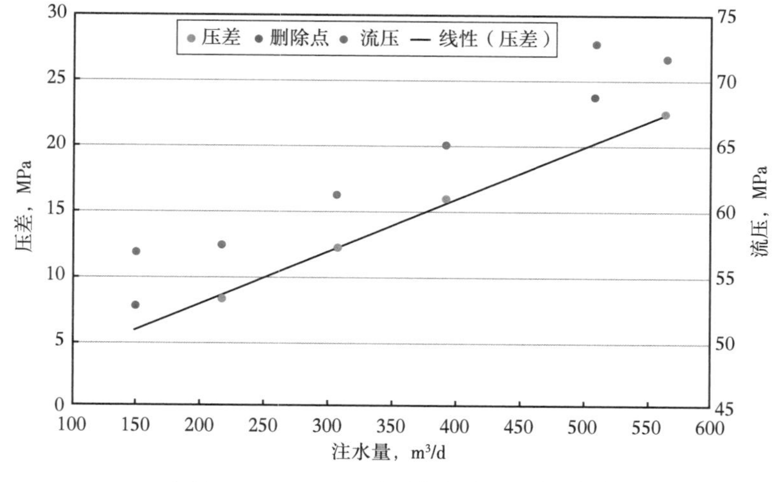

图 7-40　HD1-27 井压差与注水量曲线图

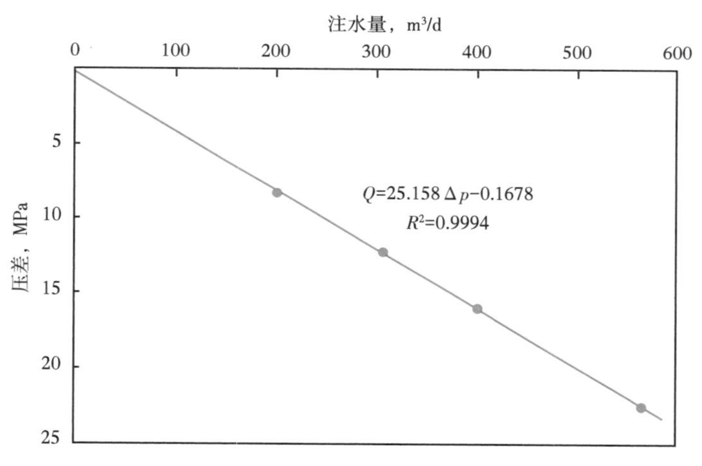

图 7-41　HD1-27 井注水指示曲线图

五、变流量不稳定试井

哈得逊油田于 2006 年 5 月至 2007 年 6 月探索了变流量不稳定试井技术在超深水平井中的应用[10]。当时哈得逊油田正处于建产、上产的关键时期，传统的压力恢复试井油井关井周期较长（5~15d），探索既对产能影响小又能获得准确油藏信息的不稳定试井技术迫在眉睫。通过对试井技术的理论梳理和国内外试井技术的调研，提出了实施不停产变流量不稳定试井技术的思路并进行了现场实践，取得成功并获得较好的认识。

1. 方法原理

变流量不稳定试井借鉴开井压降不稳定试井理论，生产井在正常开井生产过程中通过改变工作制度来改变井的产量和流压，在井底及周围地层形成不稳定流动过程，连续测量并分析井底压力随时间的变化，得到反映油藏动态的各个信息；即油井以产量 q_1 稳定生产的情况下瞬时将产量改变到 q_2，录取 q_1 变化到 q_2，直至 q_2 生产达到稳定这一过程的压力随时间变化的数据，利用这一变化数据进行不稳定试井分析的试井技术。

具体推导过程不再赘述，基本方程如下：

$$p_{wf}=p_i-\frac{2.121\times10^{-3}\mu q_1 B}{Kh}\left[\left(\lg\frac{t_1+\Delta t}{\Delta t}+\frac{q_2}{q_1}\lg\Delta t\right)+\frac{q_2}{q_2}\sum S\right] \tag{7-1}$$

$$\sum S=\lg\frac{K}{\phi\mu C_t r_w^2}+0.9077+0.8686S \tag{7-2}$$

在直角坐标系中，绘制 p_{wf} 与 $\left(\lg\frac{t_1+\Delta t}{\Delta t}+\frac{q_2}{q_1}\lg\Delta t\right)$ 的关系曲线，在径向流阶段呈一条直线，其斜率为 m，截距为 b。

$$m=\frac{2.121\times10^{-3}q_1 B\mu}{Kh} \tag{7-3}$$

$$b=p_i-m\frac{q_2}{q_1}\sum S \tag{7-4}$$

由此可求得渗透率 K、表皮 S 和地层压力 p_i：

$$K=\frac{2.121\times10^{-3}q_1 B\mu}{mh} \tag{7-5}$$

$$S=1.151\left(\frac{p_i-b}{m}\frac{q_1}{q_2}-\lg\frac{K}{\phi\mu C_t r_w^2}-0.9077\right) \tag{7-6}$$

$$p_i=b-\frac{q_2}{q_1-q_2}\left[p_{wf}(\Delta t=0)-p_{wf}(\Delta t=1)\right] \tag{7-7}$$

2. 矿场试验

哈得逊油田早期曾有两口水平井（HD4-64H 井、HD4-30H 井）进行系统试井时取得了不间断压力监测数据（类似于变流量不稳定试井测试方式），有效指导了此次变流量不稳定试井选井和测试工作，优选出的东河砂岩油藏 2 口自喷水平井油井 HD4-32H 井、HD4-69H 井现场测试后均获成功，典型实测曲线如图 7-42 所示。

通过变流量不稳定试井分析得到了相应的油藏动态信息，具体分析过程和图件不再一一列举，获得主要认识如下：

(1)关井压力恢复与变流量试井所得径向有效渗透率最大偏差率小于 10%，符合试井分析标准，满足评价地层渗透性要求；

(2)关井压力恢复与变流量试井所得垂向有效渗透率相对偏差大，但是绝对偏差最大为 2.54mD，满足评价地层渗透性要求；

(3)关井压力恢复与变流量试井所得地层压力最大偏差率为 0.26%（偏差值小于 0.5MPa），满足评价地层弹性能量要求；

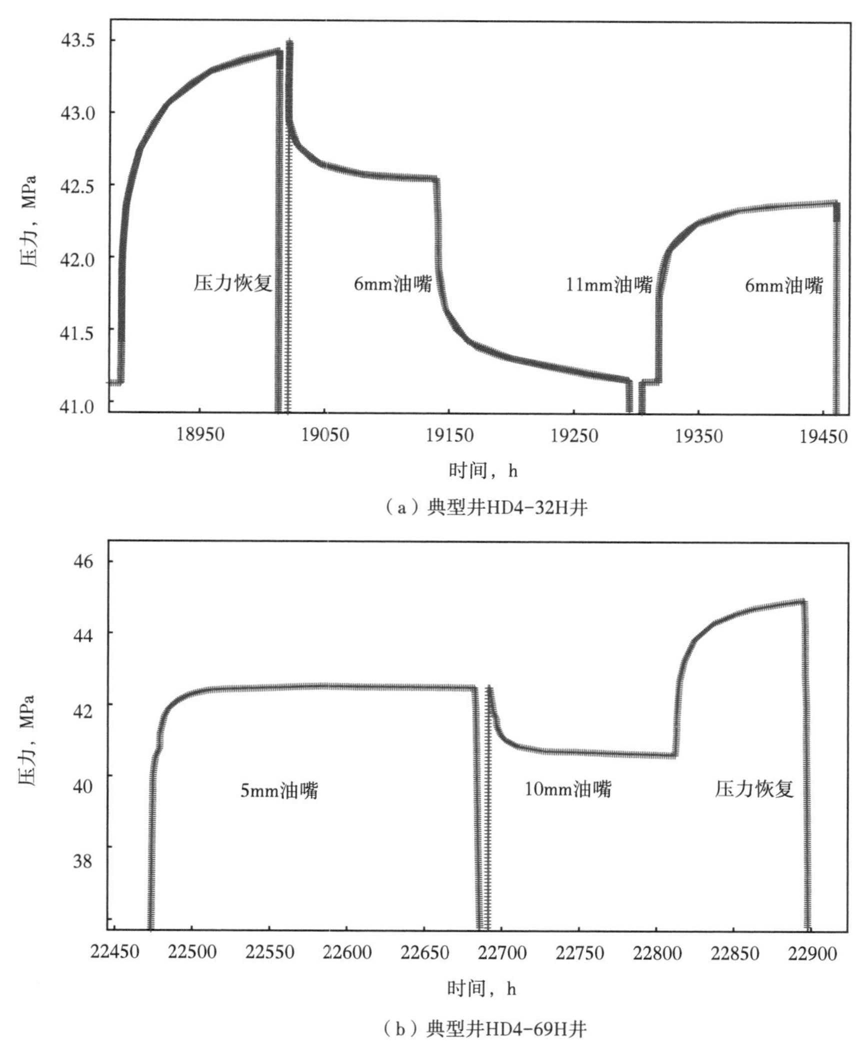

（a）典型井HD4-32H井

（b）典型井HD4-69H井

图 7-42　两口典型井变流量不稳定试井实测压力图

(4)表皮系数受流速的影响有一定的差异，但从数值上分析差异的幅度不影响评价井筒附近地层污染程度要求。

矿场试验结果表明，变流量不稳定试井技术在哈得油田超深水平井中具备应用条件，实施效果良好，可兼顾生产与压力监测。

3. 适用条件

在矿场试验基础上，优化了变流量不稳定试井技术应用条件，以提高成功率和数据质量，选作变流量不稳定试井的井适用条件如下。

(1)测试井具有较高产能，有足够变产空间；两级产量必须达到稳定；两级产量具有一定变化幅度(一般不小于 50%，最低不小于 35%)。试井结果准确度受产量 q_2 稳定时间和产量差值大小影响。

(2)井口具有一定压力，生产时具有一定生产压差。变流量试井须有一定压力变幅，使压降漏斗获得一定幅度的平复或加深，试井曲线形态才不会因生产中噪声影响而没有典型曲线特征。一般要求井口压力不低于 1MPa，产量变化后引起压力变化幅度不小于 0.2MPa。

(3)测试井井筒流体为单相或接近单相流，避免重力分异现象对压力恢复试井资料产生影响。根据经验，尽量避开 5%～65%含水率区间、高气油比井(大于 $100m^3/t$)，压力计尽量下到或接近油层中部，最大限度消除不稳定试井压力历史曲线上“驼峰”现象干扰。

参考文献

[1] 郭海敏. 生产测井导论[M]. 北京：石油工业出版社，2003.

[2] 吴锡令. 生产测井原理[M]. 北京：石油工业出版社，1997.

[3] 吴铭德，乔文孝，魏涛，等. 油气井封固性测井述评[J]. 测井技术，2016，40(1)：1-11.

[4] 张锋. 利用脉冲中子伽马能谱判断岩性及影响因素的蒙特卡罗模拟[J]. 核电子学与探测技术，2008，28(2)：241-245.

[5] 肖承文，柳先远，周波，等. CHDT 技术在超深复杂水淹油藏中的应用[J]. 测井技术，2016，40(2)：229-233.

[6] 庄惠农. 气藏动态描述和试井(第二版)[M]. 北京：石油工业出版社，2009.

[7] [美] John P，Spivey W. John Lee. 韩永新等译. 实用试井解释方法[M]. 北京：石油工业出版社，2016.

[8] 国家发展和改革委员会. 油田试井技术规范[S]. 中华人民共和国石油天然气行业标准，SY/T 6172—2006.

[9] 刘能强. 实用现代试井解释方法（第五版）[M]. 北京：石油工业出版社，2008.

[10] 王陶，韩易龙，伍轶鸣，等. 变流量不稳定试井技术在超深水平井中的应用[J]. 新疆石油地质，2007，28(5)：615-617.

[11]《试井手册》编写组. 试井手册-下[M]. 北京：石油工业出版社，1991.

第八章　超深超薄油藏水平井套损机理及防诊治技术

油田油水井的套管损坏通常简称为油水井套损，是指油田开发过程中由于遭受外力作用和腐蚀，采油井及注入井的套管发生塑性变形、破裂或腐蚀减薄至穿孔破裂的一种现象[1]，国内外很多油水井都存在严重的套管损坏现象，并且有的非常严重，使得油田产量下降甚至直接导致油水井报废，造成了重大的经济损失。通过调研了解到[2]，前苏联西西伯利亚油田、北高加索油气田、土库曼斯坦，美国得克萨斯油田、墨西哥湾油田、苏伊士湾油田等，都存在严重的套管损坏问题，国内套管损坏井主要分布在大庆、胜利、中原、辽河、吉林和大港等十多个油田，严重影响了油气生产。

哈得逊油田为塔里木油田公司较大的油田之一，整体采用水平井开发后初步实现高效开发，但2002年开始，哈得逊油田套损现象出现并逐年加剧[3]，造成油井含水突升甚至突然全水，突然停产，而且伴有不同程度出砂，造成生产管柱砂卡（堵），严重时甚至出现砂埋管柱现象。截至2019年底，哈得逊油田共发生套损63口（油井55口，注水井8口；水平井52口、直井11口）、103井次（油井84井次，注水井19井次），占同期哈得逊油田总井数的28.5%，累计影响产油量35.71×10^4t、注水量$18.62\times10^4m^3$，其中薄砂层油藏套损井20口（油井16口，注水井4口；水平井20口）、29井次（油井24井次，注水井5井次），占油田总井数的9.0%，占薄砂层油藏总井数的24.1%，累计影响产油量13.78×10^4t、注水量$1.64\times10^4m^3$，哈得逊油田成为塔里木油田公司套损井最多的油田，在“稀井高产”的背景下，套损严重影响油水井生产，甚至个别井过早报废，对原有开发井网造成不利冲击，直接影响最终采收率及油田高效开发。因此同时开展哈得逊油田薄砂层、东河砂岩油藏水平井套损专项课题研究，内容分为套损（漏点）诊断查找技术、套损机理、综合防治技术研究三部分。鉴于哈得逊油田薄砂层、东河砂岩油藏套损机理及“防诊治”对策具有一致性，为了使分析更加全面系统，本章对这两个油藏统一进行分析，补充与本章相关的两个油藏地质油藏特征信息如下。

哈得逊油田从上至下钻揭的地层为：第四系、新近系、古近系、白垩系、侏罗系、三叠系、二叠系、石炭系、志留系及部分奥陶系，主要含油层系为石炭系卡拉沙依组中泥岩段薄砂层和巴楚组东河砂岩段。其中，薄砂层油藏平均中深5040m，东河砂岩油藏平均中深5074m，两个油藏平均地温梯度1.87℃/100m，压力系数1.08，为正常温度压力系统；薄砂层油藏地层水密度1.1078～1.1784g/cm^3，平均1.15g/cm^3，氯根$(10.39\sim17.32)\times10^4$mg/L，平均$13.80\times10^4$mg/L，总矿化度$(17.15\sim28.40)\times10^4$mg/L，平均$22.60\times10^4$mg/L，属于封闭环境下高矿化度的$CaCl_2$型水；东河砂岩油藏地层水密度1.15g/cm^3，氯离子含量$(10.1\sim17.3\times10^4)$mg/L，平均14.9×10^4mg/L，总矿化度$(23.20\sim27.20)\times10^4$mg/L，平均$24.40\times10^4$mg/L，属于封闭环境下高矿化度的$CaCl_2$型水。

本章相关套损研究成果数据一般截至2019年12月底，但研究期间已完成的专题成果认识、数据则截至专题结题时间。

第一节　水平井套损(漏点)诊断查找技术

只有准确找到油水井漏点才能有效实施堵漏、恢复正常生产，因此，套损(漏点)查找是套损治理最重要的基础性工作。国内套损“诊断”查找技术，主要为井下技术，包括井下工具、井下电视、生产测井、铅模印记等。在哈得逊油田开发实践中，综合运用油藏工程(异常停喷[4]、生产动态异常变化、静温梯度变化规律等[5])、生产测井(流量变化、井径变化等相关测井)、井下工具(坐封打压等)三类套损找漏技术。

哈得逊油田套损井类型，按套管变形与漏失关系分为三种类型[6]：第一种类型是“套变未漏”(套管变形但未漏失)，往往在测试通井时发现，对动态监测仪器起下有阻碍，有一定生产隐患，无生产动态特征反映，生产测井易识别；第二种类型是“套变且漏”(套管变形并且漏失)，油井异常出水或出砂、注水井吸水量突增，对生产影响较大，有明显生产动态特征反映，生产测井易识别；第三种类型是“套漏未变”(套管漏失但未变形)，油井异常出水或出砂、注水井吸水量突增，对生产影响较大，有明显生产动态特征反映，但生产测井往往无法识别。本节套损(漏点)诊断查找技术主要针对给生产造成不利影响的第二种、第三种类型。

一、油藏工程诊断及找漏技术

油藏工程套损诊断查找技术主要针对“套变且漏”“套漏未变”类型，依据套损漏失后的生产动态特征的异常变化来综合分析查找套损(漏点)，生产动态特征包括注采曲线、水驱特征曲线、产出水水性、视注水指示曲线、静压静温梯度、流压流温梯度等。

1. 压力及水性的标准剖面

为了对比套损前后压力及水性变化，通过套损替代井HD4-27T井钻井时中途、完井试油测试，建立了哈得逊油田压力及水性的标准剖面(表8-1)。从表8-1中可以看出，上部地层Q—T与目的层石炭系C(薄砂层、东河砂岩油藏)相比，原始压力系数相近(1.08~1.11)，上部地层水性表现为“三低一高”，即产出水相对密度、氯离子含量、总矿化度低，硫酸根含量高。

表8-1　哈得逊油田压力及水性标准剖面资料(MDT+MFE测试)

序号	层位	压力测试				水性分析						测试技术
		深度 m	K/μ mD/(mPa·s)	测点压力 MPa	测点压力系数	水相对密度	pH值	硫酸根 mg/L	氯离子 10^4mg/L	苏林分类	总矿化度 10^4mg/L	
1	第四系Q	746.50~800.00				1.03	8.3	4722	2.16	氯化镁	4.20	MFE
2	古近系E	2478.98	141.86	26.2	1.08	1.10	6.6	1513	8.65	氯化钙	1.44	MDT
3	白垩系K	3125.98	25.09	33.4	1.09	1.06	4.3	3640	4.90	氯化钙	8.50	MDT

续表

序号	层位	压力测试				水性分析						测试技术
		深度 m	K/μ mD/ (mPa·s)	测点压力 MPa	测点压力系数	水相对密度	pH值	硫酸根 mg/L	氯离子 10^4mg/L	苏林分类	总矿化度 10^4mg/L	
4	侏罗系J	3562.48	248.52	38.3	1.10	1.08	6.9	2618	6.72	氯化钙	1.14	MDT
5	三叠系T	3849.94	620.06	41.4	1.10	1.12	6.8	1175	1.03	氯化钙	1.69	MDT
6	三叠系T	4014.03	198.24	43.5	1.11	1.07	6.8	1844	5.79	氯化钙	9.76	MDT
7	二叠系P	4314.01	—	—	—	—	—	—	—	—	—	因碎塌未测
8	石炭系C 薄砂层	5016.25	—	—	1.10	1.15	6.8	279	1.38	氯化钙	2.26	MFE
	石炭系C 东河砂岩	5072.75	—	—	1.10	1.18	6.0	341	1.68	氯化钙	2.72	MFE

2. 油水井套损生产动态特征异常变化及实例

1)油水井发生套损时的生产动态特征

通过实践探索，结合静态、动态资料分析，总结油水井套损时异常生产动态特征，主要有采油曲线、注水曲线、水驱特征曲线、视注水指示曲线、静压静温梯度、流压流温梯度、流体性质(水性、含砂量)异常等。

(1)注水井发生套损时的生产动态特征。

注水井套损时注水曲线、视注水指示曲线、静压异常，具体表现为油压突降、吸水量突升、静压升高等。

注水井套损后吸水量、静压升高的原因剖析：注水井套损时非生产层砂层参与吸水，吸水量增加，增加量因套损(漏失)程度、注水压力不同而不同；此时所测井底静压反映的是套损层与产层的综合压力，与套损前产层静压相比，无论套损层吸水量多少，静压都会上升，因为套损层动用初期的压力系数高于产层。

(2)油井发生套损时的生产动态特征。

油井套损后具备以下一种或多种异常生产动态特征：含水率突变、产液量突变、明显出砂、地层压力突升(静压上升、动静液面回升)等特征，截至2019年12月底，哈得逊油田套损油井中这4类异常动态特征发生井次占比依次为：40%、30%、18%、12%。其中，含水率突变包括油井异常见水、含水率剧烈波动、突然大量产全水、水性突变(“三低一高”)等；产液量突变包括液量剧烈波动，大量出水或不出液等，不出液包括自喷井(出水或出砂)停喷、机采井(出砂)过载停机等情况。

哈得逊油田非套损油井正常生产期间原油化验含砂量(沉淀物)基本稳定(平均0.06%)，见表8-2。截至2019年底，剔除中途测试裸眼取样及套损、管外窜及放喷油样后，统计历史上正常生产油井79口(东河砂岩油藏57口、薄砂层油藏22口，占哈得逊油田总井数的81%)，原油中含砂量极低，为0~0.15%(平均0.06%)，完全满足电泵等机采设备对含砂量上限值的要求。为了研究地层压力、生产压差及变化对油井出砂及产能的影响，首次在哈得逊油田薄砂层油藏电泵井中引入 DPT 压力计监测技术，2003 年底对获得的第一批试井资料进行分析(薄砂层油藏 HD1-11H 井、HD1-25H 井)，在注水后，油井地层压力止跌(跌至 30MP 左右)回升，这期间尽管生产压差变化较大(生产压差最高达 15MPa)，而且储层也存在一定程度的弹塑性变形(压力恢复至初值，渗透率只恢复至初始值的 68%)，但原油含砂量始终保持稳定正常，表明哈得逊油田油井在正常开发中基本不存在出砂问题，套损井产出砂应源自套损段外未压实的砂泥岩层。

表 8-2　哈得逊油田原油含砂量(沉淀物含量)统计表

油藏	统计井数，口	沉淀物含量，%		
		最小值	最大值	平均
薄砂层	22	0	0.09	0.04
东河砂岩	57	0.01	0.25	0.07
平均(合计)	79	0	0.25	0.06

哈得逊油田油井套损后普遍有出水、出砂现象，剖析原因为：套损漏失点普遍位于上部无水泥固井的直井段称作自由套管段，外部对应多个与泥岩间互的含水砂层，这些砂层未动用(压力处于原始状态)，下部产层经过多年衰竭式开发(压力低于原始状态)地层压力有所下降，因此油井套损破漏后，井筒内上、下部地层压力差导致“自流注水”(上部非生产层水向下部产层倒灌水)，自喷井则停喷(上部非产层水密度大于产层压力系数，举升能量不够导致停喷)，机采井则产出更多水甚至全水，水性也随之发生改变(倒灌水与产层水混合)；同时，套损层出水可能会导致套管外未压实砂层支撑力减弱而出砂；此时所测井底静压是套损层与产层静压的综合反映，与套损前产层静压相比，尤其在套损层“自流注水”量较大时会明显上升，甚至高于该井投产之初的静压(地层压力)。

2)油水井套损(漏点)诊断找漏实例

(1)注水井套损时注水曲线、视注水指示曲线异常变化。

[**实例 1**] 薄砂层油藏双台阶水平井油井 HD1-27H 井首次套损后通过套管补贴，转注 8 年后再次套损，井口注水状态异常。该井于 2002 年 7 月油井投产，2003 年 11 月首次发生套损，对套漏井段(742—758m)补贴后下封隔器转注；2012 年 2 月，注水曲线反映注水量突然增大、井口油压(正注)快速下降(归零)，结合 2009—2011 年期间多次测试的视注水指示曲线分析，启动压力从 15.50MPa 逐渐降至 1.96MPa(下降了 13.54MPa)，吸水指数从 22.33m^3/(d · MPa)逐渐升至 68.56m^3/(d · MPa)，表明该井可能有新层参与吸水，经井下作业证实为封隔器失封导致原套漏段外砂层参与吸水所致。重下封隔器封漏，注水压力、注水量均恢复正常。

(2)油井套损时相对水驱特征曲线异常变化。

如果有边底水、注水补充能量，油田开发过程中油井含水率上升是正常的，可以通过水驱特征曲线预测含水率变化，如果并未采取补孔、封堵措施，含水率却发生、剧烈波动或突然上升现象就可能发生套损漏失。

[实例2] 薄砂层油藏水平井油井HD1-15H井套损时含水率异常突升并大幅波动，实际含水率曲线偏离预测的水驱特征曲线(图8-1)。

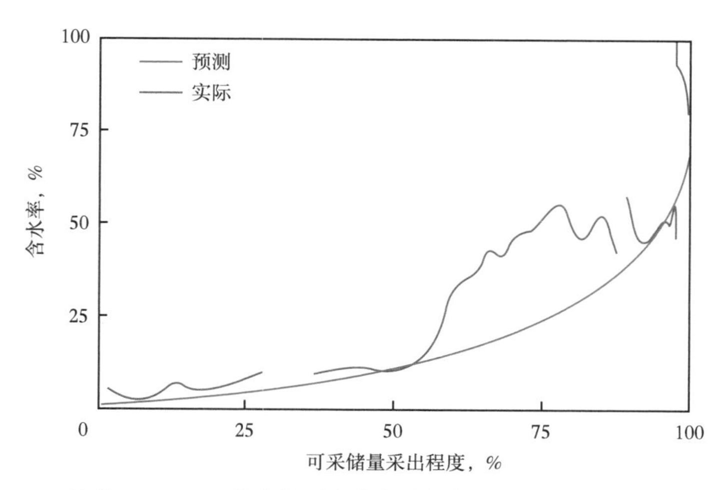

图8-1　油井HD1-15H井套损后含水率异常突升（张金庆水驱特征曲线）

(3)油井套损时静压异常升高。

油井静压是指在静止状态下(即关井足够时间后)在井底测得的井下油层压力。随着油田衰竭式开发，能量补充不够时，累计地下亏空加大，地层压力(静压)随之下降。

[实例3] 薄砂层油藏水平井油井HD1-12H井套损后静压大幅上升。2004年5月套损作业时测静压54.00MPa，比该井2002年3月投产时静压(46.86MPa)还高7.14MPa，甚至接近所属薄砂层油藏的原始地层压力；而2004年12月堵漏后再测静压则降至39.14MPa，与该油藏邻井同期地层压力基本一致，表明堵漏基本成功。

(4)套损油井采油曲线、流体性质(水性)异常变化。

[实例4] 东河砂岩油藏水平井油井HD4-28H井套损期间[7]生产动态发生明显异常变化。通过监测发现产液量、产油量、含水率大幅波动，尤其含水率呈“拉锯式”大幅波动(21.8%~100%)，在低含水率点(D点、E点)取样化验水性正常，在特高含水率点(C点、F点、G点、H点)取样化验水性呈“三低一高”特征(图8-2)。

(5)套损时注水井流温梯度、油井静温梯度异常变化。

油水井静止状态下测得的井下油层温度称为静温，同一井筒内单位深度静温变化值(℃/100m)称为静温梯度。静温梯度异常的找漏法基于热平衡原理及温度梯度值敏感性，根据井筒温度梯度与正常地温梯度对比确定异常井段，快速查找套损漏点大致位置。

①套损注水井静温梯度异常：将注水井套损时所测流温梯度曲线与正常注水时的流温梯度曲线对比，分析异常井段即可判断套损漏点。

[实例5] 利用流温梯度异常进行快速找漏的技术。东河砂岩油藏水平井注水井HD4-31H井，2007年2月8日油压突降(由20.3MPa降至7.4MPa)、日注水量突增(由124m^{3}升至210m^3)，3月5日通过吸水剖面测试找到套漏段1626~1635m，温度梯度测试发现1500.00~1800.00m井段温度梯度异常偏低(2月16日流温梯度1.13℃/100m、3月31日静

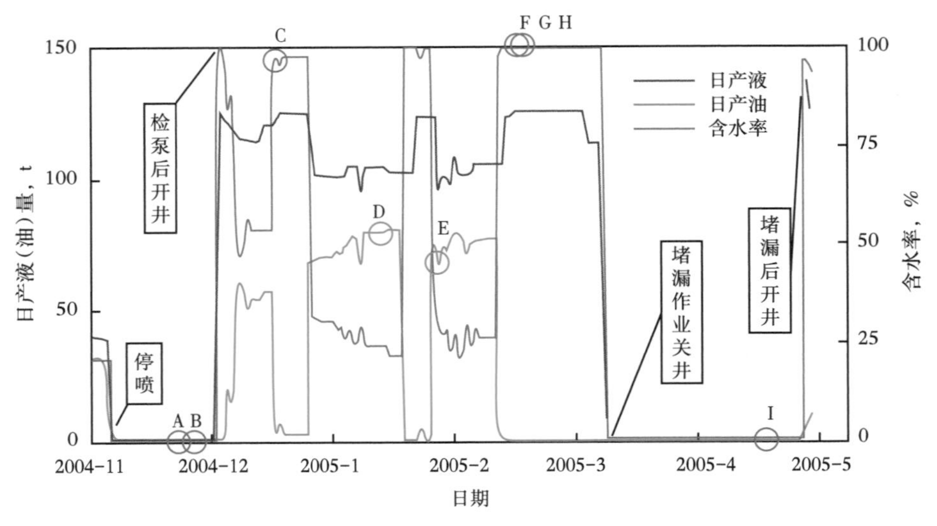

图 8-2　油井 HD4-28H 套损后采油曲线异常变化

温梯度 1.34℃/100m)，低于正常油水温度梯度随后被井下作业证实 1631.26～1635.58m 井段套管破漏，挤水泥堵漏，恢复正常注水。

②套损油井静温梯度异常：将油井套损时所测静温梯度曲线与油井投产之初或(和)套损前正常静温梯度曲线，抑或与油井所在油藏原始正常温深关系曲线对比，分析异常井段即可判断套损漏点。

[**实例 6**] 利用静温梯度异常快速找漏技术。以哈得逊油田套损的第一口高产油井东河砂岩油藏水平井 HD4-22H 井为例，该井于 2003 年 3 月 20 日自喷投产，2004 年 1 月 25 日突然停喷，停喷前日产油 123t、含水率 1.2%，替喷时大量出水。井下作业确认套漏段为 4078.78～4079.28m（共 0.5m），正处于 2004 年 2 月 2 日测试解释静温梯度异常井段 3900～4200m(图 8-3，该段静温梯度仅 0.27℃/100m，明显低于原始和正常产生期间的静温梯度)，挤水泥补救，下电泵恢复生产，日产油 110t、含水率 1.2%。

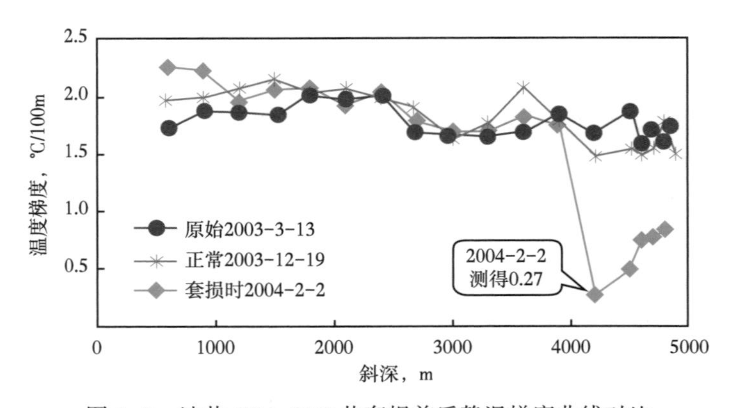

图 8-3　油井 HD4-22H 井套损前后静温梯度曲线对比

截至 2009 年 9 月，使用静温梯度找漏技术确定 35 口套损井，被井下作业坐封打压证实的套损井有 30 口(表 8-3)，吻合率高达 85.7%。余下 5 口未证实套损井，原因主要是：其中 1 口井漏点过浅(距离井口仅 58m)，受地表温度、静温梯度测试跨度(300m/点)影响无法准确定位；另外 4 口井，虽然井下作业长井段坐封打压确认了有漏点，但套损段变形严重封隔器坐封困难，无法精确定位套损点，从而无法对比。

表 8-3 哈得逊油田套损井找漏方法及结果对比表

序号	井段深度 m	套损层位	井下作业法确认套损				生产测井法确认套损			静温梯度法确认套损		
			确认套损井数 口	确认套损点数 个	分级箍失效套损点数 个	分级箍失效套损点数占油田总套损点数比例，%	测试次数 井次	与井下作业法确认套损点吻合个数 个	吻合个数占油田总套损点比例 %	测试次数 井次	与井下作业法确认套损点吻合个数 个	吻合个数占油田总套损点比例 %
1	0~760	Q	2	2			3	2	4.88	1	0	0
2	1490~1980	N	2	5			5	4	9.76	3	3	7.32
3	2280~2690	E	11	17			9	2	4.88	15	12	29.27
4	2990~3010	K	4	4	4	9.76	2			4	4	9.76
5	3210~3460	J	5	5	4	9.76	1			5	5	12.20
6	3540~4110	T	6	8			8			7	7	17.07
合计			30	41	8	19.51	28	8	19.51	35	31	75.61

需要注意的是，利用静温梯度诊断出的异常井段，与生产测井、井下作业等技术找到的套损段可能存在一定的深度差，深度差的大小主要由 4 个因素控制：①温度梯度的测试跨度(超深井通常在直井段每 300m 测一个点，针对套损高发段可适当加密测点)；②管材(介于测试仪器与地层之间)的热传导系数大小；③入井工具定位误差，除了各类工具本身存在深度系统误差外，还有进入超深井的钢丝或电缆因拉伸发生变形；④是否充分结合井身结构(固井质量、接箍、分级箍)等资料进行定位。哈得逊油田油水井为超深井，梯度测试时通常直井段 4200m 以上测试间隔为 300m/点，以下井段测试间隔为(50~100)m/点，对可疑套漏段可适当加密测点提升精确度，但也不宜过密，否则会加大测试误差。

二、生产测井找漏技术

生产测井找漏技术针对“套变且漏”“套变未漏”类型，是依据套管段变形、破裂或腐蚀穿孔等导致的井径变化，以及套损层参与产水、吸水等导致的流量变化状况进行找漏。井径变化测试主要应用了多臂井径测井、CAST-V 测井、IBC 套后成像测井等技术[8]；流量变化测试主要应用了产液、吸水剖面测井技术，具体有井温测井法、放射性同位素示踪测井、流量测井法(电磁流量计、涡轮流量计)、脉冲中子氧活化测井等技术，但部分技术对被监测井的流量下限有一定要求。

统计截至2009年9月，哈得逊油田被证实并找到套漏点的30口套损井中，实施生产测井28口井，吻合8口井，吻合率较低(28.6%)，主要是因为哈得逊油田套损井中“套漏未变”（套管漏失但未变形）情况较常见，生产测井技术优势难以发挥，存在较大局限性。能吻合的原因一是因为在套损注水井中应用了适用性较好的同位素测井技术，二是在套损油井套损漏失且变形严重时测试(应用多臂井径、CAST-V测井、IBC套后成像等测井技术)。

[**实例7**] 东河砂岩油藏水平井油井HD4-7H井套管损坏后切削油管实例。2000年7月3日自喷投产，生产一直比较稳定，4mm油嘴日产油42t。2004年4月28日突然停喷，停喷前含水率从8.7%突升至22.3%，油压从4MPa突然降至2.2MPa，套压从6.4MPa突然降至6.2MPa。转机采作业时，起油管时挂卡导致复杂打捞作业，洗井冲砂30多次返出细砂达1917kg。井下作业坐封打压两次均确认套损段为2435.56~2494.99m井段，该井段为未固井且地应力突变井段(层位属于古近系)，当通过井下作业起出油管时，发现其下接箍上部已被切削成45°倒角(对应深度为2413.83~2413.90m，图8-4)，分析认为这是套管损坏后在原始压力下管外水、砂混合物快速冲出时对就近油管的切割作用形成的。CAST-V成像测井发现井段2454.50~2455.50m套管有刺穿孔(图8-5)，套损段内半径r_4、r_5、r_6大于其他部位正常内半径(78.54mm)，分别为87.628mm、86.020mm、81.510mm。对该井实施挤水泥堵漏、钻塞、下电泵，日产油73t、含水率10.0%，套损井找漏、堵漏措施成功。

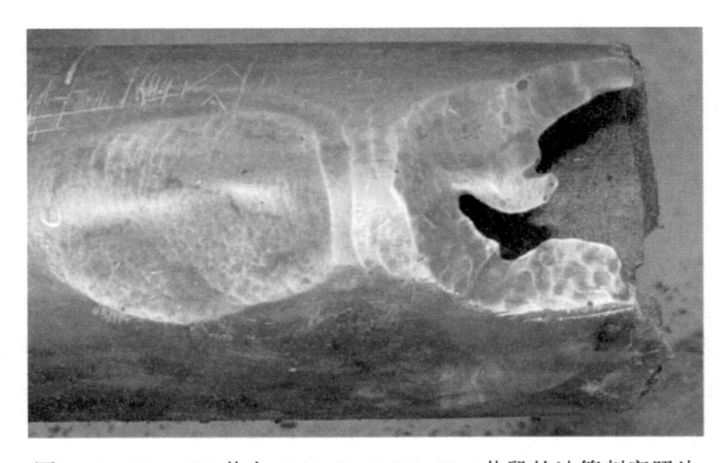

图8-4　HD4-7H井在2413.83~2413.90m井段的油管刺穿照片

[**实例8**] 东河砂岩油藏油井HD4-68H井共套损4次(2009年、2011年、2013年、2019年)，其中第二次套损发生在2011年7月(距投产时间6.6a)，含水率从34%升至48.25%，再突升至100%，日产液量从97t上升至240t，同时出砂，动液面由850m变为至75m。井下作业确认有两处套漏段2540.2~2548.64m、2137.09~2146.29m，随后利用IBC成像技术发现4处腐蚀变形较厉害，其中，7in套管2543.3~2544.5m处套管内表面、半径和壁厚均出现异常，与井下作业找到的第一个套漏段吻合，井下作业对这两段套漏段挤水泥堵漏后钻塞2009.19~2589.63m，开井部分恢复生产，日产油12t、含水率89%。当

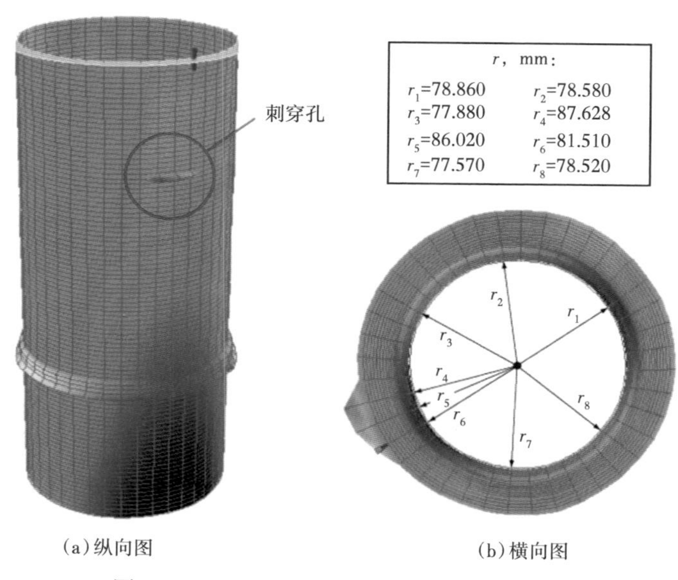

(a)纵向图　　(b)横向图

图 8-5　HD4-7H 井 CAST-V 成像测井结果

时井下作业未对 IBC 发现的另外 3 处腐蚀变形段进行确认(7 in 套管 3008～3009m 处接箍长度大于其他接箍，有可能已松扣或是其他特殊井下工具；5.5 in 套管 3595～3600m 处严重腐蚀，为可疑漏点；5.5 in 套管 4288～4295m 处严重腐蚀，可能已漏)。该井后来又发生两次套损，井下作业确认的套漏点与此次 IBC 成像技术发现的 4 处腐蚀变形井段均不同。

三、井下作业诊断找漏技术

哈得逊油田套损井找漏主要采用油藏工程、生产测井、井下作业三类技术，考虑技术适应性、测试费用等因素，一般首先采用油藏工程(静温梯度等)方法大致确定套损漏失井段，再结合井下作业多次坐封打压后精确确定漏失井段，其间根据需要选择是否进行生产测井找漏。井下作业找漏技术是对油藏工程、生产测井等所有套损诊断结果的验证，也是下步定向堵漏的主要依据。

井下作业找漏技术主要针对“套变且漏”“套漏未变”类型，根据作业前静温静压梯度、生产测井等异常解释初步预判套损点位置，通常在作业过程中使用可多次坐封的机械封隔器进行“二分”排除法找漏作业，精准找到套损点位置(一般控制在 10m 以内)，并试挤求取套损破漏点外地层吃入量，根据吃入量大小不同及其他具体井况，进行综合效益评估，优选经济高效的套损封堵技术进行封堵作业。井下作业找漏工具中械封隔器常用的有 RTTS 和 Y211 两种型号，2009 年针对套管变形、腐蚀严重套管常规找堵漏工具成功率低问题，开展了新型找堵漏工具研究工作，通过从工具材质、结构等多方面进行改进，增加了 RTTS 封隔器工具密封牢靠性，提高了 WBM 桥塞可钻性，更好地满足了套损井作业的需要。

第二节　水平井套损规律及机理研究

一、水平井套损规律

哈得逊油田两个油藏套损井以水平井为主，油水井套损（漏点）主要发生在无水泥固井的直井段[9]，属于三叠系及以上层位，两个油藏套损井生产动态特征基本一致，因此合并分析两个油藏水平井套损规律及机理。初步总结哈得逊油田油水井套损主控因素大致分为三类：地质因素、工程因素（作业因素）、开发因素，具体剖析如下。

1. 地质因素

地质因素加剧套管支撑失稳，主要有地应力集中、未压实层出水、出砂（垮塌）、泥岩吸水蠕变膨胀等影响。其中，因地应力集中（突变处）引起套管漏失的频率位居第1位。

1）地应力集中加剧套管支撑失稳

（1）从哈得逊油田套损部位与井径测井曲线对应关系（图8-6）、井斜方位与井深关系

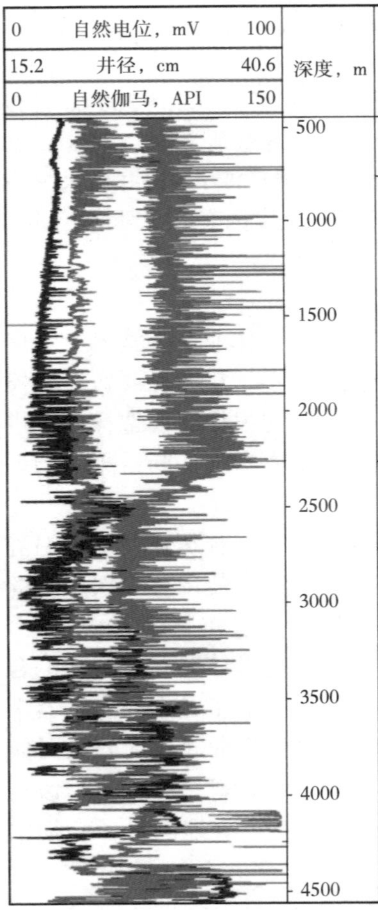

0　自然电位，mV　100
15.2　井径，cm　40.6
0　自然伽马，API　150
深度，m
500　1000　1500　2000　2500　3000　3500　4000　4500

套损层位	套损点分布	套损原因	套损点	
			数量，个	占比，%
Q		作业因素等	2	4.9
N		作业因素等	6	14.6
E		地应力突变	15	36.6
K		分级箍失效	4	9.8
J		分级箍失效	6	14.6
T		地应力突变	8	19.5
P				

图8-6　哈得逊油田套损点分布与井径测井曲线对应关系图

曲线（图 8-7）、偶极声波测井玫瑰图（略）等均可看出该区地应力突变对套损的影响。

截至 2009 年 9 月统计套损井 30 口、套损点（漏点）41 个，如图 8-6 所示，套损井段 2280~2690m（古近系 E）和 3540~4110m（三叠系 T）的套损点数占总套损点数的 56.1%，分析认为，这两个套损高发段主要受地应力影响，常规井径测井曲线中井眼坍塌较频繁或长短轴长度差较大的井段，即井径曲线变化较大的井段对应的套损点数量最多（图 8-6 中所示的在 0~1500m 井段井径曲线变化大，主要是地层欠压实所致，而非地应力影响所致；在 2300~4110m 井段井径曲线变化大，套损主要是地应力影响的结果，其中部分井段的分级箍失效，也可能是地应力影响的结果；在 4110m 以下层段因固井质量较好，无套损点出现）。

如图 8-7 所示，套损段对应于井斜、方位曲线拐点处。地下应力场较大，因此可以出现定向排列的裂隙和软弱面，此时沿裂隙走向或地层倾斜方向会形成优势井斜分布方位，当地下应力场发生突变时，易加剧套管失稳状况。

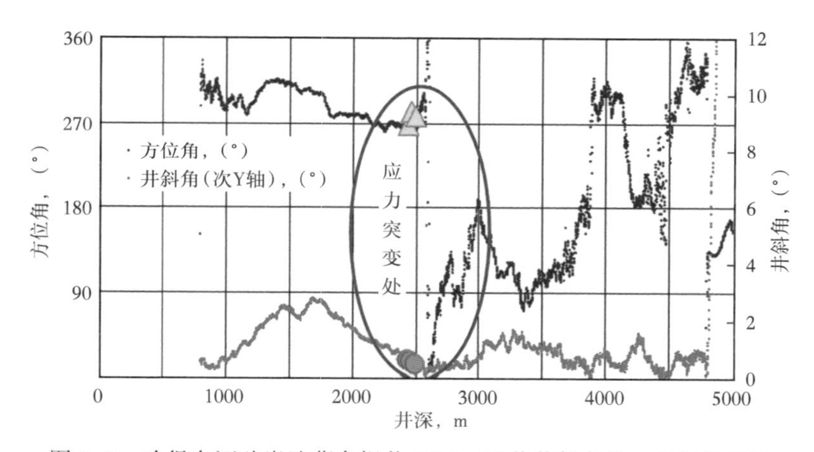

图 8-7　哈得东河砂岩油藏套损井 HD4-7H 井井斜方位—井深关系图

［**实例 9**］东河砂岩油藏水平井油井 HD4-7H 井的套损段 2435.56~2494.99m 就发生在地应力突变处。

通过分析偶极声波测井处理的玫瑰图发现，套损段地应力变化大而频繁。利用偶极横波在各向异性地层中会发生分裂现象（在地层中形成沿井轴方向传播但质点振动方向相互垂直的快、慢两种横波），研究局部应力场，快横波偏振方向对应于水平最大主应力方向、断层与裂缝走向、地层层理走向。哈得东河砂岩油藏资料井 HD4-27T 井偶极声波测井处理玫瑰图中地应力变化最大的井段在 3500m 附近，对应着哈得逊油田套损集中高发段三叠系（T）3500~4100m 井段。

（2）对比分析 GR-SP 测井曲线精细卡层与套损段关系，发现套损段普遍位于力学强度比较弱、最易产生应力集中的地层界面处（以砂泥岩界面为主）。

［**实例 10**］套损段位于非均匀地应力地层界面处（砂泥岩界面为主）。通过选取哈得逊油田 12 口代表井，对 700~4400m 井段精细卡层划分（精度小于 1m）获此认识。如套损水平井 HD4-27H 井从 500~4134m 划分为 388 个小层，两处套损段均位于砂泥岩交界面附

近，第一处套损段 3879.53～3884.19m 对应泥岩（3863.30～3885.50m）、灰质砂岩（3885.50～3887.40m）的交界面附近，第二处套损段 4060.88～4062.88m 对应砂岩（4056.30～4058.90m）、泥岩（4058.90～4133.30m）的交界面附近。

2）套管外存在未压实层（出砂垮塌）、塑性地层（盐膏层蠕变、泥岩吸水变膨胀）、高渗透地层等，加剧套管支撑失稳

调研国外资料，苏联西西伯利亚油田由于地层蠕变流动，套管损坏，导致10%的油井停产。土库曼地区有很厚的盐层，套管损害更加严重。

哈得逊油田薄砂层油藏哈得10井区、东河砂岩油藏哈得11井区局部区域分布有膏岩层，有膨胀性，钻遇时易卡钻、垮塌。

哈得逊油田因井身结构简化自由套管段较长，管外砂泥岩间互分布，其中含水砂层较多，在未固井情况下，管外地层水与泥岩直接接触，为泥岩吸水创造了条件。这些水层从HD4-27T资料井的中途测试也得到了证实；同时，哈得逊油田东河砂岩油藏水平井油井HD4-22H井投产10个月后套损大量出水，套漏段4078.78～4079.28m处于未固井段（2481～4147m），测井解释该段砂泥岩间互，合计有25层、1229m厚的含水砂岩，水源充足。

2. 工程因素

工程因素造成油田油水井套损，主要有井身结构不合理，无固井（钻井设计水泥返高不够）或固井质量不合格，套管分级箍存在质量问题（主要是新井），套管腐蚀、作业磨损以及特殊施工造成套损等原因。

1）井身结构不合理、无固井或固井质量差导致套管支撑失稳

哈得逊油田整体采用水平井开发，1998—2003年因经济因素简化井身结构（图8-8），减少了技术套管，且水平井的直井段自由套管超长（3000～4000m）的井超过60口，哈得逊油田油水井套损段均位于未固井的自由套管内或固井质量差的井段，主要在一级水泥返高

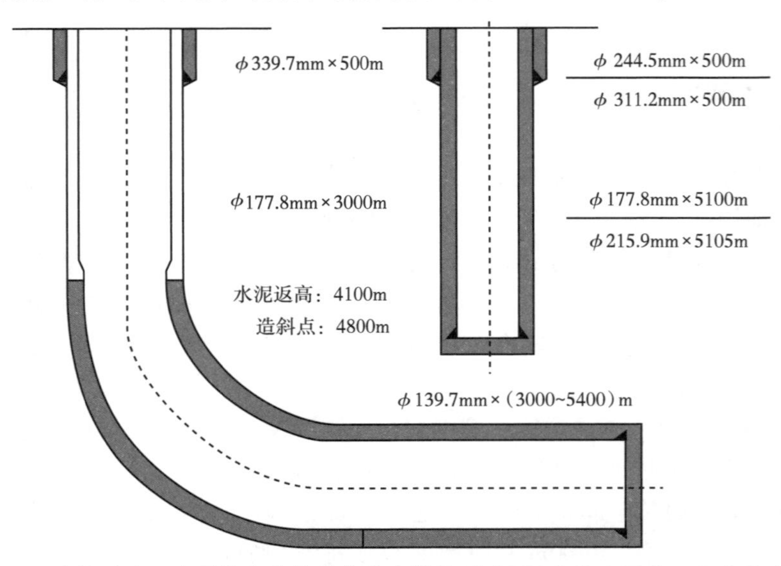

图8-8　哈得逊油田水平井和直井简化井身结构示意图（左为水平井，右上为直井）

4100m 之上的直井段内。为兼顾资料录取部署的全井段固井（且固井质量合格）的 12 口直井，迄今未发生套损。

2）套管分级箍、接箍质量问题，作业磨损及特殊施工（局部施工压力超过套管抗内压强度）等原因造成套损

（1）套管分级箍、接箍质量问题（以新井为主）。

哈得逊油田因分级箍质量引起套管漏失的频率位居第 2 位，主要是新钻井二级固井所用分级箍工具失效（分级箍位置大致为 2990～3010m、3210～3460m 井段）。另外套管严重划伤、接箍螺纹未拧紧、螺纹及管体薄弱处，生产或作业时也易发生套损，哈得逊油田套损井漏失段基本都包含 1 个至多个接箍。

截至 2009 年 9 月底，哈得逊油田 30 口套损井（41 个套漏点）中有 8 口井是分级箍失效所致套损，（10 个套漏点），井数占比 26.7%、漏点数占比 24.4%。2010 年以后严格控制分级箍质量、二级固井施工设计程序，从源头上解决了新钻井分级箍失效问题，截至 2019 年 12 月底，哈得逊油田 63 口套损井中有 10 口井属于分级箍质量问题，均为 2010 年之前的完钻井，在套损井中占比降至 15.9%。

［实例 11］ 截至 2019 年底哈得逊油田最新一口分级箍失效的完钻井是东河砂岩油藏水平井油井 HD4-105H 井，2009 年 2 月 9 日钻井完井，5 月 14 日投产大量产水、水性异常，至 6 月 16 日期间进行两次找漏作业，分别确认套漏段为 3441～3490m、3441～3451m，判断分级箍漏失（3443.55～3444.16m），挤水泥堵漏后转抽油机投产，日产油 20t，含水率降至 5.2%。

（2）作业磨损及特殊施工（局部施工压力超过套管抗内压强度）等原因。

此类套损发生频率位居第 3 位，主要发生在 0～760m（第四系 Q）、1490～1980m 井段（新近系 N），在统计的 30 口套损井 41 个套漏点中有 8 个点，占总套损点数的 19.5%。由于此类套损井段位于上部浅层段，认为主要是因井下工具承重较大、多次起下工具磨损、局部施工压力超过套管抗内压强度等导致套损。所以尽管哈得逊油田套管强度校核在三轴应力下处于安全状态，但仍应加强套管保护。

［实例 12］ 薄砂层油藏水平井油井 HD1-27H 井井下作业频繁，加上井筒内正负压交替变化频繁导致套损。该井投产不到一年半即严重套损砂埋管柱，套损前进行了多次生产变动，投产采油、转注、酸化、试注、关井、转电泵，套管补贴、下封隔器封漏后转注。具体情况：2002 年 6 月 19 日完钻，7 月 25 日至 8 月 6 日采油（负压），8 月 28 日至 31 日试注（正压），9 月 4 日至 15 日酸化，9 月 15 日至 29 日录取试注资料（压差变化频繁），累计注水 $1.72\times10^4m^3$ 后关井。2003 年 11 月 8 日下 $150m^3$ 规格电泵试抽（负压），准备继续采油，发生套损，砂埋管柱。经过 7 个多月打捞、套管补贴（739.83～760m）作业后，2005 年 1 月转注水井（正压）。这期间经历了多次井下作业，找到的套损段为 742～758m，距离井口较近，之后又发生 4 次套损（注水压力归零、注水量突增），均采用封隔器堵漏。

3. 开发因素（含流体化学腐蚀）

随着油田开发时间推移，油藏平面注采不平衡、纵向断层（活动）等影响，以及生产流体或注入流体的腐蚀等造成新的地应力集中，易引发套损。

（1）油藏平面压力、采液速度等差异大，局部注采不平衡，过渡区易套损。

[**实例 13**] 分区采油速度差异过大，过渡区易发生套损。哈得逊油田东河砂岩油藏2004—2005 年首批套损的 6 口井(HD4-22H 井、HD4-27H 井、HD4-28H 井、HD4-15H 井、HD4-7H 井、HD4-11H 井)，正好处于平面压力、采液速度差异极大的过渡带上，过渡带两侧区域方案设计生产压差相差 4 倍以上。

(2)油田衰竭开发、注水(气)开发改变地层压力，生产方式随之改变(自喷转机采、机采转自喷)，油套环空液面、套管承压环境往复变化，套损风险增大。参见[实例 12]。

(3)油田开发活动加剧，局部断层附近压力异常或引发局部构造运动，局部或成片套损。

[**实例 14**] 东河砂岩油藏 HD4-27H 井靠近局部断层，原始地层压力比邻井同期低3MPa；物性相对较差，采液指数只有邻井 HD4-6H 井的 20%；相同产量时，井底流压比邻井约低 7MPa，率先发生套损，多处漏点，2 次堵漏后全水，报废后打替代井(HD4-27T 井)。

[**实例 15**] 注水压力超过安全压力(破裂压力的 0.9 倍) 也可能引发套损。哈得逊油田套损注水井中多数井的井口注水压力高于安全压力，多种因素综合作用下易套损。该油田薄砂层油藏水平井 HD1-25H 井于 2002 年 8 月电泵投产采油，2003 年 10 月转注水，2005 年 2 月套损(注水压力下降但日注水量突增了 370m^3 左右)，套损前有 9 个月时间井口注水压力较高，比安全压力(19.44MPa) 高出 1~2MPa。

调研美国海明威油田，因断层活动、构造运动造成套损情况较严重。1947—1950 年，由于地震引起断层活动，3 年间套管损坏井达到 3000 口；1962—1986 年，由于地下液体大量采出导致地层出现亏空，引起该地区较强的构造运动，油田中心地区地面下沉 9m，水平位移 3m，造成油水井套管成片错断，损失严重。

(4)生产流体或注入流体的腐蚀性等造成局部腐蚀，改变套管内外抗挤压力从而形成新的应力集中，引发套损。

单纯的化学腐蚀不是哈得逊油田油水井套损的主要成因，这从哈得逊油田腐蚀实验模拟结果可以得到证实。腐蚀实验中套管钢级为天钢 N80(壁厚 10.36mm)，腐蚀图谱反映表面腐蚀轻微，只沉积了薄薄一层 $CaCO_3$，腐蚀截面形貌看，腐蚀产物膜极薄且均匀，腐蚀速率 0.13mm/a。而哈得逊油田 63 口套损油水井首次套损时距投产时间 0~15.2a(平均 5.5a)，明显小于单纯腐蚀穿孔时间，因此认为是多种因素综合作用的结果。

值得注意的是，随着开发时间推移，哈得逊油田油井套管壁内外与偏酸性地层水长期接触、注水井采用的不动管柱酸化措施(油套环空无封隔器将产层与上部井段隔开)，流体对套管腐蚀程度逐渐增大，因此还需继续做好超深井套管防腐技术攻关。如前述[实例 8]中的 HD4-68H 井 IBC 成像技术检测到 5.5in 套管 3595~3600m、4288~4295m 处严重腐蚀，虽未被井下作业验证，但也是生产隐患。

第三节　套损预防及综合治理技术

通过在哈得逊油田多年的探索实践，对套损井的套损诱因及机理进行了分析、研究和总结，并明确了油田套损井的预防及综合治理技术[10-13]。

一、套损预防技术

在哈得逊油田开发实践中，提出完井、施工、开发优化建议，从源头上杜绝套损隐患或减缓套损现象发生。主要包括以下 3 个方面。

(1)合理优化井身结构设计，采用全井封固的固井工艺，提高固井质量：尤其重视固井分级箍的优选与入井施工质量。

(2)优化改进套管设计和施工程序，加强各环节套管保护：目前在超深井中采用双层组合套管、高防腐、高抗压套管完井；同时施工前加强套管各方面性能检测，施工中重点防磨和防挤。

(3)优化实施油田开发方案，保持油田科学高效开发：方案设计各项指标论证充分，指导开发更加科学合理；深入认识油藏动态特征，根据实际动态及时调整生产，优化实施方案设计的注水时机、注采比、注水压力等开发指标，保持油田注采平衡，从而延长油水井套管的使用寿命。

二、套损综合治理技术

哈得逊油田套损井综合治理，首先通过油藏工程、生产测井等诊断技术初步判断，再通过井下作业精确定位，最后封堵。深井、超深井施工难度加大，容易出现卡钻、拉断井下工具的复杂情况。因此针对引起套损的机理、套损类型、套损程度、套损井段等系统分析，在降低作业成本、提高经济效益的基础上，采取不同的修复方法和手段，达到最佳的治理效果。套损治理原则是：对生产影响不大的套损井暂不修复，监控生产；对纯变形且变形程度轻微的套损，采用简单的机械方法做整形修复处理；对套损段已破漏且影响生产的井，采用多种方法进行综合治理；对长井段自由套管多点严重腐蚀的套损井，探索 7 in 套管内回接 5½ in 大通径无接箍非常规套管套损治理新工艺技术。

截至 2020 年底，哈得逊油田共进行 105 井次套损井综合治理作业，成功治理 92 井次，6 井次因微漏未处理，7 口井因井况复杂放弃处理报废(5 口：HD10-3-H5 井、HD10H 井、HD2-5H 井、HD4-25H 井、HD4-27H 井)或待报废(2 口：HD114H 井、HD4-78H 井)。套损治理技术主要是挤水泥(堵剂)72 井次，单(双)封机械封堵 19 井次，其次为套管补贴 1 井次，治理成功率 86.96%。

在哈得逊油田套损综合治理中，突破过去“光钻具或挤注式封隔器”常规挤堵工艺技术的限制，应用非常规封堵配套找堵漏新工具，形成了超深井大方量平推挤堵、“机械封隔器+油管尾管”试挤—挤堵一体化、自验封双封卡堵、衬管补贴套管修复、LTTD 耐温高抗盐新型堵剂堵漏等 5 项套损治理技术，以及“两步法”电泵完井套损复杂大修预防工艺、阴极保护套管预防套损技术。基本解决了哈得逊油田套损治理及堵水封堵效果差、有效期短、配套找堵漏工具老井适应性差成功率低等瓶颈技术难题，使油田套损井治理井下作业整体水平得到显著提升，为哈得逊油田高效开发提供了技术保障，也弥补了国内乃至国际的超深套损井井下作业技术空白。下面重点介绍以上 7 项套损防治技术。

1. 大方量平推挤堵技术

针对“光钻具或挤注式封隔器”常规挤堵工艺，存在堵剂挤不进封堵层导致返工，甚至水泥浆提前凝固、固死管柱工程事故发生难题，借鉴碳酸盐岩“平推挤水泥技术”，发明了“大方量平推挤堵”快速新型挤堵工艺技术。

1）技术原理

如图 8-9 所示，下挤堵管柱（底带可解封起出的机械封隔器+短油管 1 根）至封堵层之上安全位置（距离远近由设计水泥浆量来计算），坐封封隔器验封合格后直接一次性将设计方量堵剂挤进封堵层，施工时间仅 1 小时左右。同比常规挤堵工艺，节省中间 2 次起钻及中间洗井工序，具有施工时间短且连续性好、施工期间水泥浆性能稳定、挤入量大等优点，不会出现堵剂提前凝固现象，从而导致“插旗杆”工程事故发生，确保了一次封堵效果与施工安全。

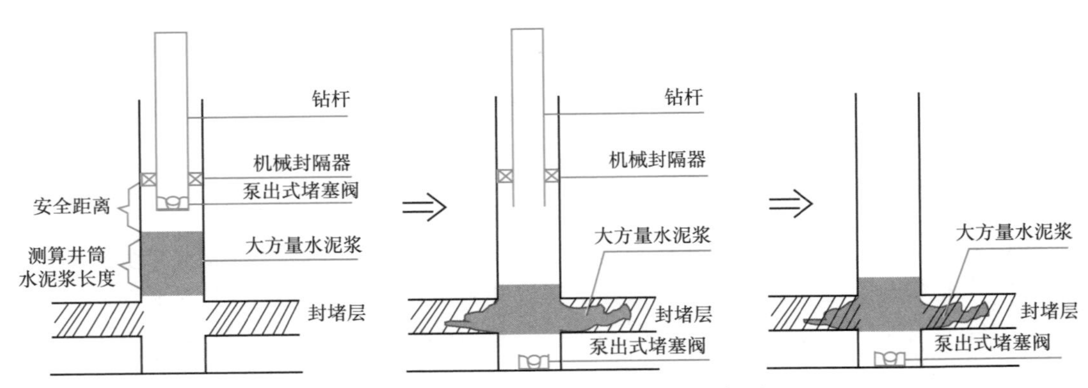

图 8-9 大方量平推挤堵技术原理示意图

2）现场应用

实例 16，东河砂岩油藏的一口直井哈得 4-63 井，2009 年 2 月投产注水，2014 年 7 月 15 日转分层注水作业，在挤水泥封堵原注水井段过程中发现 7in 套管 1050.76～1127.21m 井段出现套管破漏，该井 9⅝ in 表层套管下深仅 1006.10m（无技术套管），套管破漏段外与裸眼地层连通，压井液试挤，泵压最高 12MPa 不升，地层吃入量大。本井按常规套损治理施工工艺下光钻具挤水泥封堵两次，各挤入地层水泥浆仅 $1m^3$、$0.35m^3$，而配注水泥浆量分别为 $7.5m^3$、$6m^3$，均出现施工前试挤效果好，实际施工挤入地层水泥浆少、封堵效果差的难题，导致封堵合格后钻磨水泥塞过程中出现 7in 套管 1069.87～1079.48m 井段出现重复套损。因此在该井首次试验了“大方量平推挤堵技术”，一次挤堵成功，2014 年 9 月 23 日转注，生产正常，与套损补救前对比，注水量保持 $350m^3/d$，但井口注水压力大幅上升，实现注水有效率 100%，达到了注入水全部进入目的层的作业效果。

套损井超大方量平推挤堵新技术，至今已在哈得逊油田推广应用 26 井次，一次挤堵成功率 100%，已成为目前油田套损治理快速挤堵主体技术，解决了油田大漏失层与吃入量大地层套损治理一次性封堵成功率低及有效期短的技术难题，推广应用效果良好，增产增注效果显著。

2. “机械封隔器+油管尾管”试挤—挤堵一体化技术

2014 年，针对套管变形、腐蚀严重套管段挤注式封隔器成功率不足 50%的难题[14]，研发设计利用“可解封回收的 Y211 或 RTTS 封隔器替代不可回收的挤注式封隔器（需钻磨处理)”新型挤水泥新工艺，实现了试挤—挤水泥两趟钻工艺一趟钻完成的目标，避免长时间钻磨可钻性差的金属封隔器，提升作业时率，保护套管。

1)技术原理

如图 8-10 所示，“Y211 或 RTTS 封隔器+底带油管尾管(300~500m)”—“试挤—挤水泥”一体化挤堵管柱，底带泵出式堵塞阀，下至安全位置(封堵层位置之上 300~500m 为安全位置)，坐封，先反打压验管柱密封性，若套管有漏点，则对套管进行找漏，试挤，求套损段吃入量，若无漏点可以验封后直接对需封堵产层试挤；求取地层吃入量参数后，设计水泥浆量，替水泥浆到管脚，起钻至设计水泥返高位置，坐封、验封封隔器，进行挤水泥浆进套损段或封堵层施工方法。该工艺优点：一是找漏—试挤一趟完成，而且候凝完可以对封堵层试压，若不合适，可以直接进行再次试挤，再次挤堵施工；二是施工结束后封隔器可以解封，替代常规挤注式封隔器，避免恢复井眼过程中钻磨金属封隔器，有利于保护套管，节省时间。

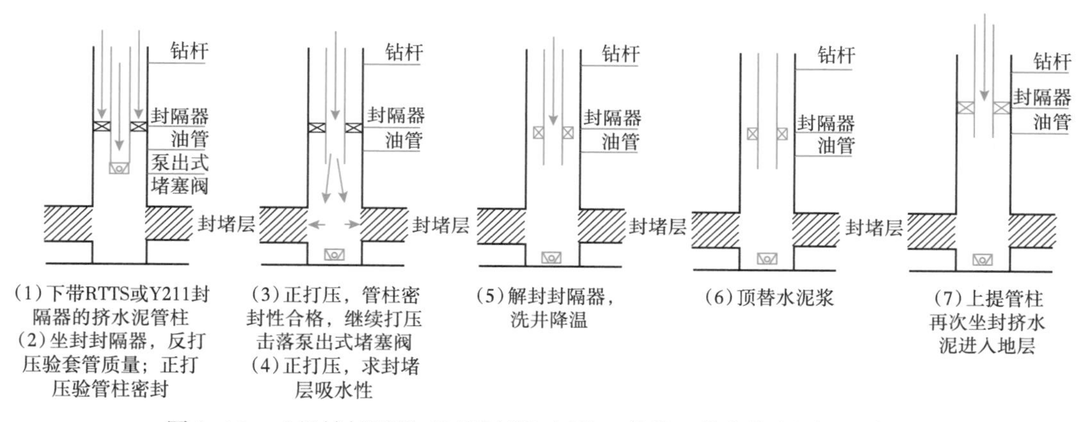

图 8-10　“机械封隔器+油管尾管”试挤—挤堵一体化技术原理示意图

2)现场应用

[**实例 17**] 东河砂岩油藏一口直井 HD4-41 井，2004 年 9 月电泵投产采油，2015 年 1 月 21 日检泵找堵漏作业(第二次套损)，发现漏失井段为 4151.61~4159.2m、4359.88~4369.43m，首次采用下“7in RTTS 加长胶筒封隔器+油管尾管”挤堵剂管柱，首先封堵低出入量 5090.5~5093.40m 生产井段水淹层两次，堵剂用量分别为 4m^3 和 3m^3，气举负压排液验漏合格，再补孔原 3 号层油组射孔井段 5085.3~5086.4m、5087.6~5089.0m，最后下入 7in RTTS 加长胶筒封隔器+7in MCHR 液压封隔器双封封堵套损段(封位 4496.16m、3796.14m)，2015 年 3 月 27 日开井(50m^3 电泵)，部分恢复产能，日产油 36t、含水率 67.6%。

“机械封隔器+油管尾管”试挤—挤堵一体化新技术，迄今在哈得逊油田推广应用 17 井次，一次封堵成功率 100%，在低吃入量封堵方面替代了常规“挤注式封隔器及光钻具”挤堵工艺，推广应用效果良好。

3.“自验封单封(双封)”卡堵技术

针对哈得逊油田超深井长井段套漏堵水需要，应用了塔里木油田首次研制的 7in (5½ in) SVS 自验封封隔器等压双自验封管柱完井工具[15-17]。

1) 技术原理

工具组合(自下而上):球座(配 ϕ30mm 球)+7in (5½ in)锚定装置+7in (5½ in)SVS(自验封)封隔器+油管+7in 锚定装置+7inSVS (自验封)封隔器+液压丢手 (配 ϕ38mm 球)。

2) 现场应用

[**实例 18**] 东河砂岩油藏一口水平井油井 HD4-3H 井,2010 年 4 月首次发生套损,长井段 2096.43~4798.23m 存在多点套漏点,钻井完井时采用单级固井方式,井深 4345m 之上 7in+5½ 套管全部为自由套管。该井 2010 年 4 月 18 日至 6 月 25 日、2010 年 8 月 7 日至 9 月 10 日分别采用下常规双封隔器堵水管柱(7in MCHR 封隔器+5½ in RTTS 封隔器)完成套损治理,第一次无效,第二次有效期仅分别为 12 个月后,于 2011 年 11 月 11 日含水率突然从 29.79%上升至 100%,日产液由 101t/d 上升至 133t/d,测试动液面由 1306m 上升到 1221m,由此判断双封失效,重新作业。为提高双封封堵有效期,首次采用"等压双自验封"封隔器新技术封堵,双封跨度为 2700.98m,有效期 1148 天(2011 年 12 月至 2015 年 2 月),该技术创同期在塔里木油田封堵有效期最长纪录,开井初期日产油 73t、含水率 30.07%。

"自验封单封(双封)"卡堵新技术,迄今在哈得逊油田推广应用 14 井次,一次封堵成功率 100%,已全部替代传统"MCHR 液压双封"及"MCHR 液压封隔器+RTTS 机械封隔器双封",该工具的技术革新之处主要是对液压双封隔器的下封首次实现自验封功能,克服了以往液压双封隔器堵水管柱下封隔器无法验封、封堵有效期短的难题;尤其采用活塞双向推动,工具在坐封中无位移,具有坐封牢靠特点,特别适用于多点长井段套损快速治理,封堵效果较好,既可以缩短作业周期,降低作业成本,又能降低井下作业风险,目前已在塔里木油田广泛推广应用。

4. 衬管补贴套管修复技术

套管补贴技术是主要采用衬管补贴来完成套损修复的一种技术,补贴工艺技术可用于套管变形、破裂、错断整形后的补贴加固,还适用于套管腐蚀、穿孔、螺纹漏失、分级箍关闭不严等的修复。衬管补贴套损修复技术在内地浅井应用效果较好,在塔里木油田哈得逊、轮南区块进行了现场试验,优点是能快速封堵多点、长段套损点,且费用较低;缺点是由于塔里木井超深、井况复杂,一旦补贴点或下部套管再次发生套损,无法实现打捞取出衬管、继续修补补贴部位之下套损点,且可钻磨性极差,处理周期超长,钻磨易发生卡钻工程事故,严重者甚至导致井工程报废。该技术在哈得逊油田只应用了 1 口井(HD1-27H 井)。

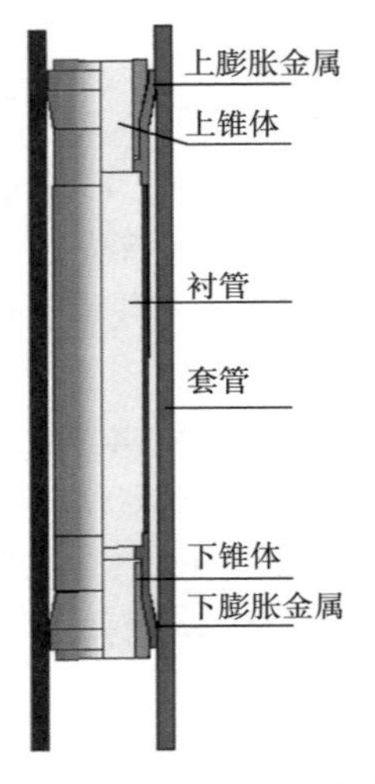

图 8-11 衬管补贴套损修复技术原理示意图

1) 技术原理

靠液压动力坐封工具加压,产生两个大小相等方向相反的作用力,分别作用在上、下锥体上,使衬管两端的金属锚挤压后变形、膨胀,密封衬管两端和套管的环形空间,最终将衬管锚定在套管内壁上(图 8-11),补贴后由丢手机构实现动力坐封工具与补贴部分的分离。

2)现场应用

[**实例19**] 薄砂层油藏一口水平井HD1-27H井，2013年11月从注水井(录取完水平井试注资料)转电泵作业，下完井电泵管柱时因浅层套损出砂，砂埋电泵管柱，复杂打捞处理后于2004年6月12日工程测井发现742~758m井段套管变形，其中746~750m、754~758m井段套管破漏，并于22:00下Y211-148封隔器泵车验漏证实。于2004年6月16日采用下ϕ152mm衬管(内径ϕ130mm)补贴套损成功，补贴井段739.83~760.00m，最后下完井注水管柱完井，转正常注水。

目前国内外衬管补贴套管修复技术已经被更先进的膨胀管补贴技术取代，优点是能快速封堵多点、长段套损点，且费用较低，在内地浅井应用效果较好，由于哈得逊油田井超深、地应力大等原因，膨胀管补贴技术在合得逊油田目前仍处在实验摸索阶段，技术尚需完善。伴随哈得逊油田老井套管腐蚀、变形加剧，多点、长井段套损、重复套损逐年增多，立足延长套损治理有效期，丰富油田套损井治理手段，探索适合塔里木油田复杂井况的探索膨胀管补贴修复新技术已十分必要，是下步技术攻关重点方向。

5. LTTD耐温高抗盐新型堵剂

哈得逊油田油井套损堵漏(堵水)作业中，通常采用常规G级油井水泥进行堵水，但由于凝固后的常规水泥与地层、套管、原水泥环界面处胶结不合格，出现微裂缝，导致封堵失败或封堵有效期短等问题。2010年，从塔里木油田储层地质特性与堵剂优化角度出发，研发出了适合超深井(5500~7500m)、耐高温(113~170℃)、抗高矿化度(270000mg/L)井况的耐温抗盐高强度新型堵剂，在哈得逊油田推广应用效果良好。

1)技术原理

LTTD耐温抗盐堵剂是以“粒度级配原理”和“颗粒紧密堆积理论”为基础，运用“粒度级配原理”，以LTSD(耐温抗盐封窜堵漏堵水剂)为基础，复合抗温抗盐单元、活性充填单元及纤维胶凝单元组成。在原有材料中引入较宽粒径的颗粒组分，使封堵性能得到进一步提高。采用各种颗粒级配的功能材料精细加工，以期在耐温耐盐能力、强度、韧性上明显强于普通堵剂(油井水泥)。新型堵剂引入超细微晶聚合物材料(亚纳米)，具有可驻留性和抗窜能力，具有“自愈合”功效。比常规水泥抗压强度提高25%，堵剂稠化时间不小于480min(可调)，封堵强度不小于15MPa(180天以上)，耐温180℃，耐压大于35MPa，耐矿化度270000mg/L(整体优于G级水泥)。

2)现场应用

[**实例20**] 2015年12月首次在东河砂岩油藏套损水平井油井HD4-64H井找堵漏作业中引入LTTD耐温高抗盐新型堵剂，并获成功。该井2015年11月19日取样化验全水，日产液量由193t上升至245t，动液面由1731m回升至389m，初步判断该井套损，进行找堵漏作业；12月7日下7in RTTS封隔器找漏发现套管漏失段1768.21~1777.69m，考虑吃入量大，采用下7in RTTS封隔器平推挤水泥10m^{3}成功封堵；后期作业于2016年1月30日封隔器找漏发现7in套管在井段1957.01~1966.19m突然套损，考虑吃入量低，为提升封堵质量与有效期，尝试采用下“7in RTTS加长胶筒封隔器+油管尾管”挤堵剂3.5m^{3}封堵，完井采用自验封双封及完井电泵管柱带7in RDH封隔器保护套管，2016年3月10日

作业完投产，恢复日产油 20t。

2016—2020 年，LTTD 耐温高抗盐新型堵剂[18]封堵技术在哈得逊油田套损治理中推广应用 18 井次，成功率 100%。考虑堵剂成本较高，使用原则是量大选择水泥，量小选择堵剂，合理控制成本。2019 年首创“挤水泥+堵剂”精细化封堵技术，采用先挤水泥后挤堵剂“封口”方式，利用堵剂高强度性能，提升套损封堵效果，当年实施 5 井次，恢复日产油 25t。

6. “两步法”电泵完井套损复杂大修预防工艺

2016 年底至 2019 年，哈得逊油田共发生浅层套损出砂砂埋卡电泵管柱复杂处理 6 口井(表 8-4)，单井平均处理时间 52 天、作业周期 116 天，平均作业费用 714 万元，成本居高不下。为降低此类井筒复杂大修现象发生，首创了“两步法”电泵完井套损复杂大修预防新工艺。

表 8-4 哈得逊油田浅层套损卡电泵管柱作业统计(截至 2020 年底)

序号	日期	井号	作业目的	套损位置 m	处理措施	处理时间 d	单井作业周期 d	单井作业费用 万元	备注
1	2016-12-20	HD4-14H	检泵	2505.85~2515.45	活动拔脱套铣打捞	28	68	371	
2	2018-10-14	HD4-11H	检泵	3018.3~3028.01	连续油管环空冲砂，套铣打捞	17	78	408	出砂 $35m^3$
3	2017-10-27	HD4-H99	优化机采	3464.25~3473.79	切割油管后套铣打捞	77	221	1199	
4	2018-11-14	HD4-67	检泵	1181.04~1190.66 4175.66~4185.22 1296.73~1315.93 1353.86~1363.48	连续油管切割后套铣打捞	56	108	1101	作业 2 次
5	2018-12-8	HD4-78-1J	找堵漏	3004.60~3015.64	套铣打捞	40	85	443	
6	2019-4-20	HD4-92-1H	检泵	2965.19~2974.77	套铣打捞	91	137	764	
平均						52	116	714	

1)技术原理

优化电泵完井防砂工艺，分解生产管柱(图 8-12)，将完井“电泵—防砂”[19-20]一体化工艺优化为“第一步下丢手防砂管柱，第二步下完井电泵机组”，从源头预防因浅层套损砂埋电泵机组井筒复杂大修现象或降低处理难度。

2)现场应用

[**实例 21**] 2019—2020 年期间，“两步法”电泵完井新工艺在哈得逊油田共推广应用 31 井次，在预防浅层套损砂埋电泵机组复杂大修方面取得了很好的效果。2021 年 2 月 5 日，

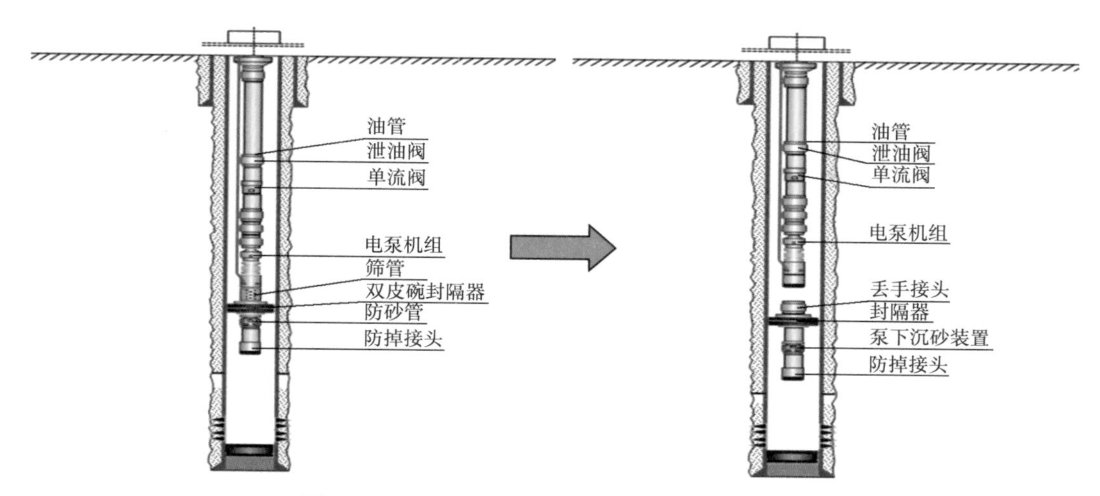

图 8-12　“两步法”电泵完井工艺原理示意图

HD4-14H 井创新应用“两步法”电泵完井预防套损复杂大修新工艺初见成效，处理井筒复杂仅耗时 20.8d，较以往同类井处理节约周期三分之二，创造油田砂卡管柱复杂打捞处理时间最短新纪录，标志着“两步法”电泵完井工艺应用获得重大突破，极具推广价值。

7. 阴极保护套管预防套损技术

哈得逊油田油气藏埋藏深度深，地层压力大，地层温度高，腐蚀环境复杂。哈得 4 油田采出污水具有“四高一低”的特点：CO_2 含量高（150～350mg/L）、Cl^- 含量高（60000～180000mg/L）、矿化度高（170000～280000mg/L）、铁离子含量高（二价铁离子含量 40～80mg/L）、pH 值低（5.0～6.5）。伴生气或天然气中含有 CO_2、H_2S 等腐蚀性气体[21,22]，原油中含有机杂、地层砂等微粒，流速较高。上述因素共同作用导致井筒套管存在不同程度腐蚀。

2016 年，在哈得逊油田优选 HD4-88-2H 井、HD1-17-2H 井两口井试验阴极保护套管预防套损技术，完井至今未发生套损。通过采用在套管外连接锌合金阳极套管扶正器式防腐短节，来保护套管，缓解套管腐蚀，达到延长套管寿命的目的，对油田注采关系的完善与协调及油田可持续开发具有重要意义。

三、套损“防诊治”技术应用效果评价

哈得逊油田套损“防诊治”技术实施后取得良好效果。截至 2009 年 9 月，统计井下作业、生产测井、静温梯度法 3 种技术综合确认的 30 口套损井（油井 27 口，注水井 3 口）中，28 口井实施堵漏 34 井次[25 口油井采取挤水泥堵漏 30 井次，2 口注水井采取封隔器堵漏 3 井次（插管双封 1 井次、插管单封 2 井次），1 口注水井采取套管补贴+插管单封堵漏 1 井次]，平均作业周期 72.3 天；另外 2 口油井因井况复杂、作业风险大，放弃堵漏作业，长关待报废（表 8-5）。

堵漏结果：30 口井中 25 口油井实施堵漏，21 口堵漏成功，套损修复率 70.0%、措施有效率 84.0%；3 口注水井全部修复，措施有效率 100%。套损油水井总修复率 72.7%、

措施有效率 85.7%。从统计结果看，随井段的加深，堵漏有效率降低，表明井越深，作业难度越大、风险也越大。成功堵漏油井的平均产量恢复率为 81.5%，表明套损井出砂、套损外管外高压水层回灌、堵漏作业等对产层有较大伤害，统计堵漏未成功井在内则套损油井总产能恢复率仅 57.1%。

表 8-5 哈得逊油田套损井堵漏效果统计表

序号	井段深度 m	套损层位	油、水井堵漏措施					油井堵漏效果			成功堵漏的油井堵漏后产量恢复情况		
			挤水泥井次	下封隔器井次	套管补贴+单封井次	未堵漏井次	单井平均作业周期 d	完成堵漏井数 口	有效井数 口	有效井数占完成堵漏总井数比例 %	套损前日产油量，t	堵漏后日产油量，t	堵漏后日产油量占套损前总日产油量比例，%
1	0~760	Q	1	1	1	0	307.0	1	1	4	147	88	7.6
2	1490~1980	N	3	0	0	0	40.5	1	1	4	73	69	5.9
3	2280~2690	E	10	2	0	5	54.8	9	8	32	375	362	31.2
4	2990~3010	K	4	0	0	0	72.8	4	3	12	48	43	3.7
5	3210~3460	J	5	0	0	0	55.2	5	4	16	172	188	16.2
6	3540~4110	T	7	0	0	2	39.4	5	4	16	345	196	16.9
合计			30	3	1	7	72.3	25	21	84	1160	946	81.5

第四节 关于套损问题的几点思考

调研国内外油水井套损，多年来长期存在，套损治理任重道远。哈得逊油田从 2002 年发生第一口套损井至今，经过近 20 年的不懈攻关，油水井套损“防诊治”研究思路、技术及应用取得了良好效果。哈得逊油田多项套损“诊断”技术综合应用，达到了快速准确判断查找套损段的目的，指导超深井套损治理作业成功率较高；套损“防治”技术指导调整方案新井部署、钻完井、井下作业，套损现象大幅减少；绝大部分套损井得以修复，避免了打替代井，保护了开发井网的完善，为油田长期高产稳产与提高最终采收率奠定了较好基础，也为其他油田套损研究提供了较好的借鉴。

回顾哈得逊油田近 20 年套损治理之路，也存在诸多问题与不足，有以下几点思考。

(1)引发油田超深井套损潜在因素多，地质、钻井、测井、试油、修井、开采、监测等因素都可能引发套损，任重道远，需持续深入开展套损机理、套损“防诊治”技术研究与攻关。

(2)油田开发控制短期成本要与长期效益结合，简化井身结构(减少技术套管、长井段不固井)时应充分考虑油水井能否长期安全生产。开发井要从源头上保障井筒完整性质量，科学合理设计井身结构及固井等施工工艺[23]。

(3)哈得逊油田套损隐患井(较长自由套管段、地应力集中等)较多，预防套损技术储备不足，不利于油田高效开发，亟需开展套损隐患井专项技术攻关。

①现有套损隐患井有效预防技术储备不够，往往在套损发生后被动补救，导致部分井无法避免复杂作业，开发中、后期措施成本控制困难。

②因超深套损井治理井下作业找漏技术存在一定的技术局限性，目前套损井只能依靠下机械封隔器分段正打压技术精准找漏，部分作业过程封隔器正打压验漏显示无漏点但生产套损特征明显的油水井，暂时无法有效得到证实和及时补救，导致部分套损井待报废或带伤生产，对油田持续稳产造成极大威胁。

(4)亟需加强油气田套损井静态、动态数据入库及标准化管理[24-25]，确保入库资料齐全、准确，尤其是套损井历次找堵漏作业文本与图形等数据资料，有效指导下步套损“防诊治”工作。

(5)国内外套损研究方法不足，定量决策依据不够充分。现有套损研究方法主要有综合分析法(定性)和数值模拟法(定量)[26]两大类，还都处于起步阶段。在现有数值模拟技术基础上，探索发展套损数值模拟研究技术，可为套损识别与防治提供更加快捷、直观的量化途径。

参考文献

[1] 章根德，何鲜．油井套管变形损坏机理[M]．北京：石油工业出版社，2005.

[2] 练章华．地应力与套管损坏机理[M]．北京：石油工业出版社，2009.

[3] 向文刚，韩易龙，周代余，等．塔里木油田超深井套损原因及防治对策[C]．吴奇．井下作业大修技术交流会论文集．北京：石油工业出版社，2009.

[4] 王陶，陈军，王怒涛，等．砂岩油藏水平井停喷时间预测及应用[J]．特种油气藏，2006，13(2)：43-45.

[5] 王陶，陈军，荣宁，等．利用静温梯度变化规律快速准确查找套损段[J]．新疆石油天然气，2006，2 (1)：45-49.

[6] 王陶，杨胜来，朱卫红，等．塔里木油田油水井套损规律及对策[J]．石油勘探与开发，2011，38(3)：352-361.

[7] 王陶，牛玉杰，李东亮，等．动态监测技术在塔里木油田套损井诊断中的应用[A]. 2012 油气藏监测与管理国际会议论文集[C]．西安，2012：ICRSM 00164.

[8] 陈兰，刘敏，潘昭才，等. Isolation Scanner 套后成像测井找漏技术在 H 油田的应用[J]．承德石油高等专科学校学报，2012，14(1)：9-12.

[9] 王陶，蒋仁裕，韩易龙，等．H 油田超深水平井套损机理及防诊治技术研究[J]．西南石油大学学报(自然科学版)，2009，31(1)：156-161.

[10] 张全胜．油田套管损伤的治理技术研究[J]．石油矿场机械，2008，37(6)：20-23.

[11] 刘合，金岩松．套损井最佳修井时机和修井策略研究[J]．石油钻采工艺，2004，26(5)：57-59，86-87.

[12] 苏帅．套损井的配套修复技术的开发与应用[J]．科技致富向导，2012(6)：20-24.

[13] 周怀光，单全生，沈建新，等．塔里木 H 油田超深油井套管找堵漏技术实践及认识[J]．承德石油高等专科学校学报，2016，18 (6)：25-30.

[14] 王志刚，廖长平，李勇，等．塔里木油田挤水泥的对策[J]．西部探矿工程，2010(7)：70-72.

[15] 陆爱华，王海坤．φ177.8mm 双封自验封完井管柱的研制与应用[J]．石油机械，2009，37(3)：71-72.
[16] 张卫贤，陆爱华，王海坤．ZY-RSH 自验封封隔器的研制与应用[J]．西部探矿工程，2010(2)：57-59.
[17] 何钧，罗海全，陈竹，等．7″可取式双封采油管柱技术的应用与完善[J]．西部探矿工程，2002，77(4)：46-47.
[18] 戴彩丽，付阳，由庆，等．高温高盐油藏堵剂的研制与性能评价[J]．新疆石油地质，2014，35(1)：96-100.
[19] 梁俊恒，刘佳娜，李友军．套损井防砂工艺技术[J]．科技资讯，2010（13）：113.
[20] 黄世财，徐代才，崔航波，等．丢手悬挂防砂技术的研发和应用[J]．钻采工艺，2016，39(2)：67-69.
[21] 王朋飞，李春福，王斌，等．CO_2 对套管钢 H_2S 腐蚀行为影响的研究[J]．西南石油大学学报(自然科学版)，2007，29(S2)：139-142.
[22] 刘欢乐，付道明，郑明学，等．腐蚀环境下基于井筒完整性与流动保障的完井技术[J]．大庆石油地质与开发，2017，36(3)：83-88.
[23] 董蓬勃，窦益华．钻井期间影响套管磨损的主要因素[J]．内蒙古石油化工，2007(8)：329-330.
[24] 江厚顺．套损井数据库管理系统的研制[J]．重庆石油高等专科学校学报，2004，6(2)：30-31.
[25] 王永东，徐国民，贺贵欣，等．套损井综合管理系统的开发及应用[J]．石油勘探与开发，2002，29(3)：81-84.
[26] 徐丙贵，张燕萍，王辉，等．数值模拟法在膨胀套管修复套损井技术中的应用[J]．石油勘探与开发，2009，36(5)：651-657.

第九章 薄砂层油藏提高采收率技术

哈得逊油田薄砂层油藏已进入水驱开发中高含水期，注水开发调整难度大，水驱调整潜力小，但油藏水驱后，剩余地质储量仍较多，具备进一步提高原油采收率的物质基础。但哈得逊油田薄砂层油藏埋藏深度大，是典型的地层温度高、地层水矿化度高、地层水钙镁离子含量高的“三高”油藏，井距大，提高采收率技术难度大，需要通过室内实验、井组先导试验等方式，评价提高采收率技术适应性。

根据哈得逊油田薄砂层油藏地质条件，综合对比评价目前较成熟提高采收率技术在薄砂层油藏的适应性，确定气驱采油技术。以油藏现场流体、地层岩心为样本，开展室内实验研究，评价油藏条件下最小混相压力、驱油效率等关键参数。采用类比法，依据室内实验和机理研究，结合地质油藏特点，开展薄砂层油藏气水交替驱先导试验设计，优选试验井组，录取资料，评价先导试验效果，为油藏转注气开发提供依据。

为评价注气先导试验井组实施效果，采用实际试注天然气数据，故其数据截至 2021 年 7 月 27 日，本章其余数据时间统一截至 2019 年底。

第一节 薄砂层油藏提高采收率技术方向

一、国内外提高采收率技术应用概况

自 20 世纪以来，人们一直致力于提高采收率技术的探索和研究工作，世界上已经形成三次采油提高采收率的四大技术系列[1]，即化学驱（主要是聚合物驱、表面活性剂驱、碱水驱及复合驱）、注气驱（主要是 CO_2 驱、氮气驱、天然气驱和烟道气驱）、热力驱（主要包括蒸汽驱、蒸汽吞吐、热水驱和火烧油层）和微生物采油。

据 2014 年世界 EOR 调查[2]，正在实施的 EOR 项目增加的产量约 300×10^4bbl/d，占世界原油产量的 3%。其中热力驱产量占比 41%，主要来自美国加利福尼亚和印度尼西亚的蒸汽驱以及加拿大、中国和委内瑞拉的蒸汽吞吐；烃气混相驱产量占比 25%，主要来自美国阿拉斯加和阿尔及利亚；注氮气产量占比 19%，主要来自墨西哥的 Cantarell 油田；聚合物驱（化学驱）产量占比 8%，主要来自中国大庆油田；二氧化碳混相驱产量占比 7%，主要来自美国得克萨斯州二叠系盆地的诸多油田。美国的注气 EOR 规模大，注气 EOR 项目和产量呈逐年上升态势（图 9-1），2014 年注气驱项目 134 个，其中 CO_2 驱 117 个，烃气驱 14 个，氮气驱 3 个；注气总产量达到 47×10^4bbl/d，其中 CO_2 混相驱产量接近 30×10^4bbl，烃气驱产量 12×10^4bbl。

国内注气驱技术起步较晚，整体处于室内研究与现场试验阶段，应用规模较小。吉林油田、大庆油田、胜利油田开展了矿场试验[3-7]，基本实现了 CO_2 驱提高采收率规模应

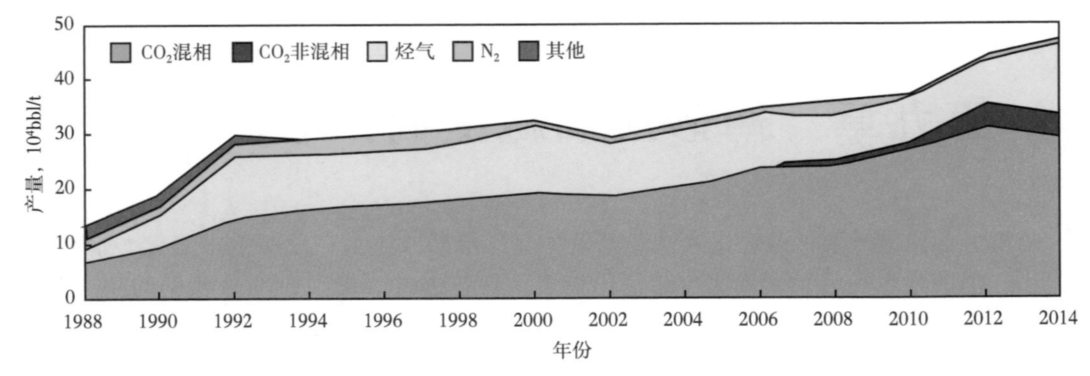

图 9-1　美国 1988—2014 年注气驱产量变化图

用，并在吉林油田建成我国第一个 CO_2-EOR 示范区[8]。胜利油田、辽河油田、中原油田开展了注空气和注氮气驱试验[9-11]，吐哈油田开展了烃类气混相（非混相）驱试验[12-14]，但受气源制约没有大规模推广。以大庆油田、新疆油田为代表的化学驱三次采油技术[15]，从 20 世纪 90 年代开始进入现场试验并规模推广，已成为油田稳产增产的重要措施，年增油量突破 1000×10^4t，其中三元复合驱采收率提高可超过 15%，已经成为国内油田化学驱三次采油提高采收率研究的主攻方向。塔里木油田东河塘油田注天然气驱重大开发试验取得成功，表明天然气驱是塔里木超深高温高压高盐油藏提高采收率现实技术手段。

二、薄砂层油藏提高采收率技术适应性

化学驱是以化学剂作为驱油介质，改善地层流体的流动特性，改善驱油剂、原油、油藏孔隙之间的界面特性，从而提高原油采收率的采油方法[16]。按照注入的驱油体系分类，化学驱通常分为聚合物驱、表面活性剂驱、碱驱及复合驱（如表面活性剂—聚合物的 SP 二元复合驱、碱—表面活性剂—聚合物的 ASP 三元复合驱）。

注气驱就是向油藏注入一种气体（如烃类气、非烃类气）作为原油的驱替剂，尽可能消除气体与原油之间的界面张力，提高驱油效率，在确保一定的波及效率前提下，大幅度提高采收率。注气提高采收率技术包括混相和非混相两种方式。根据注入气体类型的不同，注气（非）混相驱可分为烃类气驱和非烃类气驱。烃类气驱包括干气（贫气）驱、富气驱、液化石油气（LGP）段塞驱等，非烃类气驱包括二氧化碳驱、氮气驱、烟道气驱等。根据混相机理的不同，注气混相驱可分为一次接触混相驱（如 LGP 段塞驱）和多次接触混相驱，后者又可进一步分为凝析气驱（如富气驱）和蒸发气驱（如二氧化碳驱、干气驱、氮气驱、烟道气驱等）[17,18]。近年来发展起来的轻质油藏空气驱也是注气提高采收率技术的一种。

哈得逊油田薄砂层油藏埋藏深度大，是典型的地层温度高、地层水矿化度高、地层水钙镁离子含量高的“三高”油藏，井距大，提高采收率技术难度大。

根据哈得逊油田薄砂层油藏地质条件，结合聚合物驱、三元复合驱和注气驱油筛选标准对比分析（表 9-1），在目前技术条件下，聚合物、三元复合驱和二氧化碳驱油提高采收率不适应，主要是油藏温度和矿化度高，同时矿化度高时二氧化碳驱油过程中易于产生沉

淀物堵塞油层；注氮气驱油从油藏角度来说具有较好的适应性，但是在实施过程中存在地面系统改造大、尤其是不能实现混相驱替导致采收率提高幅度不大，以及氮气不纯可能导致腐蚀、安全问题等原因，总体上存在一定的不适应性。注烃类气完全不受油藏“三高”限制，油藏地层压力高反而有利于实现注烃类气混相驱或近混相驱，注气微观驱油效率比水驱油效率更高。塔里木东河塘油田注天然气驱重大开发试验的成功，表明注气驱是塔里木超深高温高压高盐油藏提高采收率现实技术手段，同时，塔里木盆地天然气资源丰富，气源有保障，因此，哈得逊油田薄砂层油藏适合注烃类气驱。但哈得逊油田薄砂层油藏油层超薄，不适合开展顶部注气重力辅助驱，适合开展面积驱替。

表 9-1 哈得逊油田薄砂层油藏提高采收率技术主要标准及适应程度对比分析表

项目	埋藏深度 m	有效厚度 m	渗透率 mD	孔隙度 %	地层原油黏度 mPa·s	地层温度 ℃	含油饱和度 %	地层水矿化度 mg/L	综合评价
薄砂层油藏	>5700	76.5	80.7	15	1.9	140	>50	238800	
聚合物驱	<2500	>8.0	>20.0	>15	1.0~300.0	<80		<100000	不适应
三元复合驱	990~2743	>6.0	>100.0	>15	<35.0	26~110	>35	<100000	不适应
二氧化碳驱	>701	不关键	不关键	不关键	<12.0	<120	>40		不适应
氮气驱	>1500	不关键	不关键	不关键	不关键	不关键	不关键		适应性差
烃类气驱	>1220	不关键	不关键	不关键	<3.0	不关键	>30		适应

第二节 天然气气水交替驱可行性论证

以油藏现场流体、地层岩心为样本，开展室内实验研究，评价油藏目前条件下最小混相压力、驱油效率等关键参数。采用类比法，根据室内实验和机理研究，结合地质油藏特点，开展薄砂层油藏气水交替驱先导试验设计，优选试验井组，录取资料和开展先导试验效果评价，为油藏转注气开发提供依据。

借鉴塔里木油田东河1石炭系油藏顶部注天然气重力辅助混相驱重大开发试验研究成果，通过类比哈得逊油田东河砂岩油藏注气驱室内实验，包括最小混相压力实验、长岩心驱替实验等，评价哈得逊油田薄砂层油藏目前地层条件下注气最小混相压力、驱油效率等关键参数，推荐合理注气提高采收率方式。

一、最小混相压力测试与评价

1. 最小混相压力概念

当两种流体按任何比例都能混合在一起，并且所有的混合物都保持单相时，这两种流体即为混相流体。因为混相流体的混合物仅为单相，在流体之间不存在有界面，从而也就不存在界面张力。如果原油与驱替流体之间完全消除了界面张力，也就是说毛细管准数变为无限大时，残余油饱和度能够降低到它的最低可能值，这就是混相驱替提高采收率的机理。

最小混相压力(Minimum Miscible Pressure，简称 MMP)是油藏注入方案筛选的一个重要参数。为了获得最高的采收率，所选油藏的平均地层压力必须高于注入气与地层原油之间的最小混相压力。

最小混相压力是混相驱的一个重要指标，它可以通过理论计算、实验室测定和软件模拟等多种方法确定。理论计算又可分相平衡计算和经验公式预测法，现有近 20 余种经验公式；实验室测定主要分为带观察窗的 PVT 测试法、细管实验法、升泡仪法以及岩心驱替法。在传统的实验室测定方法中，细管实验法是最可靠、最经典的实验确定方法。自从 1983 年 Stalkup 提出了用细管实验确定最小混相压力以来[19]，它是目前国内外公认和通用的测定最小混相压力和最小混相组成的方法，也一直作为测定最小混相压力的标准方法。

细管实验是指在细管模型中进行的模拟驱替实验。它是实验室测定最小混相压力的一种常用的、较好的方法。它比较符合油层多孔介质中油气驱替过程的特征，并且可以尽可能排除不利的流度比、黏性指进、重力分离、岩性的非均质等因素所带来的影响。尽管细管实验得出的驱油效率不一定与油藏采收率成比例，但得到的最小混相压力可以代表所测定的油气系统。因为，只要具备混相条件，油气混相的动态相平衡过程在不同的介质中都会发生，与油藏的岩石性质无关。

2. 最小混相压力测试与评价

1)流体组分和物性

表 9-2 是地层原油的原始流体物性数据，可以看出，在地层温度 112℃ 和地层压力 53.31MPa 条件下，地层原油气油比较小，溶解气量低，原油泡点压力低，地层原油体积系数较大；原油收缩率 11.13%，其收缩性低；气体平均溶解系数 3.2854m^3/(m^3·MPa)，气体平均溶解系数低；原油密度低。数据表明该油藏原油物性较好，适合注气驱提高原油采收率。

表 9-2 薄砂层油藏原始油藏流体物性数据

饱和压力，MPa	9.74	地层原油体积收缩率，%	11.13
单脱气油比，m^3/m^3	32	地层原油密度，g/cm^3	0.8130
地层体积系数，m^3/m^3	1.13	脱气原油密度，g/cm^3	0.8618
平均溶解气体系数，m^3/(m^3·MPa)	3.2854		

原始地层压力下的薄砂层油藏地层原油组分组成见表 9-3，可以看出，原始地层原油组成分布特点是：甲烷含量较低，中间烃(C_2-C_6)含量偏低，重烃含量高。对比哈得逊油田东河砂岩油藏和薄砂层油藏原油，以及与东河 1 石炭系油藏流体性质对比，薄砂层油藏原油中甲烷含量略高，重组分含量略低，介于哈得逊油田东河砂岩油藏和东河 1 石炭系油藏原油之间。

哈得逊油田伴生气组分见表 9-3，该注入气中甲烷含量低于 70%。在油藏地层温度下，等温等组成 p-V 关系实验表明其保持为单一气相状态。但是氮气含量高，达到

33.84%，远高于东河塘伴生气和注入干气。

表 9-3　哈得逊、东河油田区块原油与注入气组分组成

组分	哈得逊油田流体摩尔组成,%				东河 1 石炭系油藏流体摩尔组成,%		
	薄砂层油藏原油	东河砂岩油藏原油	哈得逊油田伴生气	哈一联外输气	原油	伴生气	注入干气
N_2	7.38	4.18	33.84	3.5680	3.714	6.636	3.707
CO_2	0.32	0.66	1.26	1.8850	2.084	1.889	1.008
C_1	16.68	3.52	45.99	75.7400	6.468	67.387	84.552
C_2	5.65	1.74	3.52	8.2860	0.773	12.589	5.395
C_3	4.76	4.37	3.35	4.7630	1.151	9.861	2.566
i-C_4	1.28	1.47	5.08	1.0860	0.653	0.723	0.550
n-C_4	2.92	3.36	2.63	2.0900	1.259	0.741	1.010
i-C_5	1.39	1.67	1.30	0.6627	1.461	0.062	0.364
n-C_5	1.88	2.36	0.08	0.7775	1.857	0.052	0.389
C_6	3.02	3.95	0.08	0.5663	4.648	0.032	0.328
C_7	3.65	4.09	0.88	0.1270	5.715	0.024	0.114
C_8	4.17	4.78	0	0.0165	7.707	0.003	0.016
C_9	3.61	3.18	0	0	6.347	0	0
C_{10}	3.18	2.93	0	0	6.013	0	0
C_{11+}	40.11	57.74	0	0	50.149	0	0

2）注伴生气的最小混相压力

根据《油气藏流体物性分析方法》（行业标准 GB/T 26981—2020），将适量混合油样转入高温高压配样器中，然后加入过量的配样气，将温度恒定为地层温度，压力恒定为泡点压力，充分搅拌后稳定。在恒压下将配样器上部多余的伴生气排出，配样器中的流体即为地层原油样品。配制样品的结果和现场提供的 PVT 报告一致即可。配好的样品用于膨胀实验、细管实验、注气长岩心驱替实验等。

表 9-4　哈得逊油田东河砂岩油藏细管实验流体配样结果

参数	配样值	参数值
参考气油比，m^3/m^3	29.9	32.0
泡点压力，MPa	7.96	9.74
地层体积系数	1.107	1.111
溶解气体系数，$m^3/(m^3 \cdot MPa)$	3.761	3.285
地层原油黏度，mPa·s	8.50	8.23
地层原油密度，g/cm^3	0.8806	0.8329

实验中选用了远离饱和压力点和接近目前地层压力的两个压力点，分别进行了细管驱替模拟实验。每个压力点下，当注入 1.2PV 以后，注气驱最终驱油效率见表 9-5，最小混

相压力测试结果如图 9-2 所示。

表 9-5　注伴生气细管实验结果数据

实验序号	实验温度,℃	实验压力，MPa	注入 1.20 倍孔隙体积时的驱油效率,%	备注
1	112	40	75.11	非混相
2	112	51	84.14	非混相
3	112	53	88.64	非混相
4	112	55	91.66	混相
5	112	57	91.85	混相

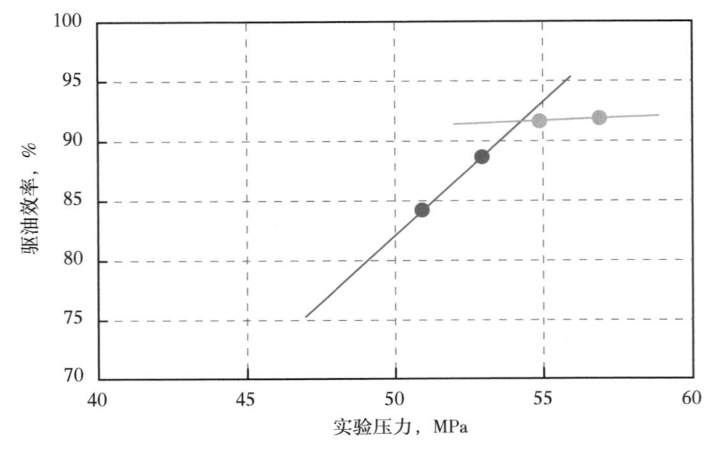

图 9-2　油藏天然气驱最小混相压力图

结果表明，实验压力在 40MPa、51MPa、53MPa 时，注入 1.2 倍孔隙体积时的驱油效率为 75.11%、84.14%、88.64%，为非混相；实验压力大于等于 55MPa 时注入 1.2 倍孔隙体积时的驱油效率超过 90%，达到混相。注入 1.2 倍孔隙体积时的驱油效率与实验压力关系曲线的拐点，即确定注伴生气时最小混相压力，为 54.31MPa。

目前哈得逊油田东河砂岩油藏地层压力 45.5MPa，薄砂层 2 号、3 号层地层压力 36MPa，根据室内实验判断，在注入哈得逊油田伴生气时，东河砂岩油藏和薄砂层油藏均无法实现混相驱替。伴生气氮气含量高达 30% 以上（表 9-3），且原油中 C_{11+} 组分含量高，是目前油藏条件下注入伴生气混相压力高的主要原因。虽然富气含量较低的混合气无法对原油形成混相驱，但是其驱油效率仍可达到 88%，接近 90%。由此说明，非混相驱也能提高采收率。

3）注哈一联外输气的最小混相压力

基于注伴生气的室内实验数据，利用 ECLIPSE 软件 PVTi 模块建立油藏的高压流体模型，模拟计算注入哈一联外输气的最小混相压力，并对比不同组分的注入气最小混相压力，模拟结果见表 9-6。通过软件模拟计算，注入哈一联外输气最小混相压力为 46.8MPa。

表 9-6 模拟不同注入气情况下最小混相压力统计表

组分	不同模拟注入气的摩尔组成，%						
	哈一联外输气	注入气 1	注入气 2	注入气 3	注入气 4	注入气 5	注入气 6
N_2	3.5680	23.84	13.84	10.15	6.77	3.38	3.38
CO_2	1.8850	2.26	2.26	3.07	3.18	3.30	3.30
C_1	75.7400	55.99	65.99	62.45	64.80	67.15	54.07
C_2	8.2860	3.52	3.52	4.78	4.96	5.14	7.71
C_3	4.7630	3.35	3.35	4.54	4.71	4.89	7.33
i-C_4	1.0860	5.08	5.08	6.90	7.16	7.42	11.14
n-C_4	2.0900	2.63	2.63	3.57	3.71	3.84	5.77
i-C_5	0.6627	2.3	2.3	3.12	3.23	3.35	5.03
n-C_5	0.7775	0.08	0.08	0.11	0.11	0.12	0.18
C_{6+}	0.7098	0.96	0.96	1.30	1.35	1.40	2.10
MMP，MPa	46.8000	48.6	43.2	36.0	33.3	31.5	23.4

综合室内实验和模拟计算结果，哈得逊油田伴生气中氮气含量高，达到30%以上，只能实现非混相驱。模拟不同组分注入气 MMP 的结果表明，控制氮气含量在13%以内，甲烷含量在62%以内，在薄砂层油藏目前地层条件下，可实现混相驱，能够大幅提高驱油效率、波及系数。因此建议引入哈一联外输气作为气源，通过控制注入气组成，以降低薄砂层油藏天然气驱最小混相压力，提高混相程度。

二、长岩心驱替实验与评价

要在实验室条件下实现注入溶剂与原油的多次接触混相，实验岩心必须有足够的长度。就目前现有的取心技术来说，想要获取整块长度接近于 1m 或者更长的岩心用于驱替实验是无法实现的。目前普遍的做法是取长度为 6cm 左右的柱塞岩心样品若干块，通过拼接而达到所需长度长岩心的目的。同时为了减小岩石的末端效应对实验精度的影响，通用的做法是在相邻的两块岩心之间放入滤纸，长期的室内实验证明可有效减小末端效应。

长岩心驱替实验虽然无法排除和解释重力分异、黏性指进、润湿性及非均质性等因素造成的影响，但是长岩心驱替实验更接近于地层的实际情况，能够验证何种注气方式更有利于提高采收率，能够得出在气体驱替过的油层中，残余油饱和度的值，能够更量化地评价驱油效率。

对塔里木油田碎屑岩油藏多个区块进行了长岩心驱替实验，对比分析不同驱替方式和注气方式下的采收率提高程度。采用现场取来的岩心，测得常规的孔渗数据后选取合适的岩心后备用，每个区块的长岩心驱替内容以及参数见表 9-7。

对比的驱替方式有直接水驱、直接气驱、水驱后再进行不同注气介质的驱替。

表 9-7 各个区块的实验内容和参数

区块	实验内容	岩心长度，cm	平均渗透率，mD	平均孔隙度，%
塔中 16CⅢ	水驱—连续气驱 水驱—CO_2 驱	21.70	7.8	9.7
塔中 40CⅢ	水驱—连续气驱 水驱—N_2 驱	49.50	36.0	15.0
哈得 4CⅢ	直接气驱 水驱—连续气驱 水驱—气水交替驱	174.51	572.0	22.1
东河 4CⅢ	直接气驱 水驱—连续气驱	73.10	23.3	16.7
轮南 2TI	直接气驱 水驱—连续气驱 水驱—气水交替驱	177.04	354.5	18.6
轮南 2TⅢ	直接气驱 水驱—连续气驱 水驱—气水交替驱	195.45	395.1	21.5
轮南 3T	水驱—连续气驱 （v=0.1mL/min 和 0.2mL/min） 水驱—气水交替驱	90.30	285.0	21.0
轮南 10T	水驱—连续气驱 水驱—气水交替驱	85.60	118.0	18.6

注：表中实验内容中没有标注的气体均为天然气。

由表 9-8 可知每个区块驱替效果，不同区块采用相同驱替方式，原油采出程度不同。可以看出，直接水驱最终采收率基本在 60%以下，直接气驱最终采收率可到 60%～80%，高于直接水驱，水驱至不出油后再采用气驱、气水交替驱均能大幅度地提高采收率。

对比可以看出，水驱后烃类气驱、二氧化碳驱、氮气驱均能提高采收率，但二氧化碳驱提高的采收率最高（塔中 16CⅢ油藏水驱后二氧化碳连续驱替采收率提高 38.6%）、烃类气次之、氮气的驱替效果最差（塔中 40 CⅢ油藏水驱后氮气连续驱替采收率仅提高 6.3%）。直接气驱的驱替效果没有水驱后气驱、水驱后气水交替驱效果好（如：哈得 4CⅢ、东河 4CⅢ、轮南 2TI、轮南 2TⅢ），水驱后气水交替驱比水驱后连续气驱提高的采收率幅度要大（如：哈得 4CⅢ、轮南 2TI、轮南 2TⅢ）。

表 9-8　长岩心驱替实验不同驱替方式原油采收率统计结果　　单位：%

区块	直接气驱	直接水驱	水驱后连续气驱	水驱后气水交替	综合采收率	推荐方式
塔中 16CⅢ		45.70	25.70		71.40	
		43.30	38.60（CO_2）		82.90	√
塔中 40CⅢ		44.00	15.00		59.00	√
		43.20	6.30（N_2）		49.50	
哈得 4CⅢ	68.08				68.08	
		50.99	21.64		72.63	
		50.77		23.65	73.37	√
东河 4CⅢ	59.48				59.48	
		52.00	15.83		67.83	√
轮南 2TI	77.46				77.46	
		57.82	22.43		80.05	
		59.62		31.02	90.64	√
轮南 2TⅢ	86.48				86.48	
		65.93	23.02		88.95	
		67.42		25.11	92.53	√
轮南 3T		58.69	24.84		83.53	
		57.68	27.67		85.35	
		57.38		36.61	93.99	√
轮南 10T		55.64	22.71		78.35	
		55.44		31.47	86.91	√

注：表中实验内容中没有标注的气体均为天然气。

由图 9-3 和表 9-9 可以看出哈得逊油田东河砂岩油藏在水驱后连续气水交替驱提高的采出程度为 23.6%，最终采出程度比连续气驱还可以再提高 2%。类比认为，哈得逊油田薄砂层油藏采用水驱后气水交替驱可以大幅提高原油采收率，推荐气水交替驱替方式。

表 9-9　哈得逊油田东河砂岩油藏 3 种驱替方式下原油采出程度　　单位：%

驱替方式	直接天然气驱		水驱—连续天然气驱			水驱—天然气气水交替		
	直接注气	综合	水驱	连续注气	综合	水驱	气水交替	综合
采出程度	68.08	68.08	50.99	21.64	72.63	50.77	23.65	73.37

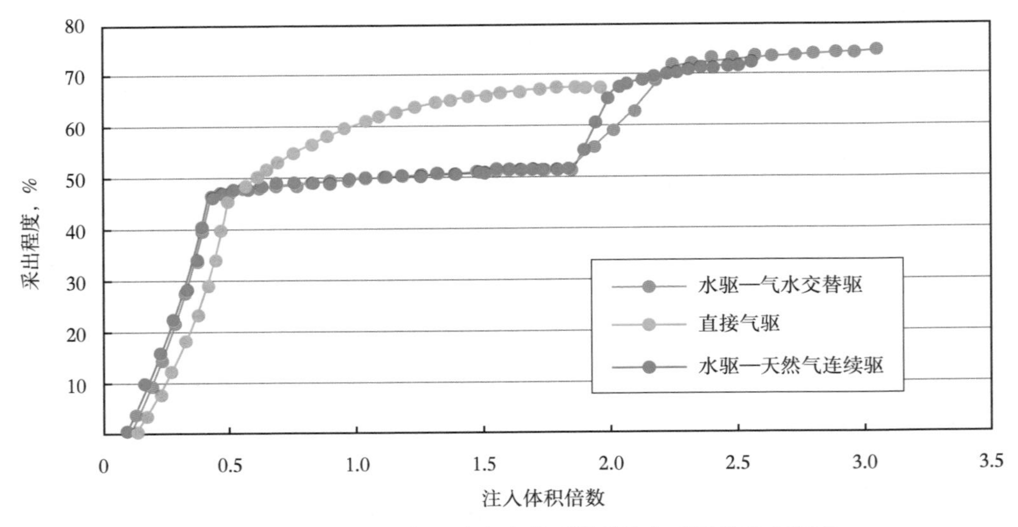

图 9-3 哈得逊油田东河砂岩油藏不同驱替方式下的采出程度

第三节 气水交替驱先导试验井组设计

通过室内实验对比分析认为，哈得逊油田薄砂层油藏天然气气水交替驱是可行、有效的。可通过开展气水交替驱先导试验，探索哈得逊油田薄砂层油藏水驱后三次采油方法，积极评价中高渗储层水驱后天然气驱提高采收率潜力。同时，通过现场注气录取资料，进一步明确哈得逊油田薄砂层油藏地层吸气能力与注气压力，对下一步该油藏开展天然气驱提高采收率具有一定指导意义。

一、先导试验井组选取

根据哈得逊油田薄砂层油藏开发特征分析，选取哈得 1 井区作为注气先导试验区。

1. 注气先导试验目的

(1) 哈得逊油田薄砂层油藏哈得 1 井区水驱采出程度高，存在存水率大幅度降低、无效注水大幅度增加等问题，继续注水开发效果变差，需要转变开发方式。

(2) 积极评价中高渗储层水驱后天然气驱提高采收率潜力。

(3) 通过注气录取资料，进一步明确哈得 1 井区储层吸气能力与实际注气压力，为下一步开发注气驱方案编制获得关键参数，并通过效果评价，指导该油藏下一步天然气驱提高采收率技术政策制订。

2. 注气先导试验设计思路

(1) 分析先导试验区油藏开发动态特征，选择合适先导试验井组。

(2) 设计动态监测手段，监测油藏流体变化，获取关键参数。

(3) 尽量利用目前老井，降低成本。

(4) 开展先导试验井区效果评价。

3. 注气先导试验井组概况

优选 HD1-5H 井组为试验井组。HD1-5H 井位于新疆沙雅县境内，HD1-2H 井东北约 0.7km 处，处于塔里木盆地满加尔凹陷北部哈得逊构造带哈得 1 号构造上(图 9-4)。

HD1-5H 试验井组控制面积 7.55km^2(图 9-4 蓝色多边形框线内)，控制原始地质储量 194.16×10^{4}t，2019 年 12 月底剩余地质储量 108.03×10^{4}t。井组基本情况见表 9-10。HD1-5H 井累计注水量 158.27×10^{4}m^3。2017 年 7 月 11 日至 8 月 12 日试注氮气，累计注入氮气 183.54×10^{4}m^3。

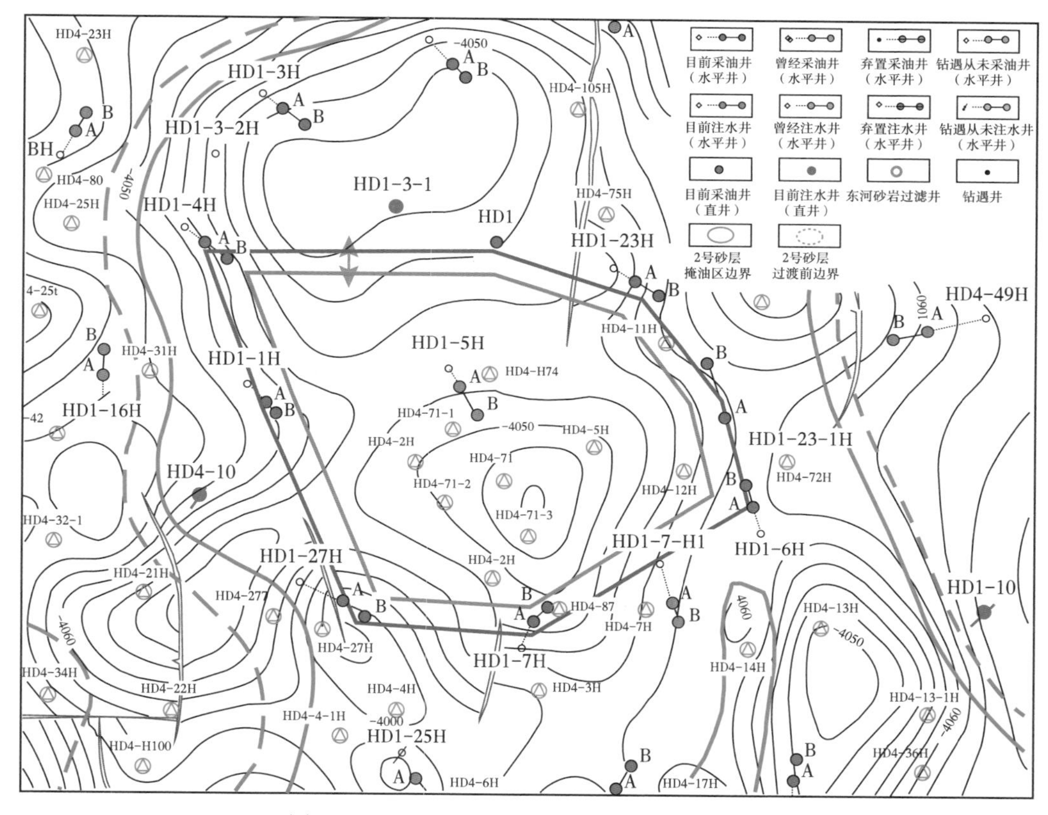

图 9-4　HD1-5H 井注气先导试验井组示意图

蓝色多边形框表示试验井组控制范围线，绿色多边形框表示试验井组内缩 10m 后的控制范围线

表 9-10　HD1-5H 井基础数据

井号	HD1-5H	井别	注水井	井型	水平井
地理位置	新疆沙雅县境内，HD1-2H 井东北约 0.7km 处				
构造位置	塔里木盆地满加尔凹陷北部哈得逊构造带哈得 1 号构造				
开钻日期	2001-07-24	完钻日期	2001-10-22	完井日期	2001-11-04
完钻井深，m	5554.00	完钻层位	石炭系	目前人工井底，m	5549.34
完井方式	射孔+筛管	套补距，m	9.00	油补距，m	7.94
投产日期	2001-12-11				

二、注气先导试验参数设计

1. 注入层段

选择 HD1-5H 井作为注入井，注入层位为哈得逊油田薄砂层油藏 2 号、3 号层。注入井段为 5100~5153m、5205~5303m 和 5328. 12~5548. 49m 三段，合计 371. 37m。

2. 注入介质

注气先导试验主要目的是评价天然气驱对水驱后油藏提高采收率效果。根据细管实验结果结合现场实际情况，建议注入介质选择塔河南岸产出的天然气，优选哈一联天然气，其天然气组成见表 9-11。

表 9-11　建议注入天然气组分表　　单位：%

组分	CO_2	N_2	C_1	C_2	C_3	i-C_4	n-C_4	i-C_5	n-C_5	C_6	C_{7+}
含量	1. 89	3. 58	76. 07	8. 32	4. 78	1. 09	2. 1	0. 67	0. 78	0. 57	0. 15

3. 试注规模计算

HD1-5H 井组控制面积 7. 55km^2，控制原始原油地质储量 194. 16×10^{4}t，折算含烃孔隙体积(HCPV，地下体积)为 222. 15×10^{4}m^3。

油藏工程法：按照气水交替注入方式，取距离 HD1-5H 井注采井组边界 10m 范围内充满天然气，前置段塞控制面积 0. 05km^2(图 9-4 蓝色、绿色两个多边形框之间环空部分)，控制范围内的 HCPV 为 1. 51×10^{4}m^3，需要注入天然气 472×10^{4}m^3；若按前置段塞 20m 计算，需要注入天然气 850×10^{4}m^3。

类比法：类比东河 1 CⅢ油藏 DH1-6-10J 核心注气井组。该井组油井见效时，DH1-6-10J 井阶段累计注入天然气 245×10^{4}m^3，占 DH1-6-10J 注气井组 2. 27% HCPV。据此推算，HD1-5H 井组需注气 1418×10^{4}m^3，对应采油井才开始受效。

综上所述，建议 HD1-5H 井注入天然气量 1200×10^{4}m^3，以形成有效的气体段塞，之后继续注水。

4. 资料录取要求

资料录取安排在 HD1-5H 井达到稳定注气、注水时，见表 9-12。开展注气后及时录取井口注入压力、日注入量、温度、油压、套压等数据，注气结束转注水时需要密切关注注水压力波动，及时录取注水压力、日注入量等数据。可根据上一轮试注氮气资料录取情况自行优化。

表 9-12　HD1-5H 井注气资料录取项目及要求

项目	目的	要求
吸气指示曲线	井口注入压力及注气量关系曲线	采用升压法录取视吸气指示曲线，具体压力停点根据现场实施具体情况而定，总数据停点不少于 5 个
系统试井	评价地层吸气能力	按 2×10^{4}m^3/d、4×10^{4}m^3/d、6×10^{4}m^3/d、8×10^{4}m^3/d、10×10^{4}m^3/d 注气排量开展系统试井，每个注气量稳定 6~12h（注气量波动范围不能超过±5%），建议最后注气量延长到 24h 以上，以保证后续压力降落试井成功率(排量可根据实际情况酌情调整，但停点不少于 5 个)

续表

项目	目的	要求
压降试井	评价储层渗流特征、井筒伤害情况	待系统试井最后一个制度实施完成后，关井进行压降试井，稳定条件为24h压力波动不超过7psi
流压流温梯度	评价管柱摩阻	在合理日配注量下测流压流温梯度。4000m以上每100m一个停点，4000~4500m每50m一个停点，4500m以下每25m一个停点
静温静压梯度	评价井筒流体梯度	压力恢复测试结束后，上提压力计期间，测静温静压梯度。4000m以上每100m一个停点，4000~4500m每50m一个停点，4500m以下每25m一个停点
动静液面	评价一线井受效情况	加强HD1-1H井等生产井动静液面监测。注气前对HD1-1H井等井进行一次静液面监测；注气期间，建议加密监测。HD1-1H井等井生产期间进行动液面监测，监测周期为每月2次
原油组分分析		落实HD1-1H井等井产出原油组分变化，判断油井受效情况，生产期间监测周期为每月1~2次
气油比、产出气组分		加强HD1-1H井等井生产动态数据监测，对比进行受效分析，生产期间监测周期为每周1次
流体PVT分析		择机对井组生产井进行监测，视注气受效分析可增加次数
吸气剖面	评价注气井吸气剖面	注气井投注稳定后即可测试，视注气受效分析可增加次数
示踪剂	判定注采井连通关系	注气井投注后即可投放示踪剂，视注气受效分析可增加次数

三、注气先导试验效果预测

采用数值模拟方法预测不同注入介质驱替效果。分别对比注水、烃类气、氮气、二氧化碳和烃类气水交替效果，设计预测期为10年，HD1-5H井注气先导试验井组模拟方案见表9-13，油藏2号、3号层不同注入介质驱替10年含油（气）饱和度分别如图9-5、图9-6所示。

表9-13 HD1-5H井注气先导试验井组模拟方案统计表（预测10年）

注入介质	注水	注烃类气	注 N_2	注 CO_2	烃类气水交替
方案名称	HDCICOM	HDCICOM0	HDCICOM1	HDCICOM2	HDCICOM3
累计产油，10^4m^3	50.43	56.91	53.29	55.71	57.09
累计增油，10^4m^3	0	6.49	2.87	5.29	6.66
原始地质储量，10^4t	369.69	369.69	369.69	369.69	369.69
驱替结束地质储量，10^4t	320.20	301.68	304.17	300.78	303.56
储量减少量，10^4t	49.49	68.01	65.52	68.91	66.13

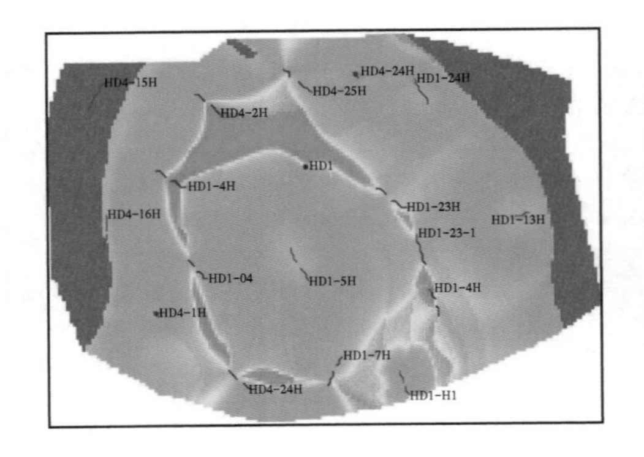

(a)目前含油饱和度分布图

(b)注水10年后含油饱和度分布

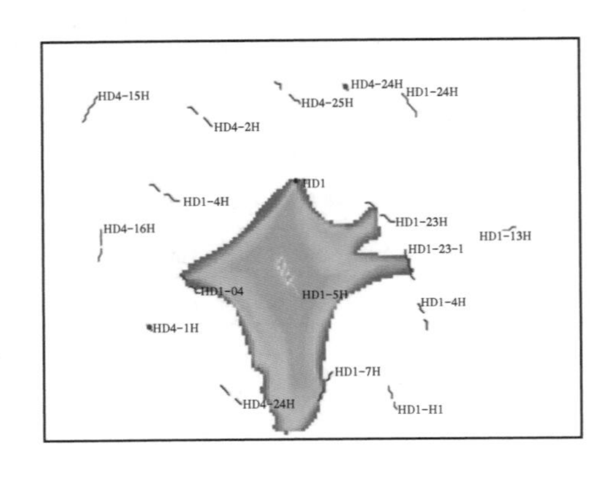

(c)注烃气10年后含气饱和度分布图

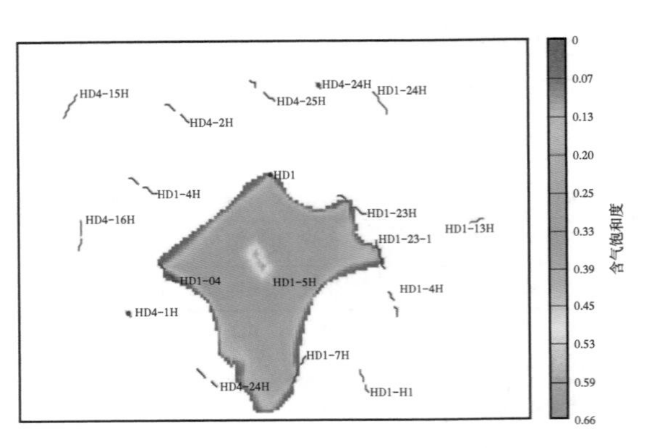

(d)注氮气10年后含气饱和度分布图

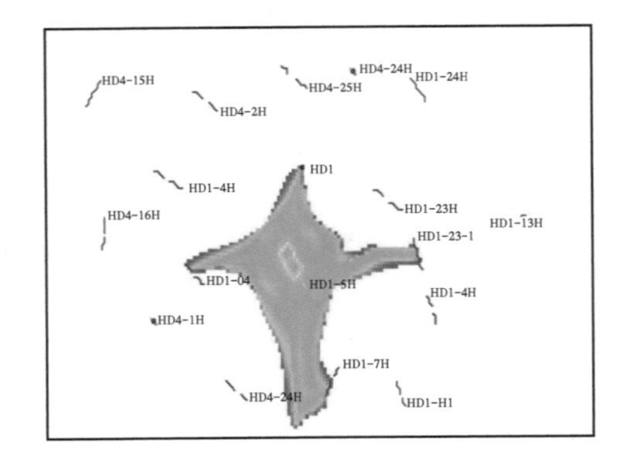

(e)注二氧化碳10年后含气饱和度分布图

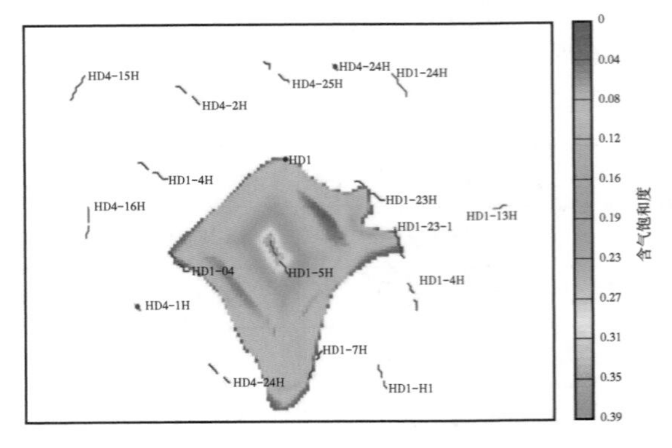

(f)烃气与水交替驱10年后含气饱和度分布图

图 9-5　哈得逊油田薄砂层油藏 2 号层不同注入介质驱替 10 年含油(气)饱和度分布图

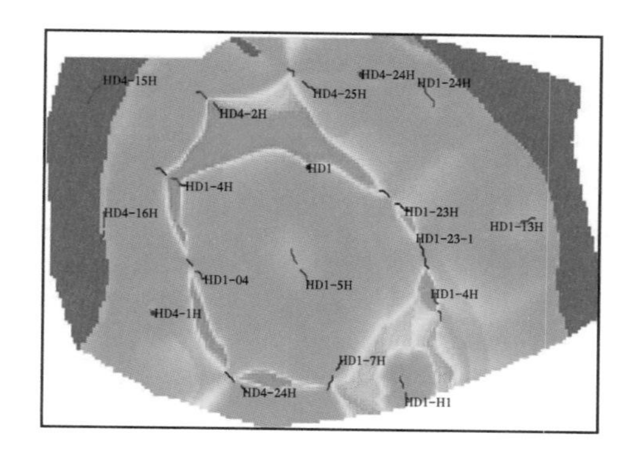

(a)目前含油饱和度分布图

(b)注水10年后含油饱和度分布

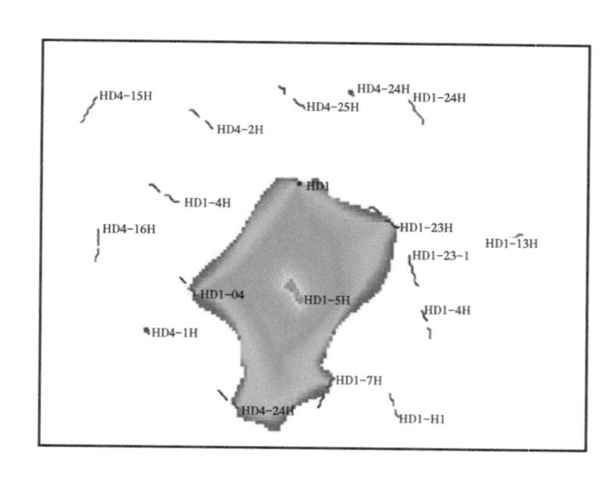

(c)注烃气10年后含气饱和度分布图

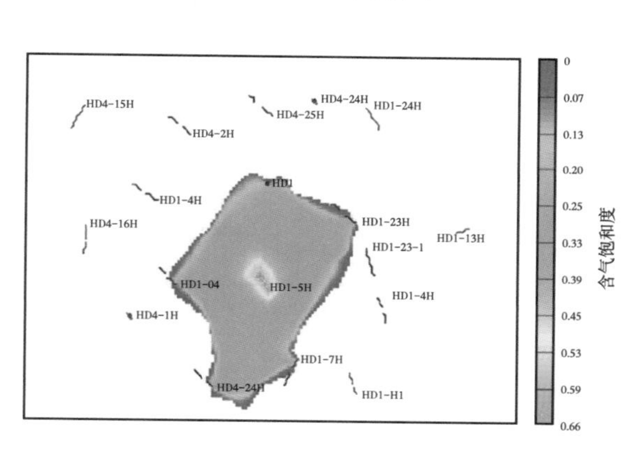

(d)注氮气10年后含气饱和度分布图

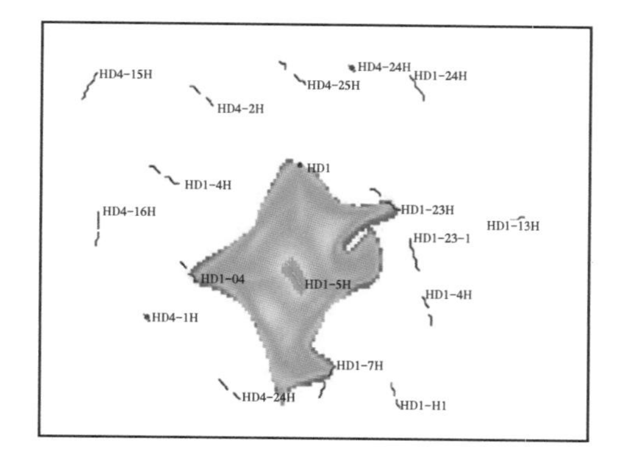

(e)注二氧化碳10年后含气饱和度分布图

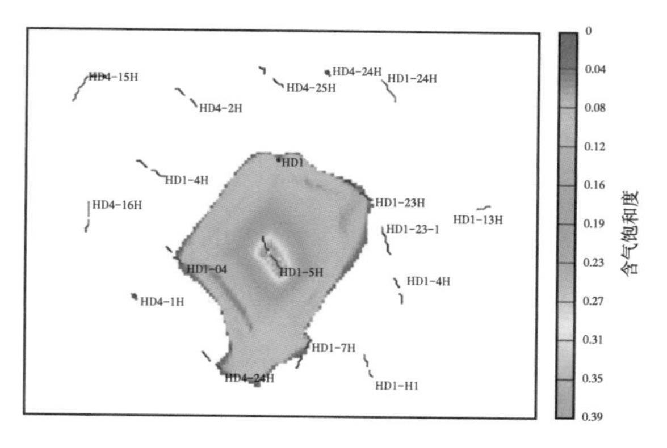

(f)烃气与水交替驱10年后含气饱和度分布图

图 9-6 哈得逊油田薄砂层油藏 3 号层不同注入介质驱替 10 年含油(气)饱和度分布图

定性角度，继续水驱可继续采出部分井间剩余油，但水驱波及区域，随水洗倍数增加，含油饱和度降低程度有限。从含气饱和度分布图上对比分析，其余驱替介质均可与井组采油井建立驱替，但不同介质驱替前缘有差别。其中，二氧化碳波及范围最小，气水交替驱波及范围最大，前缘相对最均匀。

定量角度，烃类气与水交替驱增油量最多，注二氧化碳次之。这说明，注二氧化碳可达到混相驱替，在波及效率最低情况下，驱油效率最高；气水交替可有效增加驱油效果，实现更多增油。

四、注气先导试验评价

1. 试注情况简介

HD1-5H 井于 2020 年 10 月 19 日开始试注天然气，稳定试注阶段注气排量 $5\times10^4m^3/d$，油压 32~45MPa，截至 2021 年 7 月 27 日完成天然气注入转注水，累计注天然气 $1200\times10^4m^3$，具体曲线如图 9-7、图 9-8 所示。

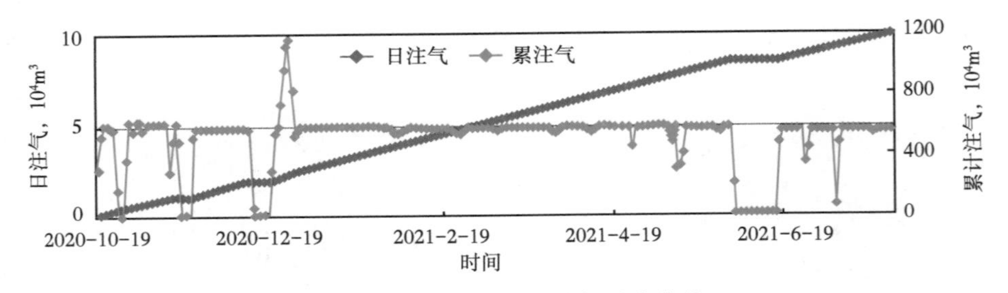

图 9-7　HD1-5H 井天然气试注曲线

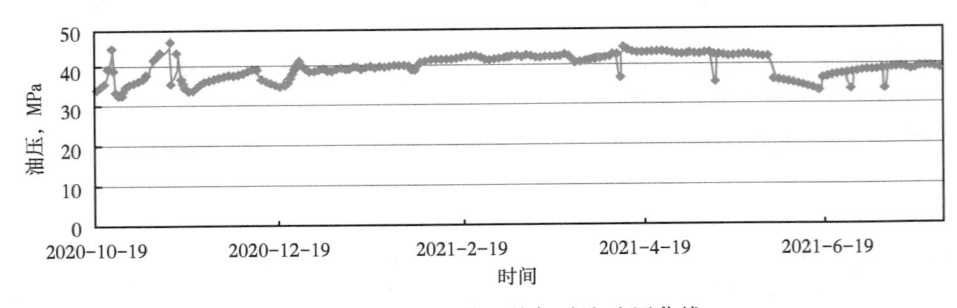

图 9-8　HD1-5H 井天然气试注油压曲线

该井本次试注录取的重点资料如下。

(1) 为监测 HD1-5H 井井筒内的压力、温度变化，计算产层中深的流压、流温数据并判断井筒内的流体性质，于 2020 年 11 月 11 日在注入量 $48406m^3/d$、油压 39MPa 注入条件下测量了全井筒的流压、流温梯度；2020 年 11 月 20 日进行了静温、静压梯度测试；2020 年 12 月 28 日系统试井完成后，在注入量 $46022m^3/d$、油压 38.84MPa 注入条件下，上提压力计反测全井筒的流压、流温梯度。

(2) 吸气剖面测试：为搞清楚水平段中各射孔段吸气情况，2020 年 12 月 1 日至 3 日，对水平段进行吸气剖面测井。

（3）压降试井：为确定单井控制面积内的平均地层压力或边界压力，明确压力系统，求取测试范围内的平均地层参数，计算该井注入层的吸气指数，了解该井井筒附近地层的完善程度，并在理想条件下初步分析该井动态以及边界特征，该井于 2020 年 12 月 12 日进行压降试井。关井初点压力 52. 57MPa，测压降 169. 796h，关井末点压力 47. 18MPa，压力降落 5. 41MPa，最后关井 24h 内压力变化量为 0. 25MPa，压力降落未达到稳定。

（4）系统试井：为分析井口压力与注气排量的关系，该井于 2020 年 12 月 20 日至 26 日进行系统试井。本次系统试井采用 5 个注入制度，按由小到大的顺序连续注入（25082m^3/d、46891m^3/d、61959m^3/d、80502m^3/d、94380m^3/d），其中第 1 个、第 3 个、第 4 个制度各注入 24h，第 2 个、第 5 个制度各注入 48h。

2. 试注资料评价

按照试注地质设计要求，录取完成 9 项试注资料，重点分析以下 6 项录取资料。

1）流压、流温梯度测试（2020 年 12 月 11 日）

利用井深（H）与压力（P）或温度（T）数据作图，如图 9-9 所示，结合梯度测试结果进行分析并经线性回归求出梯度方程，具体为式（9-1）至式（9-5）。

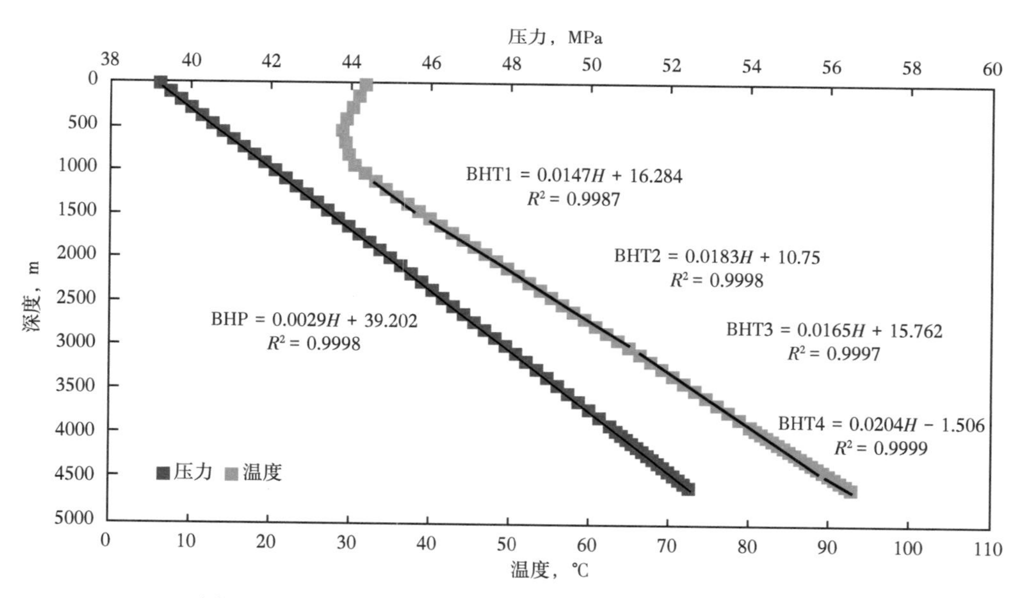

图 9-9 HD1-5H 井天然气试注流压、流温梯度分析曲线图

流压梯度方程为

$$\mathrm{BHP}=0.0029H+39.202\ (0\sim 4648.35\mathrm{m}) \tag{9-1}$$

流温梯度方程为

$$\mathrm{BHT1}=0.0147H+16.284\ (1100\sim 1500\mathrm{m}) \tag{9-2}$$

$$\mathrm{BHT2}=0.0183H+10.75\ (1600\sim 3000\mathrm{m}) \tag{9-3}$$

$$\mathrm{BHT3}=0.0165H+15.762\ (3100\sim 4450\mathrm{m}) \tag{9-4}$$

$$BHT4=0.0204H-1.506\ (4500\sim4648.35m) \tag{9-5}$$

以测点4648.35m数据（52.53MPa，93.10℃）为基准，利用4525～4648.35m测点范围平均流压梯度0.28MPa/100m和4525～4648.35m测点范围平均流温梯度2.03℃/100m，折算至产层中部垂深5002.15m，对应流压为53.52MPa，流温100.30℃。

0～4648.35m测点范围回归流压梯度为0.29MPa/100m，流体呈气相特征。受地表温度及注入气温度影响，0～1000m测点范围流温梯度异常；1000m以下温度梯度正常，其中1100～1500m测点范围回归流温梯度1.47℃/100m；1600～3000m测点范围回归流温梯度1.83℃/100m；3100～4450m测点范围回归流温梯度1.65℃/100m；4500～4548.35m测点范围回归流温梯度2.04℃/100m。

2）流压、流温梯度测试（2020年12月28日）

利用井深（H）与压力（p）或温度（T）数据作图，如图9-10所示，结合梯度结果进行分析并经线性回归求出梯度方程，具体为式（9-6）至式（9-10）：

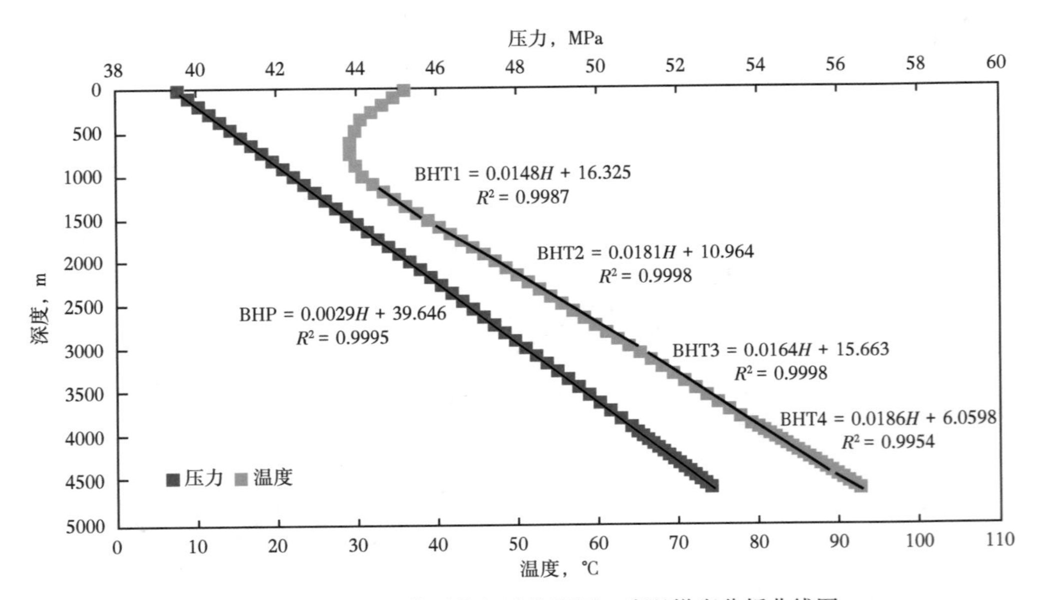

图9-10　HD1-5H井天然气试注流压、流温梯度分析曲线图

流压梯度方程为

$$BHP=0.0029H+39.646\ (0\sim4648.35m) \tag{9-6}$$

流温梯度方程为

$$BHT1=0.0148H+16.325\ (1100\sim1600m) \tag{9-7}$$

$$BHT2=0.0181H+10.964\ (1700\sim3000m) \tag{9-8}$$

$$BHT3=0.0164H+15.663\ (3100\sim4350m) \tag{9-9}$$

$$BHT4=0.0186H+6.0598\ (4400\sim4648.35m) \tag{9-10}$$

以测点4648.35m流压流温数据(53.17MPa, 92.60℃)为基准，利用4525~4648.35m测点范围平均流压梯度0.28MPa/100m和4525~4648.35m测点范围平均流温梯度2.01℃/100m，折算至产层中部垂深5002.15m，对应流压为54.14MPa，流温99.70℃。

0~4648.35m测点范围回归流压梯度为0.29MPa/100m，结合生产数据，流体为气相。受地表温度及注入气温度影响，0~1000m测点范围流温梯度异常；1000m以下流温梯度正常，其中1100~1600m测点范围回归流温梯度1.48℃/100m；1700~3000m测点范围回归流温梯度1.81℃/100m；3100~4350m测点范围回归流温梯度1.64℃/100m；4400~4548.35m测点范围回归流温梯度1.86℃/100m。

由于两次流温流压梯度测试注气量差别不大，所以两次流压梯度、流温梯度测试结果基本一致。

3)静温静压梯度

利用井深与压力、温度数据作图，如图9-11所示，结合梯度结果进行分析并经线性回归求出梯度方程，具体为式(9-11)至式(9-13)。

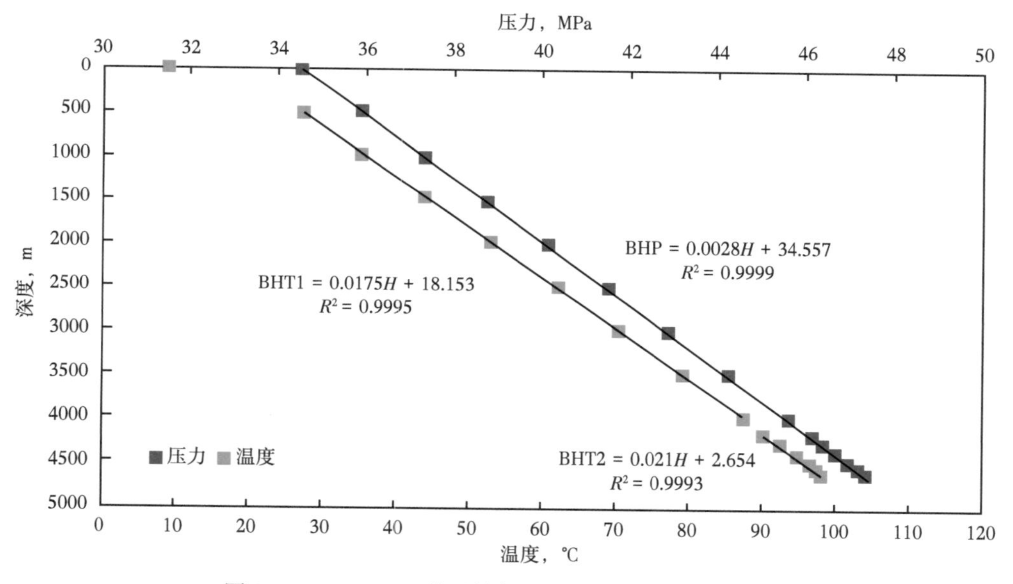

图9-11 HD1-5H井天然气试注静温静压梯度分析图

静压梯度方程为

$$BHP=0.0028H+34.557\ (0\sim4640m) \tag{9-11}$$

静温梯度方程为

$$BHT1=0.0175H+18.153\ (500\sim4000m) \tag{9-12}$$

$$BHT2=0.021H+2.654\ (4200\sim4500m) \tag{9-13}$$

本次测试0~4640m压力、温度台阶明显，0~4640m测点范围内回归压力梯度0.28MPa/100m，井筒内流体为气相特征。受地面环境影响，自井口至500m测点之间温度梯度异常，4500~4640m受注气的影响引起周围温度偏低，从而使温度梯度偏小。本次梯度测试计算产层中深静压为 48.392MPa，静温为 102.10℃，地层压力系数为 0.99。

4) 吸气剖面

连续油管下放过程仪器下放至 5190m 遇阻，涡轮糊死变形，水平段被异物堵塞，采用噪声测井解释吸气层(2 号层 3 段)，见表 9-14，吸气层段主要集中在 5101~5119m、5136~5143m 及 5151~5175m 井段，其中第 3 段噪声接近遇阻位置。

表 9-14　HD1-5H 井天然气试注吸气剖面解释成果表

序号	射孔层顶 m	射孔层底 m	评价顶深 m	评价底深 m	解释结论		
					厚度 m	绝对吸气量 m^3/d	相对吸气量 %
1	5100	5153	5101	5119	18	25700	51.4
2	5100	5153	5136	5143	7	4550	9.1
3			5151	5175	24	19750	39.5
合计					49	50000	100.0

5) 压降试井

依据图 9-12 双对数诊断曲线形态，曲线可大致划分为 4 个阶段：Ⅰ阶段为井筒续流段；Ⅱ阶段为垂向径向流段；Ⅲ阶段为水平井线性流段，导数表现为 1/2 斜率的上升直线；Ⅳ阶段为拟径向流段，导数表现为水平直线，从曲线上来看，本井暂未出现拟径向流。

通过曲线特征看出无径向流特征，图 9-12 虚线水平线定为拟径向流位置。

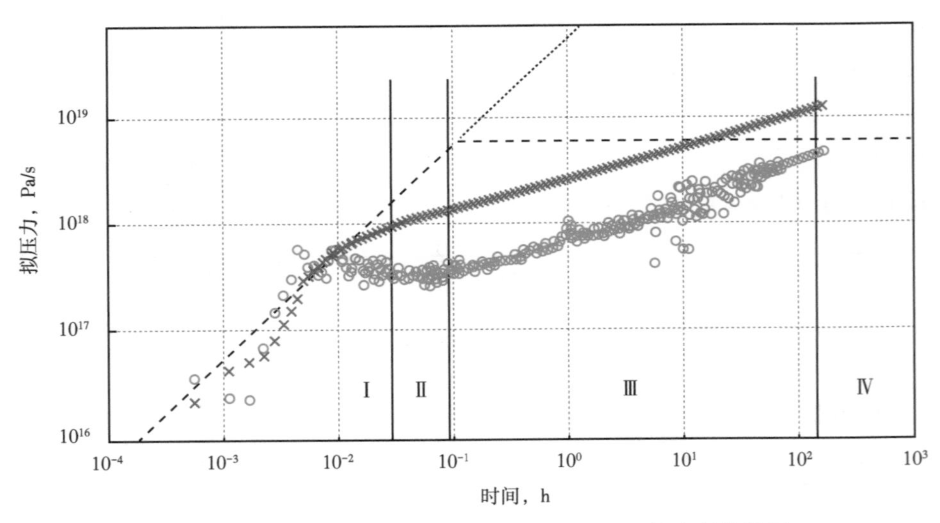

图 9-12　HD1-5H 井天然气试注压降试井双对数诊断曲线图

关井压降试井 169.796h，压力降落 5.41MPa，最后 24h 压力变化量 0.25MPa，压力降落未达到稳定，末点静压 47.16MPa，利用霍纳法外推压力 43.41MPa（测点 4648.35m），折算到产层中部 5002.15m 地层压力为 44.36MPa，以此计算地层压力系数为 0.90。根据曲线形态及参数计算结果表明，储层无伤害。地层系数 1.93mD · m，按测井厚度 4.26m

计算有效渗透率 0.453mD，计算结果及曲线形态表明储层物性偏差。注入压差 9.203MPa，实际吸气指数 5260m^3/(d·MPa)，具体计算参数见表 9-15。

表 9-15 HD1-5H 井参数表

解释模型："变井储+表皮+水平井+均质油藏+无限大"				
序号	项目	双对数分析	半对数分析	单位
1	井筒储集系数 C	0.15	—	m^3/MPa
2	表皮系数 S	0.02	—	—
3	水平井段长度	172.82		m
4	地层系数 K_h	1.93	—	mD·m
5	径向有效渗透率 K_r	0.453	—	mD
6	垂向有效渗透率 K_z	0.02	—	m

6）系统试井同步测吸气指示曲线

通过绘制注气指示曲线（图 9-13）计算流压对应的启动压力为 45.97MPa，吸气指数为 1.00×10^4m^3/(d·MPa)；油压对应的启动压力为 32.38MPa，吸气指数为 1.11×10^4m^3/(d·MPa)。

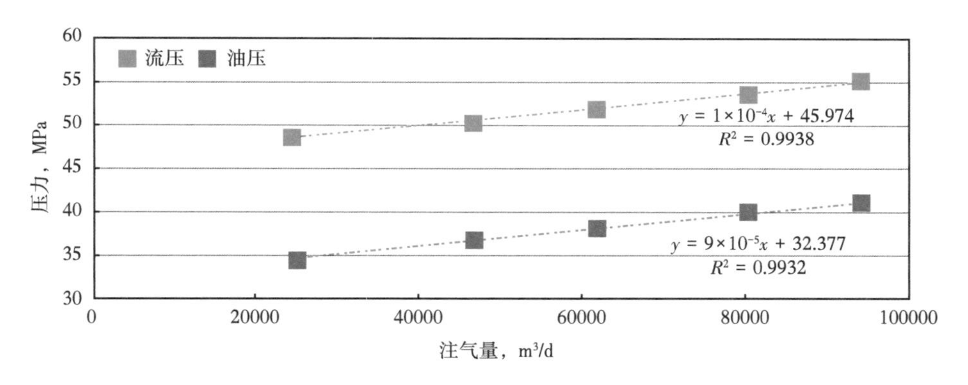

图 9-13 HD1-5H 井天然气试注注气指示曲线

吸气指数正常为恒定值，因关井泄压影响，前期吸气指数较大，见表 9-16；当阶段注气量达 7.2×10^4m^3/d，吸气指数稳定在 1.2×10^4m^3/(d·MPa)，如图 9-14 所示。

表 9-16 HD1-5H 井天然气试注系统试井各制度注入量、压力、吸气指数数据

制度	静压 MPa	流压 MPa	油压 MPa	注入压差 MPa	注气量 m^3/d	吸气指数 m^3/(d·MPa)	视吸气指数 m^3/(d·MPa)
关井 3d	47.3						
关井 7d	47.1						
制度 1		48.51	34.90	1.36	25082	18510.70	718.68
制度 2		50.20	36.49	3.05	46891	15399.34	1285.04

续表

制度	静压 MPa	流压 MPa	油压 MPa	注入压差 MPa	注气量 m³/d	吸气指数 m³/(d·MPa)	视吸气指数 m³/(d·MPa)
制度 3		52.22	38.01	5.06	61959	12240.02	1630.07
制度 4		53.85	39.64	6.70	80502	12024.20	2030.83
制度 5		55.07	41.31	7.91	94380	11925.70	2284.68

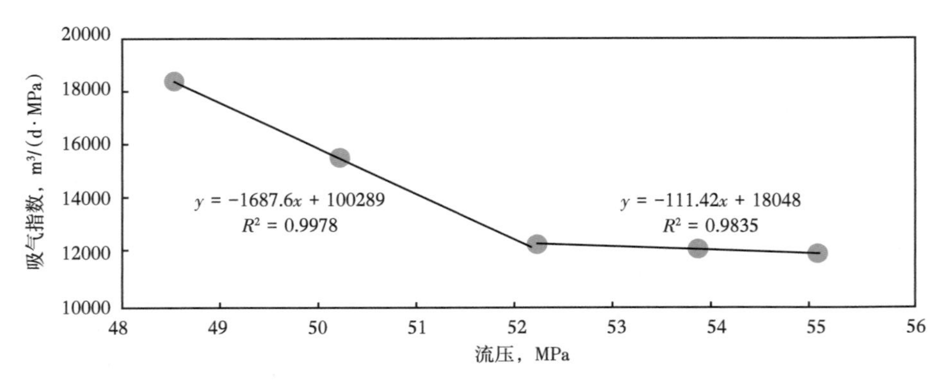

图 9-14　HD1-5H 井天然气试注吸气指数—流压关系图

3. 阶段试注效果评价

1）油井产出气组分分析

HD1-5H 井注入气为哈一联外输气系统天然气，组分含量如图 9-15 所示，其中甲烷摩尔含量为 75%~80%，氮气摩尔含量为 6.1%~6.6%。

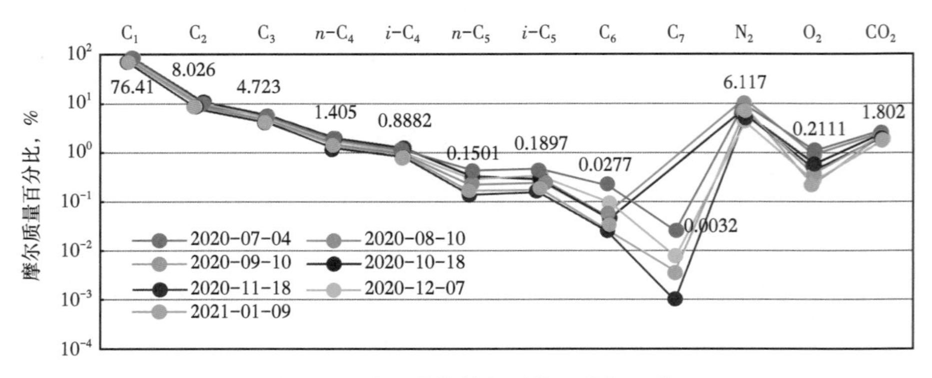

图 9-15　哈一联外输气系统天然气组分

HD1-5H 井周围 8 口一线采油井目前产出天然气中烃组分含量无明显变化，其中甲烷摩尔含量在 52%以下，氮气摩尔含量高于 25%，具体如图 9-16 和图 9-17 所示，说明注入气还未到达周围 8 口一线采油井。

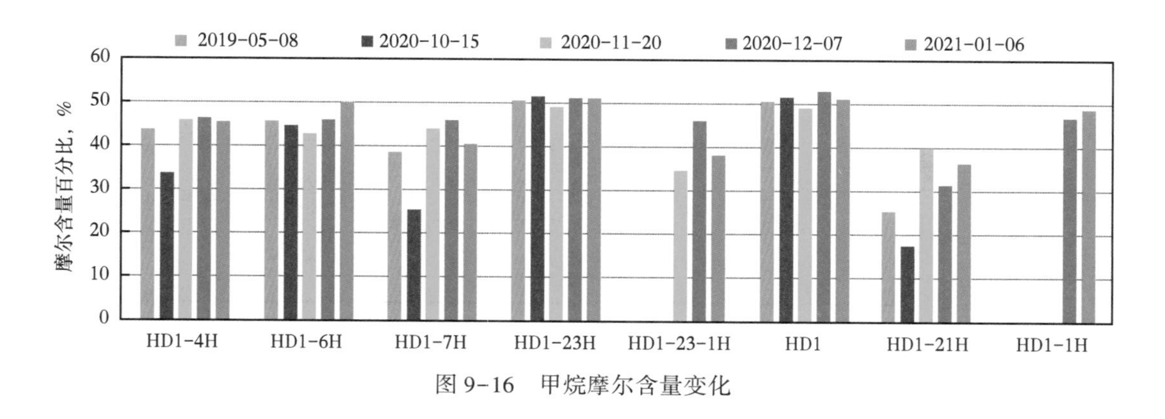

图 9-16　甲烷摩尔含量变化

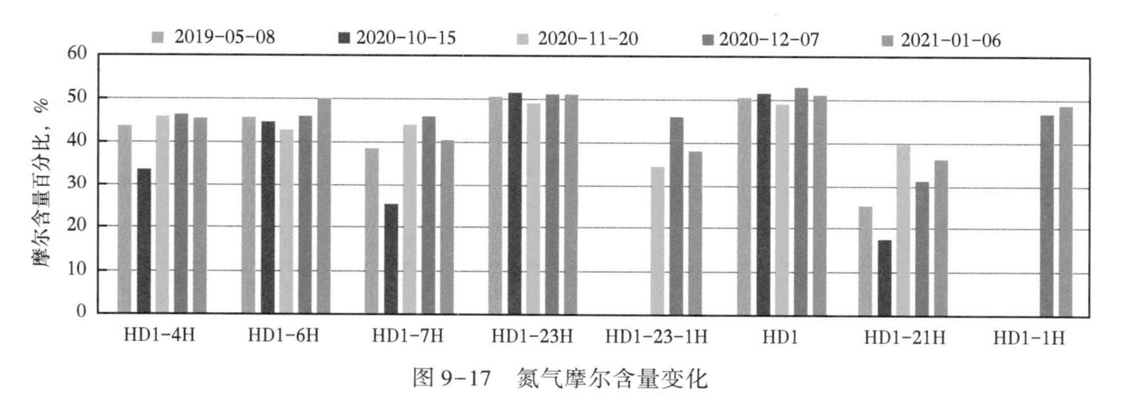

图 9-17　氮气摩尔含量变化

2）原油组分结合油井动态分析

采油井 HD1-6H 井原油轻组分含量有所增加（图 9-18），其他井原油组分无明显变化。

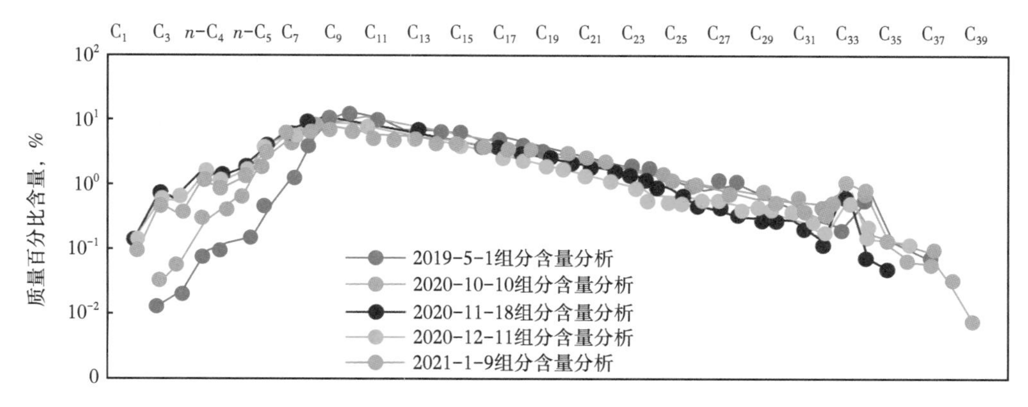

图 9-18　HD1-6H 井原油组分分析

综合分析生产动态曲线（图 9-19 和图 9-20），可以看出 HD1-6H 井含水率下降明显，动液面有所提升，预示可能受效。

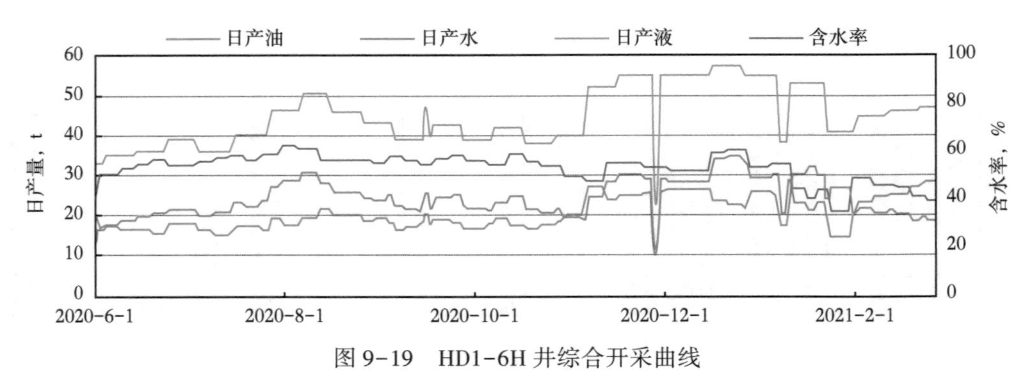

图 9-19　HD1-6H 井综合开采曲线

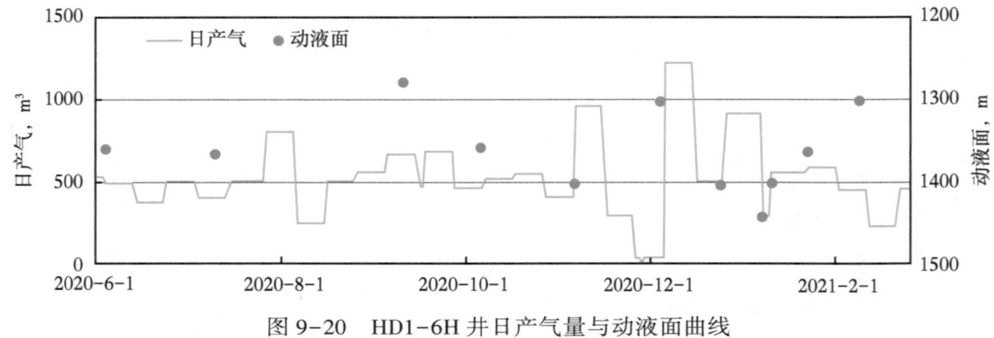

图 9-20　HD1-6H 井日产气量与动液面曲线

参 考 文 献

[1] 高振环，刘中春，杜兴家．油田注气开采技术[M]．北京：石油工业出版社，1994.

[2] Leena Koottungal. 2014 world EOR survey [J]. Oil & Gas Journal，2014，112(4)：79-91.

[3] 杜立辉，孟昭昭，刘敏慧．吉林油田 CO_2 注入工艺技术[J]．油气田地面工程，2011，30(7)：33-35.

[4] 孙锐艳，马晓红，王世刚．吉林油田 CO_2 驱地面工程工艺技术[J]．石油规划设计，2013，24(2)：1-6.

[5] 何江川，廖广志，王正茂．油田开发战略与接替技术[J]，石油学报，2012，33(3)：519-525.

[6] 董喜贵，韩培慧，杨振宇，等．大庆油田二氧化碳驱油先导性矿场试验[M]．北京：石油工业出版社，1999.

[7] 李振泉．气驱提高采收率技术研究与矿场试验[M]．北京：石油工业出版社，2014.

[8] 何江川，王元基，廖广志．油田开发战略性接替技术[M]．北京：石油工业出版社，2013.

[9] 刘泽凯，闵家华．泡沫驱油在胜利油田的应用[J]．油气采收率技术，1996，3(3)：23-29.

[10] 黄建东，孙守港，陈宗义，等．低渗透油田注空气提高采收率技术[J]．油气地质与采收率，2001，8 (3)：79-80.

[11] 赵斌，高海涛，杨卫东．中原油田注空气提高采收率潜力分析[J]．油气田地面工程，2005，24 (5)：22-23.

[12] 李士伦，张正卿．注气提高石油采收率技术[M]．成都：四川科学技术出版社，2001.
[13] 刘曰强，刘滨，张俊，等．葡北油田注气混相驱开发方式优选数值模拟研究[J]．吐哈油气，2006，11(1)：27-30.
[14] 徐艳梅，郭平，张茂林，等．温五区块注烃气效果影响因素研究[J]．西南石油大学学报，2007，29(2)：31-33.
[15] 刘玉章，刘合．聚合物驱提高采收率技术[M]．北京：石油工业出版社，2006.
[16] 叶仲斌．提高采收率原理(第二版)[M]．北京：石油工业出版社，2007.
[17] 郭万奎，廖广志，邵振波，等．注气提高采收率技术[M]．北京：石油工业出版社，2003.
[18] 李士伦，郭平，王仲林，等．中低渗油藏注气提高石油采收率理论及应用技术．北京：石油工业出版社，2007.
[19] Stalkup F I. Miscible Displacement [M]. Dallas：SPE Monograph Series，1983.